Oldenbourgs Lehr- und Handbücher der
Wirtschafts- und Sozialwissenschaften

Mathematik für Betriebs- und Volkswirte

Von

Dr. Harry Hauptmann

Professor für Mathematische Methoden
der Wirtschaftswissenschaften und Statistik

3., durchgesehene Auflage

R. Oldenbourg Verlag München Wien

Die Deutsche Bibliothek - CIP-Einheitsaufnahme

Hauptmann, Harry:
Mathematik für Betriebs- und Volkswirte / von Harry
Hauptmann. - 3., durchges. Aufl. - München ; Wien :
Oldenbourg, 1995
   (Oldenbourgs Lehr- und Handbücher der Wirtschafts- und
   Sozialwissenschaften)
   ISBN 3-486-23182-0

© 1995 R. Oldenbourg Verlag GmbH, München

Gesamtherstellung: R. Oldenbourg, Graphische Betriebe GmbH, München

ISBN 3-486-23182-0

Inhaltsverzeichnis

Vorwort

Das vorliegende Buch ist aus mehreren einführenden Vorlesungen über Mathematik für Wirtschaftswissenschaftler hervorgegangen. Der Inhalt von Kapitel I–IV entspricht in etwa dem Programm, das sich inzwischen an vielen Universitäten als mathematische Propädeutik eingebürgert hat [1, 3, 4, 6–11]. In einigen Abschnitten sind besondere Akzente gesetzt worden, um Anwendungen Rechnung zu tragen, die nicht mit den Methoden der Differential- und Integralrechnung behandelt werden können.

Häufig bereitet der Übergang von der umgangssprachlichen Ausdrucksweise zu wissenschaftlichem Denken beträchtliche Schwierigkeiten. Deshalb habe ich großen Wert auf eine ausführliche Darlegung von logischen und mathematischen Grundbegriffen gelegt. Es ist meine Absicht, einige der angegebenen Sätze nicht nur mit Plausibilitätsbetrachtungen, sondern auch mit ausführlichen Beweisen zu versehen. Auf diese Weise soll der neugierige und dem Formalen etwas geneigtere Studierende die Möglichkeit haben, auch etwas längere Beweise nachzuvollziehen.

Das Buch ist in Kapitel (I–VI) gegliedert, diese wiederum in Paragraphen (§). Es wird wie folgt zitiert: Innerhalb eines Paragraphen bedeutet (1.24) einen Bezug auf die Formel, die unter dieser Nummer im gleichen Paragraphen zu finden ist. Wird im gleichen Kapitel aber aus einem anderen Paragraphen zitiert, so wird das Zeichen § mit der zugehörigen Nummer vorangestellt. Wird auf andere Kapitel verwiesen, so bedeutet III § 2 Satz 4, daß auf Satz 4 aus § 2 von Kapitel III Bezug genommen wird. Zur übersichtlicheren Gestaltung des Textes wird das Ende einer Definition mit dem Zeichen △, das Ende eines Beweises mit dem Zeichen □ versehen. Alle anderen Zeichen und Symbole werden im Text erklärt.

In Kapitel I § 1 werden Techniken mathematischen Folgerns einschließlich des Beweises durch Widerspruch dargestellt. Die naive Mengenlehre wird in § 2 eingeführt. Die behandelten Begriffe und Sätze sind notwendig zum Verständnis der Wahrscheinlichkeitsrechnung und Statistik.

Ausführlicher als üblich werden Relationen in § 3 behandelt. Dafür sind mehrere Gründe ausschlaggebend. Zum einen bilden Relationen die Voraussetzung für das Verständnis der Theorie des Messens und der Nutzentheorie. Aber auch im engeren Bereich der Datenverarbeitung sind Ordnungsrelationen unverzichtbar für den Aufbau relationaler Datenbanken. Ein weiterer wichtiger Begriff, der sich aus dem der Relation ableiten läßt, ist der der Funktion.

Auf Zahlenmengen wird nur relativ kurz eingegangen. Ansonsten wird davon ausgegangen, daß die Studierenden zumindest für das Rechnen mit reellen Zahlen über eine gute Vorstellung verfügen. Allerdings wird, und das betrifft erst Kapitel III, auf alle Beweise verzichtet, die auf die Vollständigkeit der reellen Zahlen Bezug nehmen.

Bei der Einführung des Vektorraumes wird etwas allgemeiner als üblich vorgegangen. Am Beginn der Betrachtungen stehen Verknüpfungsstrukturen. Auch dies erweist sich als nützlich, wenn an Anwendungen in der Datenverarbeitung gedacht wird.

Den linearen Gleichungen (linearen Gleichungssystemen) wird breiter Raum gewidmet. In II § 4 werden einige Resultate, die oft als Plausibel hingestellt werden auch bewiesen. Dabei wird die Technik der vollständigen Induktion angewandt. Der hier gewählte Zugang zum Begriff des Vektorraumes erleichtert auch die Lektüre moderner Texte der mathematischen Wirtschaftstheorie.

In II § 8 werden die Kenntnisse über lineare Gleichungen auf Input-Output-Modelle, sowohl makroökonomische, als auch auf betriebliche Verflechtungsmodelle angewandt. Einige Begriffe und Resultate der linearen Algebra über Eigenwerte, Eigenvektoren und Definitheit finden sich in § 9. Diese sind nicht nur für die Behandlung von Differenzen und Differentialgleichungen unerläßlich, sondern auch bei Anwendungen in der Statistik, insbesondere der multivariaten Analyse.

Der Differentialrechnung in einer und mehreren Variablen ist Kapitel III gewidmet. Dabei wird ausgehend von Kenntnissen in der Schulmathematik zuerst der Fall einer Veränderlichen behandelt. Allerdings wird die Definition der Differenzierbarkeit von vornherein auf dem Begriff der linearen Approximation aufgebaut. Dies läßt sich dann ohne die geringste Veränderung auch auf den Fall mehrerer Veränderlicher übertragen, so daß der Bruch, Differenzierbarkeit – partielle Differenzierbarkeit vermieden wird.

Ausführlich werden dann wieder Extrema von Funktionen mehrerer Veränderlicher ohne und mit Nebenbedingungen in III § 6 und 7 wiedergegeben. Die Nebenbedingungen können dabei sowohl in Form von Gleichungen als auch in Form von Ungleichungen vorliegen.

Zur Einführung der Integralrechnung in Kapitel IV wird nicht, wie das manchmal noch üblich ist, das Riemann-Integral benutzt. Die explizite Berechnung von Integralen erfordert die Kenntnis von Stammfunktionen. Es liegt also nahe, das Cauchy-Integral als besonders einfachen und doch für alle beabsichtigten Anwendungen ausreichenden Integralbegriff einzuführen.

In Kapitel V werden, allerdings meist ohne Beweise, einige Eigenschaften von Differenzen und Differentialgleichungen zusammengestellt.

Das letzte Kapitel behandelt die Lineare Programmierung. Die Darstellung ist elementar und knapp, greift aber auf einige Punkte aus Kapitel II zurück. Der Simplex-Algorithmus wird mit einfachen Hilfsmitteln der linearen Algebra, ohne die Zuhilfenahme von Trennebenensätzen abgeleitet.

Zu Danken habe ich Vielen, nicht zuletzt unermüdlich fragenden Studenten. Besonders hervorheben möchte ich aber nur Wenige. Für anregende Diskussionen und kritische Durchsicht des Manuskriptes möchte ich den Herren Privatdozenten Dr. K. Mosler und Dr. F. Schmid sowie Herrn Dr. R. Augstein und Herrn cand. rer. pol. Th. Hagemann herzlich danken. Schließlich gilt mein Dank auch Herrn M. Weigert für die angenehme Zusammenarbeit und sein Verständnis.

Kapitel 1:

Aussagenlogik und Mengenlehre

§ 1 Aussagenlogik

Einige, wenn auch nur bescheidene Kenntnisse der Logik sind Voraussetzung für das Verständnis mathematischer Begriffe und Methoden. Es sollen hier Techniken des Folgerns begründet werden, die nicht nur in der Mathematik, sondern auch in anderen wissenschaftlichen Bereichen, die deduktives Vorgehen verlangen, häufig Anwendung finden.

Es besteht Einigkeit, daß wissenschaftliche Aussagen klar und in sich nicht widersprüchlich sein sollten. Leider erfüllen die Aussagen unserer Umgangssprache die Forderungen nicht immer, so daß zum Zwecke der Verständigung innerhalb der Wissenschaften nach präziseren Begriffen und strengeren Regeln gesucht werden muß, damit nicht sofort Unklarheiten oder gar Widersprüche auftreten. Die Schwäche der Umgangssprache sei an zwei Beispielen gezeigt.

Das erste ist als Paradoxon des Lügners bekannt. Es besteht darin, daß der Kreter Epimenides sagt: „Alle Kreter lügen". Ist die Aussage von Epimenides wahr, dann lügt auch Epimenides selbst. Also ist es nicht wahr, daß alle Kreter lügen. Es folgt aus der Wahrheit des Satzes seine Falschheit. Dieser Sachverhalt wird als reductio ad absurdum bezeichnet. Umgekehrt folgt aber aus der Falschheit des Satzes nicht seine Wahrheit.

Daß auch dies der Fall sein kann, zeigt das zweite Beispiel. Es geht auf den polnischen Logiker Lukasiewicz zurück und läßt sich folgendermaßen formulieren:

> Der einzige Satz
> in diesem Rechteck ist falsch.

Hier ist die Paradoxie vollkommen. Aus der Wahrheit (Korrektheit) des Satzes im Rechteck folgt seine Falschheit, aber ebenso aus seiner Falschheit seine Wahrheit. Wodurch entsteht diese Paradoxie? Es werden in diesem Satz offensichtlich zwei „Sprachebenen" vermengt, nämlich eine Aussage in einer Sprache und eine Aussage über den Gebrauch dieser Sprache, d.h. in der Umgangssprache wird zwischen „Objektsprache" und „Metasprache" nicht genau unterschieden. Es werden Arten von Bedeutungen so verknüpft, daß ein Widerspruch auftritt: die „äußere" Korrektheit des Satzes kann nicht mit seiner „inneren" Richtigkeit einhergehen.

Wir wollen deshalb zuerst nur einfache sprachliche Bereiche betrachten. Um die Darstellung nicht zu sehr zu formalisieren, beginnen wir mit einigen Erklärungen und verdeutlichenden Beispielen und nicht mit Definitionen. Dabei treten Begriffe auf (wie der Begriff falsch und wahr oder der Begriff einer Gesamtheit), die einleuchtend sind und hier nicht näher erklärt werden sollen.

Zuerst betrachten wir Aussagen. Unter einer **Aussage** verstehen wir einen Satz (der gewöhnlichen Sprache), dem eine der Eigenschaften „wahr" oder „falsch" zugeordnet werden kann. Diese nennen wir Wahrheitswerte (abgekürzt W oder F).

Es ist also nicht der Inhalt einer Aussage von Interesse, sondern lediglich die Eigenschaft, genau einen Wahrheitswert zu besitzen. Dafür ist unwesentlich, ob dieser bekannt ist oder nicht.

Beispiel 1:

(1) Aristoteles war Philosoph.
(2) 5 ist eine Primzahl.
(3a) Caesar war in England.
(3b) Caesar war nicht in England.
(4) Es gibt keine natürliche Zahlen x, y, z, n mit n größer 2, so daß $x^n + y^n = z^n$.
(5) Der Papst ist Moslem.

Die Aussage (1) wird allgemein als „wahr" anerkannt, ebenso (2). Bei (3) ist der Wahrheitswert unbekannt. Es sprechen einige Indizien dafür, daß Caesar in England war; Genaues wissen wir jedoch nicht. Aber nur eine der beiden Möglichkeiten kann zutreffen – entweder war Caesar dort (a) oder nicht (b). Ähnliches gilt für (4). Dies ist die Vermutung von Fermat (1601–1655); ein sehr einfach zu formulierendes Problem der Mathematik, dessen Lösung bis heute unbekannt ist. Der Aussage (5) ist der Wahrheitswert „falsch" zuzuordnen.

Besonders einfache Aussagen bestehen darin, daß Namen beziehungsweise Objekten Eigenschaften zugeordnet oder abgesprochen werden. Dieser Vorgang heißt Prädikation. Symbolisch läßt sich schreiben:

	„Name, Objekt"		„Prädikat"
(a)	„A"	ist	„p"
(b)	„A"	ist nicht	„p".

Sätze dieser einfachen Gestalt werden hier als Elementaraussagen bezeichnet. Als nächstes wenden wir uns etwas komplizierteren Sätzen zu.

Eine **Aussageform** B (·) über einer Gesamtheit X von Namen hat die Form eines Satzes, in dem an einer oder mehreren Stellen ein beliebiger Name (eine Variable) aus der Gesamtheit X von Namen auftreten darf. Wird ein bestimmter Name A aus X an diesen Stellen eingesetzt, so entsteht eine Aussage B (A), d. h. ein Satz mit dem Wahrheitswert „wahr" oder „falsch". Entsprechend werden wir Aussageformen mit mehr als einer Variablen verwenden, etwa B (·, ·). Jeweils an der Stelle eines Punktes kann ein Name eingesetzt werden.

Oft benutzt und wohlbekannt sind Aussageformen über einer Gesamtheit von Zahlen, manchmal eingeschränkt auf die rationalen, ganzen oder natürlichen Zahlen. Die Aussageform „ · ist durch 7 teilbar" enthält eine Veränderliche. Setzen wir die ganze Zahl 35 ein, so erhalten wir die wahre Aussage „35 ist durch 7 teilbar"; setzen wir 5 ein, so entsteht eine Aussage mit Wahrheitswert „falsch". Eine Aussageform mit zwei Variablen ist „ · ist durch · teilbar". Hier lassen sich an zwei Stellen

Zahlen einsetzen. Je nach Wahl der eingesetzten Zahlen x und y erhalten wir wahre oder falsche Aussagen.

Es gibt auch Beispiele für Aussageformen mit zwei Veränderlichen, die für alle Einsetzungen von Zahlen x und y wahr sind, so „$x^2 - y^2 = (x + y)(x - y)$", eine bekannte Rechenregel der Arithmetik. Wir wollen nun zwei umgangssprachliche Gebilde betrachten, die von besonderer Bedeutung sind und die Aussageformen vorangestellt werden können. Es sei X eine Gesamtheit von Namen. Für einen beliebigen Namen schreiben wir abkürzend x. Die Gebilde „Für alle x der Gesamtheit X" und „Es gibt (mindestens) ein x der Gesamtheit X" heißen Quantoren.

Es sind auch andere Formulierungen dieser beiden Quantoren üblich; so „Zu jedem x der Gesamtheit X" und „Es existiert (mindestens) ein x der Gesamtheit X". Ist es klar, um welche Gesamtheit X es sich handelt, so wird diese ebenso wie das Wort „mindestens" meist weggelassen.

Als Beispiel betrachten wir erneut die Aussageform „ · ist durch 7 teilbar" über der Gesamtheit der natürlichen Zahlen X. Für einen speziellen Namen x aus X ist „x ist durch 7 teilbar" eine Aussage. Sie kann je nach Wahl von x wahr oder falsch sein. „Für alle x aus X : x ist durch 7 teilbar" ist ebenfalls eine Aussage; sie ist offenbar falsch. Dagegen ist „es gibt ein x aus X : x ist durch 7 teilbar" eine wahre Aussage. Allgemein können wir feststellen.

Feststellung 1: Wird einer Aussageform B (·) einer der Quantoren „Für alle x" oder „Es existiert ein x" vorangestellt und x an die Stelle der Variablen eingesetzt, so ergibt sich eine Aussage.

Im folgenden werden die Quantoren durch Symbole beschrieben und zwar:

(1.1)　$\forall$ x　entspricht　„Für alle x"

(1.2)　$\exists$ x　entspricht　„Es existiert ein x"

Dies ist die in vielen mathematischen Texten gebräuchliche Notation, während in Texten der Logik die Schreibweise $\bigwedge\limits_{x}$ für (1.1) und $\bigvee\limits_{x}$ für (1.2) bevorzugt wird. Bei diesen symbolischen Schreibweisen kommt der Bezug auf die Gesamtheit, für die die Quantoren zu verstehen sind, nicht explizit zum Ausdruck.

Um aus Aussagen neue Aussagen zu erhalten, werden diese zu Aussageverbindungen verknüpft. Sie entstehen, wenn vor eine Aussage das Wort „nicht" gesetzt wird oder wenn Aussagen durch Junktoren verbunden werden. Wie Aussagen haben sie genau einen Wahrheitswert.

Es wird jetzt eine Reihe von Junktoren, die Aussagen zur Aussageverbindungen verknüpfen, definiert werden. Dabei benutzen wir die Methode der Wahrheitstabellen. Zu jedem Junktor geben wir eine umgangssprachliche Interpretation an. Im folgenden bezeichnen wir zur Abkürzung Aussagen mit dem Buchstaben a, b, c . . . .

Sei a eine Aussage. Sie hat den Wahrheitswert „wahr" (W) oder „falsch" (F). Unsere Vorstellung vom korrekten Gebrauch des Wortes „nicht" in Verbindung mit einer Aussage ist: „a" wahr, dann ist „nicht a" falsch und falls „a" falsch, dann ist „nicht a" wahr. Als Zeichen für das Wort „nicht" benutzen wir ¬ und nennen

$\neg$ a die Negation von a. Wir definieren nun die Negation so, wie sie unseren umgangssprachlichen Vorstellungen entspricht.

Definition 1: (Negation) Sei a eine Aussage, dann gilt für $\neg$ a definitorisch

a	$\neg$ a
W	F
F	W

       $\triangle$

Eine einfache Verbindung von zwei Aussagen a, b ist das Wort „und". Während wir manchmal in der Umgangssprache geneigt sind, mit „und" verbundene Aussagen, bei denen die eine Aussage wahr ist, als „teilweise wahr" zu akzeptieren, muß dies im Bereich der Aussagenlogik ausgeschlossen werden, da nur die Wahrheitswerte „wahr" und „falsch" auftreten können. Eine Aussage „a und b" ist nur dann wahr, wenn beide Aussagen a, b wahr sind und in allen anderen Fällen falsch. Als Zeichen für das Wort „und" benutzen wir $\wedge$ und nennen diesen Junktor Konjunktion. Statt „a und b" sagt man auch „a Konjunktion b".

Definition 2: (Konjunktion) Seien a, b Aussagen, dann gelten für die Aussage a $\wedge$ b in Abhängigkeit vom Wahrheitswert der Aussagen a, b definitorisch die in der Tabelle aufgeführten Wahrheitswerte

Aussage b

$\wedge$	W	F
Aussage a W	W	F
F	F	F

oder in anderer Schreibweise

a	b	a $\wedge$ b
W	W	W
W	F	F
F	W	F
F	F	F

   $\triangle$

Die rechtsstehende Tabelle nennen wir Wahrheitstafel, ebenso wie die in Definition 1 benutzte Tabelle. In den Tabellen wird jeweils eine vollständige Aufzählung der möglichen Wahrheitswerte von a, b und deren Verbindung angegeben.

Eine weitere geläufige Verbindung von zwei Aussagen ist das Wort „oder". In der Umgangssprache ist oft aus dem Sinnzusammenhang zu erkennen, welche der drei Bedeutungen dieses „oder" hat, inklusiv oder exklusiv (entweder oder) beziehungsweise im Sinne der Unvereinbarkeit. Der folgende Junktor soll dem inklusiven „oder" (nicht ausschließenden oder) entsprechen, d. h., die Verbindung zweier Aussagen a, b soll nur dann den Wahrheitswert „falsch" haben, wenn beide Aussagen a, b den Wahrheitswert „falsch" besitzen. Wir nennen diesen Junktor Disjunktion, im Zeichen $\vee$ (gesprochen: a oder b; a Disjunktion b).

Definition 3: (Disjunktion) Seien a, b Aussagen, dann gelten für a $\vee$ b definitorisch die Wahrheitswerte

Aussage b

∨	W	F
Aussage a W	W	W
F	W	F

oder in anderer
Schreibweise:

a	b	a ∨ b
W	W	W
W	F	W
F	W	W
F	F	F

△

Zur Verdeutlichung des Junktors „oder" sei die Aussage „a" gegeben durch „die Arbeitsproduktivität steigt" und „b" gegeben durch „die Lebenshaltungskosten steigen". Dann ist die mit dem Junktor „oder" zusammengesetzte Aussage „die Arbeitsproduktivität steigt ∨ die Lebenshaltungskosten steigen" nur dann aussagenlogisch falsch, falls sowohl „a" als auch „b" den Wahrheitswert „falsch" haben.

Nun noch ein Beispiel aus dem Bereich der Zahlen. Seien die Aussagen „a" gegeben durch „$2 + 2 = 5$" und „b" durch „$2 + 2 \neq 5$". Dann hat die Aussage a ∨ b, d. h. „$2 + 2 = 5 \vee 2 + 2 \neq 5$", den Wahrheitswert „wahr" oder anders gesagt, sie ist aussagenlogisch wahr.

Als nächstes wenden wir uns den Worten „wenn … dann" und anderen Umschreibungen dieses Sachverhaltes wie „wenn …, so", „aus … folgt", usw. zu. Hier soll lediglich die Verbindung zweier Aussagen zu einer neuen Aussage formalisiert werden. Sie wird sich später als die Grundlage des logischen Schließens herausstellen.

Sind a, b zwei Aussagen, so ist die Aussagenverbindung „wenn a, dann b" falsch, wenn a wahr und b falsch ist. Diese Eigenschaft muß sich in jeder sinnvollen Definition des Folgerns widerspiegeln. Wir definieren den zugehörigen Junktor, Subjunktion, als Zeichen →, wie folgt:

Definition 4: (Subjunktion) Seien a, b Aussagen, dann gelten für a → b definitorisch die Wahrheitswerte

Aussage b

→	W	F
Aussage a W	W	F
F	W	W

△

Im ersten Augenblick mag die Festsetzung a → b hat den Wahrheitswert W, falls a „falsch" und b „wahr" ist, verwundern. Das soll durch ein kleines Beispiel motiviert werden. Offensichtlich haben die Aussagen „a": „$0 = 1$" und „b": „$0 = 0$" den Wahrheitswert F und W. Mit den üblichen Regeln der Arithmetik wird jetzt „b" aus „a" abgeleitet. Wir multiplizieren $0 = 1$ mit -1 und erhalten $0 = -1$. Dies addieren wir zur Aussage „a": „$0 = 1$" und erhalten damit „b": „$0 = 0$".

Es gibt auch Fälle, bei denen auch in umgekehrter Richtung gefolgert werden kann; in denen also „wenn a, dann b" und auch „wenn b, dann a" gilt. Bei der Interpretation des dazu eingeführten Junktors Bijunktion, im Zeichen ↔, ist dieselbe Vorsicht geboten wie beim Junktor Subjunktion. Umgangssprachlich entspricht die Bijunktion der Äquivalenz (nicht der logischen Äquivalenz! (siehe Definition 8)).

Definition 5: (Bijunktion) Seien a, b Aussagen, dann gelten für a $\leftrightarrow$ b definitorisch die Wahrheitswerte

Aussage b

$\leftrightarrow$	W	F
Aussage a W	W	F
F	F	W

$\triangle$

Es lassen sich noch eine ganze Reihe weiterer umgangssprachlich sinnvoll zu interpretierende Junktoren angeben. Dies soll zum Teil in den Übungsaufgaben erfolgen, wo auch die anderen Bedeutungen des Wortes „oder" formalisiert werden.

Treten in einer Aussageverbindung mehrere Junktoren auf, so müssen Regeln vereinbart werden, welche Junktoren stärker binden als andere. Dies ist auch in der einfachen Arithmetik üblich, wo z. B. „Punkt (mal, dividiert durch) bindet stärker als Strich (plus, minus)" gilt. Solche Regeln lassen sich durch das Verwenden von Hilfszeichen wie Klammern (im Zeichen: ( ), [ ], { }) vermeiden.

Werden die Klammern weggelassen, so können sich nicht mehr eindeutig interpretierbare und sinnlose Folgen von logischen Zeichen ergeben, wie leicht durch Weglassen von Klammern an dem Beispiel [a $\wedge$ (b $\wedge$ ($\neg$ b))] $\leftrightarrow$ a zu erkennen ist.

Zur Unterscheidung von Aussagen werden anstatt verschiedener Buchstaben a, b, c ... auch Indices verwendet, z. B. $a_1, a_2, \ldots, a_n$. Bezeichnen wir mit $A(a_1, a_2, \ldots, a_n)$ eine Aussageverbindung dieser n Aussagen, so erhalten wir wieder eine Aussage, deren Wahrheitswert wir in Abhängigkeit vom Wahrheitswert der Aussagen $a_1, \ldots, a_n$ untersuchen können. Aussageverbindungen entstehen auch dadurch, daß in bestimmte Aussageformen über einer Gesamtheit X von Aussagen, Aussagen aus X eingesetzt werden.

Nach diesen Vorbereitungen können wir uns den „logischen Folgerungen (Schlüssen)", genauer gesagt, den aussagenlogischen Schlüssen und den sogenannten aussagenlogisch wahren Aussagen zuwenden. Dazu benötigen wir den Begriff der Tautologie.

Definition 6: (Tautologie) Besitzt eine Aussageverbindung $A(a_1, \ldots, a_n)$ den Wahrheitswert „wahr" unabhängig vom Wahrheitswert der Aussagen $a_1, \ldots, a_n$, so heißt sie aussagenlogische Tautologie. $\triangle$

Das Wort Tautologie wird in wissenschaftstheoretischen Diskussionen im sozialwissenschaftlichen Bereich, besonders wenn diese auf umganggsprachlichem Niveau geführt werden, manchmal mißverständlich (abwertend) gebraucht.

Die aussagenlogischen Tautologien sind die der **Form** nach aussagenlogisch wahren Aussagen. Es kommt dabei nicht auf den Inhalt oder die Bedeutung der Aussagen an, sondern lediglich auf die Form. Wir werden im folgenden bei der Untersuchung aussagenlogischer Tautologien falls der Zusammenhang klar ist, das Adjektiv ‚aussagenlogisch' weglassen. Wie läßt sich von einer Aussage zeigen, daß es sich um eine Tautologie handelt? Wir benutzen dazu die Methode der Wahrheitstafeln.

Beispiel 2:
Eine besonders einfache aussagenlogische Tautologie ist das Prinzip vom ausgeschlossenen Dritten. Es lautet a ∨ (¬a). Die Aussage a kann nur die Wahrheitswerte W oder F annehmen. Damit ist auch der Wahrheitswert von ¬a festgelegt. Wir erstellen zur Aussage a ∨ (¬a) eine Tabelle, in der die möglichen Wahrheitswerte der Aussage a eingetragen und die Junktoren gemäß Definition ausgewertet werden. Auch die folgende Tabelle nennen wir Wahrheitstafel.

a	(¬a)	a ∨ (¬a)
W	F	W
F	W	W

Die Aussage a hat die Wahrheitswerte W oder F (Spalte 1). Damit ergeben sich für ¬a die Werte F und W (Spalte 2). Das Ergebnis für die Verknüpfung mit dem Junktor Disjunktion entnehmen wir Definition 3. Als Ergebnis der **letzten** Auswertung ergibt sich eine Spalte, die nur Eintragungen W enthält. Die Aussage a ∨ (¬a) ist also aussagenlogisch wahr unabhängig vom Wahrheitswert von a.

Beispiel 3:
Die aussagenlogische Tautologie ((a → b) ∧ a) → b) ist als modus ponens bekannt. Zum Beweis geben wir wieder eine Wahrheitstafel an. Zuerst werden alle möglichen Kombinationen der Wahrheitswerte von a und b eingetragen. Wenn a den Wahrheitswert W hat, so kann b entweder den Wahrheitswert W oder F annehmen; ebenso, wenn a den Wahrheitswert F hat. Es ergeben sich insgesamt $2^2 = 4$ Möglichkeiten

((a	→	b)	∧	a)	→	b)
W	W	W	W	W	W	W
W	F	F	F	W	W	F
F	W	W	F	F	W	W
F	W	F	F	F	W	F

Eintragen der Wahrheitswerte
Auswertung unter Beachtung
der Klammern

Die Auswertung unter Beachtung der Klammern erfolgt wie in der Zeichnung angedeutet:
1. Aus der Auswertung von Spalte 1 und 3 ergibt sich Spalte 2.
2. Aus der Auswertung von Spalte 2 und 5 ergibt sich Spalte 4.
3. Aus der Auswertung von Spalte 4 und 7 ergibt sich als Endergebnis der Auswertung die eingerahmte Spalte 6.

Als Ergebnis der letzten Auswertung ergibt sich eine Spalte, die nur den Wahrheitswert W enthält. Damit ist die obige Aussageverbindung aussagenlogisch wahr, unabhängig vom Wahrheitswert der einzelnen Bestandteile.

Es erhöht die Übersichtlichkeit beim Vorgang des Auswertens, wenn bereits ausgewertete Spalten gestrichen werden. Das Ergebnis des Auswertungsvorganges ist genau eine Spalte, die den Wahrheitswert der Aussageverbindung in Abhängigkeit von den Wahrheitswerten der einzelnen Bestandteile wiedergibt.

Eng verwandt mit dem Begriff der Tautologie ist der der Kontradiktion.

Definition 7: (Kontradiktion) Besitzt eine Aussageverbindung $A(a_1, \ldots, a_n)$ den Wahrheitswert „falsch" unabhängig vom Wahrheitswert der Aussagen $a_1, \ldots, a_n$, so heißt sie aussagenlogische Kontradiktion. $\triangle$

Wie leicht zu zeigen, ist $a \wedge (\neg a)$ eine Kontradiktion. Sie ist unter dem Namen „Prinzip vom ausgeschlossenen Widerspruch" bekannt. Wir wollen zwei Arten von aussagenlogischen Tautologien besonders hervorheben, weil sie grundlegend für das Beweisen mathematischer Sätze sind.

Definition 8: Seien $A(a_1, \ldots, a_n)$, $\tilde{A}(a_1, \ldots, a_n)$ Aussageverbindungen
(1) **(Implikation)**: $A(a_1, \ldots, a_n)$ impliziert $\tilde{A}(a_1, \ldots, a_n)$ aussagenlogisch, falls $A(a_1, \ldots, a_n) \rightarrow \tilde{A}(a_1, \ldots, a_n)$ eine aussagenlogische Tautologie ist.

(2) **(Äquivalenz)**: $A(a_1, \ldots, a_n)$ ist zu $\tilde{A}(a_1, \ldots, a_n)$ aussagenlogisch äquivalent, falls $A(a_1, \ldots, a_n) \leftrightarrow \tilde{A}(a_1, \ldots, a_n)$ eine aussagenlogische Tautologie ist. $\triangle$

Als abkürzende Schreibweise benutzen wir für die Implikation „$\Rightarrow$" und für Äquivalenz „$\Leftrightarrow$". Der im Beispiel 2 behandelte modus ponens ist eine aussagenlogische Implikation (Folgerung).

Im Bereich der Umgangssprache und der Mathematik werden für die in Definition 8 eingeführten Begriffe auch andere Umschreibungen gebraucht, so:

zu 8 (1)　　a ist hinreichend für b
　　　　　　b ist notwendig für a
　　　　　　a nur wenn b
　　　　　　b wenn a

zu 8 (2)　　a ist notwendig und hinreichend für b
　　　　　　a dann und nur dann b
　　　　　　a genau dann, wenn b.

Die Vielfalt der gebräuchlichen Umschreibungen mag am Anfang etwas verwirren.

Nun geben wir einige Beispiele für aussagenlogische Implikationen und Äquivalenzen, die sich alle mittels Wahrheitstafeln leicht beweisen lassen. Einige dieser Tautologien tragen historisch geprägte Namen, die zum Teil mit angegeben werden.

Satz 1: Es gelten die aussagenlogischen Implikationen

(1.1)　　$(a \wedge b) \Rightarrow a$
(1.2)　　$((a \wedge b) \wedge (b \wedge c)) \Rightarrow (a \wedge c)$, Transitivität von $\wedge$
(1.3)　　$(a \wedge b) \Rightarrow (a \vee b)$

(1.4) $((a \rightarrow b) \wedge (b \rightarrow c)) \Rightarrow (a \rightarrow c)$, Transitivität von $\rightarrow$
(1.5) $a \Rightarrow (b \rightarrow a)$, 1. Paradoxon für $\rightarrow$
(1.6) $a \Rightarrow ((\neg a) \rightarrow b)$, 2. Paradoxon für $\rightarrow$
(1.7) $(a \rightarrow (\neg a)) \Rightarrow (\neg a)$, reduktio ad absurdum
(1.8) $((a \rightarrow b) \wedge a) \Rightarrow b$, modus ponens
(1.9) $a \Rightarrow (a \vee b)$
(1.10) $((a \rightarrow b) \wedge (\neg b)) \Rightarrow (\neg a)$, modus tollende tollens

Satz 2: Es gelten die aussagenlogischen Äquivalenzen

(1.11) $(a \vee b) \Leftrightarrow (b \vee a)$; Kommutativität von $\vee$ (gilt auch für $\wedge$)
(1.12) $((a \vee b) \vee c) \Leftrightarrow (a \vee (b \vee c))$, Assoziativität von $\vee$ (ebenso für $\wedge$)
(1.13) $(a \wedge (b \vee c)) \Leftrightarrow (a \wedge b) \vee (a \wedge c)$; Distributivgesetz für $\wedge$
(1.14) $a \vee (b \wedge c) \Leftrightarrow ((a \vee b) \wedge (a \vee c))$, Distributivgesetz für $\vee$
(1.15) $(\neg(a \wedge b)) \Leftrightarrow ((\neg a) \vee (\neg b))$, 1. Regel von de Morgan
(1.16) $(\neg(a \vee b)) \Leftrightarrow ((\neg a) \wedge (\neg b))$, 2. Regel von de Morgan
(1.17) $(a \rightarrow b) \Leftrightarrow ((\neg a) \vee b)$
(1.18) $(a \rightarrow b) \Leftrightarrow ((\neg b) \rightarrow (\neg a))$, Kontraposition
(1.19) $(\neg(a \rightarrow b)) \Leftrightarrow a \wedge (\neg b)$, Widerlegung
(1.20) $(a \rightarrow (b \wedge c)) \Leftrightarrow ((a \rightarrow b) \wedge (a \rightarrow c))$, 1. Distributivgesetz für $\rightarrow$
(1.21) $(a \rightarrow (b \vee c)) \Leftrightarrow ((a \rightarrow b) \vee (a \rightarrow c))$, 2. Distributivgesetz für $\rightarrow$
(1.22) $(a \rightarrow b) \Leftrightarrow ((a \wedge (\neg b)) \rightarrow (c \wedge (\neg c)))$, Widerspruchsbeweis.

Die Regeln von de Morgan besitzen ein Analogon in der Mengenlehre, das für Anwendungen in der Wahrscheinlichkeitsrechnung wichtig ist. Für die mathematische Beweisführung werden insbesondere die Kontraposition und der Widerspruchsbeweis häufig benutzt. Zuerst ein Beispiel zur Kontraposition der Implikation.

Beispiel 4:
Ein Satz der elementaren Arithmetik lautet: Ist x^2 eine gerade Zahl, so auch x. Der Beweis läßt sich einfach durch Kontraposition erbringen. Dazu setzen wir a: „x^2 ist eine gerade Zahl" und b: „x ist eine gerade Zahl" und betrachten den Ausdruck $(\neg b) \rightarrow (\neg a)$. Ist x nicht gerade, so läßt sich x als $x = 2z + 1$ schreiben, wobei z eine ganze Zahl ist. Daraus kann x^2 berechnet werden $x^2 = (2z + 1)^2 = 4z^2 + 4z + 1$. Dies besagt, daß x^2 ungerade ist. Damit ist nach (1.18) bewiesen, daß mit x^2 auch x eine gerade Zahl ist.

Beispiel 5:
Um den Widerspruchsbeweis zu veranschaulichen, wählen wir wieder einen Satz, der eine Aussage über Zahlen enthält.

Es gilt: $\sqrt{2}$ ist keine rationale Zahl.

Dies wollen wir jetzt mittels (1.22) beweisen. Dazu setzen wir a, b, c für die Aussagen

a: $\sqrt{2}$ ist eine Zahl
b: $\sqrt{2}$ ist keine rationale Zahl

$\neg$b: $\sqrt{2}$ ist eine rationale Zahl (rationale Zahlen lassen sich als Quotient von zwei ganzen Zahlen p und q schreiben)

c: p und q sind zwei teilerfremde Zahlen

$\neg$c: p und q sind zwei Zahlen, die einen gemeinsamen Teiler besitzen.

Da die Bemühungen a $\to$ b zu zeigen, erfolglos sind, beginnen wir mit a $\wedge$ ($\neg$b), d. h., $\sqrt{2}$ ist eine Zahl und läßt sich als Quotient von zwei ganzen Zahlen p' und q' schreiben, d. h. $\sqrt{2} = \dfrac{p'}{q'}$. Nun kürzen wir so lange, bis dieser Bruch keinen gemeinsamen Teiler mehr besitzt und erhalten $\sqrt{2} = \dfrac{p}{q}$, wobei p und q teilerfremde ganze Zahlen sind. Jetzt rechnen wir mit den Regeln der Arithmetik weiter. Durch Quadrieren ergibt sich $2 = \dfrac{p^2}{q^2}$ und durch Umformen $2q^2 = p^2$. Da $p^2 = 2q^2$ ist, ist p^2 gerade. Mit Hilfe des im Beispiel 4 durch Kontraposition bewiesenen Satzes gilt: mit p^2 ist auch p eine gerade Zahl. Wenn p gerade, so ist $\dfrac{p}{2}$ eine ganze Zahl. Es gilt also $q^2 = \dfrac{p}{2} \cdot p$. Damit ist q^2 eine gerade Zahl, da p eine gerade Zahl ist. Mit q^2 ist aber auch q eine gerade Zahl. Es sind also p und q gerade Zahlen, d. h. durch 2 teilbar und somit nicht teilerfremd. Wir haben aus a $\wedge$ ($\neg$b) die Aussage c und $\neg$c abgeleitet und so gemäß (1.22) a $\to$ b bewiesen.

Bei den beiden soeben geführten Beweisen haben wir ohne dies explizit zu erwähnen, eine Verallgemeinerung der Transitivität der Subjunktion, die sogenannte mehrfache Abtrennungsregel oder den wiederholten modus ponens, gebraucht.

(1.23) $((a \to a_1) \wedge (a_1 \to a_2) \wedge \ldots \wedge (a_{n-1} \to a_n) \wedge (a_n \to b)) \Rightarrow (a \to b)$

Die Tautologie (1.23) gilt auch, falls alle Junktoren Subjunktion durch Bijunktion ersetzt werden. Der Ausdruck (1.23) ist die Grundlage aussagenlogischer Schlußketten.

Im Bereich von Mathematik und Ökonomie wird oft von Prämissen und daraus zu ziehenden Konklusionen (Schlüssen) gesprochen. Wir wollen jetzt die Verbindung zur Aussagenlogik herstellen.

Definition 9: (Schluß) Seien $P_1, \ldots, P_n$ Prämissen und K eine Konklusion, die durch Aussagen $a_1, \ldots, a_n$ für $P_1, \ldots, P_n$ und b für K dargestellt werden können. Ein Schluß von $P_1, \ldots, P_n$ auf K heißt aussagenlogisch gültig genau dann, wenn $(a_1 \wedge a_2 \wedge \ldots \wedge a_n) \to b$ eine Tautologie ist. $\triangle$

Von den Prämissen wird stets angenommen, daß sie wahr sind. Besitzt jedoch eine der Aussagen a_i der Prämissen den Wahrheitswert F, so besitzt die Subjunktion auf jeden Fall unabhängig vom Wahrheitswert von b den Wahrheitswert W. In Definition 9 wird nur der Formalismus des Schließens festgelegt. Es wird in keiner Weise darauf eingegangen, den Wahrheitsgehalt der Prämissen zu überprüfen. Dies ist nicht Gegenstand der Aussagenlogik. Da es sich bei den gültigen Schlüssen um

Tautologien handelt, die manchmal allerdings kompliziert und schwer einsehbar sind, kann auf diese Weise keine empirische Erkenntnis gewonnen werden. Es können nur Einsichten vermittelt werden, die, wenn auch verdeckt, bereits in den Prämissen enthalten waren.

Manchmal bereitet die sprachliche Verneinung von Aussagen Schwierigkeiten. Beginnen wir mit einer Elementaraussage: „Die Blume ist weiß." Formal ist es einfach, die Negation zu finden. Wir können sagen: „Nicht: die Blume ist weiß" oder „Es ist nicht wahr, daß die Blume weiß ist." Ein nachlässiger Benutzer der Umgangssprache könnte leicht geneigt sein, „Die Blume ist schwarz" für die Negation zu halten; schwarz ist ja das Gegenteil zu weiß. Dies ist aber sicher nicht die Negation im Sinne der Aussagenlogik. Es gilt tautologisch $a \vee (\neg a)$. Dies wird durch die Aussage „Die Blume ist weiß" oder „Die Blume ist schwarz" nicht gewährleistet, denn die Blume könnte ja auch blau oder gelb sein. Das heißt, die aus dieser Aussage und ihrer „Negation" mit „oder" zusammengesetzte Aussage kann auch falsch sein. Dies darf im Rahmen der Aussagenlogik nicht vorkommen.

Eine weitere Schwierigkeit bei der Negation bilden, zumindest im umgangssprachlichen Bereich, die quantifizierten Aussageformen. Das sind Aussageformen $B(\cdot)$ über einer Gesamtheit X, denen ein „für alle x einer Gesamtheit X" oder ein „es gibt mindestens ein x einer Gesamtheit X" vorangestellt wird. Im Zeichen „$\forall x$: $B(x)$" und „$\exists x$: $B(x)$". Für quantifizierte Aussageformen gelten die aussagenlogischen Äquivalenzen.

(1.24) $\neg(\forall x B(x)) \Leftrightarrow \exists x (\neg B(x))$

(1.25) $\neg(\exists x B(x)) \Leftrightarrow \forall x (\neg B(x))$

Beispiel 6:

Gegeben sei die Aussageform $B(\cdot)$: „$\cdot$ ist fleißig" über der Gesamtheit der Studenten in Europa. Nehmen wir einen Studenten x in Europa, so entsteht die Aussage $B(x)$: „x ist fleißig". Wie lautet die Negation der Aussage „$\exists x$: $\neg B(x)$" in Worten: „Es gibt mindestens einen Studenten x der Gesamtheit der Studenten in Europa, der nicht fleißig ist"?

Aussageverbindungen, in denen ein „$\forall x$ einer Gesamtheit X" vorkommt, lassen sich, wenn es sich nicht um Tautologien handelt, zumindest prinzipiell durch Angabe eines einzigen x der Gesamtheit X widerlegen. Dazu das bekannte Beispiel von den Raben. Es wird behauptet, „alle Raben sind schwarz" sei immer wahr. Durch das Auffinden eines einzigen „nicht schwarzen" Raben, mag er nun gelb, grün oder rot sein, ist diese Aussage widerlegt, während das Vorzeigen von auch noch so vielen schwarzen Raben nichts zur Sicherung der Wahrheit der Aussage beiträgt.

Bis jetzt haben wir uns hauptsächlich mit Aussagenverbindungen befaßt, die Tautologien oder Kontradiktionen sind. Natürlich gibt es auch viele Aussageverbindungen, die diese Eigenschaften nicht haben.

Definition 10: Seien $a_1, \ldots, a_n$ Aussagen und $A(a_1, \ldots, a_n)$ eine Aussageverbindung. $A(a_1, \ldots, a_n)$ heißt konsistent (oder erfüllbar), falls es mindestens eine Belegung von $a_1, ..., a_n$ mit Wahrheitswerten W oder F gibt, so daß $A(a_1, ..., a_n)$ den Wahrheitswert W besitzt.   △

Auch in den Wirtschaftswissenschaften hat das von K. Popper eingeführte Falsifizierbarkeitskriterium eine große Rolle gespielt. Aussagen über die Realität sind nur dann (empirisch) gehaltvoll, wenn sie zumindest prinzipiell falsifizierbar sind.

Des öfteren wird die Aussagenlogik (und ihre Erweiterung, die sogenannte „Prädikatenlogik") zur Textanalyse herangezogen. Wie beschränkt die logischen Hilfsmittel sind, die wir bis jetzt zur Verfügung haben, sehen wir sofort an Sätzen wie „Hans hätte eine bessere Anstellung, wenn er mehr gelernt hätte." Konjunktivische Sätze sind keine Aussagen im Sinne der Aussagenlogik und auch für unsere späteren Anwendungen nicht von Interesse.

Wie läßt sich ein umgangssprachlicher oder ökonomischer Text aussagenlogisch widerlegen und analysieren? Dazu werden zuerst die den Junktoren entsprechenden Worte markiert. Dann werden die Elementaraussagen mit Namen wie a, b, c, a_1, ... usw. versehen. Es ist dabei zu überprüfen, ob es sich um Elementaraussagen im Sinne der Aussagenlogik handelt, d.h. ob sie genau einen der Wahrheitswerte W oder F besitzen. Schließlich werden Klammern so gesetzt, daß dem Sinne des Textes entsprochen wird.

Beispiel 7:

„Nur wenn Arbeitsfrieden herrscht, steigt die Produktivität. Qualifizierte Mitbestimmung sichert den Arbeitsfrieden."

Es läßt sich folgende Zerlegung in Elementaraussagen finden:

a: es herrscht Arbeitsfrieden
b: die Produktivität steigt
c: es gibt qualifizierte Mitbestimmung

und damit als Formalisierung

$$(b \rightarrow a) \wedge (c \rightarrow a).$$

Wie sofort ersichtlich, ist dies weder eine Tautologie noch eine Kontradiktion. Es ist keinesfalls Aufgabe der aussagenlogischen Analyse, den inhaltlichen Wahrheitsgehalt der aufgestellten Behauptungen zu überprüfen, wie z.B., daß qualifizierte Mitbestimmung den Arbeitsfrieden sichere.

Nun geben wir ein weiteres Textbeispiel an, bei dem sich eine aussagenlogische Analyse als nützlich erweist, das sich aber natürlich auch ohne formale Hilfsmittel lösen ließe.

Beispiel 8:

Die interne Revisionsabteilung eines Unternehmens ist einer Veruntreuung auf der Spur. Es gibt 3 Verdächtige. Nennen wir sie A, B, C. Aufgrund der Aktenlage ergibt sich folgendes Bild

(1) Mindestens einer der drei war an der Veruntreuung beteiligt.

(2) Falls A und B nicht beide beteiligt waren, dann war C an der Veruntreuung nicht beteiligt.

(3) War A beteiligt oder C nicht, dann war auch B sicher nicht beteiligt.

Wir formalisieren a: A war beteiligt, b: B war beteiligt und c: C war beteiligt und erhalten:

$$(a \lor b \lor c) \land ((\neg(a \land b)) \to (\neg c)) \land ((a \lor (\neg c)) \to (\neg b)).$$

Erstellen wir zu dieser Aussageverbindung eine Wahrheitstafel, so sehen wir sofort, daß die Aussageverbindung den Wahrheitswert W dann und nur dann hat, wenn a, b und c die Wahrheitswerte W, F und F besitzen. A hat also die Veruntreuung allein begangen.

Ein einfaches Maß für den möglichen empirischen Gehalt von Aussageverbindungen, die keine Tautologien oder Kontradiktionen sind, ist die Feststellung der Anzahl der Falsifikationsmöglichkeiten. Betrachten wir den Satz „Ist die Inflationsrate größer als der prozentuale Lohnzuwachs und bleibt die Produktivität konstant, so verbessert sich die Einkommensverteilung nicht zugunsten der Lohnabhängigen". Dieser Satz ist leicht zu formalisieren. Wir setzen a: „die Inflationsrate ist größer als der prozentuale Lohnzuwachs", b: „die Produktivität ist konstant" und c: „die Einkommensverteilung verbessert sich zugunsten der Lohnabhängigen" und erhalten somit $(a \land b) \to (\neg c)$. Diese Aussageverbindung besitzt (wie aus der zugehörigen Wahrheitstafel ersichtlich) genau eine Falsifikationsmöglichkeit. Ersetzen wir in dieser Aussageverbindung das $\land$ durch $\lor$, so erhöht sich die Anzahl der Falsifikationsmöglichkeiten auf drei. Die Anzahl der Falsifikationsmöglichkeiten wird auch Informationsgehalt einer Aussageverbindung genannt. (Dieser Begriff der Information darf nicht mit dem sehr viel häufiger verwendeten Informationsbegriff der Informationstheorie verwechselt werden).

Für unsere weiteren Betrachtungen ist es zweckmäßig, den Begriff der aussagenlogischen Äquivalenz von Aussagen auf Aussageformen zu übertragen.

Definition 11: Zwei Aussageformen $B_1(\cdot)$ und $B_2(\cdot)$ über der Gesamtheit X heißen äquivalent, wenn die Aussage „$\forall x : (B_1(x) \leftrightarrow B_2(x))$" eine Tautologie ist.

$$\triangle$$

Äquivalente Aussageformen werden z. B. beim Umformen mit Regeln der Arithmetik zum Lösen von Gleichungen gebildet.

Ob eine quantifizierte Aussageform (also wieder eine Aussage) erfüllbar ist, hängt von der Gesamtheit X ab, über der die Aussageform definiert ist. So ist für die Aussageform „$(3 + \cdot) = 1$" die Aussage „$\exists x : (3 + x) = 1$" immer falsch, falls für X die natürlichen Zahlen gewählt werden und erfüllbar, falls für X die ganzen Zahlen gewählt werden.

Zum Schluß sei noch einmal darauf hingewiesen, daß wir uns hier nur mit der Extension, d. h. mit der Form von Aussagen und Aussageverbindungen beschäftigt haben und nicht mit der Intension, d. h. deren Inhalt. Dies ist nicht die Aufgabe der Aussagenlogik.

§ 2 Mengenlehre: Mengen und Mengenoperationen

Bereits in dem Abschnitt über Aussagenlogik haben wir bei der Behandlung von Aussageformen über Gesamtheiten gesprochen. Gemeint war dabei die Zusammenfassung von Objekten zu einem Ganzen. In den konkreten Beispielen war jeweils klar, wie diese Gesamtheiten aussehen, z. B. die natürlichen Zahlen, die ganzen Zahlen oder die Studenten in Europa. Eine Präzisierung der Begriffe wie „Gesamtheit" oder „Zusammenfassung" stößt auf Schwierigkeiten. Dies wurde zuerst von G. Cantor (1845–1918), dem Begründer der Mengenlehre erkannt. Versuchen wir inhaltlich wiederzugeben, was umgangssprachlich unter einer Menge oder Gesamtheit zu verstehen ist, so läßt sich dies wie folgt formulieren.

Erklärung 1: (Menge) Eine Menge ist eine wohldefinierte Gesamtheit unterscheidbarer Objekte. Diese Objekte heißen Elemente der Menge.

Dieser Mengenbegriff ist für die in der Ökonomie üblichen Anwendungen völlig ausreichend. Allerdings führt dieser Zugang zur Mengenlehre in der Mathematik sofort zu Widersprüchen, wenn bei der Bildung von Mengen nicht mit einer gewissen Vorsicht vorgegangen wird. Bekannt ist die Antinomie von B. Russel „Die Menge aller Mengen ist keine Menge". Solche Schwierigkeiten lassen sich durch eine axiomatische Begründung der Mengenlehre vermeiden. Der Aufwand an mathematischer Technik ist jedoch so groß, daß wir auf diesen Zugang verzichten wollen und uns mit der sogenannten „naiven Mengenlehre" zufrieden geben.

Was macht nun aus einer beliebigen Gesamtheit eine Menge? Nehmen wir irgendein Objekt unseres Denkens, so muß mit „wahr" oder „falsch" entscheidbar sein, ob dieses Objekt zur Menge gehört. Wie werden Mengen gebildet?

Erklärung 2: (Mengenbildung durch Aufzählung) Durch Aufzählen ihrer Elemente wird eine Menge gebildet. Die Elemente werden durch Kommata getrennt und ihre Gesamtheit durch geschweifte Klammern { } eingeschlossen. Die Reihenfolge der Aufzählung ist unwesentlich.

Wir schreiben Mengen auch mit Hilfe von großen lateinischen Buchstaben A, B, C, ..., M, ... usw.

Beispiel 1:

Endliche Mengen sind

$$M = \{1, 5, 7\}; \quad N = \{\text{rot, grün}\}; \quad C = \{\{1\}, \odot, \square\}$$

Mengen können also durchaus Elemente von Mengen sein, wie aus C ersichtlich.

Erklärung 3: (Mengenbildung durch Angabe der Eigenschaft). Sei eine Menge M und eine Aussageform $B(\cdot)$ über M gegeben. Dann ist die Gesamtheit N, die genau diejenigen Elemente x von M enthält, für die $B(x)$ den Wahrheitswert „wahr" besitzt, eine Menge.

So läßt sich aus der Menge der Studenten die Menge der Studenten in der Bundesrepublik Deutschland bilden, oder aus der Menge der ganzen Zahlen die der geraden Zahlen.

Um den Schreibaufwand gering zu halten und die Ausdrücke übersichtlich zu gestalten, führen wir eine Reihe von Abkürzungen ein.

Sprech- und Schreibweise:

$x \in A$:   x ist Element der Menge A
$x \notin A$:   x ist kein Element der Menge A
$\Rightarrow$:   gültiger Schluß (es folgt)
$\Leftrightarrow$:   gültiger Schluß in beiden Richtungen (dann und nur dann, wenn)
$:\Leftrightarrow$:   definitorisch genau dann, wenn
$:=$:   definitorisch gleich
$\mid$:   mit der Eigenschaft

Sei $\mathbb{Z}$ die Menge der ganzen Zahlen und A die Menge der geraden Zahlen, dann schreiben wir $A = \{x \in \mathbb{Z} \mid x \text{ ist gerade Zahl}\}$.

Die gemäß Mengenbildung nach Erklärung 3 entstehenden Mengen legen folgende Definition nahe:

Definition 1: (Teilmenge)

$$A \subset B : \Leftrightarrow x \in A \Rightarrow x \in B \qquad \text{(für alle } x \in A)$$

In Worten: A ist Teilmenge von B definitorisch genau dann, wenn für jedes Element x aus A folgt, daß x auch Element von B ist.   △

Das Teilmengenzeichen kann auch „$\supset$" geschrieben werden. $B \supset A$ ist dann wie folgt zu lesen: „B besitzt die Teilmenge A" oder „B ist Obermenge von A".

Beispiel 2:

Wir betrachten die Menge $\{1, a, 5\}$. Dann gilt u. a.:

$$\{a\} \subset \{1, a, 5\}; \quad \{1, a\} \subset \{1, a, 5\}; \quad \{1, a, 5\} \subset \{1, a, 5\}$$

Definition 2: (Mengengleichheit) Zwei Mengen A, B heißen gleich (abgekürzt: $A = B$): $\Leftrightarrow A \subset B \wedge B \subset A$ △

Verschiedene Autoren unterscheiden noch zwischen „echten" Teilmengen, d. h. Teilmengen, bei denen die Gleichheit ausgeschlossen ist, und Teilmengen. Sie benutzen dann anstatt des hier eingeführten Teilmengenzeichens $\subset$ das Zeichen $\subseteqq$ oder $\subseteq$ und reservieren das Zeichen $\subset$ für echte Teilmengen.

Die „leere Menge" definieren wir entsprechend Erklärung 3. Sei M eine Menge und $B(\cdot)$ eine Aussageform. Dann ist $B(\cdot) \wedge (\neg B(\cdot))$ wieder eine Aussageform, zu der es offenbar kein Element $x \in M$ gibt, so daß $B(x) \wedge (\neg B(x))$ wahr ist. Die mit Hilfe dieser Aussageform gebildete Menge enthält kein Element.

Definition 3: (Leere Menge)

$$\emptyset := \{x \in M \mid B(x) \wedge (\neg B(x)) \text{ ist wahr}\}$$
$\emptyset$ heißt leere Menge.   △

Diese Definition der leeren Menge $\emptyset$ hängt nicht von der speziellen Wahl der Menge M ab. Jede Menge, die kein Element besitzt, ist gleich der leeren Menge. Von einer solchen Menge sagt man auch, sie sei leer. Nun sind wir soweit, daß ein erster Satz bewiesen werden kann.

Satz 1: Sei A Menge. Dann gilt $\emptyset \subset A$.

Beweis: (mit Widerspruch (siehe §1, 1.22)):

Annahme: $\emptyset$ ist nicht Teilmenge von A. Durch Negation von Definition 1 mittels §1 (1.24) ergibt sich: Es existiert ein $x \in \emptyset$ mit der Eigenschaft $x \notin A$. Daraus folgt: $\emptyset$ ist nicht leer. Dies ist ein Widerspruch zu Definition 3. $\square$

Ähnlich wie Aussagen durch Junktoren zu Aussageverbindungen (das sind wieder Aussagen) verknüpft werden, lassen sich Verknüpfungen von Mengen definieren, die dann wieder Mengen sind.

Definition 4: (Durchschnitt von Mengen) Seien A, B Mengen.

$A \cap B := \{x \mid x \in A \wedge x \in B\}$

$A \cap B$ gesprochen: „A geschnitten B" oder
                   „der Durchschnitt von A und B" $\triangle$

$A \cap B$ ist also diejenige Menge, die aus den Elementen besteht, die sowohl in A als auch in B liegen. Zur Veranschaulichung des Durchschnitts werden manchmal sogenannte Venn-Diagramme benutzt. Seien die Mengen A, B durch zeichnerische Gebilde in der Ebene dargestellt, dann entspricht die schraffierte Fläche dem

Durchschnitt $A \cap B$. Zwei Mengen können auch die leere Menge als Durchschnitt haben, d.h. keine gemeinsamen Elemente besitzen.

Definition 5: (Disjunkte Mengen) Seien A, B Mengen.

Die Mengen A und B heißen disjunkt: $\Leftrightarrow A \cap B = \emptyset$
Disjunkte Mengen heißen auch elementfremd. $\triangle$

Definition 6: (Vereinigung von Mengen) Seien A, B Mengen.

$A \cup B := \{x \mid x \in A \vee x \in B\}$

$A \cup B$ gesprochen: „A vereinigt B" oder
                   „die Vereinigung von A und B". $\triangle$

Auch die Vereinigung von Mengen läßt sich mit Hilfe von Venn-Diagrammen veranschaulichen (falls sich die Mengen A, B zeichnerisch darstellen lassen):

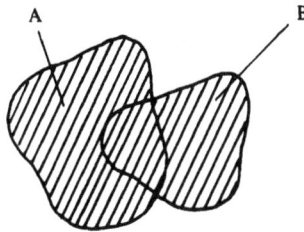

Beispiel 3:

Sei $A = \{1, 7\}$, $\quad B = \{\Box, \text{gelb}, \{1\}, 1\}$,

$C = \{\{1\}, \{7\}\}$, dann lassen sich aus je zwei Mengen folgende Durchschnitte und Vereinigungen bilden:

$A \cap B = \{1\}$, $\quad A \cap C = \emptyset$, $\quad B \cap C = \{\{1\}\}$

$A \cup B = \{1, 7, \Box, \text{gelb}, \{1\}\}$,

$A \cup C = \{1, 7, \{1\}, \{7\}\}$, $\quad B \cup C = \{\Box, \text{gelb}, \{1\}, 1, \{7\}\}$

Die Reihenfolge der Elemente in der Aufzählung kann beliebig gewählt werden. Kommt das gleiche Element mehrmals vor, so wird es weggelassen, also $\{1, 1\}$ $= \{1\}$. Durch Setzen von Klammern kann die Bildung von Durchschnitten und Vereinigungen auch auf mehr als zwei Mengen übertragen werden.

Satz 2: Seien A, B, C Mengen. Dann gilt

(1) $A \cap B = B \cap A$ (Kommutativgesetz für $\cap$)
(2) $A \cup B = B \cup A$ (Kommutativgesetz für $\cup$)
(3) $(A \cap B) \cap C = A \cap (B \cap C)$ (Assoziativgesetz für $\cap$)
(4) $(A \cup B) \cup C = A \cup (B \cup C)$ (Assoziativgesetz für $\cup$)

Wir wollen hier auf die einfachen Beweise verzichten, die sich auch leicht mittels Wahrheitstafeln erbringen lassen.

In Erklärung 3 wurde eine Mengenbildungsvorschrift mittels der Aussageform $B(\cdot)$ über M angegeben. Es entsteht ebenso eine Menge, wenn die Negation von $B(\cdot)$ benutzt wird.

Definition 7: (Komplement einer Menge) Seien A, M Mengen und $A \subset M$.

$C_M A := \{x \mid x \in M \wedge x \notin A\}$

$C_M A$ heißt Komplement von A bezüglich (der Obermenge) M. $\triangle$

Falls klar ist, bezüglich welcher Menge M die Komplementbildung erfolgen soll, schreiben wir anstatt von $C_M A$ einfach $\bar{A}$

$\bar{A} := \{x \mid x \notin A\}$

Satz 3: (Distributivgesetze) Seien A, B, C Mengen. Dann gilt

(1) $(A \cap B) \cup C = (A \cup C) \cap (B \cup C)$
(2) $(A \cup B) \cap C = (A \cap C) \cup (B \cap C)$.

Beweis: Wir wollen lediglich (1) beweisen. Dazu haben wir zwei Möglichkeiten: (a) durch Wahrheitstafeln, (b) durch eine Kette gültiger Schlüsse. Beide Möglichkeiten werden vorgeführt.

(a) Es werden folgende Aussagen gebildet

a: x ist Element von A
b: x ist Element von B
c: x ist Element von C

Die Behauptung von Satz 3 (1) soll mit folgender Wahrheitstafel bewiesen werden:

(a	∧	b)	∨	c	↔	(a	∨	c)	∧	(b	∨	c)
W	W	W	W	W	W	W	W	W	W	W	W	W
W	W	W	W	F	W	W	W	F	W	W	W	F
W	F	F	W	W	W	W	W	W	W	F	W	W
W	F	F	F	F	W	W	W	F	F	F	F	F
F	F	W	W	W	W	F	W	W	W	W	W	W
F	F	W	F	F	W	F	F	F	F	W	W	F
F	F	F	W	W	W	F	W	W	W	F	W	W
F	F	F	F	F	W	F	F	F	F	F	F	F

Die Behauptung von Satz 3 (1) entspricht der aussagenlogischen Äquivalenz (1.14), die nachträglich hiermit bewiesen ist.

(b) In mathematischen Texten finden wir häufiger folgenden Beweis: Gemäß der Definition der Gleichheit von Mengen sind zwei Behauptungen zu zeigen:

(b1) $(A \cap B) \cup C \subset (A \cup C) \cap (B \cup C)$ und

(b2) $(A \cup C) \cap (B \cup C) \subset (A \cap B) \cup C$

zuerst (b1): Sei $x \in (A \cup B) \cap C \Rightarrow$ (nach Definition 4) $x \in (A \cup B) \wedge x \in C$
$\Rightarrow$ (nach Definition 6) $(x \in A \vee x \in B) \wedge x \in C$ (Distributivgesetz für $\wedge$)
$\Rightarrow (x \in A \wedge x \in C) \vee (x \in B \wedge x \in C) \Rightarrow$ (nach Definition 4) $x \in A \cap C \vee x \in B \cap C$
$\Rightarrow$ (nach Definition 6) $x \in (A \cap C) \cup (B \cap C)$

(b2): Wird (b1) von rückwärts gelesen (mit umgekehrten Pfeilen), ergeben sich ebenfalls gültige Schlüsse. Damit ist auch (b2) bewiesen.

Aus (b1) und (b2) folgt gemäß Definition 2 die Behauptung (1) von Satz 3. □

Die Zeichen $\cup$ und $\cap$ haben eine gewisse Verwandtschaft zu den Zeichen $+$ und $\cdot$, die wir aus der Arithmetik kennen. Seien x, y, z Zahlen, so gelten Kommutativ- und Assoziativgesetze für die arithmetischen Operationen $+$ und $\cdot$ wie in Satz 1 und ein Distributivgesetz für $\cdot$ wie in Satz 3 (2). Bei der Vereinigung von Mengen spielt die leere Menge $\emptyset$ eine ähnliche Rolle wie die 0 (Null) bei der Addition, $A \cup \emptyset = A$. Auch der nächste Satz hat ein Analogon in der Aussagenlogik.

Satz 4: Seien A, B Mengen. Dann gilt

(1) $\overline{A \cup B} = \bar{A} \cap \bar{B}$

(2) $\overline{A \cap B} = \bar{A} \cup \bar{B}$

Dieser Satz heißt Dualitätssatz der Mengenlehre.

Es lassen sich wiederum 2 Beweise angeben und zwar mit Hilfe der Wahrheitstafel (a) oder der Schlußkette (b).

Beweis zu 4(1):

(a) Die Behauptung des Satzes wird aussagenlogisch formalisiert. Dann wird gezeigt, daß sie eine Tautologie ist.

a: x ist Element von A
b: x ist Element von B.

$\neg$	(a	$\vee$	b)	$\leftrightarrow$	($\neg$a)	$\wedge$	($\neg$b)
F	W	W	W	W	F	F	F
F	W	W	F	W	F	F	W
F	F	W	W	W	W	F	F
W	F	F	F	W	W	W	W

Diese Tautologie kennen wir bereits als die Regel von de Morgan aus der Aussagenlogik.

(b) Gemäß Definition 2 sind zwei Behauptungen zu zeigen:

(b1) $\overline{A \cup B} \subset \overline{A} \cap \overline{B}$ und

(b2) $\overline{A} \cap \overline{B} \subset \overline{A \cup B}$

Zuerst wird (b1) gezeigt:

Sei $x \in \overline{A \cup B}$ ⟹ (nach Definition 7) $x \notin A \cup B$ ⟹ (nach Definition 6 und de Morgan) $x \notin A \wedge x \notin B$ ⟹ (nach Definition 7) $x \in \overline{A} \wedge x \in \overline{B}$ ⟹ (nach Definition 4) $x \in \overline{A} \cap \overline{B}$

(b2): Wird (b1) von rückwärts gelesen, so ergeben sich gültige Schlüsse. Damit ist (b2) bewiesen.

Aus (b1) und (b2) folgt nach Definition 2 die Behauptung (1) von Satz 4.

Der Beweis von Satz 4 (2) ist analog auszuführen.   □

Satz 5: Seien A, M Mengen und $A \subset M$. Dann gilt: $\overline{\overline{A}} = A$.

Beweis: Wir argumentieren mit Schlüssen, die in beiden Richtungen gültig sind:

$x \in \overline{\overline{A}}$ ⟺ (nach Definition 7) $x \notin \overline{A}$ ⟺ (nach Definition 7) $x \in A$.   □

Neben den bis jetzt behandelten Mengenverknüpfungen gibt es eine weitere, die in etwa der Differenzbildung bei Zahlen entspricht.

Definition 8: (Differenz von Mengen)

Seien A, B, M Mengen und $A \subset M$, $B \subset M$.
$A \setminus B := \{x \mid x \in A \wedge x \notin B\}$
$A \setminus B$: gesprochen A ohne B (seltener: A minus B)   △

Die Differenz läßt sich auch im Venn-Diagramm veranschaulichen.

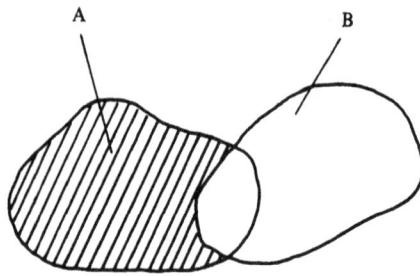

Die schraffierte Menge entspricht $A \backslash B$.

Wir wollen einige Aussagen über die Mengendifferenz als Satz formulieren. Dabei ergeben sich gewisse Ähnlichkeiten zur Differenzbildung in der Arithmetik.

Satz 6: Seien A, B, C Mengen.

(1) $A \backslash \emptyset = A$ (2) $A \backslash A = \emptyset$

(3) $A = B \Leftrightarrow A \backslash B = B \backslash A$ (4) $C \backslash (A \cap B) = (C \backslash A) \cup (C \backslash B)$

Beweis:

(1) $x \in A \backslash \emptyset \Leftrightarrow x \in A \wedge x \notin \emptyset$ (nach Definition 8) $\Leftrightarrow x \in A$ (nach Definition 3)

(2) $x \in A \backslash A \Leftrightarrow x \in A \wedge x \notin A \Leftrightarrow x \in \emptyset$

(3) Zur Durchführung von (3) müssen zwei Schritte ausgeführt werden. Zuerst zeigen wir:

(3.1) $A = B \Rightarrow A \backslash B = B \backslash A$

Beweis:

$A = B \Rightarrow$ (nach Satz 4 (2)) $A \backslash B = \emptyset$ und ebenso $B \backslash A = \emptyset$ und damit $A \backslash B = B \backslash A$

Nun die umgekehrte Richtung:

(3.2) $A \backslash B = B \backslash A \Rightarrow A = B$

Beweis mit Widerspruch: Annahme $A \neq B$. Ohne Einschränkung der Allgemeinheit können wir annehmen (Negation der Teilmengendefinition), es existiert ein $x \in A$ mit $x \notin B$. (Falls dies nicht der Fall wäre, müßte lediglich die Rolle von A und B vertauscht werden). Es folgt mit Definition 8:

$x \in A \backslash B \wedge x \in B \backslash A \Rightarrow A \backslash B \neq B \backslash A$

Dies ist ein Widerspruch.

Aus (3.1) und (3.2) folgt die Behauptung (3).

(4) Wir wollen (4) nicht beweisen, sondern mit Hilfe einer Zeichnung veranschaulichen.

Die schraffierte Fläche entspricht $C \backslash (A \cap B)$ und ebenso der Vereinigung von $(C \backslash A)$ und $(C \backslash B)$.

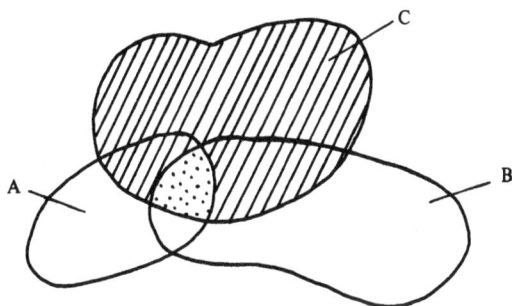

Aus einer gegebenen Menge M läßt sich eine Menge bilden, die nur Mengen als Elemente besitzt.

Definition 9: (Potenzmenge) Sei A eine Menge.

$\mathscr{P}(A) := \mathscr{P}A := \{M \mid M \subset A\}$

$\mathscr{P}(A) = \mathscr{P}A$ heißt Potenzmenge von A   △

Beispiel 3:

Sei $A = \{1, 2, 3\}$ dann ist

$$\mathscr{P}(A) = \{\{1\}, \{2\}, \{3\}, \{1, 2\}, \{1, 3\}, \{2, 3\}, \{1, 2, 3\}, \emptyset\}$$

Die Potenzmenge einer beliebigen Menge A enthält immer A und $\emptyset$ als Element.

Die soeben behandelten Definitionen und Sätze der Mengenlehre spielen eine wichtige Rolle in der elementaren Wahrscheinlichkeitsrechnung. Diese wiederum ist die Grundlage der Statistik, die im ökonomischen Bereich eine große Bedeutung besitzt.

Definition 10: Sei A eine Menge und $B \subset \mathscr{P}(A)$

(1) $\displaystyle\bigcup_{M \in B} M := \{x \in A \mid \exists M \in B \text{ so daß } x \in M \text{ gilt}\}$

(2) $\displaystyle\bigcap_{M \in B} B := \{x \in A \mid \forall M \in B \text{ gilt } x \in M\}$

Dies heißt Vereinigung bzw. Durchschnitt aller in B enthaltenen Teilmengen von A.

△

Beispiel 5:

(1) Sei $B = \mathscr{P}(A)$. Dann ist $\displaystyle\bigcup_{M \in B} M = A$ und $\displaystyle\bigcap_{M \in B} M = \emptyset$

(2) Sei A die Menge der natürlichen Zahlen $\{1, 2, 3, \ldots\}$ und $B = \{\{1\}, \{2, 3\}, \{3, 4, 5\}\}$. Dann ist

$\displaystyle\bigcup_{M \in B} M = \{1, 2, 3, 4, 5\}, \bigcap_{M \in B} M = \emptyset$

(3) Sei A die Menge der natürlichen Zahlen und
B = {{1, 2}, {x|x ∈ A ∧ x ist gerade.}}

$$\bigcup_{M \in B} M = \{x \mid x \in A \text{ mit x ist gerade } \vee x = 1\}$$

$$\bigcap_{M \in B} M = \{2\}$$

Als nächstes betrachten wir einen Begriff, der u. a. der Koordinatendarstellung von Punkten der Ebene zugrunde liegt. Es ist gebräuchlich mit (x, y) einen Punkt der Ebene zu bezeichnen, wobei der an der ersten Stelle stehende Wert x die Abszisse und der Wert y die Ordinate bedeutet. (x, y) ist also ein „geordnetes" Paar, bei dem es auf die Reihenfolge der Werte ankommt. Wir wollen auf eine Einführung der geordneten Paare mit Mitteln der Mengenlehre verzichten und uns der Bildung von Mengen von geordneten Paaren zuwenden.

Definition 11: (Kartesisches Produkt) Seien A, B Mengen

$$A \times B := \{(x, y) \mid x \in A \wedge y \in B\}$$

A × B heißt kartesisches Produkt von A und B (abgekürzt gesprochen „A kreuz B"). △

Beispiel 6:

(1) Sei ℝ die Menge der reellen Zahlen, so läßt sich ℝ × ℝ als Zahlenebene veranschaulichen; ebenso wie sich ℝ als Zahlengerade veranschaulichen läßt. Zur Definition von ℝ siehe § 4.

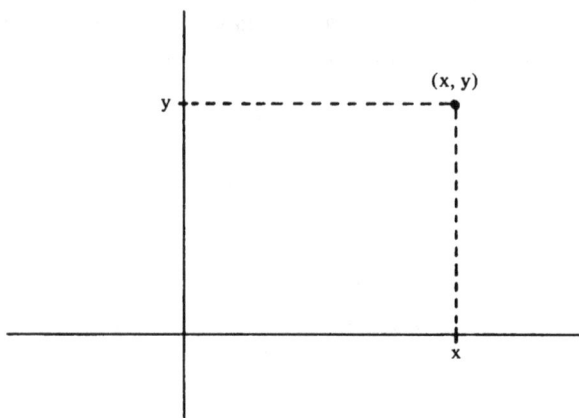

Abkürzend für ℝ × ℝ sprechen wir auch in Analogie zum Zeichen „ · " von ℝ² (gesprochen: „ℝ hoch zwei" oder „ℝ zwei").

(2) Sei A = {gelb, rot}, B = {α, β, γ}, dann ist

A × B = {(gelb, α), (gelb, β), (gelb, γ), (rot, α), (rot, β), (rot, γ)}

Zur Charakterisierung von geordneten Paaren benutzen wir immer runde Klammern $(\cdot, \cdot)$. Es lassen sich natürlich auch mehr als zwei Dinge in eine geordnete Reihenfolge bringen. Wir sprechen dann von einem geordneten n-Tupel. Zur Abgrenzung werden runde Klammern benutzt. Die Objekte werden durch Kommata getrennt.

Definition 12: Seien $A_1, A_2, \ldots, A_n$ Mengen.

$$A_1 \times A_2 \times \ldots \times A_n := \{(x_1, \ldots, x_n) \mid x_1 \in A_1 \wedge x_2 \in A_2 \wedge \ldots \wedge x_n \in A_n\}$$

$A_1 \times A_2 \times \ldots \times A_n$ heißt das kartesische Produkt von A_1 bis A_n. △

Die rechte Seite (RS) der Definitionsgleichung läßt sich auch kürzer

$$\{(x_1, \ldots, x_n) \mid x_i \in A_i \text{ für } i = 1, \ldots, n\}$$

schreiben. Ein sehr bekanntes und uns allen geläufiges Beispiel für ein kartesisches Produkt aus drei Mengen ist $\mathbb{R} \times \mathbb{R} \times \mathbb{R} = \mathbb{R}^3$, der dreidimensionale (euklidische) Raum. Im folgenden wird noch oft mit geordneten Paaren oder n-Tupeln gerechnet.

Definition 13: Seien $A, B, A_1, A_2, \ldots, A_n$ Mengen. $x, x' \in A$, $y, y' \in B$, $x_i, x_i' \in A_i$ für $i = 1, \ldots, n$.

(1) Zwei geordnete Paare (x, y) und (x', y') heißen gleich

$$(x, y) = (x', y') :\Leftrightarrow x = x' \wedge y = y'$$

(2) $(x_1, \ldots, x_n) = (x_1', \ldots, x_n') :\Leftrightarrow x_1 = x_1' \wedge x_2 = x_2' \wedge \ldots \wedge x_n = x_n'$ △

Wir haben nicht ausgeschlossen, daß bei der Bildung des kartesischen Produktes eine der Mengen die leere Menge sein kann. Diesen Fall wollen wir sinnvoll definieren.

Definition 14: Sei A eine Menge.

$$A \times \emptyset := \emptyset \quad \text{und} \quad \emptyset \times A := \emptyset \qquad \qquad △$$

Für die Mengenverknüpfung „$\times$" gibt es bezüglich der Verknüpfungen „$\cup$" und „$\cap$" Distributivgesetze. Sind a, b, c reelle Zahlen, so entspricht 7(1) der Regel $a \cdot (b + c) = a \cdot b + a \cdot c$ für das Rechnen mit reellen Zahlen.

Satz 7: Seien A, B, C Mengen. Dann gilt

(1) $A \times (B \cup C) = (A \times B) \cup (A \times C)$

(2) $A \times (B \cap C) = (A \times B) \cap (A \times C)$

Beweis: (von 7(1))

(1) $A \times (B \cup C)$ ist eine Menge von geordneten Paaren.

$(x, y) \in A \times (B \cup C) \Leftrightarrow x \in A \wedge y \in B \cup C \Leftrightarrow x \in A \wedge (y \in B \vee y \in C)$
$\Leftrightarrow (x \in A \wedge y \in B) \vee (x \in A \wedge y \in C) \Leftrightarrow (x, y) \in A \times B \vee (x, y) \in A \times C$
$\Leftrightarrow (x, y) \in (A \times B) \cup (A \times C)$ □

Diesmal wurde bei der Beweisführung auf die genauen Hinweise verzichtet, bezüglich welcher Definition oder aussagenlogischen Äquivalenz die Schlüsse durchgeführt wurden.

Der Beweis von (2) verläuft ähnlich, so daß auf seine Wiedergabe verzichtet wird.

§ 3 Relationen

Wir beschäftigen uns aus mehreren Gründen etwas ausführlicher mit dem Begriff der Relation, d.h. dem Bestehen von Beziehungen zwischen gewissen Objekten. Betrachten wir die Menge der Städte in der Bundesrepublik Deutschland und die Verkehrsverbindungen dieser Städte untereinander. Wir können z.B. durch „. ist von Frankfurt direkt mit dem Flugzeug erreichbar" eine Beziehung für eine gewisse Teilmenge der Städte darstellen. Wir könnten uns auch dafür interessieren, welche Stadt mit welchem Fortbewegungsmittel zu erreichen ist, z.B. mit Schiff, Bahn, Flugzeug oder Auto.

Ein weiterer Bereich, in dem Dinge in Beziehung zueinander gebracht werden, ist das Ordnen von Objekten. Geläufig ist das Ordnen von Zahlen, z.B. mittels der Beziehung „ist kleiner als". Es lassen sich auch andere Dinge (meist nicht vollständig) ordnen. Ein Student, befragt, wie seine Einstellung zu gewissen Speisen der Mensa sei, könnte antworten: „Ich ziehe Rindfleisch sowohl Fisch als auch Huhn vor und zwischen Huhn und Fisch kann ich mich nicht entscheiden." Diese Antwort legt nur eine teilweise Entscheidung zwischen den drei Fleischsorten fest.

Beispiel 1:
Seien zwei Zahlen x, y genau dann in Beziehung zueinander, wenn $x - y = 1$ gilt. Diese Beziehung läßt sich auf der Zahlengeraden veranschaulichen.

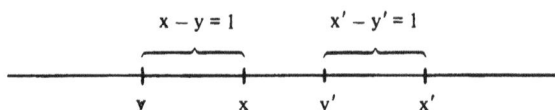

Es stehen neben x, y und x', y' noch viele andere Zahlen in Beziehung zueinander.

Die Zahlengerade ist nicht geeignet, diese Beziehung darzustellen. Benutzen wir die Zahlenebene anstatt der Zahlengeraden, so läßt sich die Beziehung $x - y = 1$ zeichnerisch darstellen.

Die Zahlen x, y, die in Beziehung zueinander stehen, liegen auf der eingezeichneten Geraden.

Alle hier aufgeführten Beispiele haben eine gemeinsame Struktur, die sich leicht mit Hilfe der Mengenlehre formalisieren läßt. Der nun definierte Begriff der Relation hat nicht nur eine mathematische Bedeutung, sondern ist im ökonomischen Bereich grundlegend für die Nutzentheorie und für die Theorie des Messens.

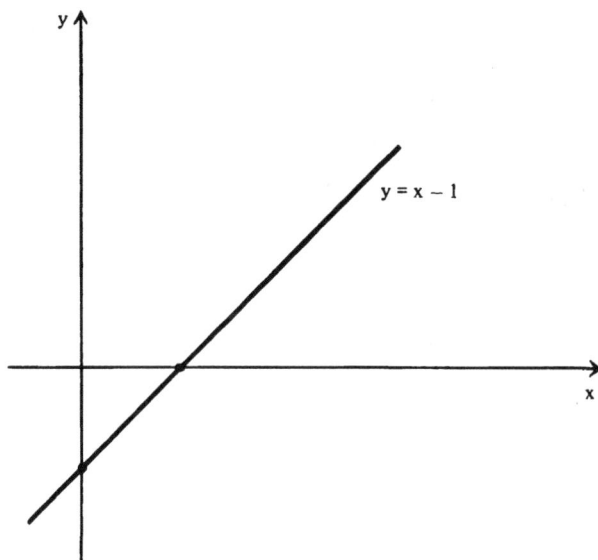

Definition 1: (Relation) Seien $A_1, A_2, \ldots, A_n$ Mengen. Eine Teilmenge $R \subset A_1 \times A_2 \times \ldots \times A_n$ heißt n-stellige Relation zwischen $A_1, \ldots, A_n$. △

Gilt $(x_1, \ldots, x_n) \in R$, so sagen wir $(x_1, \ldots, x_n)$ stehen bezüglich R zueinander in Beziehung. Von besonderer Wichtigkeit sind die zweistelligen Relationen und deren Spezialfall $A_1 = A_2$. Für diese Relation führen wir besondere Sprechweisen ein.

Definition 2: (Binäre Relation) Sei A eine Menge und $R \subset A \times A$.

(1) $R \subset A \times A$ heißt binäre Relation in A
(2) $R = \emptyset$ heißt Nullrelation
(3) $R = A \times A$ heißt Allrelation
(4) $R = \{(x, x) \mid x \in A\}$ heißt Gleichheitsrelation.   △

Im Falle von binären Relationen wird anstatt $(x, y) \in R$ auch sehr oft xRy für das Bestehen der Beziehung zwischen x und y bezüglich R geschrieben.

   Warum wird jede Teilmenge R von $A \times A$ (binäre) Relation genannt? Erinnern wir uns an die Charakterisierung von Teilmengen durch Aussageformen. Es gibt also zu R eine Aussageform $B(., .)$ von zwei Veränderlichen, die genau dann den Wahrheitswert „wahr" besitzt, wenn $(x, y) \in R$ ist. In anderen Worten x steht zu y bezüglich R in Beziehung, falls die Aussage $B(x, y)$ den Wahrheitswert „wahr" hat.

Beispiel 2:

Sei $A = \mathbb{R}$ ($\mathbb{R}$ Menge der reellen Zahlen. (Zur Definition von $\mathbb{R}$ siehe § 4) und

$$R = \{(x, y) \in \mathbb{R} \times \mathbb{R} \mid y = x^2\}.$$

Diese Relation stellt die Menge aller Punkte der Zahlenebene dar, die auf der sogenannten „Einheitsparabel" liegen.

Zu einer gegebenen zwei-stelligen Relation $R \subset A_1 \times A_2$ gibt es eine Relation $R^{-1} \subset A_2 \times A_1$, die die umgekehrte Beziehung zwischen den Elementen von A_1 und A_2 zum Ausdruck bringt.

Definition 3: (Umkehrrelation) Seien A_1, A_2 Mengen und $R \subset A_1 \times A_2$.

$$R^{-1} := \{(y, x) \in A_2 \times A_1 \,|\, (x, y) \in R\}$$

heißt Umkehrrelation (oder inverse Relation).   △

Betrachten wir noch einmal Beispiel 2 mit

$$R = \{(x, y) \in \mathbb{R}^2 \,|\, y = x^2\}.$$

Dann ist

$$R^{-1} = \{(y, x) \in \mathbb{R}^2 \,|\, (x, y) \in R\} = \{(y, x) \in \mathbb{R}^2 \,|\, y = x^2\}.$$

Stellen wir R und R^{-1} in der Zahlenebene dar, so sieht dies wie folgt aus:

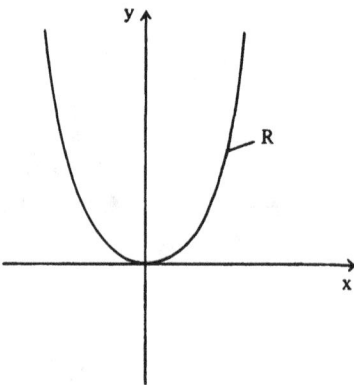

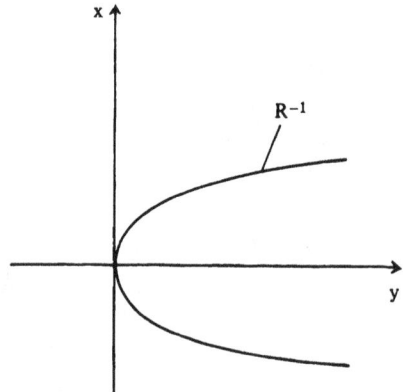

Beispiel 3:

Betrachten wir ein weiteres Beispiel, bei dem A_1 und A_2 endliche Mengen sind. Sei $A_1 = \{1, 2, 3\}$, $A_2 = \{a, b\}$ und $R \subset A_1 \times A_2$ mit $R = \{(1, a), (2, a), (3, a)\}$. Dann ist R^{-1} eine Teilmenge von $A_2 \times A_1$ und es ist

$$R^{-1} = \{(y, x) \in A_2 \times A_1 \,|\, (x, y) \in R\} = \{(a, 1), (a, 2), (a, 3)\}.$$

Da Relationen Mengen sind, lassen sich Teilmengen sowie die Verknüpfungen „∪" und „∩" von Relationen bilden. Denken wir an den Zusammenhang zwischen Relationen und Aussageformen, so ließe sich der folgende Satz auch für Aussageformen fassen.

Satz 1: Sei A Menge und $R, S \subset A \times A$. Dann gilt

(1) $R \subset S \Leftrightarrow ((x, y) \in R \Rightarrow (x, y) \in S) \,\forall\, x, y \in A$

(2) $(x, y) \in (R \cup S) \Leftrightarrow ((x, y) \in R \vee (x, y) \in S)$ $\forall x, y \in A$

(3) $(x, y) \in (R \cap S) \Leftrightarrow ((x, y) \in R \wedge (x, y) \in S)$ $\forall x, y \in A$

Der Beweis ist offensichtlich.   □

Es ist auch möglich, Relationen hintereinander zu schalten. Eine wichtige Anwendung ist das Hintereinanderschalten von Funktionen (siehe Definition 11 und II § 1 Beispiel 2) zu sogenannten Schachtelfunktionen.

Definition 4: Seien A_1, A_2, A_3 Mengen und $R \subset A_1 \times A_2$ und $S \subset A_2 \times A_3$. Die Hintereinanderschaltung (Komposition) $R \circ S$ ist eine Relation zwischen A_1 und A_3, d.h. $R \circ S \subset A_1 \times A_3$

$$R \circ S := \{(x_1, x_3) \in A_1 \times A_3 \mid \exists x_2 \in A_2 \quad \text{mit} \quad x_1 R x_2 \wedge x_2 S x_3\} \qquad \triangle$$

Beispiel 4:

Sei $A_1 = A_2 = A_3 \subset \mathbb{R}$. Die Relationen R und S seien wie folgt gegeben:

$$R = \{(x, y) \in \mathbb{R}^2 \mid y = x^2\} \quad \text{und} \quad S = \{(x, y) \in \mathbb{R}^2 \mid y = \sin(x)\}$$

$$R \circ S = \{(x, y) \in \mathbb{R}^2 \mid \exists z \in \mathbb{R} \quad \text{mit} \quad z = x^2 \wedge y = \sin(z)\} =$$

$$= \{(x, y) \in \mathbb{R}^2 \mid y = \sin(x^2)\}.$$

Einen wichtigen Zusammenhang zwischen Umkehrrelation und Hintereinanderschaltung wollen wir als Satz formulieren.

Satz 2:

Sei A eine Menge und $R \circ S \subset A \times A$. Dann gilt

$$(R \circ S)^{-1} = S^{-1} \circ R^{-1}$$

Beweis: $(x, y) \in (R \circ S)^{-1} \Leftrightarrow$ (Definition 3) $(y, x) \in R \circ S$

$\Leftrightarrow$ (Definition 4) $\exists z \in A \mid (y, z) \in R \wedge (z, x) \in S$

$\Leftrightarrow$ (Definition 3) $\exists z \in A \mid (x, z) \in S^{-1} \wedge (z, y) \in R^{-1}$

$\Leftrightarrow$ (Definition 4) $(x, y) \in S^{-1} \circ R^{-1}$ □

Im folgenden sollen noch drei Typen von Relationen definiert und untersucht werden. Es sind die Äquivalenzrelationen, Ordnungsrelationen und Funktionen. Dazu benötigen wir einige Eigenschaften von Relationen, die zusammengefaßt wiedergegeben werden.

Definition 5: Eine binäre Relation R in A heißt

(1) reflexiv: $\Leftrightarrow$ $(x, x) \in R$ für alle $x \in A$

(2) symmetrisch: $\Leftrightarrow$ $((x, y) \in R \Rightarrow (y, x) \in R)$ für beliebige $x, y \in A$

(3) antisymmetrisch: $\Leftrightarrow$ $((x, y) \in R \wedge (y, x) \in R \Rightarrow x = y)$ für beliebige $x, y \in A$

(4) transitiv: $\Leftrightarrow$ $((x, y) \in R \wedge (y, z) \in R \Rightarrow (x, z) \in R)$ für beliebige $x, y, z \in A$

(5) eindeutig: $\Leftrightarrow$ $((x, y) \in R \wedge (x, z) \in R \Rightarrow y = z)$ für beliebige $x, y, z \in A$ $\triangle$

Beispiel 5:

Sei $A = \{1, 2, 3\}$ und $R = \{(1, 1), (1, 2), (1, 3), (2, 2), (2, 3), (3, 3)\}$. Welche Eigenschaften hat R?

1. R ist reflexiv, da $(1, 1), (2, 2), (3, 3) \in R$
2. R ist nicht symmetrisch, da $(1, 2) \in R$ und $(2, 1) \notin R$
3. R ist antisymmetrisch, da diese Eigenschaft nicht verletzt wird
4. R ist transitive (wird durch Aufzählung gezeigt)
5. R ist nicht eindeutig, da $(1, 1) \in R$ und $(1, 2) \in R$ gilt, aber $1 \neq 2$.

Im folgenden Satz wollen wir die Frage beantworten, welche Eigenschaften von R sich auf die inverse Relation R^{-1} übertragen.

Satz 3: Sei R eine Relation in A. Besitzt R eine der Eigenschaften (1)–(4) aus Definition 5, so auch die inverse Relation R^{-1}.

Beweis:

(1)   R reflexiv $\Rightarrow R^{-1}$ reflexiv.
   $(x, x) \in R \, \forall \, x \in A \Rightarrow$ (Definition 3) $(x, x) \in R^{-1}$ für alle $x \in A$

(2)   R symmetrisch $\Rightarrow R^{-1}$ symmetrisch.
   $(x, y) \in R^{-1} \Rightarrow$ (Definition 3) $(y, x) \in R \Rightarrow$ (Definition 5(2))
   $(x, y) \in R \Rightarrow$ (Definition 3) $(y, x) \in R^{-1}$; damit ist R^{-1} symmetrisch.

(3)   R antisymmetrisch $\Rightarrow R^{-1}$ antisymmetrisch.
   $(x, y) \in R^{-1} \wedge (y, x) \in R^{-1} \Rightarrow$ (Definition 3) $(y, x) \in R \wedge (x, y) \in R$
   $\Rightarrow$ (Definition 5(3)) $y = x$ für $y, x \in A$
   mit R ist also auch R^{-1} antisymmetrisch.

(4)   R transitiv $\Rightarrow R^{-1}$ transitiv.
   $(x, y) \in R^{-1} \wedge (y, z) \in R^{-1} \Rightarrow$ (Definition 3) $(y, x) \in R \wedge (z, y) \in R$
   $\Rightarrow$ ((Definition 5(4)) $(z, x) \in R \Rightarrow (x, z) \in R^{-1}$
   mit R ist also auch R^{-1} in A transitiv.   □

Wenn A eine endliche Menge ist, lassen sich Relationen in A zeichnerisch durch Relationsgraphen darstellen.

Definition 6: (Relationsgraph) Sei A eine endliche Menge. Eine Relation R in A läßt sich durch eine Zeichnung (genannt Relationsgraph) darstellen, worin die Elemente von A Punkte sind und alle Punkte x, y, für die $(x, y) \in R$ gilt, durch einen Pfeil verbunden werden. $(x, x) \in R$ wird durch eine Schlinge dargestellt.   △

Beispiel 6:
Sie $A = \{1, 2, 3, 4\}$ und $R = \{(1, 1), (1, 2), (1, 4), (2, 3), (4, 4)\}$, dann läßt sich R durch folgenden Relationsgraphen darstellen:

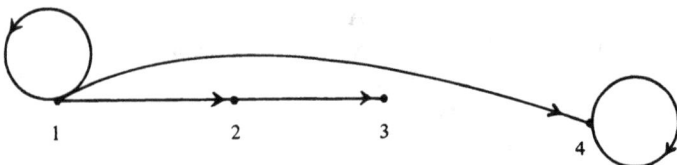

Besonders wegen ihrer Anwendung in der Nutzentheorie wollen wir jetzt eine spezielle Art von Relationen, die Äquivalenzrelationen, studieren. Auch in der Umgangssprache benutzen wir den Begriff der Äquivalenz. So zum Beispiel: „zwei Dinge sind äquivalent für mich." Wir formalisieren den Begriff wie folgt:

Definition 7: (Äquivalenzrelation). Sei R Relation in A.

R heißt Äquivalenzrelation: ⇔
R besitzt die Eigenschaften:
    (a) reflexiv, (b) symmetrisch, (c) transitiv.   △

Ist R eine Äquivalenzrelation, so wird vielfach für die Gültigkeit von $(x, y) \in R$ das Zeichen $x \sim y$ (gesprochen: x äquivalent y) benutzt.

Beispiel 7:

(1) Sei A die Menge der Lohnempfänger eines Betriebes. Dann ist die Relation $(x, y) \in R :\Leftrightarrow$ x gehört derselben Lohngruppe an wie y für x, y $\in$ A eine Äquivalenzrelation in A.

(2) Sei A die Menge der natürlichen Zahlen $\mathbb{N}$. Dann ist die Relation $(x, y) \in R :\Leftrightarrow$ x und y sind gerade natürliche Zahlen für x, y $\in \mathbb{N}$ eine Äquivalenzrelation in $\mathbb{N}$.

(3) Sei A die Menge der ganzen Zahlen $\mathbb{Z}$ und n eine natürliche Zahl. Dann ist die Relation $(x, y) \in R :\Leftrightarrow$ x $-$ y ist durch n teilbar für x, y $\in \mathbb{Z}$ eine Äquivalenzrelation. Diese oft benutzte Äquivalenzrelation wird auch „x äquivalent y modulo n" genannt.

Eng im Zusammenhang mit dem Begriff der Äquivalenzrelation steht der Begriff der Zerlegung.

Definition 8: (Zerlegung): Sei A $\neq \emptyset$

Z $\subset \mathscr{P}$ (A) heißt Zerlegung: ⇔

1. $\emptyset \notin Z$

2. $B, C \in Z \Rightarrow B \cap C = \emptyset$ oder $B = C$

3. $A = \bigcup_{B \in Z} B$ △

Beispiel 8:

(1) Wir beginnen mit Zerlegungen Z einer endlichen Menge. Sei

A = $\{1, 2, 3\}$. Wir zählen alle möglichen Zerlegungen von A auf:

Z = $\{\{1\}, \{2\}, \{3\}\}$,   Z = $\{\{1, 2, 3\}\}$,   Z = $\{\{1\}, \{2, 3\}\}$,

Z = $\{\{1, 2\}, \{3\}\}$ und   Z = $\{\{1, 3\}, \{2\}\}$.

(2) Wir können auch Zerlegungen von Mengen bilden, die mehr als endlich viele Elemente besitzen. Sei A = $\mathbb{N}$. Eine einfache Zerlegung der natürlichen Zahlen ist

Z = $\{\{n \in \mathbb{N} | n$ ist durch 2 teilbar$\}, \{n \in \mathbb{N} | n$ ist nicht durch 2 teilbar$\}\}$
   = $\{\{n \in \mathbb{N} | n$ gerade$\}, \{n \in \mathbb{N} | n$ ungerade$\}\}$

ebenso

$Z = \{\{n \in \mathbb{N} \,|\, n$ ist durch 3 teilbar$\}$,

$\{n \in \mathbb{N} \,|\, n$ ist durch 3 mit Rest 1 teilbar$\}$,

$\{n \in \mathbb{N} \,|\, n$ ist durch 3 mit Rest 2 teilbar$\}\}$.

(3) Sei nun $A = \mathbb{R} \times \mathbb{R}$ dann ist

$Z = \{(x, y) \in \mathbb{R}^2 \,|\, x^2 + y^2 = r^2$ mit $r \in \mathbb{R}$, $r \geq 0\}$ eine Zerlegung.

Dies ist nichts anderes als die Menge der Kreise um den Nullpunkt einschließlich des Nullpunktes selbst.

Satz 4: Sei $A \neq \emptyset$. Jede Zerlegung Z von A bestimmt eindeutig eine Äquivalenzrelation in A und umgekehrt jede Äquivalenzrelation eindeutig eine Zerlegung.

Beweis: Der Beweis erfolgt in 2 Schritten.

(1) Zuerst zeigen wir, daß es zu jeder Zerlegung Z von A genau eine Äquivalenzrelation R gibt. Sei Z Zerlegung von A.

Gemäß Definition 8 existiert zu jedem $x \in A$ genau eine Menge A_x, die Element der Zerlegung Z ist, so daß $x \in A_x$.

Es wird nun eine Relation R in A definiert:

$(x, y) \in R: \Leftrightarrow A_x = A_y$ für $x, y \in A$.

Jetzt wird gezeigt, daß R eine Äquivalenzrelation in A ist.

Es gilt:

1. $(x, x) \in R$, da $A_x = A_x$ $\quad \forall x \in A$
2. $(x, y) \in R \Rightarrow (y, x) \in R$, da $A_x = A_y \Rightarrow A_y = A_x$ $\quad \forall x, y \in A$
3. $((x, y) \in R \wedge (y, z) \in R \Rightarrow (x, z) \in R)$, da $A_x = A_y \wedge A_y = A_z \Rightarrow A_x = A_z$

Damit ist gezeigt, daß R eine Äquivalenzrelation ist.

(2) Sei R eine Äquivalenzrelation in A. Dann ist zu zeigen, daß
$Z = \{A_x = \{y \in A \,|\, (y, x) \in R\} \,|\, x \in A\}$ eine Zerlegung ist.

1. Es gilt $A_x \neq \emptyset$.
    A_x enthält alle Elemente von A, die bezüglich R zu x äquivalent sind. Da R als Äquivalenzrelation reflexiv ist, gilt $(x, x) \in R$. Daraus folgt $x \in A_x$ und damit $A_x \neq \emptyset \; \forall x \in A$.

2. Es gilt $A_x, A_y \in Z \wedge A_x \neq A_y \Rightarrow A_x \cap A_y = \emptyset$.
    Dies wird mit Hilfe eines Widerspruchs gezeigt. Sei $A_x \cap A_y \neq \emptyset$, dann $\exists z$ mit der Eigenschaft $z \in A_x \wedge z \in A_y$. Es gilt damit nach der Definition von A_x und A_y, daß $(z, x) \in R \wedge (z, y) \in R$. Aus der Symmetrie von R folgt dann $(x, z) \in R$ und aus der Transitivität $(x, y) \in R$. Damit ergibt sich unter erneuter Ausnutzung der Transitivität:

    $A_x = \{z \in A \,|\, (z, x) \in R\} = \{z \in A \,|\, (z, y) \in R\} = A_y$.

3. Es gilt $\bigcup\limits_{A_x \in Z} A_x = A$.

Zu zeigen ist also die Gleichheit von zwei Mengen.

3a) Wegen $A_x \subset A$ für alle x ist die Vereinigung in A enthalten. Die umgekehrte Inklusion sieht man so:

3b) $y \in A \Rightarrow y \in A_y \Rightarrow y \in \bigcup\limits_{A_x \in Z} A_x$

Damit ist Satz 4 gezeigt. $\square$

Den Zusammenhang zwischen Äquivalenzrelationen und Zerlegungen veranschaulichen wir an einigen Beispielen.

Beispiel 9:

(1) Sei $A = \{a_1, \ldots, a_n\}$ die Menge der Lohnempfänger eines Betriebes. Durch $(a_i, a_j) \in R: \Leftrightarrow a_i$ gehört zur selben Lohngruppe wie a_j wird eine Äquivalenzrelation gegeben. Dann bilden die Mengen

$$A_{a_i} = \{a_i \in A \mid (a_i, a_j) \in R\} \quad \text{für } a_i \in A$$

die Elemente der zugehörigen Zerlegung Z. Jedes Element der gefundenen Zerlegung läßt sich genau einer Lohngruppe zuordnen und umgekehrt, während einer Lohngruppe i. a. mehrere Individuen zugeordnet werden können.

(2) Wir wissen, daß

$$Z = \{\{n \in \mathbb{N} \mid n \text{ gerade}\}, \{n \in \mathbb{N} \mid n \text{ ungerade}\}\}$$

eine Zerlegung von $\mathbb{N}$ ist. Wie sieht die zugehörige Äquivalenzrelation $R \subset \mathbb{N} \times \mathbb{N}$ aus? Sei $n, n' \in \mathbb{N}$. Nach der Definition der Mengen $A_n, A_{n'}$ gilt $(n, n') \in R \Leftrightarrow A_n = A_{n'}$. Das heißt $R = \{(n, n') \in \mathbb{N} \times \mathbb{N} \mid n - n' \text{ gerade}\}$. Es ist leicht zu zeigen, daß R eine Äquivalenzrelation ist.

(3) Betrachten wir die Zerlegung von $\mathbb{N}$, die durch

$$Z = \{\{n \in \mathbb{N} \mid n \text{ ist durch 3 teilbar}\}\}, \{n \in \mathbb{N} \mid n \text{ ist durch 3 mit Rest 1 teilbar}\}, \{n \in \mathbb{N} \mid n \text{ ist durch 3 mit Rest 2 teilbar}\}\}$$

gegeben ist, so können wir bei der zugehörigen Äquivalenzrelation ähnlich vorgehen.

$$R = \{(n, n') \in \mathbb{N} \times \mathbb{N} \mid n - n' \text{ ist durch 3 teilbar}\}.$$

Haben wir Zahlen x, y vor uns, so lassen diese sich leicht der Größe nach ordnen. Es kann jedes Paar von Zahlen mittels der Beziehung „größer oder gleich" verglichen werden. Betrachten wir aber Paare von Zahlen (x, y) (Punkte der Ebene lassen sich durch solche Paare darstellen), gibt es keine zwingende Art, diese Paare zu ordnen. Insbesondere erscheinen nicht sofort alle Paare vergleichbar zu sein. Grundlegend für jede Art des Messens ist es, die zu messenden Objekte oder Sachverhalte ordnen zu können. Bei der Messung von Längen ist der Nullpunkt natürlich vorgegeben, während die Längeneinheit willkürlich ist. Denken wir an das Messen von Temperaturen, so ist sowohl der Nullpunkt als auch die Einheit (man denke an Grad Celsius oder Fahrenheit) willkürlich. Sowohl bei Temperatur als auch Länge läßt sich das Meßergebnis als reelle Zahl auffassen. Wollen wir aber Einstellungen zu bestimmten Sachverhalten messen, so kann es sich ergeben, daß eine „Rangordnung" feststellbar ist. Es ergeben sich aber auch Situationen, wo ein Individuum sagt: „ich kann bestimmte Sachverhalte nicht vergleichen." Wir wollen nun die verschiedenen Begriffe des Ordnens präzisieren.

Definition 9: (Ordnungsrelationen) Sei $R \subset A \times A$

(1) R heißt Präordnung: $\Leftrightarrow$ R ist reflexiv und transitiv
(2) R heißt Ordnung: $\Leftrightarrow$ R ist Präordnung und antisymmetrisch
(3) R heißt vollständige Ordnung: $\Leftrightarrow$
R ist Ordnung und $\forall x, y \in A$ gilt $(x, y) \in R \vee (y, x) \in R$. $\triangle$

In der Nutzentheorie werden die in Definition 9 angegebenen Ordnungsbegriffe häufig zusätzlich mit dem Adjektiv „strikt" gebraucht. Dies entspricht dem umgangssprachlichen „ich ziehe vor" oder „ist vor einzuordnen". Formal wird dabei die Eigenschaft reflexiv durch die Negation von reflexiv ersetzt. Es gilt also nicht, daß das Objekt x dem Objekt x vorzuziehen ist. Betrachten wir Mengen von Zahlen, so erfüllen die Beziehungen „kleiner gleich" ($\leq$) beziehungsweise „größer gleich" ($\geq$) die Eigenschaften der in Definition 9 angegebenen Ordnungsbegriffe. Die Beziehungen „kleiner als" und „größer als" entsprechen den zugehörigen strikten Ordnungsbegriffen. Wir wollen auf strikte Ordnungsbegriffe nicht näher eingehen und mit einigen Beispielen zu den verschiedenen Ordnungsbegriffen fortfahren.

Beispiel 10:
Seien wieder $A = \{a_1, \ldots, a_n\}$ die Lohnempfänger eines Betriebes. Kürzen wir „Lohngruppe von a_i" mit $Gr(a_i)$ ab, so ist

$$(a_i, a_j) \in R :\Leftrightarrow Gr(a_i) \leq Gr(a_j)$$

eine Präordnung. Um dies zu zeigen, weisen wir nach

1) R ist reflexiv durch $(a_i, a_i) \in R$.
$Gr(a_i) = Gr(a_i) \Rightarrow$ (nach Definition) $(a_i, a_i) \in R$

2) R ist transitiv, d.h. $(a_i, a_j) \in R \wedge (a_j, a_k) \in R \Rightarrow (a_i, a_k) \in R$.
$Gr(a_i) = Gr(a_j) \wedge Gr(a_j) = Gr(a_k) \Rightarrow Gr(a_i) = Gr(a_k) \Rightarrow$
$\Rightarrow ((a_i, a_j) \in R \wedge (a_j, a_k) \in R) \Rightarrow (a_i, a_k) \in R)$

Wegen 1) und 2) ist R eine Präordnung. R ist aber im allgemeinen keine Ordnung; es gilt also nicht:

$$(a_i, a_j) \in R \wedge (a_j, a_i) \in R \Rightarrow a_i = a_j.$$

Beispiel 11:
Sei A eine Menge, dann ist die Teilmengenbeziehung „$\subset$" eine Ordnungsrelation R in $\mathscr{P}(A)$. Wir weisen die drei definierenden Eigenschaften einer Ordnungsrelation nach:

1) $(B, B) \in R$, denn $B \subset B$ gilt $\forall\, B \in \mathscr{P}(A)$
2) $(B, C) \in R \wedge (C, B) \in R \Rightarrow B = C$;
    denn $B \subset C \wedge C \subset B \Rightarrow B = C$.
3) $(B, C) \in R \wedge (C, D) \in R \Rightarrow (B, D) \in R$;
    denn $B \subset C \wedge C \subset D \Rightarrow B \subset C$.

Aus 1), 2), 3) folgt, daß „ $\subset$ " eine Ordnungsrelation ist. Offensichtlich ist „ $\subset$ " im allgemeinen keine vollständige Ordnung.

Definition 10: Sei A eine Menge mit einer Präordnung R. Dann heißt

(1) $a \in A$ minimales Element von A bezüglich R :⇔
     für $x \in A$ mit $(x, a) \in R$ folgt $(a, x) \in R$

(2) $a \in A$ maximales Element von A bezüglich R :⇔
     für $x \in A$ mit $(a, x) \in R$ folgt $(x, a) \in R$

(3) $a \in A$ kleinstes Element von A bezüglich R :⇔
     für alle $x \in A$ gilt $(a, x) \in R$

(4) $a \in A$ größtes Element von A bezüglich R :⇔
     für alle $x \in A$ gilt $(x, a) \in R$ △

(Beispiel: siehe Übungsaufgabe 13)

Beispiel 12:
Sei $A = \mathbb{R}$ und „ $\leq$ " die übliche kleiner/gleich-Beziehung zwischen Zahlen. Diese ist eine vollständige Ordnung, denn es gilt für alle $a, b, c \in \mathbb{R}$

1) $a \leq a$,
2) $a \leq b \wedge b \leq a \Rightarrow a = b$
3) $a \leq b \wedge b \leq c \Rightarrow a \leq c$
4) $a \leq b \vee b \leq a$

Beispiel 13:
Auch die Punkte der Ebene lassen sich ordnen. Wir geben zwei Möglichkeiten an, die beide gebräuchlich sind.

Sei $A = \mathbb{R} \times \mathbb{R}$, $x, y, x', y' \in \mathbb{R}$.

(1) $(x, y) \leq (x', y') :\Leftrightarrow x \leq x' \wedge y \leq y'$
(2) $(x, y) \leq_L (x', y) :\Leftrightarrow x < x' \vee (x = x' \wedge y \leq y')$

Die durch (1) gegebene Relation ist eine Ordnung, aber keine vollständige Ordnung. Die Punkte (1, 2) und (2, 1) stehen bezüglich „ $\leq$ " nicht in Beziehung zueinander. Die in (2) gegebene Ordnung entspricht einem im täglichen Leben gängigen Verfahren zu ordnen. Betrachten wir das Alphabet und numerieren wir die Buchstaben fortlaufend mit den natürlichen Zahlen, so läßt sich deren Reihenfolge durch die Beziehung „ist Vorgänger von" auf die Buchstaben übertragen. Nehmen wir ein Lexikon oder ein Telefonbuch zur Hand, so finden wir zuerst die Wörter oder Namen, die mit A beginnen, dann mit B, C und so weiter. Die Reihenfolgen innerhalb der Menge der Wörter, die mit A beginnen, wird dann anhand des zweiten, dritten usw. Buchstabens entschieden. Nichts anderes geschieht in (2). Wir sehen uns die erste Komponente der zu vergleichenden Paare an. Gilt $x < x'$, so ist $(x, y) \leqq_L (x', y')$. Sind die beiden ersten Komponenten gleich, so stellen wir anhand der zweiten Komponenten die Ordnungsbeziehung fest.

Die durch „$\leqq_L$" gegebene Ordnung heißt deshalb lexikographische Ordnung. Dies wird durch den Index L an der Ordnungsbeziehung ausgedrückt. Ebenso wie Paare lassen sich n-Tupel von Zahlen mittels der lexikographischen Ordnungen vollständig ordnen.

In der Nutzentheorie wird eine Präordnung (siehe Definition 9 (1)) schwache Präferenz oder schwache Präferenzrelation genannt. Nun kann es sich ergeben, daß ein Individuum zwischen verschiedenen Objekten indifferent ist, das heißt, daß es zwei Objekte als äquivalent bewertet. Die Menge dieser Objekte werden zu sogenannten Indifferenzklassen (bzw. Äquivalenzklassen) zusammengefaßt. Wie dies konsistent zu einer vorgegebenen schwachen Präferenz geschehen kann, wird in Satz 5 ausgeführt. Wir betrachten die Präferenzen eines Individuums zwischen beliebigen Kombinationen von mehreren Gütern. Jede solche Kombination wird ein Güterbündel genannt. Für den Fall von zwei Gütern finden wir oft folgende zeichnerische Darstellung.

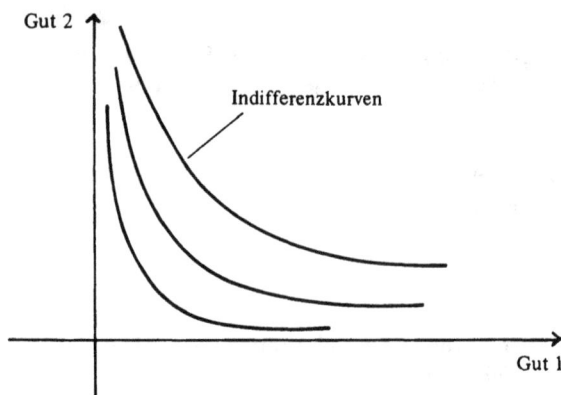

Jede Kurve repräsentiert eine Menge von Kombinationen aus Gut 1 und Gut 2, zwischen denen das Individuum indifferent ist. Um Kurven wie im obigen Bild zu erhalten, müssen viele Voraussetzungen gemacht werden, z. B. die beliebige Teilbarkeit der Güter und andere, die wir nicht aufzählen. Wir benutzen die in der Nutzentheorie übliche Schreibweise „$\sim$" für eine Äquivalenzrelation und setzen dieses Zeichen zwischen die Objekte, für die diese Beziehung gilt.

Satz 5: Sei A eine Menge mit $A \neq \emptyset$ und R eine Präordnung in A. Dann gilt:

(1) Die Relation „$\sim$" in A ist gegeben durch

   $x \sim y :\Leftrightarrow (x, y) \in R \land (y, x) \in R$

   ist eine Äquivalenzrelation.

(2) In der durch „ $\sim$ “ eindeutig bestimmten Zerlegung Z ist die Relation S, gegeben durch

$(A_x, A_y) \in S :\Leftrightarrow (x, y) \in R$, eine Ordnung.

Beweis:

(1) „ $\sim$ “ ist eine Äquivalenzrelation. Es werden die drei in Definition 7 geforderten Eigenschaften nachgeprüft.

1) $x \sim x$ gilt, da R eine Präordnung ist und somit $(x, x) \in R$

2) $x \sim y \Rightarrow y \sim x$:

$x \sim y \Rightarrow$ (nach Definition 7) $(x, y) \in R \land (y, x) \in R \Rightarrow$

$\Rightarrow (y, x) \in R \land (x, y) \in R \Rightarrow$ (Definition 7) $y \sim x$

3) $x \sim y \land y \sim z \Rightarrow x \sim z$:

$x \sim y \land y \sim z \Rightarrow (x, y) \in R \land (y, z) \in R \land (y, x) \in R \land (z, y) \in R \Rightarrow$

$\Rightarrow$ (R ist Präordnung und somit transitiv) $(x, z) \in R \land (z, x) \in R \Rightarrow$

$\Rightarrow$ (Definition 7) $x \sim z$.

(2) S ist Ordnung in Z. Es werden die in Definition 9 (2) geforderten Eigenschaften nachgeprüft.

1) S ist reflexiv:

$(x, x) \in R$ (da R Präordnung) $\Rightarrow$ (Definition von S) $(A_x, A_x) \in S$

2) S ist transitiv:

Wegen der Beziehung $(x, y) \in R \land (y, z) \in R \Rightarrow (x, z) \in R$

folgt aus $(A_x, A_y) \in S \land (A_y, A_z) \in S$ sofort $(A_x, A_z) \in S$.

3) S ist antisymmetrisch:

Es gelte $(A_x, A_y) \in S \land (A_y, A_x) \in S \Rightarrow$ (Definition von S)

$(x, y) \in R \land (y, x) \in R \Rightarrow$ (Definition von $\sim$) $x \sim y \Rightarrow$

$\Rightarrow y \in A_x \Rightarrow$ (Satz 4) $A_x = A_y$.

Jedes Element A_x einer Zerlegung ist bereits durch Angabe eines einzigen Elementes von A_x bestimmt. $\square$

Nun kommen wir zum Begriff der Funktion. Dieser spielt nicht nur in der Mathematik eine wichtige Rolle. Da das Wort Funktion auch umgangssprachlich und in betriebswirtschaftlichem Sinne gebraucht wird, besteht die Gefahr, nicht immer die präzise Bedeutung dieses Begriffes zu benutzen. Intuitiv ist eine Funktion eine Zuordnungsvorschrift, die eine Beziehung zwischen Objekten ausdrückt, meist f geschrieben. Als einfachen Fall können wir uns eine Tabelle vorstellen:

Ware	Preis in DM/kg
Äpfel	5
Birnen	6
Orangen	3

Die durch die Tabelle gegebene Zuordnung ist dann

f = {(Äpfel, 5), (Birnen, 6), (Orangen, 3)}.

Das ist eine Relation zwischen A_1 = {Äpfel, Birnen, Orangen} und A_2 = {3, 5, 6}.
Wir benutzen jetzt abweichend vom bisherigen Sprachgebrauch das kleine lateinische f, um eine Menge zu bezeichnen. Oft werden Zuordnungen zwischen Zahlen
betrachtet.

$x \in \mathbb{R}$	$y \in \mathbb{R}$
0	0
1	2
7	7
9	0

f = {(0, 0), (1, 2), (7, 7), (9, 0)}

Sind mehr als endlich viele Zahlen zuzuordnen, so läßt sich keine vollständige
Tabelle angeben. So ist die wohlbekannte Parabel durch die Zuordnung

f = {(x, y) $\in \mathbb{R} \times \mathbb{R}$ | y = x^2} gegeben.

Nach diesen Beispielen wollen wir präzisieren, was unter einer Funktion zu verstehen ist.

Definition 11: Seien A, B Mengen mit $A \neq \emptyset \wedge B \neq \emptyset$.

f $\subset$ A × B heißt funktionale Relation zwischen A und B :⇔

(1)   (x, y) $\in$ f $\wedge$ (x, z) $\in$ f $\Rightarrow$ y = z
(2)   {x $\in$ A | (x, y) $\in$ f = A}   △

Im Wort besagt dies folgendes:

(1) einem Element der Menge A wird genau ein Element der Menge B zugeordnet,
    d.h. die Relation f ist eindeutig (vgl. Definition 5 (5)). Es kann aber durchaus
    der Fall sein, daß mehreren Elementen von A das gleiche Element von B zugeordnet wird.

(2) Jedem Element von A wird ein Element von B zugeordnet. Dies besagt nicht,
    daß alle Elemente von B in der Zuordnung auftreten.

Definition 12: (Funktion) Ein Tripel (f, A, B) heißt Funktion :⇔

f ist funktionale Relation zwischen A und B.   △

In der Mathematik sind für Funktionen die folgenden etwas einfacheren Schreib-
und Sprechweisen üblich:

f: A → B
x ↦ f(x)

„f ist eine Funktion von A nach B" oder „dem Element x $\in$ A wird das Element
f(x) $\in$ B zugeordnet".

Ist es klar, welche Mengen A, B gemeint sind, wo wird die Funktion einfach mit f oder f($\cdot$) bezeichnet; jedoch nicht mit f(x). Anstatt des Wortes Funktion wird auch oft synonym das Wort Abbildung gebraucht.

Schreibweisen wie y = f(x) oder y = F(x) können sehr mißverständlich sein, da meist nicht zu ersehen ist, ob es sich um eine Funktion handelt oder um das Ergebnis der Zuordnung eines speziellen Elementes x $\in$ A zu einem Element y = f(x) $\in$ B.

Beispiel 14:
Sei A = {a, b, c}, B = {0, 1}. Eine Zuordnung sei durch die Tabelle

x $\in$ A	y $\in$ B
a	1
b	0
a	0
c	1

gegeben. Dann ist f = {(a, 1), (b, 0), (a, 0), (c, 1)}.

Diese Relation f zwischen A und B ist keine Funktion, da

$$(a, 1) \in f \wedge (a, 0) \in f; \quad \text{aber} \quad 1 \neq 0.$$

Beispiel 15:
Sei A = {1, 2, 3}, B = {a, b} und f = {(1, a), (2, a), (3, b)}.

Relationen zwischen endlichen Mengen lassen sich durch Punkte und Pfeile zeichnerisch darstellen.

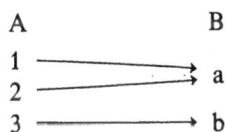

Diese Relation f ist, wie leicht zu sehen, funktional.

Beispiel 16:
Sei A = B = $\mathbb{R}$, dann ist die Relation f = {(x, y) $\in \mathbb{R} \times \mathbb{R} \mid$ x = y} funktional und die Relation f = {(x, y) $\in \mathbb{R} \times \mathbb{R} \mid x^2 + y^2 = 1$} nicht funktional.

Definition 13: Sei (f, A, B) eine Funktion und f^{-1} die zu f inverse Relation.

(1) f heißt eineindeutig :$\Leftrightarrow$ ((x, y) $\in$ f $\wedge$ (x', y) $\in$ f $\Rightarrow$ x = x')

(2) (f^{-1}, B, A) heißt Umkehrfunktion :$\Leftrightarrow$ f ist eineindeutig
und B = {y $\in$ B $\mid$ (x, y) $\in$ f} $\triangle$

Beispiel 17: Sei A = B = $\mathbb{R}$. Die Funktion

$$f: \mathbb{R} \to \mathbb{R}$$
$$x \mapsto x^2$$

ist nicht eineindeutig wie an der Zeichnung sofort zu erkennen. Hingegen ist die Funktion $\hat{f}$ von $A = R_+ := \{x \in \mathbb{R} \,|\, x \geqq 0\}$ nach $B = \mathbb{R}$, die durch

$$\hat{f}: \mathbb{R}_+ \to \mathbb{R}$$
$$x \mapsto x^2$$

gegeben ist, eineindeutig. Sie besitzt aber keine Umkehrfunktion. Setzen wir in diesem Beispiel $A = B = \mathbb{R}_+$, so besitzt die durch $x \mapsto \hat{f}(x) = x^2$ gegebene Funktion eine Umkehrfunktion $\hat{f}^{-1}$.

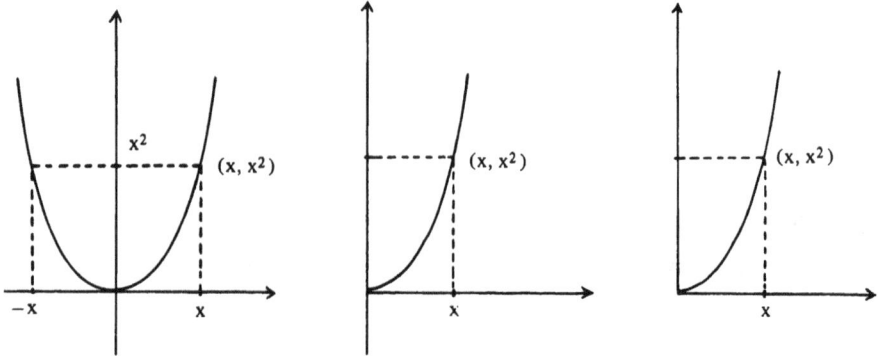

In der Mathematik haben sich im Umgang mit Funktionen eine Reihe von nützlichen Sprechweisen herausgebildet.

Sei (f, A, B) eine Funktion. Dafür sagt man auch f sei eine Funktion von A in B. A heißt Definitionsbereich und B Wertebereich von f.

(1) Gilt $\{y \in B \,|\, (x, y) \in f\} = B$, so heißt f Funktion von A auf B (oder: f ist surjektiv).

(2) Ist f eineindeutig, so heißt f auch injektiv.

(3) Ist f injektiv und surjektiv, so heißt f bijektiv (oder: umkehrbar eineindeutig).

(4) Sei $A' \subset A$ und $f' := f \cap (A' \times B)$. Dann heißt die Funktion (f', A', B) die Einschränkung von f auf A'.

Die Einschränkung (vgl. Beispiel 17) ist ein oft benutztes Konzept, wenn Funktionen nicht auf ihrem ganzen Definitionsbereich untersucht werden sollen. So gibt es in der Ökonomie eine Reihe von Funktionen, die nur für nichtnegative Einsetzungen sinnvoll interpretiert werden können.

§ 4 Zahlenmengen

Wir wollen die reellen Zahlen nur kurz behandeln, da der Leser meist eine relativ gute intuitive Vorstellung über sie besitzt. Teilmengen der reellen Zahlen sind in den vorangegangenen Beispielen öfters verwendet worden.

Die natürlichen Zahlen $\mathbb{N}$ werden hier mittels der Axiome von Peano (1858–

1932) eingeführt. Eines dieser Axiome, das sogenannte Induktionsaxiom, begründet eine wichtige Beweistechnik. Über die ganzen Zahlen $\mathbb{Z}$ und die rationalen Zahlen $\mathbb{Q}$ kommen wir zu den reellen Zahlen $\mathbb{R}$, einer Menge mit vielfältiger Struktur. Schließlich betrachten wir noch die Menge $\mathbb{C}$ der komplexen Zahlen, die historisch zuerst eingeführt wurden, um die Lösbarkeit algebraischer Gleichungen zu sichern. Außerdem benötigen wir die komplexen Zahlen zur Untersuchung der Lösung von Differenzen- und Differentialgleichungen. Differenzen- und Differentialgleichungen sind wichtige Beschreibungsformen dynamischer ökonomischer Prozesse.

Axiome 1 zur Charakterisierung der natürlichen Zahlen

(1) 1 ist eine natürliche Zahl.

(2) Zu jedem $n \in \mathbb{N}$ gibt es genau eine natürliche Zahl, die Nachfolger von n heißt und die mit n' bezeichnet wird.

(3) Für alle $n \in \mathbb{N}$ ist $n' \neq 1$. Das heißt, es gibt keine natürliche Zahl, deren Nachfolger 1 ist.

(4) Für $m', n' \in \mathbb{N}$ gilt: $m' = n' \Rightarrow m = n$.

(5) (Induktionsaxiom) Sei $M \subset \mathbb{N}$ mit den Eigenschaften

   (a) $1 \in M$
   (b) Für $m \in M$ gilt: $m' \in M$

   Dann ist $M = \mathbb{N}$.

Den Beweis durch vollständige Induktion erläutern wir an zwei Beispielen. Er gliedert sich, wie in Axiome 1 (5) angedeutet, in zwei Schritte. Das erste Beispiel geht auf Gauß zurück, dem in seiner Schulzeit die Addition der natürlichen Zahlen von 1 bis 100 zu mühselig erschien. Er erkannte rasch:

$$1 + 2 + \ldots + 99 + 100 = \frac{1}{2} \cdot 100 \cdot 101.$$

Beispiel 1:

Behauptung: $1 + 2 + \ldots + n = \frac{1}{2} \cdot n(n+1)$ gilt für alle $n \in \mathbb{N}$, d.h.

$$\sum_{i=1}^{n} i = \frac{1}{2} n(n+1) \; \forall n \in \mathbb{N} \; (*)$$

Beweis: Der Beweis gliedert sich in zwei Teile: den Induktionsanfang (1) und den Induktionsschritt (2).

(1) Induktionsanfang:
   Die Behauptung ist richtig für $n = 1$.
   Wir berechnen die rechte Seite (RS) und die linke Seite (LS) der Gleichung (*)
   für $n = 1$ und überprüfen die Gleichheit von LS $= 1$ und RS $= \frac{1}{2} \cdot 1(1+1)$
   $= 1$; also gilt LS = RS $\Rightarrow$
   Die Behauptung ist richtig für $n = 1$.

(2) Induktionsschritt:

  (a) Induktionsvoraussetzung:
Die Behauptung sei richtig für n = k, d.h.

$$1 + 2 + \ldots + k = \frac{1}{2} k(k+1)$$

  (b) Induktionsschluß:
Dann gilt die Behauptung auch für n = k + 1.
Die LS für n = k + 1 lautet:

$$1 + 2 + \ldots + k + (k+1) = (1 + \ldots + k) + (k+1).$$

Wegen der Induktionsvoraussetzung ist dies gleich

$$\frac{1}{2} k(k+1) + (k+1) = \left(\frac{1}{2}k + 1\right)(k+1) =$$

$$= \frac{1}{2}(k+1)(k+2) = \frac{1}{2}(k+1)((k+1)+1).$$

Aus (1) und (2) folgt nach Axiom 1 (5), daß die Gleichung (*) für alle $n \in \mathbb{N}$ gültig ist.

Beim Induktionsbeweis ist es wichtig, sich an die durch Axiom 1 (5) vorgegebene Struktur zu halten.

Beispiel 2:

Es ist zu zeigen: $1^2 + 2^2 + \ldots + n^2 = \dfrac{n(n+1)(2n+1)}{6} \; \forall n \in \mathbb{N}$

Beweis:

(1) Induktionsanfang:
Die Behauptung ist richtig für n = 1

$$LS = 1^2 = 1 \text{ und } RS = \frac{1(1+1)(2+1)}{6} = 1; \text{ also gilt } LS = RS \Rightarrow$$

Die Behauptung ist richtig für n = 1.

(2) Induktionsschritt:

  (a) Induktionsvoraussetzung
Die Behauptung sei richtig für n = k, d.h.

$$1^2 + 2^2 + \ldots + k^2 = \sum_{i=1}^{k} i^2 = \frac{k(k+1)(2k+1)}{6}$$

  (b) Induktionsschluß: Dann gilt die Behauptung auch für n = k + 1.

$$\sum_{i=1}^{k+1} i^2 = \sum_{i=1}^{k} i^2 + (k+1)^2 = \frac{k(k+1)(2k+1)}{6} + (k+1)^2 =$$

$$= \frac{(k+1)\big(k\cdot(2k+1)+6(k+1)\big)}{6} = \frac{(k+1)(2k^2+7k+6)}{6} =$$

$$= \frac{(k+1)(k+2)(2k+3)}{6} = \frac{(k+1)\big((k+1)+1\big)\big(2(k+1)+1\big)}{6}$$

Die zweite Gleichheit folgt mit Hilfe der Induktionsvoraussetzung. Alles andere sind arithmetische Umformungen. Aus (1) und (2) folgt: Die Behauptung ist gültig für alle $n \in \mathbb{N}$.

Der Beweis mittels vollständiger Induktion ist auch durchführbar, wenn $1 \notin M$ und eine Behauptung erst von einem gewissen n_0 an gilt.

Satz 1: Sei $M \subseteq \mathbb{N}$ und $n_0 \in \mathbb{N}$ mit den Eigenschaften

(1) $n_0 \notin M$, $n_0' \in M$

(2) $\forall\, m \in M$ ist $m' \in M$.

Dann ist $M = \mathbb{N} \setminus \{1, 2, \ldots, n_0\}$.

Es lassen sich mit vollständiger Induktion auch Behauptungen beweisen, die nicht die Form einer Gleichung besitzen (siehe Aufgabe 1).

Die Methode der vollständigen Induktion hilft nicht beim Auffinden neuer mathematischer Sätze. Sie dient lediglich dazu, als richtig erkannte Vermutungen zu beweisen.

Die Menge der natürlichen Zahlen ist zum Lösen vieler praktischer Probleme zu klein. Schon die Existenz einer Lösung der Gleichung $n + x = m$ ist in der Menge der natürlichen Zahlen nicht gesichert. Dies führt zur Menge der ganzen Zahlen $\mathbb{Z}$.

Dort ist die Lösbarkeit der Gleichung $ax = b$ mit $a, b \in \mathbb{Z}$ i. a. nicht gesichert. So wird diese Menge erweitert zu den rationalen Zahlen $\mathbb{Q}$. Eine rationale Zahl $r \in \mathbb{Q}$ läßt sich immer als $r = \dfrac{a}{b}$ mit $a, b \in \mathbb{Z}$ schreiben.

Wie wir bereits gesehen haben, besitzt die Gleichung $x^2 = 2$ keine Lösung im Bereich der rationalen Zahlen. Wir wollen zur Einführung der reellen Zahlen nicht den etwas langwierigen konstruktiven Weg wählen, sondern eine axiomatische Charakterisierung angeben. Die Axiome lassen sich in vier Gruppen einteilen (1) Regeln für das Rechnen mit reellen Zahlen (in der Algebra Körperaxiome genannt), (2) Eigenschaften der Ordnungsbeziehungen, (3) Das Archimedische Axiom, und (4) das Axiom der Vollständigkeit des Systems der reellen Zahlen.

Axiome 2 zur Charakterisierung der reellen Zahlen

(1) Körperaxiome

(1.1) Axiome der Gleichheit

    1. „$=$" ist eine Äquivalenzrelation

       also $a = a$; $a = b \Rightarrow b = a$; $(a = b \wedge b = c) \Rightarrow a = c$

    2. Für $a, b \in \mathbb{R}$ gilt entweder $a = b$ oder $a \neq b$

(1.2) Axiome der Addition und Subtraktion

  1. zu $a, b \in \mathbb{R}$ ist eindeutig $a + b \in \mathbb{R}$ bestimmt

  2. $a = b \Rightarrow a + c = b + c$ für alle $c \in \mathbb{R}$

  3. $a + b = b + a$, (Kommutativität von $+$)

  4. $(a + b) + c = a + (b + c)$, (Assoziativität von $+$)

  5. Es existiert eine reelle Zahl $0 \in \mathbb{R}$ mit $a + 0 = a$ für alle $a \in \mathbb{R}$

  6. Zu $a \in \mathbb{R}$ existiert genau ein $x \in \mathbb{R}$ mit $a + x = 0$.

(1.3) Axiome der Multiplikation und Division

  1. Zu $a, b \in \mathbb{R}$ ist eindeutig $a \cdot b \in \mathbb{R}$ bestimmt

  2. $a = b \Rightarrow a \cdot c = b \cdot c \quad \forall c \in \mathbb{R}$

  3. $a \cdot b = b \cdot a$, (Kommutativität von $\cdot$)

  4. $a \cdot (b \cdot c) = (a \cdot b) \cdot c$, (Assoziativität von $\cdot$)

  5. Es existiert eine reelle Zahl $1 \neq 0$ mit $a \cdot 1 = a \ \forall a \in \mathbb{R}$

  6. Zu jeder reellen Zahl $b \neq 0$ existiert genau eine reelle Zahl x mit $bx = 1$ (Verbot der Division mit Null); $x = b^{-1}$

(1.4) Distributivaxiom

  $a \cdot (b + c) = a \cdot b + a \cdot c$.

(2) Ordnungsaxiome

Es gibt eine transitive Relation $<$ in $\mathbb{R}$, so daß für alle $a, b, c \in \mathbb{R}$ gilt

  1. Entweder $a < b$ oder $b < a$ oder $a = b$

  2. $a < b \Rightarrow a + c < b + c$

  3. $a < b \Rightarrow a \cdot c < b \cdot c$ falls $c > 0$
      bzw. $a \cdot c > b \cdot c$ falls $c < 0$

(3) Archimedisches Axiom

Zu jeder reellen Zahl a gibt es eine natürliche Zahl n mit $a < n$.

(4) Vollständigkeitsaxiom

Die Menge der reellen Zahlen ist vollständig.

Wir wollen nicht näher auf das Vollständigkeitsaxiom eingehen, sondern es nur an der Zahlengeraden veranschaulichen. Es besagt, daß die Zahlengerade keine Lücken besitzt.

Definition 1: (Absoluter Betrag) Sei $a \in \mathbb{R}$,

$$|a| := \begin{cases} a & \text{für} \quad a \geq 0 \\ -a & \text{für} \quad a < 0 \end{cases}$$

$|a|$ heißt der absolute Betrag von a, oder kurz a Betrag. $\triangle$

Wir fassen einige Eigenschaften des absoluten Betrages zusammen.

Satz 2: Sei $a, b, c \in \mathbb{R}$.

(1) $|-a| = |a|$

(2) $|a| \leq |c| \Leftrightarrow -|c| \leq a \leq |c|$

(3) $|a + b| \leq |a| + |b|$ (Dreiecksungleichung)

(4) $||a| - |b|| \leq |a + b|$

(5) $|a \cdot b| = |a| \cdot |b|$

Beweis:

(1) (a) Für $a = 0$ gilt $-a = a = 0$; also $|-a| = |a| = 0$

    (b) Sei $a \overset{.}{:} 0$ und ersetzen wir in Definition 1 die Zahl a durch $-a$, so erhalten wir

$$|-a| = \begin{cases} -a & \text{für} \quad a \leq 0 \\ a & \text{für} \quad a > 0 \end{cases}$$

Daraus und aus Teil (a) folgt $|-a| = |a|$

(2) Die Aussage kann durch Fallunterscheidung gezeigt werden. Speziell für $c = a$ ergibt sich $-|a| \leq a \leq |a|$.

(3) Dreiecksungleichung
Es sind wiederum 4 Fälle zu unterscheiden

1. Fall $a > 0 \wedge b > 0$

$|a + b| = a + b = |a| + |b|$

2. Fall (α) $a > 0 \wedge b < 0 \wedge a + b > 0$

$|a + b| = a + b \leq a - b = |a| + |-b| = |a| + |b|$

2. Fall (β) $a > 0 \wedge b < 0 \wedge a + b < 0$

$|a + b| = -(a + b) = -a - b = -a + |b| \leq |b| \leq |a| + |b|$

3. Fall wie 2. Fall, aber a und b vertauscht

4. Fall $a < 0 \wedge b < 0$

$|a + b| = -a - b = |a| + |b|$

Wir lassen den Beweis für (4) und (5) weg.   □

Beispiele für das Rechnen mit dem Betrag werden in den Übungen behandelt.

Nun zu den komplexen Zahlen. Die Notwendigkeit, sie einzuführen, ergibt sich bei der Lösung der Gleichung $x^2 + 1 = 0$. Es gibt keine reelle Zahl x, deren Quadrat -1 ist.

Axiome 3 zur Charakterisierung der komplexen Zahlen $\mathbb{C}$

(1) Für die komplexen Zahlen gelten die für $\mathbb{R}$ formulierten Axiome (1.1)–(1.4), wobei $\mathbb{R}$ durch $\mathbb{C}$ zu ersetzen ist.

(2) $\mathbb{C}$ enthält ein Element i mit $i^2 = -1$.

(3) Zu $z \in \mathbb{C}$ gibt es genau zwei reelle Zahlen a, b, so daß sich $z = a + bi$ schreiben läßt.
a heißt Realteil und b Imaginärteil von z.
Wir schreiben auch $a = \text{Re}(z)$ und $b = \text{Im}(z)$.

(4) Summe und Produkt von Elementen aus $\mathbb{C}$, deren Imaginärteil gleich Null ist, stimmen mit Summe und Produkt im $\mathbb{R}$ überein.

Definition 2: (Betrag) Sei $z \in \mathbb{C}$ mit $z = a + ib$, dann heißt

$|z| := + \sqrt{a^2 + b^2}$ der absolute Betrag von z.   △

$\mathbb{C}$ läßt sich ebenso wie $\mathbb{R}^2$ durch die Zahlenebene veranschaulichen. $|z|$ ist die Länge der Strecke, die z mit dem Nullpunkt verbindet. Ist z reell, so ergeben sich dieselben Werte wie bei Definition 1.

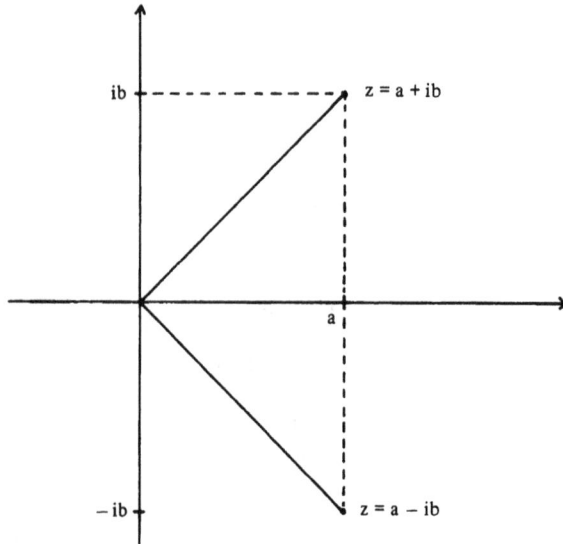

Definition 3: Sei $z \in \mathbb{C}$ mit $z = a + ib$, dann heißt

$\bar{z} := a - ib$ die zu z konjugiert komplexe Zahl.   △

Satz 3: (Rechenregeln für komplexe Zahlen)

Seien z, $z' \in \mathbb{C}$ mit $z = a + ib$, $z' = a' + ib'$. Dann gilt

(1) $z + z' = (a + ib) + (a' + ib') = (a + a') + i(b + b')$

(2) $z \cdot z' = (a + ib)(a' + ib') = (aa' - bb') + i(ab' + a'b)$

(3) $z : z' = \dfrac{z}{z'} = \dfrac{a + ib}{a' + ib'} = \dfrac{aa' + bb'}{a'^2 + b'^2} + i \, \dfrac{ba' - ab'}{a'^2 + b'^2}$

Beweise: (1) und (2) folgen sofort aus der Eindeutigkeit der Darstellung von z, (3) durch Erweiterung des Bruches mit $\bar{z}'$.   □

Beispiel 3:

Sei $z = 3 + 4i$, $z' = 1 - 2i$, dann ist

$$z \cdot z' = (3 + 4i)(1 - 2i) = 3 + 8 + (4 - 6)i = 11 - 2i$$

$$\frac{z}{z'} = \frac{3 + 4i}{1 - 2i} = \frac{1}{3} \cdot (-5 + 10i)$$

Für die komplexen Zahlen gibt es auch eine Darstellung, die auf trigonometrische Funktionen zurückgreift. Wir benutzen die üblichen Bezeichnungen. Es gilt:

$$r = |z| = \sqrt{a^2 + b^2} \text{ sowie } a = r \cos(\varphi) \text{ und } b = r \sin(\varphi).$$

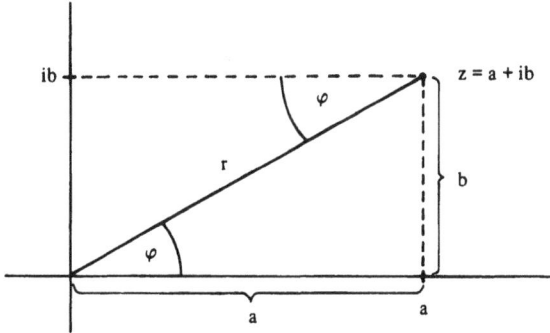

Mit Hilfe dieser Darstellung läßt sich eine einfache Formel für das Produkt von komplexen Zahlen geben.

Die Darstellung eines Punktes der Zahlenebene mit Hilfe einer Zahl und eines Winkels heißt auch Darstellung in Polarkoordinaten.

Satz 4: Seien $z, z' \in \mathbb{C}$ und $z, z' \neq 0$, so gilt

$$z \cdot z' = r \cdot r' \left(\cos(\varphi + \varphi') + i \cdot \sin(\varphi + \varphi') \right).$$

Der Beweis erfolgt mit einem Additionstheorem für trigonometrische Funktionen. Obiger Satz läßt sich auch für n komplexe Zahlen $z_1, \ldots, z_n$ zeigen.

Satz 5: Seien $z_1, \ldots, z_n \in \mathbb{C}$ und $z_k \neq 0$ für $k = 1, \ldots, n$. Dann gilt:

$$z_1 \cdot z_2 \cdot \ldots \cdot z_n = r_1 \cdot r_2 \cdot \ldots \cdot r_n \left(\cos\left(\sum_{k=1}^{n} \varphi_k \right) + i \cdot \sin\left(\sum_{k=1}^{n} \varphi_k \right) \right).$$

Satz 5 läßt sich dazu benutzen, alle n-ten Wurzeln einer (komplexen) Zahl zu bestimmen. Sei $z = r \cdot (\cos(\varphi) + i \cdot \sin(\varphi))$. Da die Winkelfunktionen Sinus und Cosinus periodisch mit Periode 2π sind, gilt:

$$\sin(\varphi + 2k\pi) = \sin(\varphi) \quad \text{und} \quad \cos(\varphi + 2k\pi) = \cos(\varphi) \quad \text{für } k \in \mathbb{Z}.$$

Nach Satz 5 erhalten wir die n-ten Wurzeln $w_1, \ldots, w_n$ von z als

$$w_1 = \sqrt[n]{r} \left(\cos\left(\frac{\varphi}{n} \right) + i \cdot \sin\left(\frac{\varphi}{n} \right) \right)$$

$$w_2 = \sqrt[n]{r} \left(\cos\left(\frac{\varphi + 2\pi}{n} \right) + i \cdot \sin\left(\frac{\varphi + 2}{n} \right) \right)$$

$$w_k = \sqrt[n]{r} \left(\cos\left(\frac{\varphi + 2(k-1)\pi}{n} \right) + i \cdot \sin\left(\frac{\varphi + 2(k-1)\pi}{n} \right) \right)$$

$$w_n = \sqrt[n]{r} \left(\cos\left(\frac{\varphi + 2(n-1)\pi}{n} \right) + i \cdot \sin\left(\frac{\varphi + 2(n-1)\pi}{n} \right) \right).$$

Beispiel 4:

Sei $z = 1 \in \mathbb{R}$. Gesucht sind die dritten Wurzeln aus 1.

Für $\varphi = 0$ und $r = 1$ ergibt sich $z = 1$. Die 3-ten Wurzeln sind

$$w_1 = \sqrt[3]{1} \left(\cos\left(\frac{0}{3} \right) + i \sin\left(\frac{0}{3} \right) \right) = \sqrt[3]{1} = 1$$

$$w_2 = 1 \cdot \left(\cos\left(\frac{2\pi}{3} \right) + i \sin\left(\frac{2\pi}{3} \right) \right) = -\frac{1}{2} + i\frac{1}{2}\sqrt{3}$$

$$w_3 = 1 \cdot \left(\cos\left(\frac{4\pi}{3} \right) + i \sin\left(\frac{4\pi}{3} \right) \right) = -\frac{1}{2} - i\frac{1}{2}\sqrt{3}.$$

Durch ausmultiplizieren ist leicht zu sehen, daß w_1, w_2, w_3 wirklich die 3-ten Wurzeln von 1 sind.

Kapitel 2:

Lineare Algebra

§ 1 Vektorräume

Vielfach werden in der einführenden ökonomischen Literatur nur Vektorräume betrachtet, deren Elemente sich als Pfeile in einem Zahlenraum veranschaulichen lassen. In der mathematischen Wirtschaftstheorie reicht dieser Vektorraumbegriff oft nicht aus. Deshalb werden wir den Begriff des Vektorraumes, so wie es in mathematischen Einführungen in die lineare Algebra üblich ist, etwas allgemeiner fassen, uns aber auf reelle Vektorräume beschränken.

In Vektorräumen gibt es zwei Verknüpfungsstrukturen; es werden gleichartige und auch verschiedenartige Objekte miteinander verknüpft. Wir werden uns deshalb zur Vorbereitung mit Verknüpfungsstrukturen befassen – der Einfachheit halber nur mit zwei-stelligen (oder binären).

Definition 1: Sei $A \neq \emptyset$ eine Menge. Eine Funktion $f: A \times A \to A$ heißt zweistellige (oder binäre) innere Verknüpfung von A. $\triangle$

Im folgenden werden wir besondere Zeichen für die Verknüpfung benutzen. Zum Beispiel:

$$f(a, b) =: a \perp b \quad \text{oder} \quad f(a, b) =: a \top b$$

Beispiel 1:
Sei $A = \mathbb{R}$. In $\mathbb{R}$ sind gemäß den gegebenen Axiomen zwei Verknüfungsstrukturen gegeben. Sie werden dort $+$ und $\cdot$ genannt.

$$+ : \mathbb{R} \times \mathbb{R} \to \mathbb{R} \quad \text{und} \quad \cdot : \mathbb{R} \times \mathbb{R} \to \mathbb{R}$$
$$(a, b) \mapsto a + b \qquad (a, b) \mapsto a \cdot b$$

Beispiel 2:
Sei $A \neq \emptyset$ eine Menge. Wir betrachten nun die Menge der Funktionen von $A \to A$.

$$F := \{f | f : A \to A\}$$

Bekanntlich lassen sich Funktionen durch Hintereinanderschalten verknüpfen. Wir wollen dies durch das Zeichen „∘" symbolisieren. Sei $f, g \in F$ und $x \in A$, dann wird durch

$$(f \circ g)(x) := f(g(x)),$$

f komponiert mit g angewandt auf x, die Hintereinanderschaltung $f \circ g$ von f und g definiert.

Beispiel 3:
Sei A eine Menge. Dann ist die Vereinigung und die Durchschnittbildung eine innere Verknüpfung in $\mathscr{P}(A)$.

$$\cup: \mathscr{P}(A) \times \mathscr{P}(A) \to \mathscr{P}(A)$$
$$(A_1, A_2) \mapsto A_1 \cup A_2$$

ebenso

$$\cap: \mathscr{P}(A) \times \mathscr{P}(A) \to \mathscr{P}(A)$$
$$(A_1, A_2) \mapsto A_1 \cap A_2$$

Definition 2: Seien in $A \neq \emptyset$ zwei binäre Verknüpfungen $\perp$ und $\top$ gegeben

(1) $\perp$ heißt kommutativ: $\Leftrightarrow a \perp b = b \perp a$

(2) $\perp$ heißt assoziativ: $\Leftrightarrow (a \perp b) \perp c = a \perp (b \perp c)$

(3) $\perp$ heißt distributiv bezüglich $\top$: $\Leftrightarrow a \perp (b \top c) = (a \perp b) \top (a \perp c)$

(4) $e \in A$ heißt Einselement bezüglich $\perp$: $\Leftrightarrow e \perp a = a \perp e \,\forall a \in A$

(5) a heißt invers zu b bezüglich $\perp$: $\Leftrightarrow$
$a \perp b = e = b \perp a$, wobei e Einselement bezüglich $\perp$ ist. $\qquad \triangle$

Die Verknüpfungen, die wir bis jetzt kennengelernt haben, waren kommutativ. Im nächsten Abschnitt werden wir aber Verknüfungen von Zahlenschemata definieren, die diese Eigenschaft nicht besitzen.

In der Menge der reellen Zahlen $\mathbb{R}$ sind zwei innere Verknüpfungen gegeben „ $+$ " und „$\cdot$". Es ist „$\cdot$" distributiv für „$+$", da $a \cdot (b + c) = ab + ac$. Ebenso ist die innere Verknüpfung $\cap$ in $\mathscr{P}(A)$ distributiv bezüglich $\cup$. Es gilt ja für $A_1, A_2, A_3 \in \mathscr{P}(A)$, daß $A_1 \cap (A_2 \cup A_3) = (A_1 \cap A_2) \cup (A_1 \cap A_3)$.

Sind auf einer Menge verschiedene innere Verknüpfungen gegeben, so können sich deren Einselemente durchaus unterscheiden. Wie aus den Axiomen für die reellen Zahlen zu ersehen, ist die Zahl 0 das Einselement bezüglich „ $+$ " ($a + 0 = a$ $= 0 + a \,\forall a \in \mathbb{R}$) und 1 das Einselement bezüglich „$\cdot$" ($a \cdot 1 = 1 \cdot a = a \,\forall a \in \mathbb{R}$). Ebenso ergibt sich sofort, daß das Einselement der Verknüpfung $\cup$ in $\mathscr{P}(A)$ die leere Menge $\emptyset$ ist und das Einselement von $\cap$ die Menge A ist.

Satz 1: Das Einselement einer inneren Verknüpfung $\perp$ ist eindeutig.
Beweis: (mit Widerspruch)
Annahme: es gibt zwei Einselemente e, e' mit $e \neq e'$.
Nach der Definition des Einselementes gilt:

$$\left. \begin{array}{l} e \perp e' = e' \\ e \perp e' = e \end{array} \right\} \Rightarrow e = e'.$$

Dies ist ein Widerspruch zur Annahme. Damit ist die Eindeutigkeit des Einselementes bewiesen. $\qquad \square$

Definition 3: Seien A, B Mengen mit A, B $\neq \emptyset$.
Eine Funktion $g : B \times A \to A$ heißt äußere Verknüpfung auf A. Die Menge B heißt Operatorenmenge. $\qquad \triangle$

Nun kommen wir zur Definition des reellen Vektorraumes. Wir benutzen anfangs eine Schreibweise, bei der die innere und äußere Verknüpfung deutlich unterschieden werden.

Definition 4: (Vektorraum) Sei $V \neq \emptyset$ eine Menge.

Ein 4-Tupel $(V, \mathbb{R}, \oplus, \odot)$ heißt reeller Vektorraum (oder Vektorraum über den reellen Zahlen $\mathbb{R}$) definitorisch genau dann, wenn folgende Eigenschaften erfüllt sind

(1) $\oplus$ ist innere Verknüpfung
(2) $\oplus$ ist kommutativ
(3) $\oplus$ ist assoziativ
(4) $\oplus$ besitzt ein Einselement, genannt 0
(5) jedes Element besitzt ein bezüglich $\oplus$ inverses Element
(6) $\odot$ ist äußere Verknüpfung
(7) $\odot$ ist distributiv bezüglich $\oplus$
(8) $\oplus$ ist distributiv bezüglich $\odot$
(9) $\odot$ und $\cdot$ haben eine assoziative Eigenschaft (s. u.)
(10) $\odot$ besitzt ein Einselement, und zwar $1 \in \mathbb{R}$

Wir geben diese Eigenschaften noch einmal in einer etwas formaleren Schreibweise wieder.

(1) $\forall x, y \in V$ ist $x \oplus y \in V$
(2) $\forall x, y \in V$ ist $x \oplus y = y \oplus x$
(3) $\forall x, y, z \in V$ ist $(x \oplus y) \oplus z = x \oplus (y \oplus z)$
(4) $\exists 0 \in V$ mit $x \oplus 0 = 0 \oplus x = x \forall x \in V$
(5) $\forall x \in V \exists y \in V$ mit $x \oplus y = 0$
(6) $\forall \alpha \in \mathbb{R} \wedge \forall x \in V$ ist $\alpha \odot x \in V$
(7) $\forall \alpha \in \mathbb{R} \wedge \forall x, y \in V$ ist $\alpha \odot (x \oplus y) = (\alpha \odot x) \oplus (\alpha \odot y)$
(8) $\forall \alpha, \beta \in \mathbb{R} \wedge \forall x \in V$ ist $(\alpha + \beta) \odot x = (\alpha \odot x) \oplus (\beta \odot x)$
(9) $\forall \alpha, \beta \in \mathbb{R} \wedge \forall x \in V$ ist $\alpha \odot (\beta \odot x) = (\alpha \cdot \beta) \odot x$
(10) $1 \odot x = x$ für alle $x \in V$

Die Zeichen „$+$" und „$\cdot$" sind die inneren Verknüpfungen in $\mathbb{R}$, $\oplus$ und $\odot$ sind die inneren bzw. äußeren Verknüpfungen in V. $\triangle$

Beispiel 4:
Eine Menge, die die Eigenschaften eines Vektorraumes hat, ist bereits in vielen Beispielen benutzt worden. Das 4-Tupel $(\mathbb{R}, \mathbb{R}, +, \cdot)$ ist ein Vektorraum über den reellen Zahlen, wobei „$+$" und „$\cdot$" die üblichen plus- und mal-Beziehungen bei Zahlen bedeuten. Dies läßt sich sofort anhand der Axiome für die reellen Zahlen nachweisen..

Beispiel 5:
Betrachten wir jetzt als ein weiteres Beispiel für V die Menge der reellwertigen Funktionen von $A \rightarrow \mathbb{R}$

$$V = \{f | f : A \rightarrow \mathbb{R}\}.$$

Auf diese Menge definieren wir eine innere und eine äußere Verknüpfung $\oplus$ und $\odot$. Seien f, g $\in$ V und $\alpha \in \mathbb{R}$. Für a $\in$ A sei $(f \oplus g)(a) := f(a) + g(a)$ und $(\alpha \odot f)(a) := \alpha f(a)$.

Dann ist $(V, \mathbb{R}, \oplus, \odot)$ ein reeller Vektorraum. Es sind die zehn Eigenschaften nachzuweisen, die in Definition 4 aufgeführt sind.

1) $f, g \in V \Rightarrow f \oplus g \in V$ gemäß Definition von $\oplus$

2) $f \oplus g = g \oplus f$, da $f(a) + g(a) = g(a) + f(a) \; \forall a \in A$

3) $(r \oplus g) \oplus h = f \oplus (g \oplus h)$, da $(f(a) + g(a)) + h(a) =$
   $= f(a) + (g(a) + h(a)) \; \forall a \in A$

4) $\exists 0 \in V | f \oplus 0 = 0 \oplus f = f \; \forall f \in V$.
   Wir definieren (0 steht hier für eine Funktion)
   $0 : A \to \mathbb{R} \quad a \mapsto 0$ d.h. $0(a) = 0 \in \mathbb{R} \; \forall a \in A$
   Dann gilt $f(a) + 0(a) = 0(a) + f(a) = f(a) + 0 = f(a) \forall a \in A$
   Daraus folgt 4).

5) zu $f \in V \; \exists g \in V | f \oplus g = 0 \in V$ (Nullfunktion)
   $g := (-1) \odot f$ erfüllt obige Forderung, da

   $g(a) = -f(a) \; \forall a \in A \Rightarrow (f + g)(a) = 0 \in \mathbb{R} \; \forall a \in A$

   also $g \oplus f = f \oplus g = 0$ Nullfunktion.

6) $\forall \alpha \in \mathbb{R} \wedge \forall f \in V \Rightarrow \alpha \odot f \in V$ gemäß Definition von $\odot$

7) $\forall \alpha \in \mathbb{R} \wedge \forall f, g \in V \Rightarrow \alpha \odot (f \oplus g) = (\alpha \odot f) \oplus (\alpha \odot g)$, da

   $\alpha \cdot (f(a) + g(a)) = \alpha \cdot f(a) + \alpha \cdot g(a) \; \forall \alpha \in \mathbb{R} \wedge \forall f, g \in V$.

Der Nachweis aller weiteren Eigenschaften erfolgt ähnlich.

Wir geben noch ein weiteres Beispiel:

Beispiel 6:
Seien $a_0, a_1, \ldots, a_n \in \mathbb{R}$. Eine Funktion

$f : \mathbb{R} \to \mathbb{R}$
$x \mapsto a_0 + a_1 x + \ldots + a_n x^n =$
$(= a_0 x^0 + a_1 x^1 + \ldots + a_n x^n)$

heißt Polynom n-ten Grades.

Sei $V := \{f | f : \mathbb{R} \to \mathbb{R} \wedge f$ ist Polynom n-ten Grades$\}$. Dann lassen sich die Verknüpfungen $\oplus$ und $\odot$ wie in Beispiel 5 definieren mit

$(f \oplus g)(x) := a_0 + b_0 + (a_1 + b_1)x + \ldots + (a_n + b_n)x^n$

$(\alpha \odot g)(x) := \alpha a_0 + \alpha a_1 x + \ldots + \alpha a_n x^n$.

Dann ist $(V, \mathbb{R}, \oplus, \odot)$ ein Vektorraum. Dies läßt sich ganz analog zu den anderen Beispielen zeigen.

Einer der in den Wirtschaftswissenschaften am häufigsten benutzten Vektorräume ist der n-dimensionale Zahlenraum. So lassen sich in einer Unternehmung, die n Güter produziert, der Output pro Zeiteinheit zu einem n-Tupel, genannt Produktionsvektor, und die Preise pro Einheit zu einem n-Tupel, genannt Preisvektor, zusammenfassen. Solche n-Tupel sind Elemente des $\mathbb{R}^n$.

Beispiel 7:

Wir zeigen nun, daß für geeignet definierte Verknüpfungen $\oplus$ und $\odot$ das 4-Tupel $(\mathbb{R}^n, \mathbb{R}, \oplus, \odot)$ ein Vektorraum ist. Es erweist sich im späteren als nützlich, n-Tupel nicht nur in Form von Zeilen wie $a \in \mathbb{R}^n$, $a = (a_1, \dots, a_n)$, sondern auch in Form von Spalten zu schreiben wie

$$a = \begin{pmatrix} a_1 \\ a_2 \\ \vdots \\ a_n \end{pmatrix}$$

Wir nennen ein Zeilen-n-Tupel einen Zeilenvektor und ein Spalten-n-Tupel einen Spaltenvektor.

Wir definieren $\forall a, b \in \mathbb{R}^n \wedge \forall \alpha \in \mathbb{R}$ mit $a = (a_1, \dots, a_n)$ und $b = (b_1, \dots, b_n)$:

$a \oplus b := (a_1 + b_1, a_2 + b_2, \dots, a_n + b_n)$ und

$\alpha \odot a := (\alpha a_1, \alpha a_2, \dots, \alpha a_n)$.

Dann ist $(\mathbb{R}^n, \mathbb{R}, \oplus, \odot)$ ein Vektorraum.

1) $\forall a, b \in \mathbb{R}^n \Rightarrow a \oplus b \in \mathbb{R}^n$ (nach Definition von $\oplus$)

2) $\forall a, b \in \mathbb{R}^n \Rightarrow a \oplus b = b \oplus a$, da $a_i + b_i = b_i + a_i$ für $i = 1, \dots, n$.

3) $\forall a, b, c \in \mathbb{R}^n \Rightarrow (a \oplus b) \oplus c = a \oplus (b \oplus c)$, da $(a_i + b_i) + c_i = a_i + (b_i + c_i)$ für $i = 1, \dots, n$.

4) Zu zeigen ist: $\exists 0 \in \mathbb{R}^n$ mit $a \oplus 0 = 0 \oplus a = a \forall a \in \mathbb{R}^n$. Sei $0 := (0, 0, \dots, 0)$, dann gilt $a_i + 0 = 0 + a_i = a_i$ für $i = 1, \dots, n$. 0 heißt der Nullvektor in $\mathbb{R}^n$

5) Zu zeigen ist: $\forall a \exists b$ mit $a \oplus b = 0$. Sei $b_i := -a_i$ für $i = 1, \dots, n$, dann gilt $a \oplus b = 0$

6) $\alpha \odot a \in \mathbb{R}^n$ nach Definition

7) $\forall \alpha \in \mathbb{R} \wedge \forall a, b \in \mathbb{R}^n \Rightarrow \alpha \odot (a \oplus b) = (\alpha \odot a) \oplus (\alpha \odot b)$, da $\alpha(a_i + b_i) = \alpha a_i + \alpha b_i$ für $i = 1, \dots, n$

8) $\forall \alpha, \beta \in \mathbb{R} \wedge \forall a \in \mathbb{R}^n \Rightarrow (\alpha + \beta) \odot a = (\alpha \odot a) \oplus (\beta \odot a)$, da $(\alpha + \beta)a_i = (\alpha a_i) + (\beta a_i)$ für $i = 1, \dots, n$

9) $\forall \alpha, \beta \in \mathbb{R} \wedge \forall a \in \mathbb{R}^n \Rightarrow \alpha \odot (\beta \odot a) = (\alpha \cdot \beta) \odot a$, da $\alpha \cdot (\beta a_i) = (\alpha \cdot \beta) a_i$ für $i = 1, \dots, n$.

10) $1 \odot a = a \forall a \in \mathbb{R}^n$, da $1 \cdot a_i = a_i$ für $i = 1, \dots, n$.

Sind a und b Spaltenvektoren, so ergibt sich mit derselben Begründung und den Verknüpfungen

$$a \oplus b = \begin{pmatrix} a_1 + b_1 \\ a_2 + b_2 \\ \vdots \\ a_n + b_n \end{pmatrix} \quad \text{und} \quad \alpha \odot x = \begin{pmatrix} \alpha a_1 \\ \alpha a_2 \\ \vdots \\ \alpha a_n \end{pmatrix}$$

ein Vektorraum.

Im weiteren Verlauf werden wir den Kreis, den wir zur Unterscheidung der inneren und äußeren Verknüpfung von den Verknüpfungen „+" und „·" bei den reellen Zahlen gemacht haben, weglassen. Es ist dann aber immer Vorsicht geboten, und es ist genau darauf zu achten, welche Bedeutung die Zeichen „+" und „·" gerade haben.

Der Zugang, den wir zum Begriff des (reellen) Vektorraumes gewählt haben, erscheint auf den ersten Blick etwas kompliziert. Wir umgehen damit aber folgende Schwierigkeit, die wir anhand des $(\mathbb{R}^2, \mathbb{R}, +, \cdot)$ erläutern wollen

Seien $a = (a_1, a_2)$ und $b = (b_1, b_2) \in \mathbb{R}^2$. Dann läßt sich der Punkt $(0, 0)$ durch Pfeile (wie in Abb. 1) mit den Punkten a und b verbinden. Wir nennen diese Pfeile, die zu a und b gehörigen Ortsvektoren. Auch die Verknüpfungen lassen sich geometrisch darstellen.

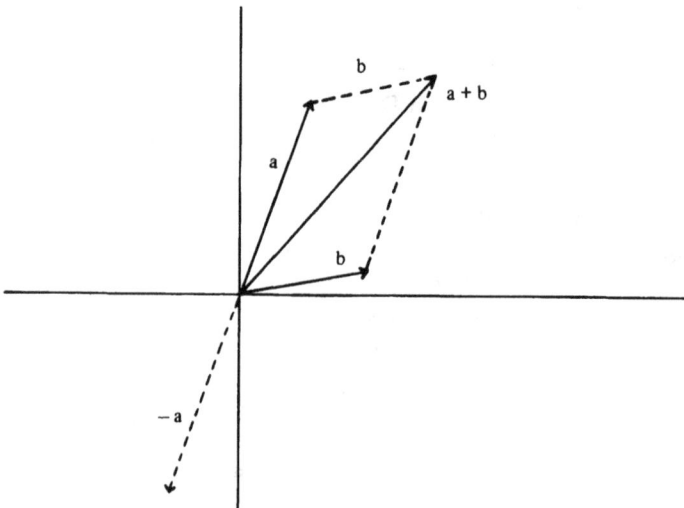

Der Multiplikation eines Vektors mit einer reellen Zahl entspricht eine Dehnung oder Verkürzung eines Pfeiles. Zur Addition werden die Pfeile parallel verschoben und der Endpunkt, mit dem Ursprung $(0, 0)$ verbunden, ergibt einen neuen Pfeil. Bei diesem Zugang sind alle Pfeile mit gleicher Richtung und gleicher Länge nicht unterscheidbar und äquivalent. Wenn wir also genau sein wollten, müßte in der

Menge der Pfeile eine Zerlegung gebildet werden, die die äquivalenten Pfeile zusammenfaßt. Dann sind Vektoren aber nicht Pfeile sondern Äquivalenzklassen von Pfeilen.

§ 2 Matrizen

Tabellen, deren Eintragungen reelle Zahlen sind, finden wir in weiten Bereichen des täglichen Lebens. Eine solche Tabelle kann z. B. wie folgt zustande kommen. Eine Unternehmung mit drei Auslieferungsanlagen beliefert 4 große Kunden. Um die Transportkosten möglichst gering zu halten, sind die mengenmäßigen Lieferungen pro Woche:

		an Kunden			
		1	2	3	4
von Lager	1	50	0	30	20
	2	10	60	15	100
	3	200	150	0	70

Den Umgang mit rechteckigen Schemata von Zahlen wollen wir jetzt genauer untersuchen.

Definition 1: (Matrix) Ein rechteckiges Schema der Gestalt

$$\begin{pmatrix} a_{11} & a_{12} & \cdots & a_{1j} & \cdots & a_{1n} \\ \vdots & \vdots & \vdots & \vdots & \vdots & \vdots \\ a_{i1} & a_{i2} & \cdots & \cdots & a_{ij} & a_{in} \\ \vdots & & & \vdots & & \vdots \\ a_{m1} & a_{m2} & \cdots & \cdots & a_{mj} & a_{mn} \end{pmatrix} =: A =: (a_{ij})_{m \times n}$$

mit $a_{ij} \in \mathbb{R}$ für $i = 1, \ldots, m \wedge j = 1, \ldots, n$ heißt (reelle) m × n Matrix (gesprochen m mal n Matrix). $\triangle$

Der Index m × n an $(a_{ij})_{m \times n}$ charakterisiert die Gestalt (das Format) des Schemas. Wir nennen den ersten Index der Elemente a_{ij} Zeilen-, den zweiten Index Spaltenindex. Eine 1 × n Matrix $(a_{11}, \ldots, a_{1n})$ heißt auch n-dimensionaler (reeller) Zeilenvektor. Eine n × 1 Matrix

$$\begin{pmatrix} a_{11} \\ \vdots \\ a_{n1} \end{pmatrix}$$

heißt auch n-dimensionaler Spaltenvektor. Überlicherweise wird bei Zeilenvektoren der Zeilen-, bei Spaltenvektoren der Spaltenindex weggelassen. Für Matrizen verwenden wir, ebenso wie für Mengen, große lateinische Buchstaben.

Wir werden die Menge der n-dimensionalen Spaltenvektoren (ebenso wie das n-fach kartesische Produkt von $\mathbb{R}$) mit $\mathbb{R}^n$ bezeichnen. Im § 1 Beispiel 7 haben wir gezeigt, daß ($\mathbb{R}^n$, $\mathbb{R}$, $+$, $\cdot$) mit den dort gegebenen Verknüpfungen „$+$" und „$\cdot$" (siehe auch § 1 Definition 4) ein Vektorraum ist.

Definition 2: (Gleichheit von Matrizen).

Eine Matrix $A = (a_{ij})_{m \times n}$ und eine Matrix $B = (b_{ij})_{r \times s}$ heißen gleich $:\Leftrightarrow$

(1) $m = r \wedge n = s$

(2) $a_{ij} = b_{ij}$ für alle $i = 1, \ldots, m$ und $j = 1, \ldots, n$.   △

Zwei Matrizen sind also gleich, wenn sie die gleiche Gestalt haben und wenn alle Elemente, die an korrespondierenden Stellen stehen, übereinstimmen.

Bei den folgenden Rechnungen erweist sich der Begriff der transponierten Matrix als nützlich.

Definition 3: (Transponierte Matrix) Sei A eine m × n Matrix.

$A' = (a'_{ij})_{n \times m}$ heißt transponierte Matrix von $A = (a_{ij})_{m \times n}$ $:\Leftrightarrow$
$a'_{ji} = a_{ij}$ für $i = 1, \ldots, m \wedge j = 1, \ldots, n$.   △

Durch Transponieren geht aus einer 1 × n Matrix, d.h. einem Zeilenvektor, ein Spaltenvektor hervor, und umgekehrt. Anschaulich entsteht ein transponiertes Schema, wenn wir bei der eingangs definierten Tabelle die Rollen der Kunden und der Lager vertauschen. Dadurch gehen Zeilen in Spalten und Spalten in Zeilen über.

Beispiel 1:

$$A = \begin{pmatrix} 5 & -1 \\ 1 & 0 \\ 3 & 1 \end{pmatrix} \quad A' = \begin{pmatrix} 5 & 1 & 3 \\ -1 & 0 & 1 \end{pmatrix}$$

$$A = \begin{pmatrix} a_{11} & a_{12} \\ a_{21} & a_{22} \\ a_{31} & a_{32} \end{pmatrix} \quad A' = \begin{pmatrix} a'_{11} & a'_{12} & a'_{13} \\ a'_{21} & a'_{22} & a'_{23} \end{pmatrix} = \begin{pmatrix} a_{11} & a_{21} & a_{31} \\ a_{12} & a_{22} & a_{32} \end{pmatrix}$$

Beispiel 2:

Beliefert eine Unternehmung ihre Kunden zum Teil durch eigene Transportkapazität und zum Teil durch fremde Transportleistung, so läßt sich für jede der beiden Lieferbeziehungen eine rechteckige Tabelle anlegen, die sich jeweils durch eine Matrix darstellen läßt.

Eigene Transportleistung

		Kunde		
	1	2	3	4
Lager 1	50	0	300	20
Lager 2	10	60	15	100
Lager 3	200	150	0	70

Fremde Transportleistung

		Kunde		
	1	2	3	4
Lager 1	0	300	0	60
Lager 2	0	20	50	100
Lager 3	10	50	50	100

Offensichtlich lassen sich diese beiden Tabellen zu einer Tabelle zusammenfassen, die die gesamte Transportleistungen wiedergibt. Dies führt zur folgenden Definition:

Definition 4: (Addition von Matrizen)

Seien $A = (a_{ij})_{m \times n}$ und $B = (b_{ij})_{m \times n}$ zwei $m \times n$ Matrizen. $A + B := (a_{ij} + b_{ij})_{m \times n}$, d.h. jedes Element von $A + B$ ist die Summe der entsprechenden Elemente von A und von B. △

Durch die so definierte Addition wird zwei $m \times n$ Matrizen wieder eine $m \times n$ Matrix zugeordnet. Es handelt sich also um eine innere Verknüpfung auf der Menge der $m \times n$ Matrizen. Sei

$$A := \begin{pmatrix} 1 & 3 \\ 5 & 7 \\ -1 & 2 \end{pmatrix} \quad B := \begin{pmatrix} 5 & -1 \\ 1 & 0 \\ 3 & 1 \end{pmatrix}. \quad \text{Dann gilt}$$

$$C := A + B = \begin{pmatrix} 1+5 & 3-1 \\ 5+1 & 7+0 \\ -1+3 & 2+1 \end{pmatrix} = \begin{pmatrix} 6 & 2 \\ 6 & 7 \\ 2 & 3 \end{pmatrix}.$$

Satz 1: Für $m \times n$ Matrizen A, B, C gilt bezüglich der in Definition 4 definierten Addition

(1) $A + B = B + A$

(2) $A + (B + C) = (A + B) + C$

(3) Es gibt eine $m \times n$ Matrix 0 mit $A + 0 - A$ für alle $m \times n$ Matrizen A.

(4) Zu A gibt es eine $m \times n$ Matrix X mit $A + X = 0$.

Beweis:

(1) $A + B = B + A$, da

$(a_{ij}, b_{ij}) \mapsto (a_{ij} + b_{ij}); (b_{ij}, a_{ij}) \mapsto (b_{ij} + a_{ij})$ und

$a_{ij} + b_{ij} = b_{ij} + a_{ji}$ für $i = 1, \ldots, m \wedge j = 1, \ldots, n$

(2) $A + (B + C) = (A + B) + C$, da

$a_{ij} + (b_{ij} + c_{ij}) = (a_{ij} + b_{ij}) + c_{ij}$ für $i = 1, \ldots, m \wedge j = 1, \ldots, n$

(3) Es gibt eine Matrix 0 mit $A + 0 = A$ für alle $m \times n$ Matrizen A.

$0 := (c_{ij})_{m \times n}$, wobei $c_{ij} = 0 \in \mathbb{R}$ für $i = 1, \ldots, m \wedge j = 1, \ldots, n$.

0 heißt die Nullmatrix der Gestalt $m \times n$. Offensichtlich gilt:

$a_{ij} + 0 = a_{ij}$ für $i = 1, \ldots, m \wedge j = 1, \ldots, m$.

(4) Zu A gibt es eine Matrix X mit $A + X = 0$ (Nullmatrix).

$X = (x_{ij})_{m \times n}$, wobei $x_{ij} := -a_{ij}$ für $i = 1, \ldots, m \wedge j = 1, \ldots, n$

erfüllt die geforderte Eigenschaft.   □

Auf der Menge V der $m \times n$ Matrizen läßt sich bezüglich $\mathbb{R}$ auch eine äußere Verknüpfung definieren.

Definition 5: Sei A eine $m \times n$ Matrix und $\alpha \in \mathbb{R}$

$$\alpha \cdot A := \alpha \begin{pmatrix} a_{11} & \cdots & \cdots & \cdots & a_{1n} \\ \cdots & \cdots & \cdots & \cdots & \cdots \\ a_{i1} & \cdots & a_{ij} & \cdots & a_{in} \\ \cdots & \cdots & \cdots & \cdots & \cdots \\ a_{m1} & \cdots & \cdots & \cdots & a_{mn} \end{pmatrix} := \begin{pmatrix} \alpha a_{11} & \cdots & \cdots & \cdots & \alpha a_{1n} \\ \cdots & \cdots & \cdots & \cdots & \cdots \\ \alpha a_{i1} & \cdots & \alpha a_{ij} & \cdots & \alpha a_{in} \\ \cdots & \cdots & \cdots & \cdots & \cdots \\ \alpha a_{m1} & \cdots & \cdots & \cdots & \alpha a_{mn} \end{pmatrix} := A \cdot \alpha$$
                                                                             △

Das Produkt einer reellen Zahl α mit einer Matrix A wird dadurch gebildet, daß jede Eintragung a_{ij} in A mit der Zahl α multipliziert wird.

Satz 2: Sei V die Menge der $m \times n$ Matrizen. Dann ist das 4-Tupel $(V, \mathbb{R}, +, \cdot)$ mit der in Definition 5 und 4 gegebenen Verknüpfungen „+" und „·" ein reeller Vektorraum.

Wir wollen den Beweis hier nicht durchführen. Er verläuft genau so wie bei dem Beispiel $(\mathbb{R}^n, \mathbb{R}, +, \cdot)$. Wir können und ein rechteckiges $m \times n$ Schema ja auch als eine einzige Zeile oder Spalte mit $m \cdot n$ Eintragungen vorstellen.

Matrizen sind ein nützliches Instrument bei der Untersuchung von innerbetrieblichen Verflechtungsmodellen. In einem Betrieb verlaufe der Produktionsprozeß in zwei Stufen. Zuerst werden aus Rohstoffen Zwischenprodukte gefertigt, dann in einem weiteren Schritt aus den Zwischenprodukten die Endprodukte. Dies sei durch die beiden folgenden Tabellen für den Fall von 4 Rohstoffen, 3 Zwischenprodukten und 2 Endprodukten zum Ausdruck gebracht.

		Erforderliche Anzahl von Einheiten der Rohstoffe für eine Einheit des Zwischenproduktes		
		1	2	3
Einheiten von Rohstoff	1	2	1	0
	2	4	1	2
	3	3	0	1
	4	0	1	5

Tabelle 1

Erforderliche Anzahl von Einheiten des Zwischen-
produkts für eine Einheit des Endproduktes.

		1	2
Einheiten von	1	1	3
Zwischenprodukten	2	2	1
	3	0	3

Tabelle 2

Aus diesen Verflechtungsbeziehungen können wir leicht erkennen, wieviel Einheiten der Rohstoffe in die jeweiligen Endprodukte eingehen. Dies läßt sich in einer
Tabelle zusammenfassen.

Erforderliche Anzahl von Einheiten des Rohstoffs für eine Einheit des Endproduktes.

		1	2
	1	4	7
Einheit von Rohstoff	2	6	19
	3	3	12
	4	2	16

Tabelle 3

Die Argumentation ist wie folgt: Um eine Einheit von Endprodukt 1 herzustellen,
benötigten wir eine Einheit von Zwischenprodukt 1, zwei Einheiten von 2 und null
Einheiten von 3. Dazu benötigen wir den Einsatz von zwei Einheiten des Rohstoffs
1 für eine Einheit von Zwischenprodukt 1 und zwei mal eine Einheit von Rohstoff 1
für zwei Einheiten von Zwischenprodukt 2. Zwischenprodukt 3 wird nicht benötigt.
Es entsteht also zur Produktion einer Einheit von Endprodukt 1 ein Bedarf von vier
Einheiten Rohstoff 1. Die übrigen Eintragungen der dritten Tabelle ergeben sich
analog.

Der Bildung von Tabelle 3 liegt die nun folgende Verknüpfung zwischen Matrizen zugrunde.

Definition 6: (Multiplikation von Matrizen)

Sei V_1 die Menge der m × n Matrizen, V_2 die Menge der n × k und V_3 die Menge
der m × k Matrizen. Die Verknüpfung „·" ist eine Abbildung.

$$V_1 \times V_2 \to V_3$$

$$\underset{(m \times n)}{(A,} \ \underset{(n \times k)}{B)} \mapsto \underset{(m \times k)}{C} = A \cdot B, \quad \text{wobei}$$

$$A \cdot B := (\sum_{1=1}^{n} a_{il} b_{ls})_{m \times k}$$

A · B heißt das Produkt der Matrizen A und B. Es wird meist kurz AB geschrieben.

△

Wir wollen dieses Produkt noch einmal ausführlich durch Angabe der Elemente von $A \cdot B$ aufschreiben.

$$A \cdot B = \begin{pmatrix} \sum_{l=1}^{n} a_{1l}b_{l1} & \cdots & \cdots & & \cdots & \sum_{l=1}^{n} a_{1l}b_{lk} \\ \vdots & & \cdots & \cdots & & \cdots & \vdots \\ \sum_{l=1}^{n} a_{il}b_{l1} & \cdots & \sum_{l=1}^{n} a_{il}b_{lj} & \cdots & \sum_{l=1}^{n} a_{il}b_{lk} \\ \vdots & & \cdots & \cdots & & \cdots & \vdots \\ \sum_{l=1}^{n} a_{ml}b_{l1} & \cdots & \cdots & & \cdots & \sum_{l=1}^{n} a_{ml}b_{lk} \end{pmatrix}$$

j-te Spalte (above)

i-te Zeile. (right)

Der Summenbildungsprozeß läßt sich an folgendem Schema nachvollziehen, das auch als Rechenhilfe nützlich ist.

			B			
			b_{11}	$\cdots$	b_{1j}	$\cdots$	b_{1k}
			$\vdots$		$\vdots$		
			b_{n1}	$\cdots$	b_{nj}	$\cdots$	n_{nk}
	a_{11}	$\cdots$	a_{1n}	c_{11}	$\cdots$	c_{1j}	$\cdots$	c_{1k}
				$\vdots$			
A	a_{i1}	$\cdots$	a_{in}	$\cdots$	$\cdots$	c_{ij}	$\cdots$	$\cdots$
				$\vdots$			
	a_{m1}	$\cdots$	a_{mn}	c_{m1}	$\cdots$	$\cdots$	$\cdots$	c_{mk}

$A \cdot B = C$

Um das Element c_{ij} von C zu berechnen, nehmen wir die i-te Zeile von A und die j-te Spalte von B und summieren über die Produkte $a_{il} b_{lj}$.

Beispiel 3:

Sei

$$A = \begin{pmatrix} 1 & 0 \\ 2 & 1 \end{pmatrix} \quad \text{und} \quad B = \begin{pmatrix} 7 & -3 \\ 4 & 2 \end{pmatrix} \quad \text{dann ergibt sich}$$

$A \cdot B$ bei Benutzung der Rechenhilfe als

			B	
			7	-3
			4	2
A	1	0	7	-3
	2	1	18	-4

$A \cdot B$

Berechnen wir nun auch B · A, was nach Definition 6 möglich ist, so ergibt sich

$$
\begin{array}{c|cc}
 & \multicolumn{2}{c}{A} \\
 & 1 & 0 \\
 & 2 & 1 \\
\hline
B \quad \begin{matrix} 7 & -3 \\ 4 & 2 \end{matrix} & \begin{matrix} 1 & -3 \\ 8 & 2 \end{matrix} & B \cdot A
\end{array}
$$

Es gilt

$$
A \cdot B = \begin{pmatrix} 7 & -3 \\ 18 & -4 \end{pmatrix} \neq \begin{pmatrix} 1 & -3 \\ 8 & 2 \end{pmatrix} = B \cdot A
$$

Die Multiplikation von Matrizen ist, vorausgesetzt, daß mit A · B auch B · A definiert ist, im allgemeinen nicht kommutativ. Die Reihenfolge der Faktoren darf also nicht vertauscht werden.

Beispiel 4:

$$
\text{Sei } A = \begin{pmatrix} a_{11} \, a_{12} \, a_{13} \\ a_{21} \, a_{22} \, a_{23} \end{pmatrix} \quad \text{und} \quad B = \begin{pmatrix} b_{11} \, b_{12} \\ b_{21} \, b_{22} \\ b_{31} \, b_{32} \end{pmatrix}
$$

A · B läßt sich bilden, da A eine 2 × 3 Matrix und B eine 3 × 2 Matrix ist

$$
A \cdot B = \begin{pmatrix} a_{11} b_{11} + a_{12} b_{21} + a_{13} b_{31} & a_{11} b_{12} + a_{12} b_{22} + a_{13} b_{32} \\ a_{21} b_{11} + a_{22} b_{21} + a_{23} b_{31} & a_{21} b_{12} + a_{22} b_{22} + a_{23} b_{32} \end{pmatrix}
$$

Es ließe sich in diesem Fall auch B · A bilden. Das Ergebnis ist dann eine 3 × 3 Matrix und nicht eine 2 × 2 Matrix.

Satz 3: In der Menge der n × n Matrizen ist die

$$
\text{Matrix } E := \begin{pmatrix} 1 & 0 & \dots & 0 \\ 0 & 1 & \dots & 0 \\ \dots & \dots & \dots & \dots \\ 0 & 0 & \dots & 1 \end{pmatrix} \text{ bezüglich der Multiplikation ein Einsele-}
$$

ment.

Für 3 × 3 Matrizen z. B. hat E die Gestalt $\begin{pmatrix} 1 & 0 & 0 \\ 0 & 1 & 0 \\ 0 & 0 & 1 \end{pmatrix}$.

Ein Spezialfall des Matrizenproduktes hat besondere Bedeutung.

Definition 7: (Inneres Produkt)

Seien A und B zwei n × 1 Matrizen, d. h. n-dimensionale Spaltenvektoren, die wir mit a und b bezeichnen.

Dann heißt $a' \cdot b = (a_1, \ldots, a_n) \begin{pmatrix} b_1 \\ \vdots \\ b_n \end{pmatrix} = \sum_{i=1}^{n} a_i b_i$

inneres Produkt von a und b. Häufig wird kurz $a'b$ geschrieben. △

Das innere Produkt ist eine Verknüpfung, die zwei Vektoren des $\mathbb{R}^n$ eine reelle Zahl zuordnet. Eine häufig aufzutreffende ökonomische Anwendung ist folgende. Sei p_i der Preis des Gutes i pro Mengeneinheit und q_i die abgesetzte Menge des Gutes i für $i = 1, \ldots, n$. Dann lassen sich die Preise p_i zu einem Vektor p $= (p_i, \ldots, p_n)'$ und die abgesetzte Mengen q_i zu einem Vektor $q = (q_1, \ldots, q_n)'$ zusammenfassen. Der gesamte Umsatz ergibt sich dann als inneres Produkt der Vektoren p und q als $p'q = \sum_{i=1}^{n} p_i q_i$.

Definition 8: (Norm eines Vektors)
Sei a ein Vektor des $\mathbb{R}^n$, dann heißt

$$\|a\| := \sqrt{a'a} = (a'a)^{\frac{1}{2}} = \sqrt{\sum_{i=1}^{n} a_i^2}$$

die Norm des Vektors a. △

Die so definierte Norm ist die Länge des zu a gehörigen Ortsvektors. Im $\mathbb{R}^2$ läßt sich dies leicht klarmachen.

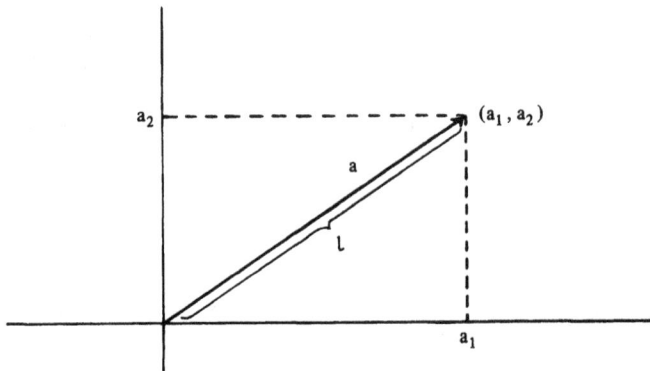

Gemäß des Satzes von Pythagoras besitzt der Ortsvektor die Länge $l = \sqrt{a_1^2 + a_2^2}$. Wir werden später noch andere Begriffe der Längen(Distanz)messung kennenlernen.

Seien $a, b \in \mathbb{R}^n$, so läßt sich der Winkel α zwischen den zu a und b gehörigen Ortsvektoren mit dem inneren Produkt berechnen. Es gilt:

$$\cos(\alpha) = \frac{a'b}{\sqrt{(a'a) \cdot (b'b)}}.$$

In der Ebene, d.h. für a, b ∈ $\mathbb{R}^2$ läßt sich dies zeichnerisch veranschaulichen.

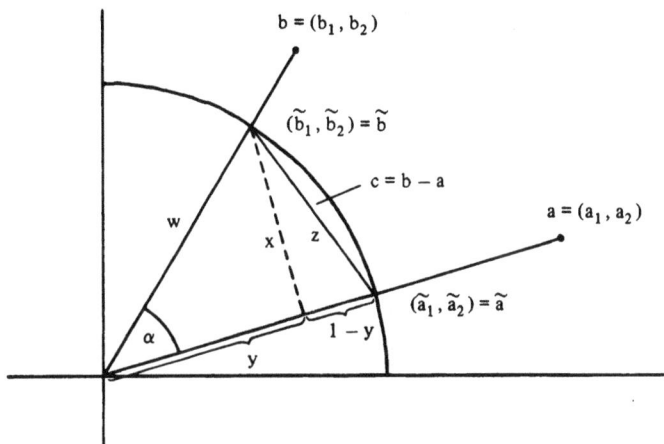

Seien a, b zwei Vektoren in $\mathbb{R}^2$. Dann liegen die Endpunkte der zu den Vektoren $\tilde{a} := \dfrac{1}{\sqrt{(a'a)}} \cdot a = (\tilde{a}_1, \tilde{a}_2)'$ und $\tilde{b} := \dfrac{1}{\sqrt{(b' \cdot b)}} \cdot b = (\tilde{b}_1, \tilde{b}_2)$ gehörigen Ortsvektoren auf dem Einheitskreis. Für den Vektor c gilt $c = \tilde{b} - \tilde{a}$.

Da die Hypotenuse des von w, x, y gebildeten rechtwinkligen Dreiecks die Länge 1 hat, gilt $y = \cos(\alpha)$ und $x^2 + y^2 = 1$. Für das durch z, x, $(1 - y)$ gebildete rechtwinklige Dreieck folgt gemäß dem Satz von Pythagoras $z^2 = x^2 + (1 - y)^2$. Nun ist

$$z^2 = c'c = (\tilde{b} - \tilde{a})'(\tilde{b} - \tilde{a}) = \tilde{a}'\tilde{a} + \tilde{b}'\tilde{b} - 2\tilde{a}'\tilde{b} \quad \text{und ebenso}$$

$$z^2 = (1 - y)^2 + x^2 = 1 + y^2 - 2y + x^2 = 1 + 1 - 2y.$$

Da aber $\tilde{a}'\tilde{a}$ und $\tilde{b}'\tilde{b}$ beide gleich 1 sind, folgt aus den beiden Gleichungen

$$\cos(\alpha) = y = \tilde{a}'\tilde{b}.$$

Der Kosinus eines Winkels hat bei $\dfrac{\pi}{2}$ (das entspricht 90°) den Wert null. Wir definieren in Einklang mit unserer Anschauung in $\mathbb{R}^2$, wann zwei Vektoren aufeinander senkrecht stehen.

Definition 9: Seien zwei Spaltenvektoren a, b ∈ $\mathbb{R}^n$.

(1) a heißt orthogonal zu b :⇔ $a'b = 0 = \sum\limits_{i=1}^{n} a_i b_i$

(2) a und b heißen orthonormal :⇔ (i) a und b sind orthogonal und
(ii) $a'a = b'b = 1$.   △

Beispiel 5: Die Vektoren $a = \begin{pmatrix} 1 \\ 1 \end{pmatrix}$ und $b = \begin{pmatrix} -\dfrac{1}{2} \\ \dfrac{1}{2} \end{pmatrix}$ des $\mathbb{R}^2$ sind orthogonal, und die Vektoren $e_1 = \begin{pmatrix} 1 \\ 0 \end{pmatrix}$ und $e_2 = \begin{pmatrix} 0 \\ 1 \end{pmatrix}$ orthonormal. Es gilt $a'b = (1 \quad 1) \begin{pmatrix} -\dfrac{1}{2} \\ \dfrac{1}{2} \end{pmatrix} =$

$-\dfrac{1}{2} + \dfrac{1}{2} = 0$, aber $\|a\|^2 = a'a = 1^2 + 1^2 = 2 \neq 1$; daher sind a und b orthogonal und nicht orthonormal.

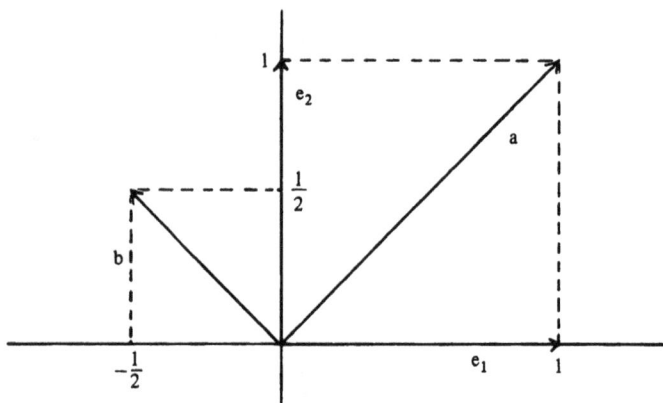

In der Analysis werden einige Eigenschaften der Norm eines Vektors des $\mathbb{R}^n$ benötigt. Wir werden sie jetzt behandeln.

Satz 4:

(1) Für alle $a \in \mathbb{R}^n$ gilt $\|a\| \geqslant 0$.

(2) $\|a\| = 0$ genau dann, wenn $a = 0 \in \mathbb{R}^n$.

(3) Für $\alpha \in \mathbb{R}$ und $a \in \mathbb{R}^n$ gilt $\|\alpha a\| = |\alpha| \cdot \|a\|$.

Beweis:

(1) Sei $a \in \mathbb{R}^n$, $a = (a_1, a_2, \ldots, a_n)'$ Dann ist

$a_i \in \mathbb{R}$ für $i = 1, \ldots, n$, also $a_i^2 \geqslant 0$ für $i = 1, \ldots, n$

$$\Rightarrow \sum_{i=1}^{n} a_i^2 \geqq 0 \Rightarrow \sqrt{\sum_{i=1}^{n} a_i^2} = \|a\| \geqq 0$$

(2) $\|a\| = \sqrt{\sum_{i=1}^{n} a_i^2} = 0 \Leftrightarrow \sum_{i=1}^{n} a_i^2 = 0$ (da $a_i^2 \geqq 0$ für $i = 1, \ldots, n$)

$\Leftrightarrow a_i^2 = 0$ für $i = 1, \ldots, n \Leftrightarrow a_i = 0$ für $i = 1, \ldots, n \Rightarrow a = 0 \in \mathbb{R}^n$

(3) $\forall \alpha \in \mathbb{R}$ ist $\|\alpha a\| = \sqrt{\sum_{i=1}^{n} \alpha^2 a_i^2} = \sqrt{\alpha^2 \sum_{i=1}^{n} a_i^2} =$

$= |\alpha| \sqrt{\sum_{i=1}^{n} a_i^2} = |\alpha| \cdot \|a\|$ □

Der folgende Satz ist unter dem Namen Schwarz'sche Ungleichung bekannt und tritt in etwas anderer Form auch in der Analysis auf.

Satz 5: (Schwarz'sche Ungleichung) Seien a, b $\in \mathbb{R}^n$; dann gilt

$$|a'b| \leq \|a\| \cdot \|b\|$$

Beweis: Aus der Definition des inneren Produktes und der Norm erhalten wir

$$a'b = \sum_{i=1}^{n} a_i b_i, \quad \|a\|^2 = \sum_{i=1}^{n} a_i^2 \quad \text{und} \quad \|b\|^2 = \sum_{i=1}^{n} b_i^2$$

und es gilt für beliebige $\alpha, \beta \in \mathbb{R}$:

$$0 \leq \|\alpha a - \beta b\|^2 = \sum_{i=1}^{n} (\alpha^2 a_i^2 - 2\alpha\beta a_i b_i + \beta^2 b_i^2)$$

$$= \alpha^2 \|a\|^2 - 2\alpha\beta a'b + \beta^2 \|b\|^2$$

Daraus folgt

$$2\alpha\beta a'b \leq \alpha^2 \|a\|^2 + \beta^2 \|b\|^2$$

Analog ergibt sich aus

$$0 \leq \|\alpha a + \beta b\|^2$$

die Ungleichung

$$-2\alpha\beta a'b \leq \alpha^2 \|a\|^2 + \beta^2 \|b\|^2$$

(*) $\quad |2\alpha\beta a'b| = 2 \cdot |\alpha\beta| \cdot |a'b| \leq \alpha^2 \|\alpha\|^2 + \beta^2 \|b\|^2$

    1. Ist $a'b = 0$ so gilt trivialerweise

$$0 = |a'b| \leq \|a\| \cdot \|b\|$$

    2. Ist $a'b \neq 0$, so folgt $\|a\|^2 \neq 0$ und $\|b\|^2 \neq 0$,

denn es existiert dann mindestens ein $i \in \{1, ..., n\}$, so daß $a_i b_i \neq 0$ ist und damit $\|a\|^2 > 0$ und $\|b\|^2 > 0$.
Da aus einer positiven Zahl die Quadratwurzel gezogen werden kann, ist es möglich

$$\alpha = \sqrt{\|b\|^2} = \|b\| \quad \text{und} \quad \beta = \|a\|$$

zu wählen. Setzen wir dies in (*) ein, so ergibt sich

$$2\|b\| \|a\| |a'b| \leq \|b\|^2 \|a\|^2 + \|a\|^2 \|b\|^2$$

Daraus folgt nach Division mit $2\|a\| \|b\| > 0$ die Behauptung.   □

    Mit Hilfe der Schwarz'schen Ungleichung läßt sich die Dreiecksungleichung, oft auch Ungleichung von Minkowski genannt, leicht beweisen

Satz 6: Seien a, b ∈ $\mathbb{R}^n$ dann gilt

(1) $\|a + b\| \leq \|a\| + \|b\|$. (Dreiecksgleichung)

(2) $\|a + b\| \geq \|a\| - \|b\|$.

Beweis: Wir beweisen nur (1).

Für a, b ∈ $\mathbb{R}^n$ gilt (wie bei Beweis von Satz 5)

$$0 \leq \|a + b\|^2 = \|a\|^2 + 2a'b + \|b\|^2 \leq$$
$$\leq \|a\|^2 + 2|a'b| + \|b\|^2 \leq \|a\|^2 + 2\|a\| \cdot \|b\| + \|b\|^2 =$$
$$= (\|a\| + \|b\|)^2$$

Die zweite Ungleichung gilt nach Rechenregeln für den Absolutbetrag, die dritte nach Satz 5 der Schwarz'schen Ungleichung. Durch Ziehen der Quadratwurzel folgt die Behauptung des Satzes. □

Nachdem wir ausführlich auf den Spezialfall inneres Produkt eingegangen sind, wollen wir uns wieder Eigenschaften von Matrizen und Matrixmultiplikationen zuwenden.

In der Statistik und der Ökonometrie treten häufig Matrizen auf, die symmetrisch sind. Wir werden diese Eigenschaft und einige andere Eigenschaften kurz behandeln.

Definition 10: (1): Eine m × m Matrix A heißt symmetrisch: ⇔ A = A'

(2): Eine m × n Matrix A heißt schiefsymmetrisch: ⇔ A = − A'

Δ

Beispiel 6:

Die Matrix

$$A = \begin{pmatrix} 1 & 1 & 3 \\ 1 & 2 & 7 \\ 3 & 7 & -1 \end{pmatrix} \quad \text{ist symmetrisch,}$$

und

$$B = \begin{pmatrix} 0 & -1 & -3 \\ 1 & 0 & -7 \\ 3 & 7 & 0 \end{pmatrix} \quad \text{ist schiefsymmetrisch.}$$

Die Hauptdiagonale (von links oben nach rechts unten) einer schiefsymmetrischen Matrix besteht notwendigerweise aus Nullen.

Satz 7: Sei A eine m × n Matrix. Dann sind A'A und AA' symmetrische Matrizen.

Beweis: (1)   C = A'A ist symmetrisch.

C ist ein n × n Matrix mit Elementen $c_{ij} = \sum_{l=1}^{m} a'_{il} a_{lj} = \sum_{l=1}^{m} a_{li} a_{lj} = \sum_{l=1}^{m} a_{li} a'_{jl}$
$= c_{ji}$,

(2)   Analog für AA'.   □

Satz 8: Seien A, B, C Matrizen so, daß folgende Matrixmultiplikationen definiert sind. Dann gilt

(1) (AB) C = A (B C) (Assoziativgesetz),

(2) (AB)' = B' A'

Beweis: Wir wollen den Beweis von (1) weglassen.

(2) Ist A eine m × n Matrix, B eine n × k Matrix, so ist C = A · B eine m × k und C' sowie D = B' A' eine k × m Matrix.

Die Elemente c_{ij} von C lauten

$$c_{ij} = \sum_{l=1}^{n} a_{il} b_{lj} \quad \text{für} \quad i = 1, \ldots, m \wedge j = 1, \ldots, k$$

$$c'_{ij} = \sum_{l=1}^{n} a_{jl} b_{li} \quad \text{für} \quad i = 1, \ldots, k \wedge j = 1, \ldots, m$$

Die Elemente d_{ij} von D = B' A' lauten für $i = 1, \ldots, k \wedge j = 1, \ldots, m$

$$d_{ij} = \sum_{l=1}^{n} b'_{il} a'_{lj} = \sum_{j=1}^{n} a_{jl} b_{li} = c'_{ij}$$

Damit ist (2) bewiesen. □

Für Matrizen gelten, falls die Multiplikationen definiert sind, auch Distributivgesetze.

Satz 9: Seien A, B, C Matrizen so, daß die folgenden Matrixmultiplikationen und Additionen definiert sind. Dann gilt:

(1) A (B + C) = AB + AC

(2) (A + B) C = AC + BC

Wir lassen den Beweis als Übung.

§ 3 Lineare Gleichungen

Einer Unternehmung, die m Güter $G_1, \ldots, G_m$, herstellt stehen n Produktionsprozesse $P_1, \ldots, P_n$ zur Verfügung. Es liegt nun oft in der Natur der Produktionsprozesse, daß bei ihrer Anwendung nicht nur ein Gut entsteht. Wir nennen solche Prozesse Verbund- oder Kuppelproduktion. So liefern die in der Petrochemie zur Verarbeitung von Erdöl angewandten Verfahren gleichzeitig mehrere Produkte, von leichtem Benzin bis zu Heizöl und schwerem Heizöl. Manchmal sind die bei Kuppelproduktion mit entstehenden Güter unerwünscht, denn bei fast jedem Produktionsprozeß entsteht neben dem gewünschten Produkt auch eine Schadstoffemission und damit eine Belastung der Umwelt.

Der Einfachheit halber betrachten wir nun eine Unternehmung, der zur Herstellung von zwei Gütern G_1 und G_2 zwei Produktionsprozesse P_1 und P_2 zur Verfügung stehen. Bei beiden Prozessen entstehen in Kuppelproduktion die Güter G_1 und G_2.

Bei Produktionsprozeß P_i entstehen pro Stunde	Einheiten von Gut G_1	Einheiten von Gut G_2
P_1	a_{11}	a_{21}
P_2	a_{12}	a_{22}

Wir können uns nun die Frage stellen: Wieviele Einheiten von G_1 und G_2 erhalten wir, wenn die Produktionsprozesse P_1 für x_1 Stunden und P_2 für x_2 Stunden laufen.

Diese Frage ist sehr einfach zu beantworten. Seien b_1 und b_2 die von Gut G_1 und G_2 erzeugten Mengen, dann gilt:

$$a_{11}x_1 + a_{12}x_2 = b_1$$
$$a_{21}x_1 + a_{22}x_2 = b_2$$

Dies läßt sich auch mittels Matrizen formulieren:

Sei $x = \begin{pmatrix} x_1 \\ x_2 \end{pmatrix}$, $b = \begin{pmatrix} b_1 \\ b_2 \end{pmatrix}$ und $A = \begin{pmatrix} a_{11} & a_{12} \\ a_{21} & a_{22} \end{pmatrix}$, so gilt

$$Ax = b$$

Wir können uns nun als Frage 2 das umgekehrte Problem stellen: Wie lange müssen die Produktionspeozesse P_1 und P_2 eingesetzt werden, damit genau b_1 Einheiten von Gut G_1 und genau b_2 Einheiten von Gut G_2 entstehen. Gesucht sind also Zeitabschnitte der Dauer x_1 und x_2, so daß

$$a_{11}x_1 + a_{12}x_2 = b_1$$
$$a_{21}x_1 + a_{22}x_2 = b_2$$

Bei genauer Betrachtung sehen wir, daß Frage 2 in mehrere Teile aufzugliedern ist.
(1)   Existieren Paare $(x_1, x_2)' \in \mathbb{R}^2$, die obige Gleichung erfüllen?
(2)   Wenn ja, ist $(x_1, x_2)'$ eindeutig?
(3)   Ist die „Lösung" $(x_1, x_2)'$ auch ökonomisch sinnvoll zu interpretieren, d. h. gilt $x_1 \geqq 0$, $x_2 \geqq 0$?

Wir werden uns zuerst der Fragestellungen (1) und (2) zuwenden und die Untersuchung von (3) erst später durchführen.

Im folgenden benutzen wir die Matrizenschreibweise intensiv, da die Darstellung sich dadurch erheblich vereinfacht und übersichtlicher wird. Allerdings müssen die Rechnungen und Umformungen mit größerer Vorsicht durchgeführt und die Rechenregeln für die jeweils betrachteten Objekte genau eingehalten werden.

Definition 1: (Lineare Gleichung)
Sei $A = (a_{ij})_{m \times n}$ eine $m \times n$ Matrix, $x = (x_1, \ldots, x_n)'$ und $b = (b_1, \ldots, b_m)'$ Spaltenvektoren mit $x \in \mathbb{R}^n$ und $b \in \mathbb{R}^m$. Dann heißt

(G_0): $Ax = 0$ (mit $0 \in \mathbb{R}^n$) lineare homogene Gleichung und

(G) : $Ax = b$ lineare inhomogene Gleichung. $\triangle$

Beim Umgang mit dem Symbol 0 ist besondere Achtung geboten. Es kann sich sowohl um $0 \in \mathbb{R}$, $0 \in \mathbb{R}^m$ oder um die Nullmatrix handeln.

Ausführlich geschrieben lautet die lineare inhomogene Gleichung (G):

$$
\begin{array}{cc}
 & \text{j-te Spalte} \\
\end{array}
$$

$$
\begin{aligned}
a_{11} x_1 + a_{12} x_2 + \ldots + a_{1j} x_j + \ldots + a_{1n} x_n &= b_1 \\
a_{21} x_1 + \ldots \qquad\quad + a_{2j} x_j + \ldots + a_{2n} x_n &= b_2 \\
\vdots \qquad\qquad\qquad \vdots \qquad\qquad \vdots \\
\text{i-te Zeile} \quad a_{i1} x_1 + \ldots \qquad\quad + a_{ij} x_j + \ldots + a_{in} x_n &= b_i \\
\vdots \qquad\qquad\qquad \vdots \qquad\qquad \vdots \\
a_{m1} x_1 + \ldots \qquad\quad + a_{mj} x_j + \ldots + a_{mn} x_n &= b_m
\end{aligned}
$$

Bei (G_0) sind sämtliche b_i durch $0 \in \mathbb{R}$ zu ersetzen. Angeregt durch diese etwas komplizierte Schreibweise werden lineare Gleichungen in der Literatur auch oft lineare Gleichungssysteme genannt.

Bevor wir Verfahren zur expliziten Lösung von linearen Gleichungen entwickeln, wollen wir einige einfache Eigenschaften der „Lösungen" von (G_0) und (G) studieren. Eine genaue Charakterisierung der Menge der Lösungen wird später erfolgen. Dazu werden noch eine Reihe weiterer Begriffe der linearen Algebra benötigt, die aber erst nach Kenntnis eines Lösungsverfahrens (Algorithmus) eingeführt werden sollen. Als erstes zeigen wir eine grundlegende Eigenschaft der Menge der Lösungen von (G_0).

Satz 1: Sei $A = (a_{ij})_{m \times n}$ eine $m \times n$ Matrix,

(G_0): $Ax = 0$ eine lineare Gleichung und

$L(G_0) := \{x \in \mathbb{R}^n \mid Ax = 0\}$ die Menge der Lösungen von (G_0).

Dann ist $(L(G_0), \mathbb{R}, +, \cdot)$ mit den für reelle Vektoren erklärten inneren und äußeren Verknüpfungen $+$ und $\cdot$ ein Vektorraum.

Beweis: Bei der Definition des Vektorraumes wird vorausgesetzt, daß die Menge, die diese Struktur trägt, nicht leer ist. Wir zeigen deshalb zuerst $L(G_0) \neq \emptyset$. Dies folgt, da $x = (0, \ldots, 0)' \in \mathbb{R}^n$ offensichtlich eine Lösung von G_0 ist. Nun prüfen wir die Eigenschaften (1)–(10) von Definition 4 nach.

(1) $\forall x, y \in L(G_0)$ gilt $x + y \in L(G_0)$, da

$x, y \in L(G_0) \Rightarrow Ax = 0$ und $Ay = 0 \Rightarrow 0 = Ax + Ay = A(x + y)$.

Also ist $x + y \in L(G_0)$

(2) $\forall x, y \in L(G_0)$ gilt $x + y = y + x$

da die Addition von Vektoren kommutativ ist.

(3) $\forall x, y, z \in L(G_0)$ ist $x + (y + z) = (x + y) + z$ richtig.

da die Addition von Vektoren assoziativ ist.

(4) $\exists 0 \in L(G_0)$, so daß $x + 0 = 0 + x = x \forall x \in L(G_0)$,
     da $0 \in L(G_0)$
(5) zu $x \in L(G_0) \exists y \in L(G_0)$, so daß $x + y = 0$.
     Sei $x \in L(G_0) \Rightarrow Ax = 0 \Rightarrow A(-x) = 0 \Rightarrow y = -x$
     besitzt die geforderte Eigenschaft
(6) $\forall \alpha \in \mathbb{R} \wedge \forall x \in L(G_0)$ gilt $\alpha x \in L(G_0)$, da für
     $\alpha \in \mathbb{R} \wedge x \in L(G_0)$ folgt $Ax = 0 \Rightarrow \alpha(Ax) = A(\alpha x) = 0$

Auf die weitere Ausführung der Schritte 7–10 wollen wir verzichten. Die wichtigen Eigenschaften sind: mit zwei Lösungen x, y ist auch deren Summe eine Lösung von (G_0) und für reelle Zahlen α ist das α-fache einer Lösung wieder eine Lösung von (G_0).   □

Im folgenden Satz untersuchen wir den Zusammenhang der Lösungen von L(G), falls es solche überhaupt gibt, und der Lösungen von $L(G_0)$.

Satz 2: Sei $A = (a_{ij})_{m \times n}$ eine m × n Matrix,

$L(G_0) := \{x \in \mathbb{R}^n \,|\, Ax = 0\}$ die Menge der Lösungen von (G_0) und

$L(G) := \{x \in \mathbb{R}^n \,|\, Ax = b\}$ die Menge der Lösungen von (G).

Ist $r = (r_1, \ldots, r_n)' \in L(G)$, dann gilt

$L(G) = \{r + x \in \mathbb{R}^n \,|\, x \in L(G_0)\}$

In Worten besagt der Satz 2, daß die Menge der Lösungen der inhomogenen Gleichung vollständig bestimmt ist durch irgendeine Lösung r der inhomogenen Gleichung (falls eine solche existiert) und die Menge der Lösungen der homogenen Gleichung.

Beweis: Die Behauptung des Satzes enthält die Gleichheit zweier Mengen. Wir müssen also zwei Teilmengenbeziehungen nachweisen.

(1) $\{r + x \in \mathbb{R}^n \,|\, x \in L(G_0)\} \subset L(G)$. In Worten heißt dies, mit r ist auch r + x Lösung von (G).
     $r \in L(G) \wedge x \in L(G_0) \Rightarrow A(r + x) = Ar + Ax = b + 0 = b \Rightarrow r + x \in L(G)$.
(2) $L(G) \subset \{r + x \in \mathbb{R}^n \,|\, x \in L(G_0)\}$. In Worten: für ein beliebiges $\tilde{r} \in L(G)$ existiert ein $x \in L(G_0)$, so daß $\tilde{r} = r + x$. Ein geeignetes x läßt sich wie folgt finden. Es gilt offenbar $\tilde{r} = r + (\tilde{r} - r)$. Es bleibt nur noch zu zeigen, daß $x = \tilde{r} - r \in L(G_0)$ ist:
     $A(\tilde{r} - r) = A\tilde{r} - Ar = b - b = 0 \Rightarrow \tilde{r} - r = x \in L(G_0)$
     Aus (1) und (2) folgt die Behauptung.   □

In der gewöhnlichen Arithmetik ist es üblich, Gleichungen mit einer Unbekannten zu lösen, indem die Gleichung so umgeformt wird, daß die Lösung sich nicht verändert. Bei linearen Gleichungen gehen wir ebenso vor.

Definition 2: Zwei lineare Gleichungen G und $\tilde{G}$ heißen äquivalent wenn $L(G) = L(\tilde{G})$ ist.   △

In den beiden nächsten Sätzen werden „elementare Zeilenoperationen" definiert und ihre Auswirkungen auf die Lösungsmenge einer linearen Gleichung untersucht. Diese Zeilenoperationen bilden die Grundlage für eine explizite Lösung linearer Gleichungen.

Satz 3: Sei $A = (a_{ij})_{m \times n}$ eine $m \times n$ Matrix und $b \in \mathbb{R}^m$.

Eine $m \times n$ Matrix $\tilde{A} = (a_{ij})_{m \times n}$ und ein $\tilde{b} \in \mathbb{R}^n$ seien wie folgt definiert:

Sei $k \in \{1, \ldots, m\} \wedge \alpha \in \mathbb{R}, \alpha \neq 0$.

$$\tilde{a}_{ij} := \begin{cases} \alpha a_{ij} & \text{für } i = k \wedge j = 1, \ldots, n \\ a_{ij} & \text{sonst } (i \neq k) \end{cases}$$

$$\tilde{b}_i := \begin{cases} \alpha b_i & \text{für } i = k \\ b_i & \text{sonst} \end{cases}$$

Für die linearen Gleichungen

$G: Ax = b$ und

$\tilde{G}: \tilde{A}x = \tilde{b}$ gilt $L(G) = L(\tilde{G})$.

Die Aussage des Satzes ist: wird die k-te Zeile mit einer Zahl $\alpha \neq 0$ multipliziert, so ändert sich die Lösungsmenge nicht. Bei der Darstellung der Änderung der Koeffizienten der Gleichung ist zu sehen, daß die Formulierung eines einfachen Sachverhaltes, nämlich in der expliziten Schreibweise linearer Gleichungen, die k-te Zeile mit einer Zahl $\alpha \neq 0$ zu multiplizieren, bereits einigen Aufwand erfordert. Dies ist die Vorgehensweise, die auch für die Programmierung auf einer Rechenanlage nötig ist.

Beweis: Da die Behauptung des Satzes eine Mengengleichheit beinhaltet, erfolgt der Beweis in zwei Schritten. Es wird dabei auf die explizite Darstellung einer linearen Gleichung zurückgegriffen.

(1) $L(G) \subset L(\tilde{G})$:

Sei $x \in L(G)$, dann gilt für

$$i \neq k: \sum_{j=1}^{n} \tilde{a}_{ij} x_j = \sum_{j=1}^{n} a_{ij} x_j = b_i = \tilde{b}_i \quad \text{gemäß Definition von } \tilde{G} \text{ und da}$$
$x \in L(G)$

$$i = k: \sum_{j=1}^{n} \tilde{a}_{ij} x_j = \sum_{j=1}^{n} \alpha a_{ij} x_j = \alpha \sum_{j=1}^{n} a_{ij} x_j = \alpha b_i = \tilde{b}_i$$

gemäß Definition $\tilde{a}_{ij}$ und $\tilde{b}_i$.

Es folgt für alle $i = 1, \ldots, n$

$$\sum_{j=1}^{n} \tilde{a}_{ij} x_j = \tilde{b}_i. \text{ Also gilt auch } x \in L(\tilde{G})$$

(2) $L(\tilde{G}) \subset L(G)$

Sei $x \in L(\tilde{G})$ dann gilt für

$$i \neq k: \sum_{j=1}^{n} a_{ij} x_j = \sum_{j=1}^{n} \tilde{a}_{ij} x_j = \tilde{b}_i = b_i$$

$$i = k: \alpha \sum_{j=1}^{n} a_{ij} x_j = \sum_{j=1}^{n} \alpha a_{ij} x_j = \sum_{j=1}^{n} \tilde{a}_{ij} x_j = \tilde{b}_i = \alpha b_i.$$

Dividiert man durch $\alpha \neq 0$, folgt $x \in L(G)$. $\qquad\qquad\qquad\qquad$ □

Im nächsten Satz wird die Addition von zwei Zeilen in der expliziten Schreibweise linearer Gleichungen formuliert.

Satz 4: Sei $A = (a_{ij})_{m \times n}$ eine $m \times n$ Matrix. Eine $m \times n$ Matrix $\tilde{A}$ und ein $\tilde{b} \in \mathbb{R}^m$ seien wie folgt definiert.

Sei $k, l \in \{1, \ldots, m\}$,

$$\tilde{a}_{ij} := \begin{cases} a_{kj} + a_{lj} & \text{für } i = k \wedge j = 1, \ldots, n \\ a_{ij} & \text{sonst } (i \neq k) \end{cases}$$

$$\tilde{b}_i := \begin{cases} b_i + b_l & \text{für } i = k \\ b_i & \text{sonst } (i \neq k) \end{cases}$$

Für die linearen Gleichungen

$G: Ax = b$ und

$\tilde{G}: \tilde{A}x = \tilde{b}$ gilt $L(G) = L(\tilde{G})$

In Worten besagt Satz 4, daß sich die Lösungsmenge einer linearen Gleichung nicht ändert, wenn zur k-ten Zeile eine Zeile addiert wird und die k-te Zeile dann durch diese Summe ersetzt wird.

Beweis: Es wird ähnlich wie bei Satz 3 vorgegangen.

(1) $L(G) \subset L(\tilde{G})$:

Sei $x \in L(G)$ dann gilt für

$$i \neq k: \sum_{j=1}^{n} \tilde{a}_{ij} x_j = \sum_{j=1}^{n} a_{ij} x_j = b_i = \tilde{b}_i$$

sowie für

$$i = k: \sum_{j=1}^{n} \tilde{a}_{ij} x_j = \sum_{j=1}^{n} (a_{ij} + a_{lj}) x_j =$$

$$= \sum_{j=1}^{n} a_{ij} x_j + \sum_{j=1}^{n} a_{lj} x_j = b_i + b_l = \tilde{b}_i$$

Es folgt $x \in L(\tilde{G})$.

(2) $L(\tilde{G}) \subset L(G)$.

Sei $x \in L(\tilde{G})$ dann gilt für

$$i \neq k: \sum_{j=1}^{n} a_{ij} x_j = \sum_{j=1}^{n} \tilde{a}_{ij} x_j = \tilde{b}_i = b_i$$

und für

$$i = k: \sum_{j=1}^{n} a_{ij}x_j + \sum_{j=1}^{n} a_{lj}x_j = \sum_{j=1}^{n} (a_{ij} + a_{lj})x_j =$$

$$= \sum_{j=1}^{n} \tilde{a}_{ij}x_j = \tilde{b}_i = b_i + b_l.$$

Nach Subtraktion von $b_l = \sum\limits_{j=1}^{n} a_{lj}x_j$ folgt $x \in L(G)$.

Aus (1) und (2) folgt die Behauptung.   □

Die beiden Vorgehensweisen Multiplizieren einer Zeile mit einer Zahl $\alpha \neq 0$ und Ersetzen einer Zeile durch die Summe dieser Zeile und einer anderen heißen elementare Zeilenoperationen. Sie verändern die Lösungsmenge einer gegebenen linearen Gleichung nicht.

Mit Hilfe der in den Sätzen 3 und 4 beschriebenen Umformungen, die die Lösungsmenge L(G) der Gleichung nicht verändern, berechnen wir nun für ein konkretes Beispiel eine Lösung. Das Vorgehen ist das übliche. Wir wählen eine Gleichung und darin eine Veränderliche. Diese Veränderliche wird aus den restlichen Gleichungen eliminiert. Die Prozedur wird so lange durchgeführt, bis sich möglicherweise eine Lösung ergibt. Falls die Elimination nicht systematisch durchgeführt wird, ergibt sich leicht eine unübersichtliche Menge von Einzelgleichungen und es werden Substitutionen durchgeführt, die zu dem zwar korrekten aber nutzlosen Ergebnis $0 = 0$ führen. Wir lassen bei der Elimination die Gleichungen in derselben Reihenfolge. Dies erleichtert auch die Rechenkontrolle, da genau ersichtlich ist, welche Rechenschritte ausgeführt wurden.

Sei folgende lineare Gleichung $Ax = b$ gegeben:

$$3x_1 + 5x_2 + 1x_3 = 1$$
$$2x_1 + 4x_2 + 5x_3 = 1$$
$$1x_1 + 2x_2 + 2x_3 = 0.$$

Zum Durchführen der Rechnung erstellen wir eine Tabelle, die die Elemente der Matrix A und des Vektors b enthält und als Überschrift die Namen der Veränderlichen und des Vektors b trägt.

x_1	x_2	x_3	b
3	5	1	1
2	4	5	1
1	2	2	0

Die Zeilen der Tabelle sind als Einzelgleichung zu lesen. So die zweite Zeile: $2x_1 + 4x_2 + 5x_3 = 1$.

Der erste Schritt zum Auffinden einer Lösung ist die Auswahl einer Zeile, dann einer Veränderlichen. Wir wählen die dritte Zeile und die Veränderlichen x_1, die dann aus den Gleichungen, die durch Zeile 1 und 2 gegeben sind, eliminiert wird. Um den Rechengang besser nachvollziehen zu können, versehen wir den Koeffizienten von x_1 in der ausgewählten Zeile mit einem Kreis „$\bigcirc$".

Nun multiplizieren wir die dritte Zeile mit $3 \in \mathbb{R}$. Dadurch ändert sich nach Satz 3 die Lösungsmenge nicht. Dann ersetzen wir die erste Zeile durch die erste Zeile minus der mit drei multiplizierten dritten Zeile. Dadurch ändert sich nach Satz 4 die Lösungsmenge nicht. Noch einmal ausführlich in Einzelgleichungen geschrieben, wird wie folgt vorgegangen: Aus der dritten Gleichung

$$1x_1 + 2x_2 + 2x_3 = 0$$

erhalten wir durch Multiplikation mit 3

$$3x_1 + 6x_2 + 6x_3 = 0.$$

Diese wird abgezogen von der ersten Gleichung

$$
\begin{array}{rrrrr}
3x_1 & + & 5x_2 & + & 1x_3 & = & 1 \\
-3x_1 & - & 6x_2 & - & 6x_3 & = & 0 \\
\hline
0x_1 & - & 1x_2 & - & 5x_3 & = & 1
\end{array}
$$

Somit ist die Veränderliche x_1 aus der ersten Gleichung eliminiert. Ebenso verfahren wir mit der zweiten Zeile. Diese stellt die Gleichung:

$$2x_1 + 4x_2 + 5x_3 = 1$$

dar. Davon ziehen wir zweimal die Gleichung $1x_1 + 2x_2 + 2x_3 = 0$ ab, also

$$
\begin{array}{rrrr}
2x_1 & + 4x_2 & + 5x_3 & = 1 \\
-2x_1 & - 4x_2 & - 4x_3 & = 0 \\
\hline
0x_1 & + 0x_2 & + 1x_3 & = 1
\end{array}
$$

Die Veränderliche x_1 ist damit auch aus Einzelgleichung zwei eliminiert. Diese Rechnungen fassen wir wieder in einer Tabelle zusammen:

x_1	x_2	x_3	b
0	−1	−5	1
0	0	1	1
①	2	2	0

Üblicherweise werden diese Tabellen direkt untereinander geschrieben, so daß wir nicht jedesmal eine neue Überschrift brauchen. Sehen wir diese Tabelle an, so stellen wir fest, daß es besonders einfach ist, x_3 aus Zeile 1 und 3 zu eliminieren. Wir addieren Zeile 2 fünfmal zu Zeile 1 und ziehen Zeile 2 zweimal von Zeile 3 ab. Daraus ergibt sich die Tabelle:

x_1	x_2	x_3	b
0	−1	0	6
0	0	①	1
①	2	0	−2

Jetzt ist nur noch x_2 aus Gleichung 3 zu eliminieren. Dazu wird Zeile 1 mit -1 multipliziert und zweimal von Zeile 3 abgezogen. Zeile 2 bedarf keiner weiteren Umformung, da x_2 bereits den Koeffizienten 0 hat, also aus dieser Gleichung schon eliminiert ist. Es ergibt sich nun die Tabelle:

x_1	x_2	x_3	b
0	①	0	−6
0	0	①	1
①	0	0	10

Schreiben wir die Tabelle wieder in Form von Gleichungen, so erhalten wir

$$x_1 = 10, \quad x_2 = -6, \quad x_3 = 1.$$

Dies ist eine Lösung der gegebenen inhomogenen Gleichung. Die Vorgehensweise heißt Ausschöpfverfahren.

Dieses kleine Beispiel hätte sich auf andere Art schneller lösen lassen. Die aufgezeigte systematische Art des Vorgehens bildet aber die Grundlage für die Lösung komplizierterer linearer Gleichungen, insbesondere dann, wenn sich keine eindeutige Lösung ergibt.

In Anlehnung an den eben durchgeführten Rechengang formulieren wir ein Verfahren zur zielgerichteten Umformung linearer Gleichungen, das die Lösungsmenge nicht verändert. Es werden Gleichungen, wie in Satz 4 und 5 beschrieben, in äquivalente Gleichungen überführt.

Algorithmus 1: (Ausschöpfverfahren).
Sei eine lineare Gleichung $Ax = b$ gegeben.
Schritt 1: Wähle $a_{ij} \neq 0$. Das Element a_{ij} heißt Pivotelement.
Schritt 2: Dividiere alle Elemente der i-ten Zeile durch a_{ij}, (dies ist die i-te Zeile der neuen Tabelle).

Schritt 3: Subtrahiere das $\dfrac{a_{li}}{a_{ij}}$-fache der i-ten Zeile von allen Zeilen mit $l \neq i$.
(Dadurch entstehen die restlichen Zeilen der neuen Tabelle. Dieser Vorgang heißt Ausräumen der j-ten Spalte).
Schritt 4: Sei $K := \{k \in \{1, \ldots, m\} \,|\, 1 \text{ steht in der k-ten Zeile einer ausgeräumten Spalte}\}$

(1) Ist ein Pivotelement $a_{ij} \neq 0$ mit $i \notin K$ wählbar, gehe nach Schritt 2.

(2) Ansonsten breche das Verfahren ab.

Ist $b = 0 \in \mathbb{R}^m$, so wird diese Spalte in der Tabelle nicht angelegt.

Das Ergebnis des Ausschöpfverfahrens kann immer auf folgende Gestalt gebracht werden:

$$
\begin{array}{c}
\begin{array}{ccccccccc}
x_1 & x_2 & \cdots & x_k & x_{k+1} & \cdots & x_n & b \\
\end{array} \\
k\left\{
\begin{array}{cccccccc}
1 & 0 & \cdots & 0 & a_{1k+1} & \cdots & a_{1n} & b_1 \\
0 & 1 & \cdots & \vdots & \vdots & \cdots & \vdots & \vdots \\
\vdots & & \vdots & \vdots & \vdots & & \vdots & \vdots \\
0 & \cdots & 0 & 1 & a_{kk+1} & \cdots & a_{kn} & b_k \\
\end{array}\right. \\
m-k\left\{
\begin{array}{cccccccc}
0 & \cdots & \cdots & \cdots & \cdots & \cdots & 0 & b_{k+1} \\
\vdots & & & & & & & \vdots \\
0 & \cdots & \cdots & \cdots & \cdots & \cdots & 0 & b_m \\
\end{array}\right.
\end{array}
$$

Dies kann nötigenfalls durch die Vertauschung der Reihenfolge der Veränderlichen oder durch Vertauschung der Reihenfolge der Einzelgleichungen erreicht werden. In beiden Fällen wird offensichtlich die Lösungsmenge der Gleichung nicht verändert.

Hierzu ein Beispiel: Sei das Ergebnis des Ausschöpfverfahrens die Tabelle

x_1	x_2	x_3	b
0	0	1	6
1	2	0	4
0	0	0	0

so läßt sich dies durch Vertauschen von Zeile 1 und 2 sowie der Reihenfolge von x_2 und x_3 auf obige Gestalt bringen.

x_1	x_3	x_2	b
1	0	2	4
0	1	0	6
0	0	0	0

Wir wenden nun das Ausschöpfverfahren auf die lineare Gleichung $Ax = 0$ an, wobei

$$
A = \begin{pmatrix} 1 & 2 & 2 & -1 \\ 2 & -2 & 0 & 1 \end{pmatrix} \quad \text{und} \quad x' = (x_1, x_2, x_3, x_4)
$$

Daraus ergibt sich die Tabelle

x_1	x_2	x_3	x_4
1	2	2	−1
2	−2	0	1
1	2	2	−1
0	−6	−4	3
1	0	$\dfrac{2}{3}$	0
0	1	$\dfrac{2}{3}$	$-\dfrac{1}{2}$

Es gibt offenbar viele Vektoren $x \in \mathbb{R}^4$, die diese Gleichung erfüllen. Schreiben wir die letzte Tabelle noch einmal in Gleichungsform:

$$x_1 + 0x_2 + \frac{2}{3}x_3 + 0x_4 = 0$$

$$0x_1 + x_2 + \frac{2}{3}x_3 - \frac{1}{2}x_4 = 0.$$

Setzen wir z. B. $x_3 = -1$ und $x_4 = 0$, so folgt durch Einsetzen sofort $x_1 = \frac{2}{3}$ und $x_2 = \frac{2}{3}$. Also ist $x := \left(\frac{2}{3}, \frac{2}{3}, -1, 0\right)'$ eine Lösung der Gleichung. Setzen wir nun $x_3 = 0$ und $x_4 = -1$, so folgt wiederum sofort $x_1 = 0$ und $x_2 = -\frac{1}{2}$. Damit ist auch $\tilde{x} := \left(0, -\frac{1}{2}, 0, -1\right)'$ Lösung der Gleichung.

Die speziellen Werte für x_3 und x_4 wurden gewählt, damit die Werte für x_1, x_2 jeweils sofort als Spalte der letzten Tabelle des Ausschöpfverfahrens abgelesen werden können.

In Satz 1 haben wir gezeigt, daß die Menge der Lösungen einer linearen homogenen Gleichung ein Vektorraum ist. Mit den Lösungen $x = \left(\frac{2}{3}, \frac{2}{3}, -1, 0\right)'$ und $\tilde{x} = \left(0, \frac{1}{2}, 0, -1\right)'$ ist auch $\forall \alpha, \beta \in \mathbb{R}$ die Summe $\alpha x + \beta \tilde{x} \in L(G_0)$.

Es erhebt sich nun die Frage, ob vielleicht

$$\{\alpha x + \beta \tilde{x} \mid \alpha, \beta \in \mathbb{R}\} = L(G_0) \quad \text{gilt.}$$

Um diese Frage zu klären, müssen noch einige für Vektorräume grundlegende Begriffe eingeführt werden.

§ 4 Basis und Dimension eines Vektorraumes

Die Lösungen einer homogenen linearen Gleichung bilden einen Vektorraum. Im letzten Beispiel haben wir eine lineare Gleichung betrachtet, deren Lösungen $x \in \mathbb{R}^4$ sind. Aber es sind nicht alle Elemente $x \in \mathbb{R}^4$ Lösungen der Gleichung $Ax = 0$, wie leicht durch Einsetzen des Vektors $x' = (1, 1, 1, 1)$ zu sehen ist. Es muß also Teilmengen eines Vektorraumes geben, die versehen mit der inneren und äußeren Verknüpfung des Vektorraumes wieder einen Vektorraum bilden.

Definition 1: Sei $(V, \mathbb{R}, +, \cdot)$ Ein Vektorraum. Eine Teilmenge $\tilde{V} \subset V$ heißt Unterraum von $(V, \mathbb{R}, +, \cdot)$: $\Leftrightarrow$

(1) $\tilde{V} \neq 0$

(2) $\forall \alpha \in \mathbb{R} \wedge \forall x \in \tilde{V}$ ist $\alpha \cdot x \in \tilde{V}$

(3) $\forall x, y \in \tilde{V}$ ist $x + y \in \tilde{V}$ $\hspace{2cm} \triangle$

In Worten heißt dies, daß die Menge $\tilde{V}$ bezüglich der Multiplikation mit Skalaren (Zahlen) und der Addition abgeschlossen ist. Betrachten wir $\tilde{V}$ mit der auf V definierten inneren und äußeren Verknüpfung, dann gilt folender Satz:

Satz 1: Sei $(V, \mathbb{R}, +, \cdot)$ ein Vektorraum und $\tilde{V}$ ein Unterraum. Dann ist $(\tilde{V}, \mathbb{R}, +, \cdot)$ ein Vektorraum.

Wir verzichten auf die Wiedergabe des einfachen Beweises. Da wir im folgenden oft mit Vektorräumen arbeiten, wollen wir eine abkürzende Schreibweise einführen. Wenn klar ist, welche innere und äußere Verknüpfung gemeint ist, setzen wir

$$\mathscr{V} := (V, \mathbb{R}, +, \cdot)$$

und sprechen von Vektorraum $\mathscr{V}$. Wir benützen auch die Notation $x, y, v \in \mathscr{V}$, um auszudrücken, daß die Vektoren x, y, v Elemente des Vektorraumes $\mathscr{V}$ sind, obwohl sie, genauer gesagt, Elemente der Menge V sind.

Definition 2: (1) Seien $v_1, \dots, v_n \in \mathscr{V}$ und $\lambda_1, \dots, \lambda_n \in \mathbb{R}$, dann heißt $\sum\limits_{i=1}^{n} \lambda_i v_i$ Linearkombination (der Vektoren $v_1, \dots, v_n$).

(2) Seien $v_1, \dots, v_n \in \mathscr{V}$ und sei

$$M := \{ \sum_{i=1}^{n} \lambda_i v_i \,|\, \lambda_1, \dots, \lambda_n \in \mathbb{R} \} ;$$

dann heißt $(M, \mathbb{R}, +, \cdot)$ der von $v_1, \dots, v_n$ aufgespannte Unterraum. $\hspace{1cm} \triangle$

Bei der Untersuchung der Lösungen linearer Gleichungen haben wir gesehen, daß jede Linearkombination von Lösungen wiederum eine Lösung ist.

In den nächsten beiden Definitionen behandeln wir die Begriffe der linearen Abhängigkeit und der linearen Unabhängigkeit. Der zweite Begriff ist die logische Negation des ersten. Erfahrungsgemäß bereiten beide Begriffe Anfängern Schwierigkeiten.

Definition 3: Sei $\mathcal{V}$ ein Vektorraum und $n \geq 1$. Eine Menge $\{v_1, \ldots, v_n\}$ von Vektoren aus $\mathcal{V}$ heißt linear abhängig: $\Leftrightarrow$

$$\exists \lambda_1, \ldots, \lambda_n \in \mathbb{R} \text{ mit } \sum_{i=1}^{n} \lambda_i v_i = 0 \in \mathcal{V} \wedge (\lambda_1, \ldots, \lambda_n) \neq (0, \ldots, 0). \qquad \triangle$$

Lineare Abhängigkeit ist keine Eigenschaft eines Vektors bezüglich anderer Vektoren, sondern eine Eigenschaft einer Menge von Vektoren. Die Menge $\{v_1, \ldots, v_n\}$ von Vektoren ist linear abhängig, wenn es eine Linearkombination gibt, die gleich dem Nullvektor ist und bei der nicht alle Koeffizienten $\lambda_i = 0$ sind. Ist $\lambda_i = 0$ für alle $i = 1, \ldots, n$, so gilt offensichtlich

$$\sum_{i=1}^{n} 0 \cdot v_i = 0 \in \mathcal{V}.$$

Definition 4: Sei $\mathcal{V}$ ein Vektorraum und $n \geq 1$. Eine Menge $\{v_1, \ldots, v_n\}$ von Vektoren aus $\mathcal{V}$ heißt linear unabhängig: $\Leftrightarrow$

$$\forall \lambda_1, \ldots, \lambda_n \in \mathbb{R} \text{ gilt } (\sum_{i=1}^{n} \lambda_i v_i = 0 \in \mathcal{V} \Rightarrow \lambda_1 = \lambda_2 = \ldots = \lambda_n = 0) \qquad \triangle$$

Es läßt sich zeigen, siehe Übungsaufgabe 7, daß jede nicht leere Teilmenge einer linear unabhängigen Menge wieder linear unabhängig ist. Bevor wir uns numerischen Beispielen zuwenden, wollen wir zwei kleine Sätze zeigen.

Satz 2: Sei $\{v_1, \ldots, v_n\}$ eine Menge von Vektoren, die den Nullvektor enthält. Dann ist die Menge $\{v_1, \ldots, v_n\}$ linear abhängig.

Beweis: $0 \in \{v_1, \ldots, v_n\} \Rightarrow \exists i$ so daß $v_i = 0$.

Setze nun $\lambda_j = \begin{cases} 0 & \text{für } j \neq i \wedge j \in \{1, \ldots, n\} \\ 1 & \text{für } j = i \end{cases}$

Bilden wir die Linearkombination $\sum \lambda_i \cdot v_i$ so ergibt sich

$$0 \cdot v_1 + \ldots + 0 \cdot v_{i-1} + 1 \cdot v_i + 0 \cdot v_{i+1} + \ldots + 0 \cdot v_n = 0 \in V$$

da $0 \in \mathbb{R}$ multipliziert mit einem beliebigen Vektor v den Vektor $0 \in V$ ergibt und der Nullvektor multipliziert mit einer Zahl wieder den Nullvektor. Wir haben also eine Linearkombination der Vektoren $v_1, \ldots, v_n$ gefunden, die den Nullvektor ergibt und bei der nicht alle $\lambda_j = 0$ sind (denn es gilt $\lambda_i = 1$). Also ist die Menge $\{v_1, \ldots, v_n\}$ von Vektoren linear abhängig. $\qquad \square$

Satz 3: Die Menge $\{v_1, \ldots, v_n\}$ von Vektoren ist linear abhängig $\Leftrightarrow \exists i \in \{1, \ldots, n\}$, so daß v_i Linearkombination von $v_1, \ldots, v_{i-1}, v_{i+1}, \ldots, v_n$ ist.

Beweis: Es liegt eine Behauptung der Form „dann und nur dann" vor. Es sind also zwei „Richtungen" zu beweisen.

(1) „$\Rightarrow$" Die Menge von Vektoren $\{v_1, \ldots, v_n\}$ sei linear abhängig $\Rightarrow$ (Definition 3) $\exists \lambda_1, \ldots, \lambda_n \in \mathbb{R}$ so daß

$$\sum_{j=1}^{n} \lambda_j v_j = 0 \wedge (\lambda_1, \ldots, \lambda_n) \neq (0, \ldots, 0) \Rightarrow$$

$$\exists i \in \{1, \ldots, n\} \text{ mit } \lambda_i \neq 0 \Rightarrow$$

$$-\lambda_i v_i = \lambda_1 v_1 + \ldots + \lambda_{i-1} v_{i-1} + \lambda_{i+1} v_{i+1} + \ldots + \lambda_n v_n:$$

Da $\lambda_i \neq 0$ ist, folgt nach Division durch $-\lambda_i$ die Behauptung.

(2) „$\Leftarrow$" v_i sei Linearkombination von $v_1, \ldots, v_{i-1}, v_{i+1}, \ldots, v_n$, d.h.

$$v_i = \lambda_1 v_1 \ldots + \lambda_{i-1} v_{i-1} + \lambda_{i+1} v_{i+1} + \ldots + \lambda_n v_n.$$

Wir bringen v_i auf die rechte Seite

$$\lambda_1 v_1 + \ldots + \lambda_{i-1} v_{i-1} - 1 v_i + \lambda_{i+1} v_{i+1} + \ldots + \lambda_n v_n = 0 \in \mathscr{V}$$

$\wedge (\lambda_1, \ldots, \lambda_n) \neq (0, \ldots, 0)$ da $\lambda_i = 1 \Rightarrow$ (Definition 3) die Menge $\{v_1, \ldots, v_n\}$ von Vektoren ist linear abhängig. □

Satz 4: Sei $\{v_1, \ldots, v_n\}$ eine Menge von Vektoren und $i, j \in \{1, \ldots, n\}$ mit $i \neq j$, so daß $v_i = v_j$, dann ist die Menge $\{v_1, \ldots, v_n\}$ von Vektoren linear abhängig.

Beweis: Sei $i, j \in \{1, \ldots, n\} \wedge i \neq j$ mit $v_i = v_j$. Setze

$$\lambda_k := \begin{cases} 0 & \text{für } k \in \{1, \ldots, n\} \setminus \{i, j\} \\ 1 & \text{für } k = i \\ -1 & \text{für } k = j \end{cases}$$

Dann ergibt sich die Linearkombination

$$0 \cdot v_1 + \ldots + 0 \cdot v_{i-1} + 1 \cdot v_i + 0 \cdot v_{i+1} + \ldots + 0 \cdot v_{j-1} - $$
$$-1 \cdot v_j + 0 \cdot v_{j+1} + \ldots + 0 \cdot v_n = 0 \in \mathscr{V}$$

Die Menge $\{v_1, \ldots, v_n\}$ von Vektoren ist also linear abhängig. □

Wir wollen jetzt einige Zahlenbeispiele betrachten und dabei die Verbindung zu den in § 3 eingeführten linearen Gleichungen herstellen.

Beispiel 1:
Sei eine Menge von Vektoren $\{v_1, v_2, v_3, v_4\}$ des $\mathbb{R}^4$ gegeben durch

$$v_1 = \begin{pmatrix} 1 \\ 1 \\ 0 \\ 2 \end{pmatrix}, \quad v_2 = \begin{pmatrix} 1 \\ -1 \\ 1 \\ 2 \end{pmatrix}, \quad v_3 = \begin{pmatrix} 2 \\ 2 \\ 1 \\ 4 \end{pmatrix}, \quad v_4 = \begin{pmatrix} 0 \\ 1 \\ 0 \\ 0 \end{pmatrix}$$

Um festzustellen, ob die Menge $\{v_1, \ldots, v_4\}$ von Vektoren linear abhängig ist, muß nach Definition 3 die lineare Gleichung

$$\lambda_1 v_1 + \lambda_2 v_2 + \lambda_3 v_3 + \lambda_4 v_4 = 0 \in \mathbb{R}^4$$

untersucht werden. Dies ist eine homogene Gleichung. In Matrixschreibweise lautet sie

$$\begin{pmatrix} 1 & 1 & 2 & 0 \\ 1 & -1 & 2 & 1 \\ 0 & 1 & 1 & 0 \\ 1 & 2 & 4 & 0 \end{pmatrix} \begin{pmatrix} \lambda_1 \\ \lambda_2 \\ \lambda_3 \\ \lambda_3 \end{pmatrix} = \begin{pmatrix} 0 \\ 0 \\ 0 \\ 0 \end{pmatrix}$$

Wir besitzen bereits ein Rezept, das zum Auffinden von Lösungen solcher Gleichungen tauglich ist. Es ist das Ausschöpfverfahren. Angewandt auf die obige Gleichung, ergibt sich

λ_1	λ_2	λ_3	λ_4	
①	1	2	0	
1	−1	2	①	Die vierte Spalte ist bereits
0	1	1	0	ausgeschöpft. Wir wählen a_{11} als
2	2	4	0	erstes Pivotelement.
①	1	2	0	
0	−2	0	①	
0	1	①	0	Diese Zeile enthält keine
0	0	0	0	Information.
①	−1	0	0	
0	−2	0	①	
0	1	①	0	
0	0	0	0	

Das Ausschöpfverfahren ist beendet.
Setzen wir $\lambda_2 = -1$, so erhalten wir aus den drei Einzelgleichungen $\lambda_1 = -1$, $\lambda_3 = 1$ und $\lambda_4 = -2$. Damit sind Zahlen $\lambda_1, \ldots, \lambda_4$ gefunden, die nicht alle gleich 0 sind und für die gilt

$$(-1) \cdot v_1 + (-1) \cdot v_2 + 1 \cdot v_3 + (-2) \cdot v_4 = 0 \in \mathbb{R}^4$$

In Kenntnis der noch folgenden Sätze hätten wir bereits bei Tabelle 2 abbrechen können und sagen, daß die vorliegende Menge von Vektoren linear abbhängig ist.

In diesem Beispiel läßt sich jeder der vier Vektoren $v_1, \ldots, v_4$ als Linearkombination der anderen darstellen. Im Allgemeinen gilt dies aber nicht, d. h. es wäre eine falsche Interpretation von Satz 3, ein beliebiges i herauszugreifen und dann zu sagen, v_i ließe sich als Linearkombination der übrigen Vektoren darstellen. Dies sei an einem Gegenbeispiel aufgezeigt.

Beispiel 2:
Sei $\{v_1, v_2, v_2\}$ eine Menge von Vektoren des $\mathbb{R}^2$, gegeben durch

$$v_1 = \begin{pmatrix} 0 \\ 0 \end{pmatrix}, \quad v_2 = \begin{pmatrix} 0 \\ 1 \end{pmatrix} \quad \text{und} \quad v_3 = \begin{pmatrix} 1 \\ 0 \end{pmatrix}$$

Diese Menge von Vektoren ist nach Satz 2 linear abhängig. Versuchen wir v_2 als Linearkombination von v_1 und v_3 zu schreiben, so ergibt sich

$$v_2 = \lambda_1 \cdot v_1 + \lambda_2 \cdot v_3$$

und in Einzelgleichungen geschrieben

$$0 = \lambda_1 \cdot 0 + \lambda_2 \cdot 1 = \lambda_2$$
$$1 = \lambda_1 \cdot 0 + \lambda_2 \cdot 0 = 0$$

Da aber $1 \neq 0$, läßt sich v_2 nicht als Linearkombination von v_1 und v_3 schreiben. Dasselbe gilt für v_3. Es läßt sich lediglich v_1 als Linearkombination von v_2 und v_3 darstellen.

Beispiel 3:
Sei $\{v_1, v_2\}$ eine Menge von Vektoren des $\mathbb{R}^3$, gegeben durch

$$v_1 = \begin{pmatrix} 1 \\ 2 \\ 3 \end{pmatrix} \quad v_2 = \begin{pmatrix} 1 \\ 2 \\ 5 \end{pmatrix}.$$

Wir stellen mit dem Ausschöpfverfahren fest, daß diese Vektoren linear unabhängig sind.

λ_1	λ_2
1	1
2	2
3	5
1	1
0	0
0	2
1	0
0	0
0	1

Wir haben für die Gleichung $\lambda_1 v_1 + \lambda_2 v_2 = 0$ Umformungen durchgeführt, die die Lösungsmenge unverändert gelassen haben. Der dritten Tabelle entnehmen wir die Einzelgleichungen $1 \cdot \lambda_1 = 0$ und $1 \cdot \lambda_2 = 0$. Es gibt nur die Lösung $\lambda_1 = 0$ und $\lambda_2 = 0$. Wir haben gezeigt, daß aus $\lambda_1 \cdot v_1 + \lambda_1 \cdot v_2 = 0$ folgt $\lambda_1 = \lambda_2 = 0$, d.h. die Menge $\{v_1, v_2\}$ von Vektoren ist linear unabhängig.

Mit dem Ausschöpfverfahren können wir feststellen, ob eine Menge von Vektoren linear abhängig oder linear unabhängig ist. Sei $A = (a_{ij})_{m \times n}$ die Koeffizientenmatrix einer linearen Gleichung; wir können die m Zeilen der Matrix als Vektoren des $\mathbb{R}^n$ und die n Spalten als Vektoren des $\mathbb{R}^m$ interpretieren. Für unsere späteren Untersuchungen linearer Gleichungen ist die folgende Frage von Bedeutung. Wie groß ist die Maximalzahl der Elemente einer Menge linear unabhängiger Zeilen- bzw. Spaltenvektoren in einer gegebenen Matrix A. Etwas schlampig gesprochen lautet die Frage: wieviel linear unabhängige Zeilen- bzw. Spaltenvektoren gibt es in A?

Definition 5: Sei A eine m × n Matrix und

$a_i := (a_{i1}, \ldots, a_{in})$ für $i = 1, \ldots, m$ (Zeilen der Matrix A).

Die maximale Anzahl der Elemente einer linear unabhängigen Teilmenge von Vektoren von $\{a_1, \ldots, a_m\}$ heißt Zeilenrang von A.   △

Definition 6: Sei A die m × n Matrix und

$b_i := (a_{1i}, a_{2i}, \ldots, a_{mi})'$ für $i = 1, \ldots, n$ (Spalten der Matrix A).

Die maximale Anzahl der Elemente einer linear unabhängigen Teilmenge von $\{b_1, \ldots, b_n\}$ heißt Spaltenrang von A.   △

Der Spaltenrang (und der Zeilenrang) sind eindeutig. Sonst ließe sich mit dem Ausschöpfverfahren ein Widerspruch herstellen. Oft werden Zeilen und Spaltenrang als „maximale Anzahl linear unabhängiger Zeilen bzw. Spalten" bezeichnet.

In Beispiel 1 war eine Menge $\{v_1, \ldots, v_4\}$ von Vektoren des $\mathbb{R}^4$ gegeben. Wir bezeichnen die mit den Vektoren $v_1, \ldots, v_4$, als Spalten gebildete Matrix als zugehörige Matrix.

Jede dreielementige Teilmenge von $\{v_1, \ldots, v_4\}$ ist, wie leicht nachzurechnen, eine Menge linear unabhängiger Vektoren. Also ist die „Maximalzahl der linear unabhängigen Vektoren" gleich 3. Nach Definition 6 ist dann der Spaltenrang der zugehörigen Matrix gleich 3. In Beispiel 2 war die Menge $\{v_1, v_2, v_3\}$ von Vektoren des $\mathbb{R}^2$ gegeben. $\{v_2, v_3\}$ ist eine Menge linear unabhängiger Vektoren. Damit ist die „Maximalzahl linear unabhängiger Vektoren" gleich 2 und der Spaltenrang der zugehörigen Matrix gleich 2. In Beispiel 3 war $\{v_1, v_2\}$ eine Menge unabhängiger Vektoren. Damit ist der Spaltenrang der zugehörigen Matrix gleich 2.

Satz 5: Sei B eine m × n Matrix mit dem Spaltenrang r und dem Zeilenrang s. Alle beim Ausschöpfen von B auftretenden Matrizen besitzen dann den Spaltenrang r und den Zeilenrang s.

Beweis:

(1) Spaltenrang

Da B den Spaltenrang r hat, gibt es r Spaltenvektoren von B, die (als Menge) linear unabhängig sind; wir nennen sie $b_{i_1}, b_{i_2}, \ldots, b_{i_r}$. Die lineare Gleichung $\tilde{G}: \lambda_{i_1} b_{i_1} + \lambda_{i_2} b_{i_2} + \ldots \lambda_{i_r} b_{i_r} = 0$ hat demnach die Lösungsmenge $L(\tilde{G})$ $= \{(0, 0, \ldots, 0)'\}$. Sei C eine der im Ausschöpfverfahren auftretenden Matrizen; wir bezeichnen die Spalten von C mit $c_1, c_2, \ldots, c_n$. Die lineare Gleichung $\lambda_{i_1} c_{i_1} + \lambda_{i_2} c_{i_r} + \ldots \lambda_{i_r} c_{i_r} = 0$ besitzt dann ebenfalls die Lösungsmenge $L(\tilde{G})$. Also ist $\{c_{i_1}, c_{i_2}, \ldots, c_{i_r}\}$ linear unabhängig, und deshalb der Spaltenrang von C mindestens gleich r. Entsprechend zeigt man, daß jeweils mehr als r Spalten von C linear abhängig sind, also der Spaltenrang von C genau gleich r ist.

(2) Zeilenrang •

Betrachte anstelle von A die transportierte Matrix A'.   □

Die nun folgenden Ausführungen zu den Begriffen Basis und Dimension eines Vektorraumes sind etwas abstrakter, da wir uns nicht von vornherein darauf beschränkt haben, nur n-Tupel des $\mathbb{R}^n$ als Vektoren zu betrachten.

Definition 7: Sei $\mathscr{V}$ ein Vektorraum. Eine Teilmenge $E \subset V$ heißt Erzeugendensystem von $\mathscr{V}$: $\Leftrightarrow$

zu $v \in V$ $\exists n \in \mathbb{N} \land \lambda_1, \ldots, \lambda_n \in \mathbb{R} \land e_1, \ldots, e_n \in E$ so, daß gilt

$$v = \sum_{i=1}^{n} \lambda_i e_i.$$

$\triangle$

Das heißt, jeder Vektor in V läßt sich als endliche Linearkombination von Elementen aus E darstellen.

Definition 8: Sei $\mathscr{V}$ ein Vektorraum. Eine Menge $F \subset V$ heißt frei: $\Leftrightarrow$
jede endliche Teilmenge $\{v_1, \ldots, v_n\} \subset F$ ist eine Menge linear unabhängiger Vektoren.

$\triangle$

Wir fassen zwei Folgerungen, die sich sofort aus Definition 7 und 8 ergeben, als Satz zusammen.

Satz 7: (1) Jede Menge, die ein Erzeugendensystem als Teilmenge enthält, ist wieder ein Erzeugendensystem.
(2) Jede Teilmenge einer freien Menge ist wieder eine freie Menge.

Nun kommen wir zu dem wichtigen Begriff der Basis eines Vektorraumes.

Definition 9: Sei $\mathscr{V}$ ein Vektorraum. Eine Teilmenge $B \subset V$ heißt Basis: $\Leftrightarrow$
B ist freies Erzeugendensystem.

$\triangle$

Beispiel 4:
Sei $\mathscr{V} = (\mathbb{R}^n, \mathbb{R}, +, \cdot)$. Die Menge $B = \{e_1, \ldots, e_n\}$

$$\text{wobei } e_1 := \begin{pmatrix} 1 \\ 0 \\ 0 \\ \vdots \\ 0 \\ 0 \end{pmatrix}, \; e_2 := \begin{pmatrix} 0 \\ 1 \\ 0 \\ \vdots \\ 0 \\ 0 \end{pmatrix}, \; \ldots \; e_n := \begin{pmatrix} 0 \\ 0 \\ 0 \\ \vdots \\ 0 \\ 1 \end{pmatrix} \text{ ist eine Basis in } \mathscr{V}.$$

Dies ist leicht einzusehen. Zuerst überzeugen wir uns, daß B eine Menge linear unabhängiger Vektoren ist. Die Gleichung

$$\sum_{i=1}^{n} \lambda_i e_i = \lambda_1 \begin{pmatrix} 1 \\ 0 \\ \vdots \\ 0 \\ 0 \end{pmatrix} + \lambda_2 \begin{pmatrix} 0 \\ 1 \\ 0 \\ \vdots \\ 0 \\ 0 \end{pmatrix} + \ldots + \lambda_2 \begin{pmatrix} 0 \\ \vdots \\ 0 \\ 1 \end{pmatrix} = \begin{pmatrix} \lambda_1 \\ \lambda_2 \\ \vdots \\ \lambda_n \end{pmatrix} = \begin{pmatrix} 0 \\ 0 \\ \vdots \\ 0 \end{pmatrix} \in \mathbb{R}^n$$

besitzt offensichtlich nur die Lösung $\lambda_1 = \lambda_2 = \ldots = \lambda_n = 0$. Also ist B wegen Übungsaufgabe 7 eine freie Menge.

Nun ist noch zu zeigen, daß B ein Erzeugendensystem ist.

$$\text{Sei } x = \begin{pmatrix} x_1 \\ \vdots \\ x_n \end{pmatrix} \in \mathbb{R}^n, \text{ dann läßt sich x wie folgt als}$$

Linearkombination von $e_1, \ldots, e_n$ schreiben

$$x = x_1 e_1 + x_2 e_2 + \ldots + x_n e_n.$$

Die Menge $\{e_1, \ldots, e_n\}$ heißt kanonische Basis des $\mathbb{R}^n$.

Beispiel 5:
Sei $\mathscr{V}$ der Vektorraum der reellen Polynome n-ten Grades mit der im § 1 Beispiel 5 definierten inneren und äußeren Verknüpfung. Dann ist $F = \{x^i \mid i \in \{0, 1, \ldots, n\}\}$ ein freies Erzeugendensystem und damit eine Basis in diesem Vektorraum.

Beispiel 6:
Sei $\mathscr{V}$ der Vektorraum aller reellen Polynome. Dann ist $F = \{x^i \mid i \in \mathbb{N} \cup \{0\}\}$ ein freies Erzeugendensystem und somit eine Basis.

Offensichtlich ist F ein Erzeugendensystem, denn zu jedem Polynom P vom Grade k gibt es $k + 1$ Zahlen $\lambda_0, \ldots, \lambda_k$, so daß $P(x) = \lambda_0 x^0 + \ldots + \lambda_k x^k$. Zu zeigen ist noch, daß F eine freie Menge ist. Das heißt, für jede endliche Teilmenge $\tilde{F} = \{x^{i_1}, \ldots, x^{i_m}\}$ von F muß gelten: $\tilde{F}$ ist eine linear unabhängige Menge. Dies erhalten wir, da

$$\lambda_1 x^{i_1} + \ldots + \lambda_m x^{i_m} = 0 \quad \text{(Nullfunktion)}$$

impliziert, daß $\lambda_1 = \ldots = \lambda_m = 0 \in \mathbb{R}$ gilt.

Wir sehen, daß eine Basis nicht nur aus endlich vielen Vektoren bestehen muß. Es können auch mehr sein. Die lineare Unabhängigkeit ist aber eine Eigenschaft, die nur für eine Menge von jeweils endlich vielen Vektoren definiert ist und nachgeprüft werden kann.

Der folgende Satz ist ein wichtiges Resultat der linearen Algebra. Es ist der Basierergänzungssatz. Wir werden ihn zusammen mit dem Beweis, der eine schöne Anwendung der vollständigen Induktion enthält, wiedergeben.

Satz 8: (Basierergänzungssatz) Besitzt ein Vektorraum $\mathscr{V}$ ein Erzeugendensystem E mit endlich vielen Elementen und ist F eine freie Menge mit $F \subset E$, dann gibt es eine Basis B von $\mathscr{V}$ mit der Eigenschaft $F \subset B \subset E$. (In anderen Worten heißt dies, daß sich die freie Menge F zu einer Basis B ergänzen läßt.)

Beweis: Zuerst wird eine Funktion definiert, die einer endlichen Menge die Anzahl ihrer Elemente zuordnet. Solche Funktionen heißen Zählfunktionen oder Zählmaße.

Sei M eine endliche Menge.

$\#(M) := $ Anzahl der Elemente von M.

Der Beweis wird nun durch vollständige Induktion nach der Anzahl $\#(E\backslash F)$ durchgeführt. Als Induktionsbeginn wird die Anzahl 0 genommen.

(1) Induktionsbeginn: Der Satz ist richtig für $\#(E\backslash F) = 0$

  $\#(E\backslash F) = 0 \Rightarrow E\backslash F = \emptyset \Rightarrow E \subset F$, da nach

  Voraussetzung $F \subset E \Rightarrow E = F$.

  Da F eine freie Menge ist und nach dem gerade Gezeigten auch ein Erzeugendensystem, setzen wir $B = F$. Dann ist B eine Basis, und es gilt $F \subset B \subset E$.

(2) Induktionsschritt:

  a) Induktionsvoraussetzung
  Der Satz sei richtig für $n = \#(E\backslash F) = k$.

  b) Induktionsschluß:
  Sei $\#(E\backslash F) = k + 1$
  Es können nun zwei Fälle eintreten.

  (i) F ist ein Erzeugendensystem. Dann setzen wir $B = F$ und haben eine Basis mit $F \subset B \subset E$

  (ii) F ist kein Erzeugendensystem. Dann existiert ein $v \in E$, das sich nicht als Linearkombination von Elementen aus F schreiben läßt. Daraus folgt, die Menge $\tilde{F} := F \cup \{v\}$ ist eine Menge von linear unabhängigen Vektoren und damit eine freie Menge. Für $E\backslash\tilde{F}$ gilt $\#(E\backslash\tilde{F}) = k$. Daraus folgt nach Induktionsvoraussetzung: es existiert eine Basis B mit $F \subset \tilde{F} \subset B \subset E$.

Aus (1) und (2) folgt die Richtigkeit des Satzes $\forall n \in \mathbb{N} \cup \{0\}$. $\square$

Aus dem Basiserergänzungssatz ergeben sich zwei Folgerungen, die wir nur für den Fall beweisen wollen, daß die Vektorräume endlich erzeugt sind.

Satz 9: Jeder Vektorraum besitzt eine Basis (die nicht notwendigerweise endlich ist).

Beweis: V ist Erzeugendensystem für sich selbst. Existiert ein $v \neq 0$ aus $V \Rightarrow \{v\}$ ist frei $\Rightarrow \exists$ eine Basis B mit $\{v\} \subset B \subset V$. Ist $V = \{0\}$ so ist $B = \emptyset$ Basis.

Satz 10: (Basisaustauschsatz): Ist E ein Erzeugendensystem von $\mathscr{V}$ und F eine freie Menge. Dann gibt es eine freie Menge $\tilde{E} \subset E$, so daß $F \cap \tilde{E} = \emptyset$ und $F \cup \tilde{E}$ eine Basis von $\mathscr{V}$ ist.

Beweis: $E \cup F$ ist Erzeugendensystem für $\mathscr{V}$ mit $F \subset E \cup F \Rightarrow \exists$ eine Basis B mit $F \subset B \subset E \cup F$. Dann erfüllt $E := B\backslash F$ die Behauptung. $\square$

Satz 10 wird Basisaustauschsatz genannt, da folgende Interpretation möglich ist: Sei E eine Basis von $\mathscr{V}$, dann läßt sich durch Austausch von Elementen von E gegen Elemente von F eine neue Basis, die F als Teilmenge enthält, gewinnen.

Als nächstes beweisen wir einen Satz, der sehr plausibel ist und der manchmal als offensichtlich verkannt wird.

Satz 11: Sei $\mathscr{V}$ ein Vektorraum und $B = \{v_1, \ldots, v_n\}$ eine Basis von $\mathscr{V}$. Dann besitzen alle Basen von $\mathscr{V}$ genau n Elemente.

Beweis: Seien $B = \{v_1, \ldots, v_n\}$ und $\tilde{B} = \{\tilde{v}_1, \ldots, \tilde{v}_m\}$ Basen von $\mathscr{V}$. Es sind B und $\tilde{B}$ dann auch freie Erzeugendensysteme von $\mathscr{V}$. Somit ist $E_1 := \{v_1, \tilde{v}_1, \ldots, \tilde{v}_m\}$ eine linear abhängige Menge. Da $\{v_1\}$ eine freie Menge ist, gibt es nach dem Basisergänzungssatz eine Basis B_1 so, daß

$$\{v_1\} \subset B_1 \subset E_1.$$

Dann ist die Menge E_2 die durch Hinzufügen von v_2 zu B_1 entsteht, nämlich

$$E_2 := \{v_2, v_1\} \cup \{\tilde{v}_i \,|\, \tilde{v}_i \in B_1\}$$

wieder eine lineare abhängige Menge. Nun wenden wir abermals den Basisergänzungssatz an. Da $\{v_2, v_1\}$ eine freie Menge ist, gibt es eine Basis B_2 so, daß

$$\{v_2, v_1\} \subset B_2 \subset E_2.$$

Dann ist $E_3 := \{v_3, v_2, v_1\} \cup \{\tilde{v}_i \in B_2\}$ wieder linear abhängige Menge und Erzeugendensystem. Wir ersetzen weiter schrittweise Elemente von $\tilde{B}$ durch solche von B, bis die Menge

$$E_k = \{v_k, v_{k-1}, \ldots, v_1\} \cup \{\tilde{v}_i \,|\, \tilde{v}_i \in B_{k-1}\}$$

zum ersten Mal nur noch Elemente aus B besitzt. Ist $k < n$, so ist E_k kein Erzeugendensystem, da $v_{k+1} \in B$ sich nicht als Linearkombination von Elemente aus E_k schreiben läßt. Dies ist ein Widerspruch. Somit gilt $n \leq m$.

Wird nun die Rolle von B und $\tilde{B}$ vertauscht, so ergibt sich mit derselben Argumentation, indem wir Elemente von B durch solche von $\tilde{B}$ ersetzen, daß $m \leq n$. Damit ergibt sich die Behauptung, daß alle Basen von $\mathscr{V}$ genau n Elemente besitzen, wenn es eine Basis mit n Elementen gibt.   □

Als nächstes führen wir den Begriff der Dimension eines Vektorraumes ein. Dort, wo es eine intuitive Vorstellung über den Dimensionsbegriff gibt, wie bei einer Geraden oder einer Ebene, stimmen diese Begriffe überein.

Definition 10: (1) Sei $n \in \mathbb{N}$ und sei $\mathscr{V}$ ein Vektorraum mit endlichem Erzeugendensystem. $\mathscr{V}$ besitzt die Dimension n: $\Leftrightarrow$ Es gibt eine Basis von $\mathscr{V}$ mit n Elementen.

(2) Besitzt $\mathscr{V}$ kein endliches Erzeugendensystem, so heißt $\mathscr{V}$ unendlich-dimensional.   △

Wir haben bereits einige Basen für Vektorräume kennengelernt. Jeder Vektor aus $\mathscr{V}$ läßt sich als (endliche) Linearkombination von Elementen einer Basis schreiben. Es ergibt sich nun die Frage, ob eine solche Linearkombination eindeutig bestimmt ist.

Satz 12: Die Darstellung eines Vektors als Linearkombination der Vektoren einer Basis ist (bis auf die Reihenfolge der Summanden) eindeutig.

Beweis: Sei $v \in V$ und $B = \{v_1, \ldots, v_n\}$ eine Basis. Angenommen, es gäbe zwei verschiedene Darstellungen:

$$v = \sum_{i=1}^{n} \lambda_i v_i \quad \text{und} \quad v = \sum_{i=1}^{n} \lambda_i^* v_i.$$

Dann gilt

$$0 = v - v = \sum_{i=1}^{n} (\lambda_1 - \lambda_1^*) v_i.$$

Da B eine Menge linear unabhängiger Vektoren ist, folgt $\lambda_i - \lambda_i^* = 0$ für $i = 1, \ldots, n$. Es ergibt sich also ein Widerspruch. Damit wurde gezeigt, daß die Darstellung eindeutig ist. □

Wir haben das innere (oder skalare) Produkt nur für Vektoren eines $\mathbb{R}^n$ eingeführt. Es kann zur Berechnung des Winkels zwischen zwei Vektoren benutzt werden.

Definition 11:

(1) Sei der Vektorraum $\mathscr{V} = \mathbb{R}^n$. Eine Basis $B = \{v_1, \ldots, v_n\}$ des $\mathbb{R}^n$ heißt orthogonal $:\Leftrightarrow v_i' \cdot v_j = 0$ für $i \neq j \wedge i, j \in \{1, \ldots, n\}$

(2) Eine Basis $B = \{v_1, \ldots, n_n\}$ heißt orthonormal: $\Leftrightarrow$

$v_i' \cdot v_j = 0$ für $i \neq j \wedge i, j \in \{1, \ldots, n\}$ und

$v_i' \cdot v_i = 1$ für $i = 1, \ldots, n$. △

Ist $\tilde{\mathscr{V}}$ ein Unterraum des $\mathbb{R}^n$, so ist auch $\tilde{\mathscr{V}}$ ein Vektorraum, in dem ein inneres Produkt erklärt ist. Deshalb können auch für solche Unteräume $\tilde{\mathscr{V}}$ orthogonale und orthonormale Basen definiert werden.

Die kanonische Basis $\{e_1, \ldots, e_n\}$ des $\mathbb{R}^n$ ist orthonormal.

§ 5 Lösung linearer Gleichungen (und Anwendungen)

Nachdem wir einige Kenntnisse über Vektorräume, insbesondere über Basen und Dimension erworben haben, können wir uns wieder der Frage nach der Lösungsmenge einer linearen Gleichung zuwenden. Wir beantworten diese Frage sowohl für die homogene als auch für die inhomogene Gleichung abschließend. Als Lösungsmethode dient das Ausschöpfverfahren. Wir wenden uns zunächst der homogenen Gleichung zu.

Beispiel 1:

Sei die homogene lineare Gleichung $Ax = 0$ gegeben,

$$\text{wobei } A = \begin{pmatrix} 1 & 3 & 1 & 0 \\ 2 & 4 & -1 & 1 \\ 0 & 2 & 3 & -1 \end{pmatrix} \text{ und } x = \begin{pmatrix} x_1 \\ x_2 \\ x_3 \\ x_4 \end{pmatrix}.$$

Ausgeschrieben lautet die Gleichung

$$x_1 + 3x_2 + x_3 \qquad = 0$$
$$2x_1 + 4x_2 - 1x_3 + x_4 = 0$$
$$2x_2 + 3x_3 - x_4 = 0.$$

Dazu gehört folgende Tabelle des Ausschöpfverfahrens

x_1	x_2	x_3	x_4	
①	3	1	0	
2	4	−1	1	Ausschöpfen der ersten Spalte
0	2	3	−1	
①	3	1	0	
0	⊖2	−3	1	$\left\| \cdot \left(-\dfrac{1}{2}\right)\right.$ Ausschöpfen der zweiten Spalte
0	2	3	−1	
①	0	$-\dfrac{7}{2}$	$\dfrac{3}{2}$	Die letzte Zeile kann gestrichen werden, da sie nur die Information $0 = 0$ enthält.
0	①	$\dfrac{3}{2}$	$-\dfrac{1}{2}$	
0	0	0	0	

Diese Tabelle zeigt uns, daß für x_3 und x_4 beliebige Werte aus $\mathbb{R}$ eingesetzt werden können. x_1 und x_2 ergeben sich dann gemäß den in der Tabelle enthaltenen beiden Gleichungen. Setzen wir $x_4 = x_3 = 0$, so erhalten wir $x_1 = x_2 = 0$, also die triviale Lösung, die wir schon kennen.

Da beim Rechnen immer die Gefahr des Verrechnens besteht, wählen wir zum Einsetzen für x_3 und x_4 Werte, die dies soweit wie möglich ausschließen. Wir setzen zuerst $x_3 = -1$ und $x_4 = 0$, dann $x_3 = 0$ und $x_4 = -1$. Die zugehörige Lösung x bzw. $\tilde{x}$ läßt sich dann sofort aus der letzten Tabelle des Ausschöpfverfahrens ablesen (s. § 3 Algorithmus 1).

$$x = \begin{pmatrix} -\dfrac{7}{2} \\ \dfrac{3}{2} \\ -1 \\ 0 \end{pmatrix} \quad \text{und} \quad \tilde{x} = \begin{pmatrix} \dfrac{3}{2} \\ -\dfrac{1}{2} \\ 0 \\ -1 \end{pmatrix}$$

Das Ausschöpfverfahren ließe sich aber auch mit einem anderen Pivotelement starten und weiterführen.

x_1	x_2	x_3	x_4
1	3	1	0
2	4	-1	①
0	2	3	-1
1	3	①	0
2	4	-1	①
2	6	2	0
1	3	①	0
3	7	0	①
0	0	0	0

Es wird die vierte und die dritte Spalte ausgeräumt

Wie wir sehen, lassen sich jetzt x_1 und x_2 aus $\mathbb{R}$ beliebig wählen, und es werden dadurch x_3 und x_4 bestimmt. Setzen wir zuerst $x_1 = -1$ und $x_2 = 0$, dann $x_1 = 0$ und $x_2 = -1$, so ergeben sich die Lösungen w und $\tilde{w}$, die sich sofort aus der letzten Tabelle ablesen lassen.

$$w = \begin{pmatrix} -1 \\ 0 \\ 1 \\ 3 \end{pmatrix} \quad \text{und} \quad \tilde{w} = \begin{pmatrix} 0 \\ -1 \\ 3 \\ 7 \end{pmatrix}$$

Wir wissen, da die Menge der Lösungen einer linearen homogenen Gleichung ein Vektorraum ist, daß mit x und $\tilde{x}$ auch alle Linearkombinationen von x und $\tilde{x}$ Lösungen sind. Dasselbe gilt für w und $\tilde{w}$, aber auch für alle Linearkombinationen von x, $\tilde{x}$, w und $\tilde{w}$.

Da es beim Ausschöpfverfahren viele Möglichkeiten zur Auswahl der Pivotelemente gibt, wollen wir zunächst einmal an diesem Beispiel nachprüfen, ob durch den verschiedenen Gang des Ausschöpfverfahrens neue Lösungen hinzugewonnen wurden. Zuerst fragen wir, ob $\tilde{x}$ in dem von der Menge $\{w, \tilde{w}\}$ aufgespannten Vektorraum liegt. In anderen Worten: Läßt sich die Lösung $\tilde{x}$ als Linearkombination der Lösungen w und $\tilde{w}$ darstellen? Diese Frage kann mit dem Ausschöpfverfahren beantwortet werden. Gilt $\tilde{x} = \lambda_1 w + \lambda_2 \tilde{w}$?

λ_1	λ_2	$\tilde{x}$	
-1	0	$\dfrac{3}{2}$	$\cdot(-1)$
0	-1	$-\dfrac{1}{2}$	$\cdot(-1)$
1	3	0	
3	7	-1	
1	0	$-\dfrac{3}{2}$	
0	1	$\dfrac{1}{2}$	
0	0	0	
0	0	0	

Die letzte Tabelle besagt, daß die Gleichung $\tilde{x} = \lambda_1 w + \lambda_2 \tilde{w}$ in den beiden Unbe-kannten λ_1 und λ_2 keine Widersprüche enthält und genau eine Lösung, nämlich λ_1 $= -\dfrac{3}{2}$ und $\lambda_2 = \dfrac{1}{2}$, besitzt. Es gilt also:

$$\tilde{x} = -\frac{3}{2}w + \frac{1}{2}\tilde{w} = -\frac{3}{2}\begin{pmatrix} -1 \\ 0 \\ 1 \\ 3 \end{pmatrix} + \frac{1}{2}\begin{pmatrix} 0 \\ -1 \\ 3 \\ 7 \end{pmatrix} = \begin{pmatrix} \frac{3}{2} \\ -\frac{1}{2} \\ 0 \\ -1 \end{pmatrix}.$$

Ebenso läßt sich nachrechnen, daß x sich als Linearkombination von w und $\tilde{w}$ darstellen läßt. Umgekehrt lassen sich auch w und $\tilde{w}$ als Linearkombination von x und $\tilde{x}$ schreiben. Hätten wir für das Ausschöpfverfahren irgendeinen anderen Gang gewählt, so würden wir zu demselben Resultat kommen. Dies legt die Vermutung nahe, daß wir sowohl mit $\{x, \tilde{x}\}$ als auch mit $\{w, \tilde{w}\}$ eine Basis des Vektorraumes $L(G_0)$ der Lösungen der Gleichung gefunden haben. Der Vektorraum $L(G_0)$ hätte dann die Dimension zwei. Daß dies so ist, zeigt der folgende Satz.

Satz 1: Sei $A = (a_{ij})_{m \times n}$ eine m × n Matrix.

(1) Die lineare homogene Gleichung $Ax = 0$ besitzt nur die triviale Lösung $x = 0 \in \mathbb{R}^n$ genau dann, wenn Rang A gleich n ist.

(2) Für $0 \leq k < n$ gilt:
Die Lösungen bilden einen Vektorraum der Dimension $n - k$ genau dann, wenn Rang A gleich k ist.

Bemerkung zu (2): In anderen Worten: es läßt sich in $\{a_1, \ldots, a_n\}$ eine Teilmenge von linear unabhängigen Vektoren, die k Elemente enthält, finden aber keine Menge linear unabhängiger Vektoren, die $k + 1$ Elemente enthält. Kurz sagt man auch, es gibt unter den Vektoren $a_1, \ldots, a_n$ genau k linear unabhängige.

Beweis: Wir beschränken uns bei (1) und (2) auf die Richtung „dann wenn"

(1a): $x = 0 \in \mathbb{R}^n$ ist Lösung.

Dies ist durch Einsetzen sofort zu sehen.

(1b) $x = 0$ ist die einzige Lösung. Dies zeigen wir durch Widerspruch. Annahme: Sei $Ax = 0 \wedge x \neq 0 \in \mathbb{R}^n$. Aber $\{a_1, \ldots, a_n\}$ ist eine Menge von linear unabhängigen Vektoren. Dies ist ein Widerspruch. Also ist $x = 0$ die einzige Lösung.

(2): Sei $\{a_1, \ldots, a_n\}$ eine Menge von linear abhängigen Vektoren. Ohne Einschränkung der Allgemeinheit sei $\{a_1, \ldots, a_k\}$ mit $k < n$ eine freie Menge und es sei jede Teilmenge von $\{a_1, \ldots, a_n\}$ mit mehr als k Elementen nicht frei. Dann läßt sich das Ergebnis des Ausschöpfverfahrens (falls notwendig, durch Vertauschen der Reihenfolge der Einzelgleichungen und der Reihenfolge der Veränderlichen) in der folgenden Tabelle darstellen.

$$
\begin{array}{c}
\\
k \text{ Zeilen} \left\{ \begin{array}{ccccccc}
x_1 & x_2 & \cdots & x_k & x_{k+1} & \cdots & x_n \\
\hline
1 & 0 & \cdots & 0 & \tilde{a}_{11} & \cdots & \tilde{a}_{1\,n-k} \\
0 & 1 & \cdots & 0 & \vdots & & \vdots \\
\vdots & \vdots & & \vdots & \vdots & & \vdots \\
0 & 0 & \cdots & 0 & \vdots & & \\
0 & 0 & \cdots & 1 & \tilde{a}_{k1} & \cdots & \tilde{a}_{k\,n-k}
\end{array} \right. \\[2em]
m-k \text{ Zeilen} \left\{ \begin{array}{ccccccc}
0 & 0 & \cdots & 0 & 0 & \cdots & 0 \\
\vdots & \vdots & & \vdots & \vdots & & \vdots \\
0 & 0 & \cdots & 0 & 0 & \cdots & 0
\end{array} \right.
\end{array}
$$

Wir sehen nun, daß in einer Lösung von $Ax = 0$ die Veränderlichen $x_{k+1}, \ldots, x_n$ frei wählbar sind, wenn die Veränderlichen $x_1, \ldots, x_k$ nach den Gleichungen der Tabelle bestimmt werden. Wir wollen nun – wie in Beispiel 1 – systematisch Werte für die Veränderlichen $x_{k+1}, \ldots, x_n$ wählen.

Zuerst setzen wir $x_{k+1} = -1$, $x_{k+2} = 0, \ldots, x_n = 0$; dann $x_{k+2} = -1$ und $x_{k+1} = x_{k+3} = \ldots = x_n = 0$ und so fort.

Dann bilden wir eine Tabelle aus den Elementen $\tilde{a}_{ij}$ und den soeben erfolgten Setzungen für die Veränderlichen, und zwar so, daß die erste Setzung $x_{k+1} = -1$, $x_{k+2} = 0, \ldots, x_n = 0$ die erste Spalte fortsetzt, die zweite Setzung die zweite Spalte und so fort. Dies ergibt die Tabelle

$$
\begin{array}{c}
k \text{ Zeilen} \left\{ \begin{array}{ccccc}
\tilde{a}_{11} & \cdots & \tilde{a}_{1j} & \cdots & \tilde{a}_{1\,n-k} \\
\vdots & & & & \\
\tilde{a}_{k1} & \cdots & \tilde{a}_{kj} & \cdots & \tilde{a}_{k\,n-k}
\end{array} \right. \\[3em]
n-k \text{ Zeilen} \left\{ \begin{array}{cccccc}
-1 & 0 & \cdots & 0 & \cdots \cdots & 0 \\
0 & -1 & \cdots & 0 & \cdots \cdots & 0 \\
\vdots & & \ddots & -1 & & \vdots \\
\vdots & & & & \ddots & \vdots \\
\vdots & \cdots & \cdots & & -1 & 0 \\
0 & \cdots & \cdots & 0 & \cdots \quad 0 & -1
\end{array} \right.
\end{array}
$$

Die Spalten dieser Tabelle nennen wir $v_1, \ldots, v_{n-k}$: Für $j = 1, 2, \ldots, n - k$ gilt also

$$v_j = \begin{bmatrix} \tilde{a}_{1j} \\ \vdots \\ \tilde{a}_{kj} \\ 0 \\ \vdots \\ 0 \\ -1 \\ 0 \\ \vdots \\ 0 \end{bmatrix} \quad \leftarrow (k+j)\text{-te Zeile}$$

Für $v_1, \ldots, v_{n-k}$ zeigen wir (i)–(iii):

(i) $v_1, \ldots, v_{n-k}$ sind Lösungen von G_0:

Da sich die Lösungsmenge durch das Ausschöpfverfahren nicht ändert, müssen wir nicht in $Ax = 0$ einsetzen, sondern können auch in die letzte Tabelle des Ausschöpfverfahrens einsetzen.

Die l-te Zeile der letzten Tabelle als Gleichung geschrieben ist

$$1 \cdot x_l + \tilde{a}_{l1} x_{k+1} + \ldots + \tilde{a}_{lj} x_{k+j} + \ldots + \tilde{a}_{ln-k} x_n = 0.$$

Für $l = 1, \ldots, k \wedge j = 1, \ldots, n - k$ gilt durch Einsetzen von $x = v_j$ in die l-te Zeile

$$1 \cdot \tilde{a}_{lj} + \tilde{a}_{l1} \cdot 0 + \ldots + \tilde{a}_{lj-1} \cdot 0 + \tilde{a}_{lj} \cdot (-1) + \tilde{a}_{lj+1} \cdot 0 + \ldots + \tilde{a}_{ln-k} \cdot 0 = 0.$$

Damit ist gezeigt, daß $v_1, \ldots, v_{n-k}$ Lösungen von $Ax = 0$ sind.

(ii) Die Menge $\{v_1, \ldots, v_{n-k}\}$ von Vektoren ist linear unabhängig: Die Setzungen der Veränderlichen $x_{k+1}, \ldots, x_n$ wurden gerade so gewählt, daß $\{v_1, \ldots, v_{n-k}\}$ linear unabhängig ist.

(iii) Die Menge $\{v_1, \ldots, v_{n-k}\}$ ist eine Basis von $(L(G_0), \mathbb{R}, +, \cdot)$. Da nach (ii) die Menge $\{v_1, \ldots, v_{n-k}\}$ frei ist, braucht nur noch gezeigt werden, daß sich jede Lösung $y \in L(G_0)$ als Linearkombination von $v_1, \ldots, v_{n-k}$ darstellen läßt.

Sei $y = \begin{pmatrix} y_1 \\ \vdots \\ y_n \end{pmatrix} \in L(G_0)$, dann definieren wir

$$z := y + \sum_{i=1}^{n-k} y_{k+i} v_i.$$

Dies ist eine Linearkombination von Lösungen und damit ist $z \in L(G_0)$.

$$
z = \begin{pmatrix} z_1 \\ \vdots \\ z_{k+1} \\ \vdots \\ z_n \end{pmatrix} = \begin{pmatrix} y_1 \\ \vdots \\ y_{k+1} \\ \vdots \\ y_n \end{pmatrix} + y_{k+1} \begin{pmatrix} \tilde{a}_{11} \\ \vdots \\ \tilde{a}_{k1} \\ -1 \\ \vdots \\ 0 \\ 0 \end{pmatrix} + \ldots + y_n \begin{pmatrix} \tilde{a}_{1\,n-k} \\ \vdots \\ \tilde{a}_{k\,n-k} \\ 0 \\ \vdots \\ 0 \\ -1 \end{pmatrix} = \begin{pmatrix} z_1 \\ \vdots \\ z_k \\ 0 \\ \vdots \\ 0 \end{pmatrix}
$$

Die Komponenten $z_{k+1}, \ldots, z_n$ sind alle gleich null. Dies ergibt sich aus der Addition der Vektoren. Da z Lösung ist und die letzten $n - k$ Komponenten null sind, erhalten wir aus $Az = 0$:

$$z_1 a_1 + \ldots + z_k a_k = 0.$$

Da $\{a_1, \ldots, a_k\}$ eine Menge linear unabhängiger Vektoren ist, folgt $z_1 = z_2 \ldots = z_k = 0$. Es gilt also $z = 0 \in \mathbb{R}^n$.

Somit läßt sich y als Linearkombination von $v_1, \ldots, v_{n-k}$ darstellen, denn es gilt:

$$y = - \sum_{i=1}^{n-k} y_{k+i} v_i. \qquad \qquad \square$$

Beispiel 2:

Sei eine lineare homogene Gleichung $Ax = 0$ gegeben mit

$$A = \begin{pmatrix} 1 & 2 & 0 & 3 & 1 \\ -1 & -1 & 1 & 2 & 5 \end{pmatrix} \quad \text{und } x \in \mathbb{R}^5$$

Die Tabellen des Ausschöpfverfahrens ergeben sich als

x_1	x_2	x_3	x_4	x_5
1	2	0	3	1
−1	−1	1	2	5
1	2	0	3	1
0	1	1	5	6
1	0	−2	−7	−11
0	1	1	5	6
		−1	0	0
		0	−1	0
		0	0	−1

Es werden die Spalten eins und zwei ausgeräumt. Dann fügen wir zur Tabelle der a_{ij} wie im Beweis zu Satz 1 die systematischen Setzungen für die Veränderlichen x_3, x_4, x_5 hinzu.

Aus der letzten Tabelle ist sofort eine Basis des Lösungsraumes $L(G_0)$ abzulesen. Die Menge $\{v_1, v_2, v_3\}$

$$\text{mit} \quad v_1 = \begin{pmatrix} -2 \\ 1 \\ -1 \\ 0 \\ 0 \end{pmatrix}, \quad v_2 = \begin{pmatrix} -7 \\ 5 \\ 0 \\ -1 \\ 0 \end{pmatrix} \quad \text{und} \quad v_3 = \begin{pmatrix} -11 \\ 6 \\ 0 \\ 0 \\ -1 \end{pmatrix}$$

ist gemäß Satz 1 eine Basis von $L(G_0)$.

Wir wenden uns nun der linearen inhomogenen Gleichung zu. Für inhomogene lineare Gleichungen müssen nicht immer Lösungen existieren. Falls es aber Lösungen gibt, so ist $L(G)$ durch Satz 1 und § 3 Satz 2 charakterisiert. Es ist also nur noch ein Kriterium anzugeben, das die Existenz von Lösungen sichert.

Satz 2: Die lineare, inhomogene Gleichung $G: Ax = b$ besitzt dann und nur dann mindestens eine Lösung, wenn

$$\text{Rang}(A) = \text{Rang}(A, b) \text{ ist.}$$

Bemerkung: Sei A eine $m \times n$ Matrix und b ein m-Vektor, so ist (A, b) die aus A und b zusammengesetzte $m \times (n + 1)$ Matrix.

Beweis:

(1) „$\Rightarrow$" $Ax = b$ besitzt Lösung $\Rightarrow$ Rang $A = \text{Rang}(A, b)$:

Ohne Einschränkung der Allgemeinheit sei $\{a_1, \ldots, a_k\}$ eine freie Menge und jede Teilmenge von $\{a_1, \ldots, a_n\}$ mit mehr als k Elementen ist nicht frei. $\Rightarrow$ Da $Ax = b$ eine Lösung besitzt, läßt sich b als Linearkombination von $a_1, \ldots, a_k$ schreiben $\Rightarrow \text{Rang}(A) = \text{Rang}(A, b)$.

(2) „$\Leftarrow$" $\text{Rang}(A) = \text{Rang}(A, b) \Rightarrow \exists x$ mit $Ax = b$:

Sei $\text{Rang}(A) = \text{Rang}(A, b) = k \Rightarrow$ es existiert eine freie Menge $\{a_{i_1}, \ldots, a_{i_k}\} \subset \{a_1, \ldots, a_n\}$, so daß $b = \sum\limits_{j=1}^{k} \lambda_j a_{i_j}$. Nun definieren wir einen Vektor $x = (x_1, \ldots, x_n)'$ wie folgt

$$x_i = \begin{cases} 0 & \text{falls} \quad i \notin \{i_1, \ldots, i_k\} \\ \lambda_j & \text{falls} \quad i = i_j, j \in \{1, \ldots, k\} \end{cases}$$

Offenbar ist x eine Lösung von $Ax = b$, da

$$Ax = \sum\limits_{j=1}^{k} \lambda_j a_{i_j} + 0 = b.$$

Aus (1) und (2) erhalten wir Satz 2. $\qquad\qquad\qquad\qquad\qquad\qquad\qquad\quad \square$

Beispiel 3:

Sei $Ax = b$ gegeben durch

$$A = \begin{pmatrix} 0 & 1 & 3 & 2 \\ 1 & -2 & 1 & 0 \\ 2 & -3 & 5 & 2 \end{pmatrix} \quad \text{und} \quad b = \begin{pmatrix} 1 \\ 2 \\ 1 \end{pmatrix}.$$

Durch das Ausschöpfverfahren überprüfen wir das Rangkriterium und finden gleichzeitig eine Lösung, falls eine solche existiert.

x_1	x_2	x_3	x_4	b
0	1	3	2	1
1	-2	1	0	2
2	-3	5	2	1
0	1	3	2	1
1	-2	1	0	2
0	1	3	2	-3
0	1	3	2	1
1	0	7	4	4
0	0	0	0	-4

Nach Ausräumen der ersten und zweiten Spalte ergibt sich ein widersprüchliches Gleichungssystem.

Beispiel 4:

Sei A wie in Beispiel 3 und $b' = (1, 2, 5)$.

Dann ergibt sich in der letzten Tabelle des Ausschöpfverfahrens eine Nullzeile, die wir streichen, und wir können weiter schreiben:

x_1	x_2	x_3	x_4	b
0	1	3	2	1
1	0	7	4	4
		-1	0	
		0	-1	

Zur Bestimmung von L(G) gehen wir wie bei Satz 1 vor.

Eine Lösung x der inhomogenen Gleichung ergibt sich falls $x_3 = x_4 = 0$ gesetzt werden, als

$$r = (4, 1, 0, 0)'.$$

Beim Ablesen der Lösung aus der Tabelle muß auf die richtige Reihenfolge geachtet werden. Eine Basis des Lösungsraumes der homogenen Gleichung ist $B = \{v_1, v_2\}$ mit

$$v_1 = (7, 3, -1, 0)', \quad v_2 = (4, 2, 0, -1)'.$$

Damit ergibt sich die Lösungsmenge L(G) der inhomogenen Gleichung als

$$L(G) = \{r + \lambda_1 v_1 + \lambda_2 v_2 | \lambda_1, \lambda_2 \in \mathbb{R}\}.$$

Bei den reellen Zahlen α, $\beta \in \mathbb{R}$ ist die Gleichung $a\beta = 1$ für $\alpha \neq 0$ eindeutig lösbar mit $\beta = \alpha^{-1}$. Für Matrizen ist auch eine multiplikative Verknüpfung definiert. Das „$\cdot$" bei Matrizen ist eine innere Verknüpfung in der Menge der m $\times$ m Matrizen, und die m $\times$ m Matrix E ist das Einselement. Es erhebt sich nun die Frage, ob es auch in der Menge der m $\times$ m Matrizen so etwas Ähnliches gibt wie bei den reellen Zahlen, also eine Matrix B, für die $A \cdot B = E$ (und auch $B \cdot A = E$) gilt. Im allgemeinen läßt sich diese Frage verneinen. Sei $A = 0$ die Nullmatrix. Dann gilt für alle m $\times$ m Matrizen B, das $A \cdot B = 0$. Es gibt also sicherlich kein B mit $A \cdot B = E$. Multiplizieren wir die lineare Gleichung

$$Ax = b = Eb$$

von links mit B (falls es ein solches gibt), so erhalten wir

$$x = Ex = BAx = Bb.$$

Definition 1: Seien A, B zwei m $\times$ m Matrizen und E die m $\times$ m Einheitsmatrix. Gilt $B \cdot A = E$, so heißt B die zu A inverse Matrix, geschrieben $B = A^{-1}$. $\triangle$

Bemerkung: Gilt $BA = E$ und auch $AB = E$, so gibt es keine m $\times$ m Matrix $\tilde{B} \neq B$. So daß $A\tilde{B} = E$ bzw. $\tilde{B}A = E$; das heißt die Inverse Matrix ist eindeutig. Um dies zu zeigen, wird angenommen $\exists \tilde{B} : A\tilde{B} = E$. Die Gleichung wird von links mit B multipliziert: $B \cdot A\tilde{B} = BE = B$, da $BA = E$ folgt $\tilde{B} = B$.

Satz 3: Sei A eine m $\times$ m Matrix. Die zu A inverse Matrix A^{-1} existiert dann und nur dann, wenn Rang$(A) = m$ ist.

Bemerkung: Eine Matrix, deren Inverse existiert, heißt auch invertierbar oder regulär oder nicht singulär.

Beweis: Rang$(A) = m \Leftrightarrow \{a_1, ..., a_m\}$ ist eine m-elementige Menge linear unabhängiger Vektoren des $\mathbb{R}^m \Leftrightarrow \{a_1, ..., a_m\}$ ist eine Basis des $R^m \Leftrightarrow$. Die Gleichung $Ax = e_i$ besitzen jeweils genau eine Lösung für $i = 1, ..., m$. $\Leftrightarrow$ Es existiert A^{-1}, nämlich die Matrix der Lösungsvektoren von $Ax = e_i$. $\square$

Die Inverse einer Matrix läßt sich, falls sie existiert, mit dem Ausschöpfverfahren berechnen. Wir fassen die m Gleichung $Ax = e_i$ für $i = 1, ..., m$ in einer Tabelle zusammen.

Beispiel 5:

$$\text{Sei } A = \begin{pmatrix} 1 & 4 \\ 2 & 10 \end{pmatrix}.$$

Es sind die beiden Gleichungen $Ax = e_1$ und $Ax = e_2$ zu lösen:

$$\begin{pmatrix} 1 & 4 \\ 2 & 10 \end{pmatrix} \begin{pmatrix} x_1 \\ x_2 \end{pmatrix} = \begin{pmatrix} 1 \\ 0 \end{pmatrix} \quad \text{und} \quad \begin{pmatrix} 1 & 4 \\ 2 & 10 \end{pmatrix} \begin{pmatrix} x_1 \\ x_2 \end{pmatrix} = \begin{pmatrix} 0 \\ 1 \end{pmatrix}.$$

Die gemeinsame Tabelle hat die Gestalt

x_1	x_2	e_1	e_2
1	4	1	0
2	10	0	1
1	4	1	0
0	2	-2	1
1	0	5	-2
0	1	-1	$\frac{1}{2}$

Also ergibt sich

$$A^{-1} = \begin{pmatrix} 5 & -2 \\ -1 & \frac{1}{2} \end{pmatrix}.$$

Die beiden Gleichungen werden gleichzeitig durch Ausschöpfen gelöst. Die Matrix A^{-1} ist die Matrix der Lösungen.

Um die Richtigkeit der Rechnung nachzuprüfen, führen wir die Probe durch und bilden $A \cdot A^{-1}$

$$A^{-1} = \begin{pmatrix} 1 & 4 \\ 2 & 10 \end{pmatrix}\begin{pmatrix} 5 & -2 \\ -1 & \frac{1}{2} \end{pmatrix} = \begin{pmatrix} 1 \cdot 5 + 4 \cdot (-1) & 1 \cdot (-2) + 4 \cdot \frac{1}{2} \\ 5 \cdot 2 + 10 \cdot (-1) & 2 \cdot (-2) + 10 \cdot \frac{1}{2} \end{pmatrix} = \begin{pmatrix} 1 & 0 \\ 0 & 1 \end{pmatrix}$$

Es kann durchaus der Fall sein, daß aus numerischen Gründen beim Ausschöpfen auf der linken Seite der Tabelle nicht die Einheitsmatrix auftritt. Dies kann geschehen, weil A^{-1} nicht existiert (es tritt dann mindestens eine Zeile mit Nullen auf) oder weil eine Umordnung der Zeilen erforderlich wird (siehe Beispiel 6).

Beispiel 6:

$$\text{Sei} \quad A = \begin{pmatrix} 0 & 1 & 2 \\ 1 & -2 & -1 \\ 0 & 3 & 1 \end{pmatrix}$$

Die Berechnung von A^{-1} erfolgt mit dem Ausschöpfverfahren.

$$
\begin{array}{rrr|rrr}
0 & 1 & -1 & 1 & 0 & 0 \\
1 & -2 & -1 & 0 & 1 & 0 \\
0 & 3 & 1 & 0 & 0 & 1 \\
\hline
0 & 1 & 2 & 1 & 0 & 0 \\
1 & 0 & 3 & 2 & 1 & 0 \\
0 & 0 & -5 & -3 & 0 & 1 \\
\hline
0 & 1 & 0 & -\dfrac{1}{5} & 0 & \dfrac{2}{5} \\[2mm]
1 & 0 & 0 & \dfrac{1}{5} & 1 & \dfrac{3}{5} \\[2mm]
0 & 0 & 1 & \dfrac{3}{5} & 0 & -\dfrac{1}{5}
\end{array}
$$

Die erste Spalte ist bereits ausgeschöpft. Zum Ablesen von A^{-1} müssen erste und zweite Zeile der letzten Tabelle vertauscht werden.

Die Matrix A^{-1} ergibt sich als

$$
A^{-1} = \frac{1}{5} \cdot \begin{pmatrix} 1 & 5 & 3 \\ -1 & 0 & 2 \\ 3 & 0 & -1 \end{pmatrix}.
$$

Satz 4: Seien A, B invertierbare $m \times m$ Matrizen, dann gilt

(1) $(A \cdot B)^{-1} = B^{-1} \cdot A^{-1}$ und

(2) $(A^{-1})' = (A')^{-1}$

Beweis:

(1)   Da die Multiplikation von Matrizen assoziativ ist, gilt

$(A \cdot B) \cdot (B^{-1} \cdot A^{-1}) = A(B B^{-1})A^{-1} = E$

(2) $E = A' \cdot (A')^{-1} = ((A')^{-1})' \cdot A'' = ((A')^{-1})' \cdot A \Rightarrow$

$\Rightarrow A^{-1} = ((A')^{-1})' \Rightarrow (A^{-1})' = (A')^{-1}$ $\square$

Bei der Analyse linearer Modelle spielen, ebenso wie in der Statistik, invertierbare Matrizen eine Rolle, die folgende Eigenschaft besitzen.

Definition 2: Eine invertierbare $m \times m$ Matrix A heißt orthogonal, wenn gilt $A' = A^{-1}$. $\triangle$

In anderen Worten besagt dies, daß die Diagonalelemente von $A'A (= E)$ sämtlich gleich sind und alle anderen Elemente null. Dies ist genau dann der Fall, wenn A aus Spaltenvektoren zusammengesetzt ist, die die Länge 1 haben und die paarweise zueinander senkrecht stehen. Ein einfaches Beispiel einer orthogonalen Matrix ist die Einheitsmatrix E selbst.

Beispiel 7:

Im $\mathbb{R}^2$ können wir leicht zwei zueinander senkrechte Vektoren der Länge 1 zeichnen, so

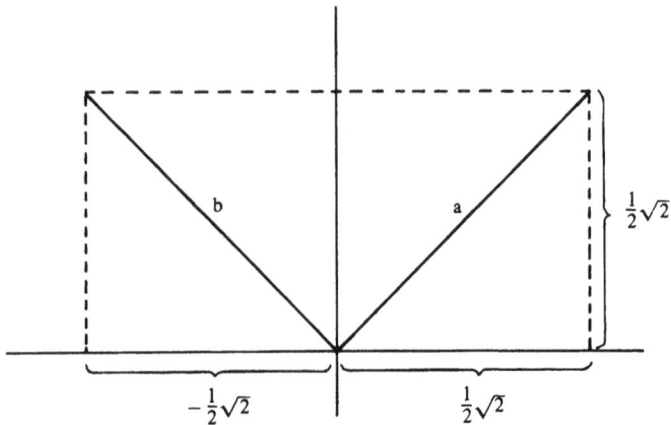

Dies ergibt $A = (a, b) = \dfrac{1}{\sqrt{2}} \begin{pmatrix} 1 & -1 \\ 1 & 1 \end{pmatrix}$. Wie leicht nachzurechnen ist, gilt

$A'A = E$.

Definition 3: Eine Matrix $m \times m$ Matrix A heißt idempotent, falls $A \cdot A = A$

$\triangle$

Offensichtlich ist die Einheitsmatrix E idempotent

Beispiel 8:

$$A = \begin{pmatrix} \dfrac{1}{3} & \dfrac{1}{3} & \dfrac{1}{3} \\ \dfrac{1}{3} & \dfrac{1}{3} & \dfrac{1}{3} \\ \dfrac{1}{3} & \dfrac{1}{3} & \dfrac{1}{3} \end{pmatrix} \text{ ist idempotent.}$$

Definition 4: Sei $\{v_1, \ldots, v_m\}$ eine Basis des $\mathbb{R}^m$. Das m-Tupel $(v_1, \ldots, v_m)$ nennen wir eine geordnete Basis. Für $x \in \mathbb{R}^m$ gibt es $\lambda_1, \ldots, \lambda_m$ eindeutig bestimmte Zahlen mit $x = \sum\limits_{i=1}^{m} \lambda_i v_i$. Die Elemente des m-Tupels $(\lambda_1, \ldots, \lambda_m)$ heißen Koordinaten des Vektors x bezüglich der geordneten Basis $(v_1, \ldots, v_m)$. $\triangle$

Durch die Lösung einer linearen Gleichung können die Koordinaten eines Vektors bezüglich einer anderen Basis gefunden werden.

Beispiel 9:

Sei $v_1 = \begin{pmatrix} 1 \\ 1 \end{pmatrix}$ und $v_2 = \begin{pmatrix} \dfrac{1}{2} \\ 1 \end{pmatrix}$. Dann ist $\{v_1, v_2\}$ eine Basis von $\mathbb{R}^2$. Welche Koordinaten besitzt der Vektor x, der bezüglich der geordneten kanonischen Basis die Koordinaten 3 und 4 hat?

$$\lambda_1 v_1 + \lambda_2 v_2 = 3e_1 + 4e_2$$

λ_1	λ_2	$3e_1 + 4e_2$
1	$-\dfrac{1}{2}$	3
1	1	4
1	$-\dfrac{1}{2}$	3
0	$\dfrac{3}{2}$	1
1	0	$\dfrac{10}{3}$
0	1	$\dfrac{2}{3}$

Der Vektor $x = 3e_1 + 4e_2 = \begin{pmatrix} 3 \\ 4 \end{pmatrix}$ hat bezüglich der Basis $\{v_1, v_2\}$ die Koordinaten $\dfrac{10}{3}$ und $\dfrac{2}{3}$.

§ 6 Lineare Transformationen

In Ergänzung zu den linearen Gleichungen betrachten wir auch noch lineare Abbildungen oder Transformationen, bei denen die betrachteten Vektorräume nicht der $\mathbb{R}^n$ bzw. $\mathbb{R}^m$ sein müssen.

Definition 1: Seien $\mathscr{V}_1$, $\mathscr{V}_2$ zwei reelle Vektorräume. Eine Abbildung (Funktion)

$$\begin{aligned} \varphi: V_1 &\to V_2 \\ x &\mapsto \varphi(x) \end{aligned} \quad \text{heißt linear:} \Leftrightarrow$$

(1) $\forall x, y \in V_1$ gilt $\varphi(x + y) = \varphi(x) + \varphi(y)$

(2) $\forall x \in V_1 \wedge \forall \lambda \in \mathbb{R}$ gilt $\varphi(\lambda x) = \lambda \varphi(x)$ $\qquad \triangle$

Bemerkung: Eine solche Abbildung heißt auch Vektorraum-Homomorphismus oder kurz Homomorphismus. Es ist zu beachten, daß in (1) das „+" bei $\varphi(x + y)$ die innere Verknüpfung in $\mathscr{V}_1$, das „+" bei $\varphi(x) + \varphi(y)$ die innere Verknüpfung in $\mathscr{V}_2$ ist. Offensichtlich gilt $\varphi(0) = 0$.

Satz 1: Die Bedingungen (1) und (2) aus Definition 1 sind äquivalent zu

(3) $\forall x, y \in V_1 \wedge \forall \lambda, \mu \in \mathbb{R}$ gilt $\varphi(\lambda x + \mu y)) = \lambda \varphi(x) + \mu \varphi(y)$.

Beweis: Zuerst „(3) $\Rightarrow$ (1) und (2)"

Setze $\lambda = \mu = 1$ so ergibt sich (1) $\qquad$ Setze $\mu = 0$ so ergibt sich (2).

Nun „(1) und (2) $\Rightarrow$ (3)"

Setze $w = \lambda x$ und $z = \mu y$. Es folgt

$$\varphi(\lambda x + \mu y) = \varphi(w + z) = \varphi(w) + \varphi(z) = \varphi(\lambda x) + \varphi(\mu y) = \lambda\varphi(x) + \mu\varphi(y).$$

Das zweite Gleichheitszeichen gilt nach (1), das vierte nach (2).   □

Wir definieren noch eine Anzahl von öfters zu findenden Begriffen, ohne sie eingehend zu studieren.

Definition 2: Seien $\mathscr{V}_1, \mathscr{V}_2$ Vektorräume. Eine lineare Abbildung
$\varphi: V_1 \to V_2$ heißt
(1)   injektiv: $\Leftrightarrow \forall x, y \in V_1$ gilt $(\varphi(x) = \varphi(y) \Rightarrow x = y)$
(2)   surjektiv: $\Leftrightarrow \{\varphi(x) \in V_2 \,|\, x \in V_1\} = V_2$
(3)   bijektiv: $\Leftrightarrow \varphi$ ist injektiv und surjektiv.   △

Benutzen wir die Sprechweise des (Vektorraum-)Homomorphismus, so heißt φ im Fall (1) Monomorphismus, im Fall (2) Epimorphismus und im Fall (3) Isomorphismus. Gilt $V_1 = V_2$, so heißt ein Homomorphismus auch Endomorphismus. Ist der Endomorphismus bijektiv, so heißt er Automorphismus.

Satz 2: Seien $\mathscr{V}_1, \mathscr{V}_2$ Vektorräume über $\mathbb{R}$ und
$\varphi: V_1 \to V_2$ eine lineare Abbildung.

Ist $\{x_1, \ldots, x_n\} \subset V_1$ eine Menge linear abhängiger Vektoren, dann folgt $\{\varphi(x_1), \ldots, \varphi(x_n)\} \subset V_2$ ist eine Menge linear abhängiger Vektoren.

Beweis: $\{x_i, \ldots, x_n\}$ ist eine Menge von linear abhängigen Vektoren $\Rightarrow$ (§ 4 Definition 3)

$$\exists \lambda_1, \ldots, \lambda_n \in \mathbb{R} \wedge \exists k \in \{1, \ldots n\}, \text{ so daß } \lambda_k \neq 0 \text{ und}$$

$$\sum_{i=1}^{n} \lambda_i x_i = 0 \in V_1 \Rightarrow \varphi(\sum_{i=1}^{n} \lambda_i x_i) = \sum_{i=1}^{n} \lambda_i \varphi(x_i) = \varphi(0) = 0 \in V_2.$$

Da $\lambda_k \neq 0$, ist die Menge $\{\varphi(x_1), \ldots, \varphi(x_1)\}$ von Vektoren aus V_2 linear abhängig.
                    □

Dem Begriff des Lösungsraumes einer homogenen linearen Gleichung entspricht der des Kerns einer linearen Abbildung.

Definition 3: (Kern) Seien $\mathscr{V}_1, \mathscr{V}_2$ zwei Vektorräume über $\mathbb{R}$ und
$\varphi: V_1 \to V_2$ eine lineare Abbildung. Dann heißt
$\mathrm{Ker}(\varphi) := \{x \in V_1 \,|\, \varphi(x) = 0\}$ Kern von φ.   △

Der Lösungsraum $L(G_0)$ einer linearen Gleichung ist ein Vektorraum. Dasselbe gilt für den Kern.

Satz 3: Sei $\varphi: V_1 \to V_2$ eine lineare Abbildung. Dann ist $\mathrm{Ker}(\varphi)$ ein Unterraum von $\mathscr{V}_1$.

Beweis:

(1) $\operatorname{Ker}(\varphi) \neq \emptyset$ da $0 \in V_1$ Element von $\operatorname{Ker}(\varphi)$ ist (wegen $\varphi(0) = 0$).

(2) $\forall x, y \in \operatorname{Ker}(\varphi)$ gilt $x + y \in \operatorname{Ker}(\varphi)$

$\varphi(x + y) = \varphi(x) + \varphi(y) = 0 + 0 = 0 \in V_2 \Rightarrow$

$\Rightarrow x + y \in \operatorname{Ker}(\varphi)$.

(3) $\forall \lambda \in \mathbb{R} \wedge \forall x \in \operatorname{Ker}(\varphi)$ gilt $\lambda \cdot x \in \operatorname{Ker}(\varphi)$

$x \in \operatorname{Ker}(\varphi) \wedge \lambda \in \mathbb{R} \Rightarrow \varphi(\lambda x) = \lambda \varphi(x) = \lambda \cdot 0 = 0 \in V_2 \Rightarrow$

$\Rightarrow \lambda \cdot x \in \operatorname{Ker}(\varphi)$.

Aus (1), (2) und (3) folgt nach § 4 Definition 1 und Satz 1: $\operatorname{Ker}(\varphi)$ ist ein Vektorraum. $\qquad\square$

Beispiel 1:

Sei $V_1 = V_2 = \mathbb{R}^2$ und $\varphi: \mathbb{R}^2 \to \mathbb{R}^2$ gegeben durch

$$(x_1, x_2)' \mapsto \varphi((x_1, x_2)') = (x_1 + x_2, 0)'.$$

Wir prüfen nach, ob φ eine lineare Abbildung ist. Nach Definition 1 sind zwei Eingenschaften zu zeigen.

(1) $x, y \in \mathbb{R}^2 \Rightarrow \varphi(x + y) = \varphi(x) + \varphi(y)$:

Sei $x = (x_1, x_2)'$ und $y = (y_1, y_2)'$

L.S. $= \varphi(x + y) = \varphi((x_1 + y_1, x_2 + y_2)') =$

$= (x_1 + y_1 + x_2 + y_2, 0)'$

R.S. $= \varphi(\varphi) + \varphi(y) = (x_1 + x_2, 0) + (y_1 + y_2, 0)' =$

$= (x_1 + x_2 + y_1 + y_2, 0)'$

also gilt R.S. = L.S.

(2) $\lambda \in \mathbb{R} \wedge x = (x_1, x_2)' \in \mathbb{R}^2 \Rightarrow \varphi(\lambda x) = \lambda \varphi(x)$:

$\varphi(\lambda x) = (\lambda x_1 + \lambda x_2, \lambda 0) = \lambda(x_1 + x_2, 0) = \lambda \varphi(x)$

Aus (1) und (2) folgt, daß φ eine lineare Abbildung ist.

Beispiel 2:

Sei $\varphi: \mathbb{R}^3 \to \mathbb{R}^3$ gegeben durch

$$(x_1, x_2, x_3)' \mapsto \varphi((x_1, x_2, x_3)') = (x_1 - x_2, x_1, x_2)'$$

Es läßt sich leicht nachrechnen, daß φ linear ist. Wir fragen nun, ob φ injektiv ist, d.h. ob

$$\varphi(x) = \varphi(y) \Rightarrow x = y.$$

Für φ gilt: $\varphi(x) = \varphi(y) \Rightarrow$ (gemäß Definition von φ)

$$x_1 - x_2 = y_1 - y_2$$
$$x_1 = y_1$$
$$x_2 = y_2$$

Aus diesen Gleichungen folgt nicht, daß x = y ist, denn durch φ werden sowohl dem Vektor (0, 0, 1) als auch dem Vektor (0, 0, 0) der Nullvektor zugeordnet. Also ist φ nicht injektiv.

Die Abbildung φ läßt sich auch durch die Matrix $A = \begin{pmatrix} 1 & -1 & 0 \\ 1 & 0 & 0 \\ 0 & 1 & 0 \end{pmatrix}$ beschreiben.

Es gilt offensichtlich

$$Ax = (x_1 - x_2, x_1, x_2)'.$$

Definition 4: Gegeben sei eine lineare Abbildung $\varphi: \mathbb{R}^n \to \mathbb{R}^m$ durch

$$x = (x_1, \ldots, x_n)' \mapsto \varphi(x) = (\sum_{i=1}^{n} a_{1i} x_i, \ldots, \sum_{i=1}^{n} a_{mi} x_i)'$$

dann heißt $A = \begin{pmatrix} a_{11} & \cdots & a_{1n} \\ \vdots & & \vdots \\ a_{m1} & \cdots & a_{mn} \end{pmatrix}$ die Matrix der linearen Abbildung φ. $\triangle$

Die Frage, ob eine gegebene lineare Abbildung $\varphi: \mathbb{R}^n \to \mathbb{R}^m$ eine der Eigenschaften injektiv, surjektiv oder bijektiv hat, kann immer durch die Lösung linearer Gleichungen beantwortet werden.

Beispiel 2: (Fortsetzung)
Ist die gegebene Abbildung φ surjektiv? In der Sprache linearer Gleichungen bedeutet dies, daß die Gleichung

$$\begin{pmatrix} 1 & -1 & 0 \\ 1 & 0 & 0 \\ 0 & 1 & 0 \end{pmatrix} \begin{pmatrix} x_1 \\ x_2 \\ x_3 \end{pmatrix} = \begin{pmatrix} a_1 \\ a_2 \\ a_3 \end{pmatrix}$$

immer eine Lösung besitzt.

Das Ausräumen ist bei diesem Beispiel besonders einfach. Wir ziehen die zweite Zeile von der ersten ab, addieren die dritte zur ersten und erhalten als letzte Tabelle

x_1	x_2	x_3	a
0	0	0	$a_1 - a_1 + a_3$
1	0	0	a_2
0	1	0	a_3

Setzen wir $a_2 = a_3 = 0$ und $a_1 = 1$, so ergibt sich eine widersprüchliche Gleichung. Es existiert also kein Vektor $x = (x_1, x_2, x_3)'$ mit $\varphi(x) = (1, 0, 0)'$ Deshalb ist φ nicht surjektiv.

§ 7 Determinanten

Es soll hier nur eine kurze Einführung und eine Zusammenstellung der wichtigsten Eigenschaften erfolgen. Determinanten(-funktionen) spielen in der linearen Algebra eine wichtige Rolle. Wir wollen Determinanten lediglich als Hilfsmittel betrachten, die es ermöglichen, einige Aussagen über dynamische lineare Systeme und deren Verhalten einfacher zu formulieren. Auch bei der Untersuchung der Extremwerte von Funktionen mehrerer Veränderlicher benutzen wir Determinanten.

Da die Herleitung der Existenz und Eindeutigkeit von Determinanten(-funktionen) etwas langwierig ist, definieren wir die Determinanten rekursiv. Eine Determinante ordnet einem quadratischen Zahlenschema eine reelle Zahl zu.

Definition 1: Gegeben sei eine 2×2 Matrix A durch $\begin{pmatrix} a_{11} & a_{12} \\ a_{21} & a_{22} \end{pmatrix}$. Die Zahl

$$\det(A) := |A| := \begin{vmatrix} a_{11} & a_{12} \\ a_{21} & a_{22} \end{vmatrix} := a_{11}a_{22} - a_{12}a_{21}$$

heißt Determinante von A. Für 1×1 Matrizen setzen wir $\det(A) = \det((a_{11}))$ $= a_{11}$. △

Für 3×3 Matrizen verfahren wir wie folgt:

$$\det A = \begin{vmatrix} a_{11} & a_{12} & a_{13} \\ a_{21} & a_{22} & a_{23} \\ a_{31} & a_{32} & a_{33} \end{vmatrix} = a_{11}\begin{vmatrix} a_{22} & a_{23} \\ a_{32} & a_{33} \end{vmatrix} - a_{12}\begin{vmatrix} a_{21} & a_{23} \\ a_{31} & a_{33} \end{vmatrix} + a_{13}\begin{vmatrix} a_{21} & a_{22} \\ a_{31} & a_{32} \end{vmatrix}$$

Die Determinante einer 2×2 Matrix ist nach Definition 1 gegeben. Wir geben nun die Methode an, mit der nach Kenntnis der Determinante einer $(m-1) \times (m-1)$ Matrix die Determinante einer $m \times m$ Matrix rekursiv definiert wird. Zuvor noch eine Definition, die dies erleichtert. Sie eine $m \times m$ Matrix A gegeben, mit $m \geq 3$.

$$A = \begin{pmatrix} a_{11} & \cdots & a_{1j} & \cdots & a_{1m} \\ \vdots & & \vdots & & \vdots \\ a_{k1} & \cdots & a_{kj} & \cdots & a_{km} \\ \vdots & & \vdots & & \vdots \\ a_{m1} & \cdots & a_{mj} & \cdots & a_{mm} \end{pmatrix}$$

Durch Streichen der Spalte j und der Zeile k entsteht eine $(m-1) \times (m-1)$ Matrix.

Definition 2:
(1) Sei aus A ein Schema durch Streichen von Spalte j und Zeile k hervorgegangen. Dann heißt

$$|A_{kj}| := \begin{vmatrix} a_{11} & \cdots & a_{1j-1} & a_{1j+1} & \cdots & a_{1m} \\ \vdots & & \vdots & \vdots & & \vdots \\ a_{k-1,1} & \cdots & \cdots & \cdots & \cdots & a_{k-1,m} \\ a_{k+1,1} & \cdots & \cdots & \cdots & \cdots & a_{k+1,m} \\ \vdots & & \vdots & \vdots & & \vdots \\ a_{m1} & \cdots & a_{mj-1} & a_{mj+1} & \cdots & a_{mm} \end{vmatrix}$$

Minor (oder Unterdeterminante) zu a_{kj}.

(2) $A_{kj} := (-1)^{k+j}|A_{kj}|$ heißt Adjunkte von a_{kj}. △

Mit Hilfe der Minoren zu a_{1j} definieren wir nun rekursiv die Determinante einer $m \times m$ Matrix für $m \geq 3$.

Definition 3: Sei A eine $m \times m$ Matrix mit $m \geq 3$.

$$\det(A) := |A| := \sum_{j=1}^{m} (-1)^{j+1} a_{1j}|A_{1j}| = \sum_{j=1}^{m} a_{1j}A_{1j} \qquad △$$

Dieses Vorgehen heißt üblicherweise Entwicklung der Determinanten von A nach der ersten Zeile. Wir haben dieses beispielhaft für eine 3×3 Matrix getan. Es gibt keinen Grund, die erste Zeile besonders auszuzeichnen. Die Entwicklung kann nach einer beliebigen Zeile oder Spalte erfolgen.

Satz 1: (Entwicklungssatz von Laplace):
Sei A eine $m \times m$ Matrix mit $m \geq 3$. Für $\det(A)$ gilt:

(1) $\displaystyle\sum_{j=1}^{m} (-1)^{j+k} a_{kj}|A_{1j}| = \begin{cases} \det(A) & \text{für } l = k \\ 0 & \text{sonst} \end{cases}$

(2) $\displaystyle\sum_{k=1}^{m} (-1)^{j+k} a_{kj}|A_{kl}| = \begin{cases} \det(A) & \text{für } l = j \\ 0 & \text{sonst} \end{cases}$

Die Aussage (1) umfaßt die Entwicklung nach der k-ten-Zeile, (2) die nach der j-ten Spalte.

Satz 2: Es gilt $\det(A) = 0$ genau dann, wenn die Zeilen (oder die Spalten von A eine Menge linear abhängiger Vektoren bilden.

Korollar 1: Enthält eine Determinanete eine Zeile (oder Spalte) von Nullen, so ist ihr Wert null.

Korollar 2: Enthält eine Determinante zweimal die gleiche Zeile (oder Spalte), so ist ihr Wert null.

Wie bei Matrizen läßt sich jede Zeile (oder Spalte) einer Determinante mit einer reellen Zahl verknüpfen. Es gilt aber eine andere Rechenregel.

Satz 3: Wird bei einer Determinanten eine Zeile (oder Spalte) von A mit einer reellen Zahl λ multipliziert, so wird der Wert der Determinanten mit λ multipliziert.

Beispiel 1:

$$\begin{vmatrix} \lambda a_{11} & \lambda a_{12} \\ a_{21} & a_{22} \end{vmatrix} = \lambda a_{11} \cdot a_{22} - \lambda a_{12} \cdot a_{21} = \lambda \begin{vmatrix} a_{11} & a_{12} \\ a_{21} & a_{22} \end{vmatrix}$$

$$\begin{vmatrix} \lambda 1 & 2 & 1 \\ \lambda 2 & 2 & 0 \\ \lambda 3 & 1 & -1 \end{vmatrix} = \lambda \begin{vmatrix} 2 & 0 \\ 1 & -1 \end{vmatrix} - 2 \begin{vmatrix} \lambda 2 & 0 \\ \lambda 3 & -1 \end{vmatrix} + 1 \begin{vmatrix} \lambda 2 & 2 \\ \lambda 3 & 1 \end{vmatrix} =$$

$$= \lambda(-2 + 4 - 4) = \lambda \cdot (-2)$$

Satz 4: Eine Determinante ändert ihre Vorzeichen, wenn zwei Zeilen (oder Spalten) vertauscht werden.

Beispiel 2:

$$\begin{vmatrix} 1 & 2 & -1 \\ 3 & 5 & 2 \\ -1 & 0 & 1 \end{vmatrix} = 1 \begin{vmatrix} 5 & 2 \\ 0 & 1 \end{vmatrix} - 2 \begin{vmatrix} 3 & 2 \\ -1 & 1 \end{vmatrix} - 1 \begin{vmatrix} 3 & 5 \\ -1 & 0 \end{vmatrix} = 5 - 10 - 5 = -10$$

$$\begin{vmatrix} -1 & 2 & 1 \\ 2 & 5 & 3 \\ 1 & 0 & -1 \end{vmatrix} = -1 \begin{vmatrix} 5 & 3 \\ 0 & -1 \end{vmatrix} - 2 \begin{vmatrix} 2 & 3 \\ 1 & -1 \end{vmatrix} + 1 \begin{vmatrix} 2 & 5 \\ 1 & 0 \end{vmatrix} = 5 + 10 - 5 = 10$$

Satz 5: Sei $A = (a_1, \ldots, a_m)$ eine $m \times m$ Matrix und $b \in \mathbb{R}^m$.
Für $i = 1, \ldots, m$ gilt.

$$\det\big((a_1, \ldots, a_i + b, a_{i+1}, \ldots, a_m) = $$
$$= \det\big((a_1, \ldots, a_i, \ldots, a_m)\big) + \det\big((a_1, \ldots, a_{i-1}, b, a_{i+1}, \ldots, a_m)\big)$$

Die beiden in Satz 3 und Satz 5 genannten Eigenschaften besagen, daß die Determinante eine multilineare Funktion ist.

Satz 6: Eine Determinante ändert den Wert nicht, wenn zu einer Zeile (oder Spalte) das α-fache einer anderen Zeile (oder Spalte) addiert wird.

Beispiel 3:

$$\begin{vmatrix} (a_{11} + \alpha a_{12}) & a_{12} \\ (a_{21} + \alpha a_{22}) & a_{22} \end{vmatrix} = \begin{vmatrix} a_{11} & a_{12} \\ a_{21} & a_{22} \end{vmatrix} + \alpha \begin{vmatrix} a_{12} & a_{12} \\ a_{22} & a_{22} \end{vmatrix} = \begin{vmatrix} a_{11} & a_{12} \\ a_{21} & a_{22} \end{vmatrix} + 0$$

Da Determinanten gemäß Definition 1 und 3 recht mühselig zu berechnen sind, wird die Eigenschaft aus Satz 6 dazu benützt, den Wert einer Determinante zu bestimmen. Wird bei Ausschöpfverfahren auf die Multiplikation einer Zeile mit einer Zahl verzichtet, so bleibt der Wert der Determinante unverändert. Es läßt sich dann eine Tabelle der folgenden Gestalt erzeugen.

$$
\begin{matrix}
a_{11} & 0 & \cdots & 0 \\
a_{21} & a_{22} & \cdots & 0 \\
\vdots & & & 0 \\
a_{m1} & \cdots & \cdots & a_{mm}
\end{matrix}
$$

besitzt. Die zugehörige Matrix heißt Matrix mit (unterer) Dreiecksform. Dann gilt nach (m − 1)maliger Anwendung des Laplace'schen Entwicklungssatzes:

Satz 7: Besitzt eine Matrix untere (obere) Dreiecksform, so ist

$$\det(A) = a_{11} \cdot a_{22} \cdot \ldots \cdot a_{mm}.$$

Beispiel 4:

$$
\begin{vmatrix}
1 & 3 & 2 \\
0 & -1 & 3 \\
2 & 5 & -2
\end{vmatrix}
=
\begin{vmatrix}
1 & 3 & 2 \\
0 & -1 & 3 \\
0 & -1 & -6
\end{vmatrix}
=
\begin{vmatrix}
1 & 3 & 2 \\
0 & -1 & 3 \\
0 & 0 & -9
\end{vmatrix}
= 1 \cdot (-1) \cdot (-9) = 9
$$

Satz 8: Seien A, B zwei m × m Matrizen. Dann gilt

(1) $\det(A) = \det(A')$

(2) $\det(A \cdot B) = \det(A) \cdot \det(B)$.

Die Inverse einer Matrix A läßt sich, so sie existiert, mit Hilfe von Determinanten darstellen, und – wenn auch mit in der Regel erheblich mehr Aufwand – berechnen.

Satz 9: Sei A eine nicht singuläre m × m Matrix mit m ≧ 3 und A_{kj} die Adjunkte von a_{kj}, dann ist

$$
A^{-1} = \frac{1}{|A|}
\begin{pmatrix}
A_{11} & A_{12} & \cdots & A_{1m} \\
\vdots & & & \vdots \\
A_{m1} & \cdots & \cdots & A_{mm}
\end{pmatrix}.
$$

Die Richtigkeit des Satzes ergibt sich durch Ausmultiplizieren unter Beachtung von Satz 1.

§ 8 Statische Input-Output-Modelle

Volkswirtschaftliche Verflechtungsmodelle, die auf Input-Output-Tabellen beruhen, werden in vielen Ländern zu Planungs- und Prognosezwecken benutzt. Dabei wird eine Volkswirtschaft in möglichst homogene Sektoren unterteilt und es werden die Lieferbeziehungen zwischen den Sektoren festgestellt.

In der Bundesrepublik Deutschland befassen sich mehrere Institute und Institutionen mit der Erstellung von Input-Output-Tabellen. Am bekanntesten sind die Tabellen des Deutschen Instituts für Wirtschaftsforschung (DIW) in Berlin. Es wird dort eine kleine Tabelle, die die Vorlkswirtschaft in 14 Produktionssektoren gliedert, und eine große mit 56 Sektoren herausgegeben. Die Zusammenfassung der Lieferbeziehungen einer Volkswirtschaft in Form einer Input-Output-Tabelle wurde zum erstenmal von W. Leontief, einem jetzt in den USA lebenden Ökonomen (Nobelpreis 1973), ausgeführt.

Sei X_i die gesamte mengenmäßige Produktion des Sektors i für i = 1, ..., n. Aus dem Englischen kommt der dafür auch gebräuchliche Ausdruck ,X_i sei der gesamte Output der Aktivität i'.

Die im Sektor j zur Erstellung des Outputs X_j aus der Produktion des Sektors i benötigte Menge sei x_{ij}. Den Anteil der Produktion des Sektors i, der nicht wieder in einen der Sektoren i = 1, ..., n fließt, nennen wir Endnachfrage Y_i für i = 1, ..., n.

$$(8.1) \quad Y_i = X_i - \sum_{j=1}^{n} x_{ij} \quad \text{für} \quad i = 1, ..., n.$$

Der Sektor n kann auch der Haushaltssektor sein, der von den Produktionssektoren Konsumgüter bezieht und Arbeitsleistung an die anderen Sektoren abgibt.

Definition 1: Das durch die Gleichung (8.1) gegebene Modell heißt

(1) geschlossenes Input-Output-Modell, falls $Y_i = 0$ für alle i = 1, ..., n,

(2) offenes Input-Output-Modell, falls $Y_i > 0$ für mindesntens ein i gilt.   △

von \ nach	1	2	...	n	Y	X
Sektor 1	x_{11}	...	...	x_{1n}	Y_1	X_1
2	x_{21}	...	...	x_{2n}	⋮	⋮
⋮					⋮	⋮
n	x_{n1}	...	...	x_{nn}	Y_n	X_n

Definition 2: (Produktionskoeffizient)
Nehmen wir an, daß die Produktion limitational erfolgt, so können wir durch

$$a_{ij} := \frac{x_{ij}}{X_j} \quad \text{die}$$

Produktionskoeffizienten definieren. Dann ist a_{ij} der Betrag des Gutes von Sektor i, der benötigt wird, um eine Einheit des Gutes von Sektor j herzustellen.   △

Nun läßt sich $x_{ij} = a_{ij} X_j$ in (8.1) einsetzen.

Definition 3: Das Modell

$$(8.2) \quad Y_i = X_i - \sum_{j=1}^{n} a_{ij} X_j \quad \text{für} \quad i = 1, ..., n \quad \text{heißt}$$

(1) geschlossenes Leontief-Modell, falls $Y_i = 0$ für alle i = 1, ..., n gilt

(2) offenes Leontief-Modell, falls $Y_i > 0$ für mindestens ein i gilt.   △

Leontief-Modelle lassen sich als lineare Gleichungen schreiben. Dazu fassen wir die Produktionskoeffizienten a_{ij} zu einer n × n Matrix A, die Produktion der Sektoren zu einem Vektor $X = (X_1, \ldots, X_n)'$ und die Endnachfrage zu einem Vektor $Y = (Y_1, \ldots, Y_n)'$ zusammen. Die Gleichungen (8.2) lauten dann

$$(8.3) \quad Y = X - AX = (E - A)X$$

Definition 4: Eine Matrix A heißt

(1) nichtnegativ (auch: semipositiv), falls $a_{ij} \geqq 0 \, \forall i, j$, in Zeichen $A \geqq 0$

(2) positiv, falls $a_{ij} > 0 \, \forall i, j$, in Zeichen $A > 0$ $\triangle$

Aus ökonomischen Gründen ist die Matrix A der Produktionskoeffizienten nichtnegativ und es gilt außerdem $0 \leqq a_{ij} \leqq 1$.

Auf das Problem der empirischen Erhebung der Lieferverflechtungen soll nicht eingegangen werden. Die Produktion eines Sektors besteht im allgemeinen nicht aus einem homogenen Gut, so daß eine rein mengenmäßige Verflechtung nicht immer durchgeführt werden kann. Werden die verschiedenen Güter, damit sie aggregiert werden können, mit Preisen multipliziert, kommen wir zur monetären (oder Wert-)Form der Leontief-Modelle. Eine Zusammenfassung von Sektoren ist nur über die Wertform möglich. Die theoretische Konzeption der Leontief-Modelle ist aber die mengenmäßige Transformation von Güterbündeln mit limitationaler Produktionsfunktion.

Aus (8.3) sehen wir, welche Endnachfrage Y bei einem vorgegebenen Output X der n Sektoren befriedigt werden kann. Interessanter aber ist die Frage, welchen Output die einzelnen Sektoren erzeugen müssen, damit eine vorgegebene Endnachfrage Y befriedigt werden kann. Gleichung (8.3) kann nach X aufgelöst werden, wenn $(E - A)$ eine Inverse besitzt.

Existiert $(E - A)^{-1}$, so gilt:

$$(E - A)^{-1}(E - A) \cdot X = (E - A)^{-1}Y \quad \text{also}$$

$$X = (E - A)^{-1}Y.$$

Sei $(E - A)^{-1} =: (\bar{a}_{ij})$, dann gilt:

$$(8.4) \quad X_i = \sum_{j=1}^{m} \bar{a}_{ij} Y_j \quad \text{für} \quad i = 1, \ldots, n.$$

Der Koeffizient $\bar{a}_{ij}$ in (8.4) kann als die Menge interpretiert werden, die von Sektor i produziert werden muß, um eine Einheit von Gut j für die Endnachfrage zu erzeugen. Dies ist wie folgt einzusehen:

$$(E - A)\left(X + \begin{pmatrix} \bar{a}_{1j} \\ \vdots \\ \bar{a}_{ij} \\ \vdots \\ \bar{a}_{nj} \end{pmatrix}\right) = Y + (E - A)\begin{pmatrix} \bar{a}_{1j} \\ \vdots \\ \vdots \\ \bar{a}_{nj} \end{pmatrix} = Y + \begin{pmatrix} 0 \\ \vdots \\ 1 \\ \vdots \\ 0 \end{pmatrix} \leftarrow \text{j-te Zeile}$$

Durch diese Interpretation der $\bar{a}_{ij}$ sehen wir, daß die Elemente $\bar{a}_{ij}$ der Inversen von $(E - A)$ alle nichtnegativ sein müssen

Im allgemeinen wird die Gleichung (8.3) nicht auf ökonomisch sinnvolle Lösungen $X \geqq 0$ führen. Eine Bedingung, die dies ebenso wie $\bar{a}_{ij} \geqq 0\, \forall\, i, j$ sichert, enthält der folgende Satz, den wir ohne Beweis wiedergeben.

Satz 1: (Hawkins-Simon-Bedingungen)
Für die Existenz der Matrix $(E - A)^{-1} \geqq 0$ (und auch einer Lösung $X \geqq 0$) ist notwendig und hinreichend, daß die folgenden Determinanten

$$1 - a_{11} > 0, \quad \begin{vmatrix} 1 - a_{11} & -a_{12} \\ -a_{21} & 1 - a_{22} \end{vmatrix} > 0, \ldots$$

$$\begin{vmatrix} 1 - a_{11} & -a_{12} & \cdots & -a_{1n} \\ -a_{21} & & & -a_{1n} \\ \vdots & & & \vdots \\ -a_{n1} & \cdots & \cdots & 1 - a_{nn} \end{vmatrix} > 0$$

positiv sind. (Diese Determinanten heißen Hauptminoren).

Ist das Leontief-Modell geschlossen, also $AX = X$, so liegt ein Eigenwertproblem zum Eigenwert 1 vor. Diese behandeln wir erst im nächsten Abschnitt.

Definition 5: Ein Leontief-Modell heißt produktiv, falls $AX \geqq X$. $\qquad\qquad \triangle$

Nur produktive Modelle lassen die Befriedigung einer nichtnegativen Endnachfrage zu und sind so in einem intuitiven Sinne überlebensfähig. Nun wollen wir ein zu (8.3) duales Modell aufstellen. Wir gehen von $(E - A)$ zu $(E - A)'$ über und geben eine Interpretation, die auf die Begriffe Arbeit und Preise zurückgreift.

Sei X_{n+1} die zur Verfügung stehende Menge an Arbeit. Wir nehmen an, daß diese auch eingesetzt wird, d.h. es herrscht Vollbeschäftigung. Sei $x_{n+1,j}$ die Menge an Arbeit, die im Sektor j eingesetzt wird:

$$X_{n+1} = \sum_{j=1}^{m} x_{n+1,j}.$$

Analog zum Vorhergehenden definieren wir die Produktionskoefizienten

$$a_{n+1,j} := \frac{x_{n+1,j}}{X_j}.$$

Bis jetzt wurden Preise nicht in das Leontiefmodell eingeführt. Sei p_i der Preis von Input X_i für $i = 1, \ldots, n + 1$. Bei vollständiger Konkurrenz gilt, daß der Wert der Inputs gleich dem Wert des Outputs ist, also

$$(8.5) \quad \sum_{i=1}^{n} x_{ij} p_i + x_{n+1,j} p_{n+1} = X_j p_j \quad \text{oder}$$

$$\sum_{i=1}^{n} a_{ij} X_j p_i + a_{n+1,j} X_j p_{n+1} = X_j p_j$$

Setzen wir voraus, daß der Output des Sektors j größer als Null ist ($X_j > 0$), so folgt nach Division mit X_j

$$(8.6) \quad \sum_{i=1}^{n} a_{ij} p_i + a_{n+1,j} p_{n+1} = p_j \quad \text{für} \quad j = 1, \ldots, n$$

Setzen wir $a = (a_{n+1,1}, \ldots, a_{n+1,n})'$ und $p = (p_1, \ldots, p_n)'$ so ist (8.6) in Matrixschreibweise

$$A'p + p_{n+1} a = p$$

und damit ergibt sich das zu (8.3) duale Modell.

$$(8.7) \quad p = p_{n+1} \cdot \left((E - A)'\right)^{-1} \cdot a$$

Gleichung (8.7) ist eine einfache Arbeitswerttheorie.

Die Idee des Leontiefmodells läßt sich auch auf Unternehmungen übertragen. Dazu wird die Unternehmung in Betriebe und Abteilungen gegliedert. Unter der Voraussetzung limitationaler Produktion lassen sich ebenso wie in Definition 2 Produktionskoeffizienten a_{ij} bilden, die zu einer quadratischen Matrix A, auch Technologiematrix genannt, zusammengefaßt werden. Y_i ist die exogene Nachfrage nach dem Produkt des Betriebes oder der Abteilung i für $i = 1, \ldots, n$ und X_i der Output der i-ten Abteilung. X_i wird auch Aktivitätsniveau genannt.

Damit eine Unternehmung eine vorgegebene Nachfrage Y befriedigen kann, muß es analog zu (8.3) eine Lösung X der Gleichung

$$(8.8) \quad (E - A) X = Y \quad \text{geben.}$$

Eine Unternehmung tritt aber nicht nur als Anbieter auf einem oder mehreren Gütermärkten auf, sondern auch als Nachfrager auf den für sie relevanten Faktormärkten. Sei m die Anzahl der benötigten Faktoren und sei b_{ij} die Imputmenge von Faktor i, die für eine Einheit der Aktivität j gebraucht wird (für $i = 1, \ldots, m$ und $j = 1, \ldots, n$). Sei B die Matrix der Inputkoeffizienten b_{ij}.

Sei $F = (F_1, \ldots, F_m)'$ der Vektor der benötigten Faktormenge zur Erzeugung des Outputs X. Dann gilt

$$F = BX.$$

Die Invertierbarkeit von $(E - A)$ vorausgesetzt, läßt sich der zur Produktion der Nachfrage Y benötigte Faktoreinsatz als

$$F = B(E - A)^{-1} Y \quad \text{berechnen.}$$

Die Dynamisierung vom Leontief-Modellen werden wir im Abschnitt über Differenzengleichungen behandeln.

§ 9 Eigenwerte und Eigenvektoren von Matrizen

Nun werden einige Begriffe der linearen Algebra dargestellt, die bei der Behandlung von Differenzen- und Differentialgleichungen unerläßlich sind. Auch in der Statistik bei der multivariaten Analyse werden die Begriffe und Sätze aus diesem Abschnitt benötigt, ebenso zur weiteren Behandlung linearer ökonomischer Modelle wie den Leontief-Modellen von § 8.

In § 8 haben wir Leontief-Modelle definiert. Es war A eine quadratische n × n Matrix der Produktionskoeffizienten und $x \in \mathbb{R}^n$, mit x $\geqslant$ 0, ein Outputvektor. Die Frage, wann es ein statisches Gleichgewicht gibt, d. h. einen Zustand, in dem genausoviel produziert wird wie nötig, um die Produktion aufrecht zu erhalten, blieb offen. Mathematisch ist das die Frage nach der Existenz eines Vektors x $\geq$ 0 mit Ax = x. Wir wollen dieses Problem zunächst ohne die im Leontief-Modell gegebene Nicht-Negativitäts-Bedingung behandeln.

Definition 1: (Eigenwert und Eigenvektor)
Sei A eine n × n Matrix. Ein Vektor $x \in \mathbb{R}^n$ mit x $\neq$ 0 heißt Eigenvektor zum Eigenwert $\lambda \in R$: $\Leftrightarrow$
Es gilt Ax = λx.   △

Über Eigenvektoren, falls es solche gibt, läßt sich eine einfache Aussage machen.

Satz 1: Sei A eine n × n Matrix und x ein Eigenvektor von A zum Eigenwert λ. Dann ist auch c · x mit $c \in \mathbb{R}$ und c $\neq$ 0 ein Eigenvektor zum Eigenwert λ.

Beweis: A · (x · c) = (A · c) · x = c(Ax) = c · λ · x = λ · c · x.   □

Ist A eine Diagonalmatrix, d. h. a_{ij} = 0 für i $\neq$ j, so sind die Elemente a_{ii} der Matrix Eigenwerte zu den Eigenvektoren e_i für i = 1, ..., n, wobei $\{e_i | i = 1, ..., n\}$ die kanonische Basis des $\mathbb{R}^n$ ist. Es gilt

$$Ae_i = \begin{pmatrix} a_{11} & & 0 \\ & \ddots & \\ 0 & & a_{nn} \end{pmatrix} e_i = a_{ii} \cdot e_i.$$

Ist A keine Diagonalmatrix, so betrachten wir die lineare Gleichung

$$Ax = \lambda x = \lambda Ex,$$

wobei wir mit E die n-dimensionale Einheitsmatrix bezeichnet haben. Bringen wir λEx auf die linke Seite, so ergibt sich

(1.1) $(A - \lambda E)x = 0$.

Dies ist eine homogene lineare Gleichung, die einen Parameter λ enthält. Nach § 5 Satz 1 wissen wir, daß diese Gleichung nur dann eine Lösung x $\neq$ 0 besitzt, wenn A − λE nicht den vollen Rang hat oder anders gesagt, wenn

(1.2) $\det(A - \lambda E) = 0$.

Suchen wir also nach Lösungen x $\neq$ 0 von (1.1) so muß zuerst die Gleichung (1.2) für λ gelöst werden.

Sei $n = 2$. Dann ist

$$A = \begin{pmatrix} a_{11} & a_{12} \\ a_{21} & a_{22} \end{pmatrix} \quad \text{und} \quad A - \lambda E = \begin{pmatrix} a_{11} - \lambda & a_{12} \\ a_{21} & a_{22} - \lambda \end{pmatrix}.$$

Für $\det(A - \lambda E)$ ergibt sich

$$\begin{vmatrix} a_{11} - \lambda & a_{12} \\ a_{21} & a_{21} - \lambda \end{vmatrix} = \lambda^2 - \lambda(a_{11} + a_{22}) + a_{11}a_{22} - a_{12}a_{21}.$$

Dies ist ein Polynom 2-ten Grades. Allgemein erhalten wir

$$\det(A - \lambda E) = \begin{vmatrix} (a_{11} - \lambda) & a_{12} & \cdots & a_{1n} \\ a_{21} & (a_{22} - \lambda) & & \\ \vdots & & & \\ a_{n1} & \cdots & a_{nn-1} & (a_{nn} - \lambda) \end{vmatrix} = \begin{matrix} (-\lambda)^n + \tilde{a}_{n-1}\lambda^{n-1} \\ + \ldots + \tilde{a}_1\lambda + \tilde{a}_0 \end{matrix}$$

Definition 2: Sei A eine $n \times n$ Matrix.

Das Polynom $\det(A - \lambda E)$ heißt charakteristisches Polynom von A und $\det(A - \lambda E) = 0$ heißt charakteristische Gleichung. $\triangle$

Die Koeffizienten des charakteristischen Polynoms lassen sich durch Berechnung der Determinanten bestimmen. Es ist der Koeffizient $\tilde{a}_n$ von λ^n gleich $(-1)^n$. Die numerische Berechnung aller Nullstellen eines Polynomes kann für große n durchaus Schwierigkeiten bereiten. Haben wir die Eigenwerte aus (1.2) berechnet, so lassen sich durch Einsetzen in (1.1) zugehörige Eigenvektoren bestimmen.

Beispiel 1:

Sei $A = \begin{pmatrix} 1 & -2 \\ 1 & 4 \end{pmatrix}$. Zu bestimmen sind Eigenwerte und Eigenvektoren von A. Wir bilden zuerst gemäß (1.2) $\det(A - \lambda E)$ und setzen dies gleich Null

$$\det(A - \lambda E) = \begin{vmatrix} 1 - \lambda & -2 \\ 1 & 4 - \lambda \end{vmatrix} = \lambda^2 - 5\lambda + 6 \overset{!}{=} 0.$$

Die Lösungen λ_1, λ_2 dieser quadratischen Gleichung ergeben sich als

$$\lambda_1 = \frac{5}{2} - \sqrt{\frac{1}{4}} = 2 \qquad \lambda_2 = \frac{5}{2} + \sqrt{\frac{1}{4}} = 3.$$

Nun berechnen wir Eigenvektoren zu λ_1 und λ_2. Dazu lösen wir für λ_1 und λ_2 die linearen Gleichungen

$$(A - \lambda_1 E)x = \begin{pmatrix} -1 & -2 \\ 1 & 2 \end{pmatrix} \begin{pmatrix} x_1 \\ x_2 \end{pmatrix} = 0$$

$$(A - \lambda_2 E)x = \begin{pmatrix} -2 & -2 \\ 1 & 1 \end{pmatrix} \begin{pmatrix} x_1 \\ x_2 \end{pmatrix} = 0.$$

Aus der ersten Gleichung ergibt sich $x = \begin{pmatrix} -2 \\ 1 \end{pmatrix}$ oder ein nicht verschwindendes Vielfaches als Eigenvektor zum Eigenwert 2. Aus der zweiten Gleichung ergibt sich $x = \begin{pmatrix} 1 \\ -1 \end{pmatrix}$ oder ein nicht verschwindendes Vielfaches als Eigenvektor zum Eigenwert 3.

Wir wissen, daß Polynome nicht immer reelle Nullstellen besitzen müssen. So kann es schon vorkommen, daß eine quadratische Gleichung keine reelle Nullstelle hat. Wir zitieren zwei Sätze aus der Algebra.

Satz 2: Sei P_n mit $P_n(x) = \sum_{i=0}^{n} a_i x^i$ und $a_n \neq 0$ ein Polynom n-ten Grades mit reellen Koeffizienten.

Dann gibt es komplexe Zahlen $c_1, \ldots, c_r$, die sogenannten Nullstellen, mit $r \leq n$ und natürliche Zahlen $n_1, \ldots, n_r$ mit $\sum_{k=1}^{r} n_k = n$, so daß

$$P_n(x) = a_n (x - c_1)^{n_1} (x - c_2)^{n_2} \ldots (x - c_r)^{n_r}.$$

Besitzt P_n genau n verschiedene Nullstellen, so gilt $n = r$ und $n_1 = \ldots = n_r = 1$. Ist c_i eine n_i-fache komplexe Nullstelle, so ist auch die konjugiert komplexe Zahl $\bar{c}_i$ eine n_i-fache komplexe Nullstelle.

Satz 3: Sei P_n ein Polynom n-ten Grades mit $a_n \neq 0$, wobei n ungerade ist, so besitzt P_n mindestens eine reelle Nullstelle.

Für die Eigenvektoren läßt sich folgender Satz zeigen.

Satz 4: Sei A eine $n \times n$ Matrix. Besitzt A genau $r \leq n$ paarweise verschiedene Eigenwerte $\lambda_1, \ldots, \lambda_r$, so sind die zu verschiedenen Eigenwerten zugehörigen Eigenvektoren linear unabhängig.

Definition 3: Seien A, B zwei $n \times n$ Matrizen. A und B heißen ähnlich: $\Leftrightarrow$ Es existiert eine invertierbare Matrix T, so daß

$$B = T^{-1} A T. \hspace{3cm} \triangle$$

Der Begriff der ähnlichen Matrix ist bei der Betrachtung von Eigenwertproblemen nützlich. Es gilt der Satz:

Satz 5: Seien A und B ähnliche Matrizen. Dann besitzen A und B das gleiche charakteristische Polynom, d. h.

$$\det(A - \lambda E) = \det(B - \lambda E)$$

und damit auch die gleichen Eigenwerte.

Beweis: Da A und B ähnlich sind, gilt $B = T^{-1} A T$ und damit

$$\det(B - \lambda E) = \det(T^{-1}AT - \lambda E) =$$
$$= \det(T^{-1}AT - \lambda T^{-1}ET) =$$
$$= \det(T^{-1}(A - \lambda E)T) = \det(A - \lambda E).$$

Das letzte Gleichheitszeichen gilt, da die Determinante eines Produktes quadratischer Matrizen gleich dem Produkt der Determinanten ist (§ 7, Satz 8) und $\det(T^{-1}) = (\det(T))^{-1}$ ist.   □

Die Umkehrung von Satz 5 gilt nicht, siehe Beispiel 3.

Auch für die Eigenvektoren von A und B besteht ein enger Zusammenhang. Es gilt:

Satz 6: Seien A und B ähnliche Matrizen und ist x Eigenvektor zum Eigenwert λ von A, so ist $T^{-1}x$ Eigenvektor zum Eigenwert λ von B.

Beweis: Wir rechnen durch Einsetzen nach, daß $T^{-1}x$ Eigenvektor von B ist.

$$BT^{-1}x = (T^{-1}AT)T^{-1}x = T^{-1}Ax = T^{-1}\lambda x = \lambda(T^{-1}x).$$

Dabei haben wir benutzt, daß x Eigenvektor von A zum Eigenwert λ ist.   □

Bei Anwendungen in der Statistik (zum Beispiel in der multivariaten Analyse) ist der Fall symmetrischer Matrizen besonders wichtig. Dann lassen sich über Eigenwerte und Eigenvektoren weitergehende Aussagen treffen.

Satz 7: Sei A eine symmetrische $n \times n$ Matrix. Dann sind alle Nullstellen von $\det(A - \lambda E)$ reell.

Beweis:

Annahme: Es gäbe eine komplexe Nullstelle λ des charakteristischen Polynoms. Dann gilt mit

$$Ax = \lambda x \quad \text{auch} \quad \bar{A}x = \bar{\lambda}x \quad \text{und}$$

nach den Rechenregeln für komplexe Zahlen auch $A\bar{x} = \bar{\lambda}\bar{x}$. Multiplizieren wir die erste Gleichung von links mit $\bar{x}'$ und die letzte Gleichung von links mit x', so ergibt sich

$$\bar{x}'Ax = \lambda\bar{x}'x \quad \text{und} \quad x'A\bar{x} = \bar{\lambda}x'\bar{x}.$$

Es gilt aber auch $\bar{x}'x = x'\bar{x}$ und

$$\bar{x}'Ax = (x'Ax)' = x'A'\bar{x} = x'A\bar{x},$$

da A symmetrisch ist. Bilden wir nun die Differenz

$$0 = \bar{x}'Ax - x'A\bar{x} = \lambda\bar{x}'x - \bar{\lambda}x'\bar{x} = (\lambda - \bar{\lambda})(x'\bar{x}),$$

dann folgt, da x Eigenvektor ist und somit $x'\bar{x} \neq 0$, daß $\lambda - \bar{\lambda} = 0$, d.h. $\lambda = \bar{\lambda}$. Damit ist λ aber reell.   □

Für symmetrische Matrizen lassen sich eine Reihe weiterer Zusammenhänge zwischen Eigenwerten und Eigenvektoren finden. Wir fassen zusammen.

Satz 8: Sei A eine symmetrische $n \times n$ Matrix und besitze die charakteristische Gleichung $\det(A - \lambda E) = 0$ die Darstellung

$$\det(A - \lambda E) = (-1)^n (\lambda - \lambda_1)^{n_1} \ldots (\lambda - \lambda_r)^{n_r} = 0$$

wobei die λ_i paarweise verschieden sind.

Dann gilt

(1) Ist x Eigenvektor zu λ_i und $\tilde{x}$ Eigenvektor zu λ_j mit $\lambda_j \neq \lambda_i$, so sind die Vektoren x und $\tilde{x}$ orthogonal.

(2) Ist λ_i eine n_i-fache Nullstelle der charakteristischen Gleichung, so gibt es n_i linear unabhängige Eigenvektoren zu λ_i. Diese sind orthogonal wählbar.

Beweis:

(1) Sei x Eigenvektor zu λ_i und $\tilde{x}$ Eigenvektor zu λ_j. Dann gilt

$$Ax = \lambda_i x \quad \text{und} \quad A\tilde{x} = \lambda_j \tilde{x}.$$

Multiplizieren wir dies von links mit $\tilde{x}'$ bzw. x', so ergibt sich wegen der Symmetrie von A

$$\tilde{x}' Ax = (\tilde{x}' Ax)' = x' A' \tilde{x}'' = x' A\tilde{x}$$

und damit

$$\lambda_i x' \tilde{x} = \tilde{x}' Ax = x' A\tilde{x} = \lambda_j x' \tilde{x} = \lambda_j \tilde{x}' x.$$

Daraus folgt

$$(\lambda_i - \lambda_j) \tilde{x}' x = 0.$$

Da $\lambda_i \neq \lambda_j$ nach Voraussetzung gilt, muß $\tilde{x}$ und x orthogonal sein.

(2) der Beweis wird weggelassen. □

Wir haben in Satz 8 gesehen, daß die Eigenvektoren einer symmetrischen Matrix zunächst orthogonal wählbar sind. Da aber vielfache von Eigenvektoren wieder Eigenvektoren sind, können wir diese auf Länge 1 normierten und erhalten damit

Korollar 1: Sei A eine symmetrische $n \times n$ Matrix. Dann gibt es eine orthogonale Matrix T, so daß A einer Diagonalmatrix D ähnlich ist, d.h. $A = T^{-1} DT$.

Die verschiedenen Eigenwerte von A lassen sich der Größe nach anordnen als $\lambda_1 > \lambda_2 > \ldots > \lambda_r$. Es habe λ_i die Vielfachheit n_i. Seien $x_1, \ldots, x_{n_1}$, $x_{n_1+1}, x_{n_1+2}, \ldots, x_{n_1+n_2}, \ldots, x_n$, wobei $n = \sum_{i=1}^{r} n_i$ orthogonal gewählte Eigenvektoren zu den Eigenwerten λ_i für $i = 1, \ldots, n_r$. Bilden wir aus diesen Vektoren die zugehörige Matrix

$$T = (x_1, \ldots, x_n),$$

so gilt $A = T^{-1} DT$ und die Diagonalmatrix D enthält in der Diagonalen die Eigenwerte von A in absteigender Reihenfolge

$$
D = \begin{bmatrix}
\lambda_1 & & & & & & & 0 \\
& \ddots & & & & & & \\
& & \lambda_1 & & & & & \\
& & & \lambda_2 & & & & \\
& & & & \ddots & & & \\
& & & & & \lambda_2 & & \\
& & & & & & \lambda_r & \\
& & & & & & & \ddots \\
0 & & & & & & & \lambda_r
\end{bmatrix}
\begin{array}{l}
\left.\rule{0pt}{3em}\right\} n_1 \text{ mal} \\[1em]
\left.\rule{0pt}{3em}\right\} n_2 \text{ mal} \\[1em]
\left.\rule{0pt}{3em}\right\} n_r \text{ mal}
\end{array}
$$

Ist eine n × n Matrix A nicht symmetrisch, so kann es durchaus auch weniger als n Eigenvektoren geben. Das folgende Beispiel zeigt, daß es auch gar keine Eigenvektoren zu geben braucht.

Beispiel 2:

Sei $A = \begin{pmatrix} 0 & 1 \\ -1 & 0 \end{pmatrix}$. Die Matrix A hat die charakteristische Gleichung $\lambda^2 + 1 = 0$.

Diese Gleichung hat keine reellen Lösungen. Die Nullstellen sind $\lambda_1 = i$, $\lambda_2 = -i$. Damit besitzt A weder Eigenwerte nocht Eigenvektoren gemäß Definition 1. Dies läßt sich auch wie folgt zeigen. Annahme: Es existiere ein Eigenvektor $x = (x_1, x_2)'$ zum Eigenwert λ.

$$
Ax = \begin{pmatrix} 0 & 1 \\ -1 & 0 \end{pmatrix} \begin{pmatrix} x_1 \\ x_2 \end{pmatrix} = \begin{pmatrix} x_2 \\ -x_1 \end{pmatrix} = \lambda \begin{pmatrix} x_1 \\ x_2 \end{pmatrix}.
$$

Dies führt auf die Gleichungen

$$x_2 = \lambda x_1 \quad \text{und} \quad -x_1 = \lambda x_2.$$

Es muß $\lambda \neq 0$ sein, da sonst x_1, x_2 beide Null und somit x nach Definition 1 kein Eigenvektor und auch $x_1, x_2 \neq 0$, da sowohl $x_1 = 0$ impliziert, daß $x_2 = 0$ wie auch umgekehrt.

Dann läßt sich λ aus obige Gleichungen eleminieren und wir erhalten mit $\lambda = \dfrac{x_2}{x_1}$ die Gleichung

$$x_1^2 + x_2^2 = 0.$$

Diese kann aber nur für $x_1 = x_2 = 0$ erfüllt sein.

Am nächsten Beispiel wollen wir zeigen, daß die Gleichheit des charakteristischen Polynoms bei Matrizen A und $\bar{A}$ keine Aussagen über die Eigenvektoren zuläßt, selbst wenn alle Nullstellen des charakteristischen Polynoms reell sind.

Beispiel 3:

Seien zwei 3×3 Matrizen A und $\tilde{\text{A}}$ gegeben durch

$$A = \begin{pmatrix} 2 & 0 & 0 \\ 0 & 2 & 0 \\ 0 & 0 & 2 \end{pmatrix} \quad \text{und} \quad \tilde{\text{A}} = \begin{pmatrix} 2 & 1 & 0 \\ 0 & 2 & 0 \\ 0 & 0 & 2 \end{pmatrix}.$$

Beide Matrizen haben, wie man durch Entwicklung der Determinante von $(\tilde{\text{A}} - \lambda \text{E})$ und $(A - \lambda \text{E})$ nach der ersten Spalte leicht sieht, dasselbe charakteristische Polynom

$$\det(A - \lambda \text{E}) = \det(\tilde{\text{A}} - \lambda \text{E}) = (2 - \lambda)^3$$

Nun berechnen wir die Lösungen von $(A - 2\text{E})x = 0$.

$$(A - 2\text{E})x = \begin{pmatrix} 0 & 0 & 0 \\ 0 & 0 & 0 \\ 0 & 0 & 0 \end{pmatrix} \begin{pmatrix} x_1 \\ x_2 \\ x_3 \end{pmatrix} = \begin{pmatrix} 0 \\ 0 \\ 0 \end{pmatrix}.$$

Der Lösungsraum dieser linearen Gleichung hat die Dimension 3 und wir können ohne Einschränkung der Allgemeinheit die kanonische Basis $\{e_1, e_2, e_3\}$ des $\mathbb{R}^3$ als Basis des Lösungsraumes wählen. Die Vektoren e_1, e_2 und e_3 sind Eigenvektoren zum Eigenwert 2.

Berechnen wir die Lösungen zu $(\tilde{\text{A}} - 2\text{E})x = 0$, so ergibt sich

$$(\tilde{\text{A}} - 2\text{E})x = \begin{pmatrix} 0 & 1 & 0 \\ 0 & 0 & 0 \\ 0 & 0 & 0 \end{pmatrix} \begin{pmatrix} x_1 \\ x_2 \\ x_3 \end{pmatrix} = \begin{pmatrix} 0 \\ 0 \\ 0 \end{pmatrix}.$$

Der Lösungsraum dieser linearen Gleichung wird durch die Vektoren e_1, e_3 der kanonischen Basis des $\mathbb{R}^3$ aufgespannt. Nun sind die Vektoren e_1 und e_3 Eigenvektoren zum Eigenwert 2.

Wir stellen jetzt noch die Frage, ob A und $\tilde{\text{A}}$ ähnlich sind. Das heißt, gibt es eine invertierbare Matrix T, so daß

$$A = T^{-1} \tilde{\text{A}} T.$$

Sei t_i die i-te Spalte von T. Dann folgt aus $\tilde{\text{A}} T = TA$, da A diagonal ist, daß t_i Lösung von

$$\tilde{\text{A}} t_i = \lambda_i t_i = 2 t_i \quad \text{ist}.$$

Die Zahl 2 ist 3-facher Eigenwert und der Lösungsraum von $(\tilde{\text{A}} - 2\text{E})x = 0$ hat die Dimension 2. Es kann deshalb keine 3 linear unabhängigen Vektoren t_i $(i = 1, 2, 3)$ geben, die diese Gleichung erfüllen. Das heißt, es gibt keine invertierbare Matrix T mit $A = T^{-1} \tilde{\text{A}} T$. Somit sind A und $\tilde{\text{A}}$ nicht ähnlich, obwohl sie dasselbe charakteristische Polynom besitzen. Die Umkehrung von Satz 5 gilt also nicht.

118 Kapitel 2: Lineare Algebra

Für die in Satz 9 angegebene Klasse von Matrizen lassen sich die Eigenwerte leicht ermitteln.

Satz 9: Sei A eine $n \times n$ Matrix.

A ist idempotent $\Rightarrow \lambda_i = 1$ oder $\lambda_i = 0$ für $i = 1, \ldots, n$.

Beweis: Sei x Eigenvektor zum Eigenwert λ, dann gilt

$$Ax = \lambda x$$

$$A^2 x = A\lambda x = \lambda^2 x$$

und da A idempotent, d.h. $A^2 = A$, ist auch

$$A^2 x = Ax = \lambda x.$$

Daraus folgt $\lambda = \lambda^2$ und deshalb $\lambda = 0$ oder $\lambda = 1$. $\quad\square$

Als nächstes wollen wir uns dem Begriff der quadratischen Form zuwenden.

Definition 4: Sei A eine $n \times n$ Matrix.
(a) Die Funktion $q: \mathbb{R}^n \to \mathbb{R}$ gegeben durch $x \mapsto q(x) = x'Ax$ heißt quadratische Form.
(b) Gilt $q(x) = x'Ax > 0$ für alle $x \in \mathbb{R}^n$ mit $x \neq 0$, so heißt q positiv definit ($q(x) \geq 0$ heißt positiv semidefinit).
(c) Gilt $q(x) = x'Ax < 0$ für alle $x \in \mathbb{R}^n$ mit $x \neq 0$, so heißt q negativ definit ($q(x) \leq 0$ heißt negativ semidefinit).
(d) Ist eine quadratische Form positiv oder negativ (semi)definit, so wird sie (semi)definit genannt. $\quad\triangle$

Die Sprechweise positiv (bzw. negativ) definit wird nicht nur für die quadratische Form q gebraucht, sondern auch entsprechend für die Matrix A, die zur Bildung von q herangezogen wird.

Für symmetrische Matrizen A wissen wir nach Satz 7, daß alle Eigenwerte reell sind. Ist nun A zusätzlich definit, so gilt folgender Satz.

Satz 10: Sei A eine symmetrische $n \times n$ Matrix. Die quadratische Form q gegeben durch $q(x) = x'Ax$ ist genau dann positiv (negativ) definit, wenn alle Eigenwerte von A strikt positiv (strikt negativ) sind.

Beweis: Nach Korrolar 1 zu Satz 8 gibt es eine orthogonale Matrix T und eine Diagonalmatrix D (die die Eigenwerte von A enthält), so daß

$$A = T^{-1}DT$$

gilt. Berechnen wir q, so ergibt sich mit $\tilde{x} = Tx$

$$q(x) = x'Ax = x'T^{-1}DTx = \tilde{x}'D\tilde{x}$$

$$= \sum_{i=1}^{n} \lambda_i \tilde{x}_i^2 > 0 \quad \text{für} \quad x \neq 0, \quad \text{da} \quad \lambda_i > 0 \quad \text{für} \quad i = 1, \ldots, n$$

gemäß Voraussetzung.

Im Fall negativ definit verläuft der Beweis vollkommen analog. $\square$

Satz 10 gilt entsprechend, falls q semidefinit ist und die Eigenwerte von A entweder größer-gleich oder kleiner-gleich Null sind.

Im Zusammenhang mit der linearen Regression wird oft folgender Satz gebraucht.

Satz 11: Sei $m < n$ und A eine $m \times n$ Matrix.

(1) Ist $\text{Rang}(A) = m$, so ist AA' positiv definit.

(2) $A'A$ ist positiv semidefinit.

Den Beweis lassen wir als Übungsaufgabe.

Zum Abschluß geben wir ohne Beweis noch ein Kriterium an, mit dem sich die Definitheit einer symmetrischen Matrix A nachprüfen läßt.

Satz 12: Sei A eine symmetrische $n \times n$ Matrix und q eine quadratische Form gegeben durch $q(x) = x'Ax$.

(1) Die quadratische Form q (und damit A) ist genau dann positiv definit, wenn alle Hauptminoren von A positiv sind.

(2) Die quadratische Form q ist genau dann negativ definit, wenn die Vorzeichen der Hauptminoren alternieren, beginnend mit $a_{11} < 0$.

Kapitel 3:

Differentialrechnung

§ 1 Folgen und Grenzwerte

Wir behandeln die Differentialrechnung relativ ausführlich, da sie eines der wesentlichen methodischen Instrumente der neoklassischen Wirtschaftstheorie und ihrer marginal-analytischen Betrachtungsweise ist. In diesem Abschnitt werden die Hilfsmittel eingeführt, die wir zur Definition der Differenzierbarkeit benötigen. Dabei treffen wir – wie bei der Einführung von $\mathbb{N}$ – wieder auf den Begriff des Unendlichen.

Definition 1: Seien A, B Mengen. A und B heißen gleichmächtig $:\Leftrightarrow$ es existiert eine Funktion $f : A \to B$ und f ist bijektiv. $\triangle$

Die Relation „ist gleichmächtig wie" ist reflexiv, symmetrisch und transitiv.

Definition 2:

(1) Sei A eine Menge und $N_n := \{1, 2, \ldots, n\}$ für $n \in \mathbb{N}$.
Eine Menge A heißt endlich $:\Leftrightarrow$
$\exists n \in \mathbb{N}$ mit der Eigenschaft: A und N_n sind gleichmächtig
(A besitzt dann n Elemente).

(2) Eine Menge A heißt abzählbar unendlich $:\Leftrightarrow$
A und $\mathbb{N}$ sind gleichmächtig.

(3) Eine Menge A heißt unendlich $:\Leftrightarrow$ A ist nicht endlich $\triangle$

Die Endlichkeit einer Menge hätte sich auch anders charakterisieren lassen. Wir formulieren dies als Satz, den wir ohne Beweis wiedergeben.

Satz 1: Eine Menge A ist endlich genau dann, wenn sie mit keiner ihrer echten Teilmengen gleichmächtig ist.

Der Umgang mit unendlichen Mengen entspricht nicht ganz demjenigen mit endlichen Mengen.

Beispiel 1:

In einem Hotel mit 10 Zimmern, von denen jedes durch einen Gast belegt ist, läßt sich ein elfter Gast nur dadurch unterbringen, daß eines der Zimmer mit mehr als einem Gast belegt wird.

Nehmen wir nun an, ein Hotel habe abzählbar unendlich viele Zimmer, die mit 1, 2, 3, ... numeriert sind. In jedem dieser Zimmer wohne ein Gast, dem wir der Einfachheit halber seine Zimmernummer als Namen geben. Das Hotel ist voll besetzt, der Hotelier zufrieden. Nun kommen neue Gäste an, die auch ein Einzelzimmer haben möchten. Es kommen sogar sehr viele, abzählbar unendlich viele, an, denen wir zur Unterscheidung die Namen 1', 2', 3', ... geben wollen.

Im Gegensatz zu seinem Kollegen in der realen Welt kann dieser Hotelier den Wünschen der Neuankömmlinge gerecht werden, wenn für die bisherigen Gäste Umzüge in Kauf genommen werden, wobei die neue Zimmernummer für die alten

Gäste sich von der bisherigen nur um eine endliche Zahl unterscheidet. Es wird aber niemand bei der Neuverteilung mit der Bemerkung, oben im Unendlichen seien noch freie Zimmer, auf die Suche nach seiner neuen Behausung geschickt.

Was tut der Hotelier? Er nimmt folgende Zuweisung vor: Er schickt Gast 1 nach Zimmer 1, Gast 1′ nach Zimmer 2, Gast 2 nach Zimmer 3 usw. Allgemein, er schickt Gast n nach Zimmer 2n − 1 und Gast n′ nach Zimmer 2n. Damit hat jeder Gast, die „alten" wie die „neuen", ein Zimmer für sich. Die Änderung der Zimmernummer für die „alten" Gäste ist endlich.

Mathematisch gesehen haben wir gezeigt, daß die Menge der ganzen Zahlen $\mathbb{Z}$ ohne Null und die Menge der natürlichen Zahlen gleichmächtig sind, obwohl $\mathbb{N}$ eine echte Teilmenge von $\mathbb{Z}$ ist. Veranschaulichen wir uns $\mathbb{N}$ und $\mathbb{Z}$ auf der Zahlengeraden, so sind zwischen den Zahlen Lücken der Länge eins. Nun betrachten wir die Menge $\mathbb{Q}$ der rationalen Zahlen, von der wir bildlich nicht mehr feststellen können, daß sie Lücken hat, von der wir aber wissen, daß sie nicht alle Elemente der Zahlengeraden enthält ($\sqrt{2}$ ist nicht rational).

Beispiel 2:

$\mathbb{Q}$ ist abzählbar unendlich. Der Einfachheit halber zeigen wir nur $\{q \in \mathbb{Q} \mid q > 0\}$ ist abzählbar unendlich und geben auch dafür lediglich die prinzipielle Vorgehensweise an, ohne die Einzelheiten auszuformulieren. Dazu schreiben wir alle positiven rationalen Zahlen nach folgendem Schema auf.

	1	2	3	4	5	6	...
1	$1 \rightarrow \frac{1}{2}$	$\frac{1}{3} \rightarrow \frac{1}{4}$		$\frac{1}{5} \rightarrow \frac{1}{6}$		...
2	$\frac{2}{1}$	$\frac{2}{2}$	$\frac{2}{3}$	$\frac{2}{4}$	$\frac{2}{5}$	$\frac{2}{6}$	...
3	$\frac{3}{1}$	$\frac{3}{2}$	$\frac{3}{3}$	$\frac{3}{4}$	$\frac{3}{5}$	$\frac{3}{6}$	...
4	$\frac{4}{1}$	$\frac{4}{2}$	$\frac{4}{3}$	$\frac{4}{4}$	$\frac{4}{5}$	$\frac{4}{6}$	...
5	$\frac{5}{1}$	$\frac{5}{2}$	$\frac{5}{3}$	$\frac{5}{4}$	$\frac{5}{5}$	$\frac{5}{6}$	...
6	:						
:	:						

Das Schema wird, wie in der Abbildung angedeutet, beim Abzählen „schlangenförmig diagonal" durchlaufen. Dieses Schema der positiven rationalen Zahlen ist vollständig. Sei q eine rationale Zahl, dann läßt sie sich als Quotient von zwei ganzen Zahlen k, l schreiben, also $q = \frac{k}{l}$. Dann finden wir q als l-te Eintragung der k-ten Zeile.

In den beiden Beispielen haben wir bijektive Abbildungen zwischen $\mathbb{N}$ und anderen Zahlenmengen bestimmt.

Die Elemente $n \in \mathbb{N}$ besitzen eine natürliche Reihenfolge 1, 2, ... Eine Möglichkeit, die Elemente von $\{f(i) \mid i \in \mathbb{N}\}$ in eine Reihenfolge zu bringen, ist, an der i-ten Stelle der Aufzählung den Funktionswert $f(i)$ zu nennen. Wir erhalten dann $f(1)$, $f(2), \ldots, f(i), \ldots$ und haben damit die Elemente von $\{f(i) \mid i \in \mathbb{N}\}$ in eine feste Reihenfolge gebracht. In Definition 3 wird dieses Vorgehen formalisiert, und wir erhalten den grundlegenden Begriff der Folge.

Definition 3: (Folge)

(1) Sei A eine Menge und $f : \mathbb{N} \to A$ eine Funktion. Dann heißt

$$(a_i)_{i \in \mathbb{N}} := \{(i, a_i) \mid i \in \mathbb{N} \wedge a_i := f(i)\}$$

   eine Folge in A.

(2) Ist $A \subset \mathbb{R}$, so heißt $(a_i)_{i \in \mathbb{N}}$ Zahlenfolge.   △

Anstatt der in Definition 3 gewählten Schreibweise werden wir Folgen auch oft in der Form $a_1, a_2, \ldots$ angeben. Hierbei wird durch das Hinschreiben die Reihenfolge der Elemente der Folge wiedergegeben. Die Funktionswerte $a_i = f(i)$ werden auch Glieder der Folge genannt. Da für die Differentialrechnung in einer Veränderlichen nur Zahlenfolgen benötigt werden, betrachten wir im weiteren nur noch solche und heben dies nicht mehr besonders hervor.

Beispiel 3:

Sei $A = \mathbb{R}$ und $f : \mathbb{N} \to \mathbb{R}$ gegeben durch $i \mapsto f(i) = a_i = (-1)^i$, also

$$a_1 = -1, \quad a_2 = 1, \quad a_3 = -1, \ldots$$

Beispiel 4:

Sei $f : \mathbb{N} \to \mathbb{R}$ gegeben durch $i \mapsto f(i) = a_i = \dfrac{1}{i}$, also

$$(a_i)_{i \in \mathbb{N}} = \left(\frac{1}{i}\right)_{i \in \mathbb{N}} \quad \text{oder} \quad 1, \frac{1}{2}, \frac{1}{3}, \frac{1}{4}, \ldots, \frac{1}{n}, \ldots$$

Tragen wir die Werte a_i auf der Zahlengerade ab, so ergibt sich das Bild:

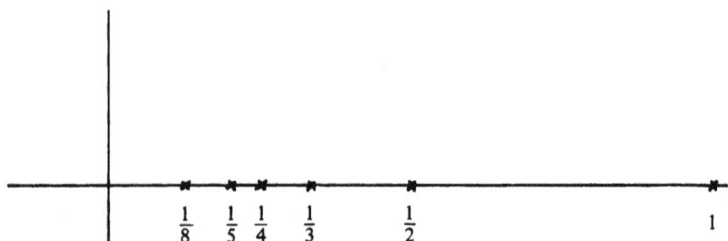

Die Eintragungen werden immer dichter, je näher wir der Null kommen.

Im Beispiel 3 gibt es unendlich viele Werte f(i) von f, die den Wert 1 annehmen (ebenso − 1). Im Beispiel 4 gibt es unendlich viele Werte von f, die für eine vorgegebene positive Zahl $\varepsilon > 0$ ein Abstand kleiner ε von Null haben. Es sind dies alle f(i) mit $i > \dfrac{1}{\varepsilon}$. Der in Beispiel 3 und 4 vorgefundene Sachverhalt legt folgende Begriffsbildung nahe:

Definition 4: (Häufungspunkt)
Sei $(a_i)_{i \in \mathbb{N}}$ eine Folge. Eine Zahl $a \in \mathbb{R}$ heißt Häufungspunkt von $(a_i)_{i \in \mathbb{N}}$:⇔ Zu jedem $\varepsilon > 0$, $\varepsilon \in \mathbb{R}$ gibt es abzählbar unendlich viele $j \in \mathbb{N}$ mit $|a - a_j| < \varepsilon$. △

Im Beispiel 3 ist $a = 1$ und $a = -1$ Häufungspunkt.

1) Für $a = 1$ und jedes $\varepsilon > 0$ gilt $|1 - (-1)^j| = 0 < \varepsilon$ für alle $j = 2n$ mit $n \in \mathbb{N}$.

2) Für $a = -1$ und jedes $\varepsilon > 0$ gilt $|-1 - (-1)^j| = 0 < \varepsilon$ für alle $j = 2n - 1$, $n \in \mathbb{N}$.

Von besonderer Wichtigkeit sind Folgen, die nur einen Häufungspunkt haben und die beschränkt sind (siehe Definition 6 und Satz 2). Wir nennen diese Folgen konvergent (siehe Definition 5). Konvergente Folgen sind das wichtigste Hilfsmittel bei der Bildung der Begriffe Stetigkeit und Differenzierbarkeit.

Definition 5: (Konvergenz)
Eine Folge $(a_i)_{i \in \mathbb{N}}$ heißt konvergent mit Grenzwert $a \in \mathbb{R}$:⇔ Zu jedem $\varepsilon > 0$ existiert ein $N(\varepsilon) \in \mathbb{N}$, so daß $|a - a_i| < \varepsilon$ für alle $i \geq N(\varepsilon)$. △

Die Zahl a heißt auch Limes der Folge $(a_i)_{i \in \mathbb{N}}$. Wir schreiben dies

$$\lim_{i \to \infty} a_i = a \quad \text{oder} \quad a_i \underset{i \to \infty}{\longrightarrow} a$$

und sagen „der Limes von a_i für i gegen Unendlich ist gleich a".

Die Folge $(a_i)_{i \in \mathbb{N}} = \left(\dfrac{1}{i}\right)_{i \in \mathbb{N}}$ besitzt $0 \in \mathbb{R}$ als Grenzwert. Es ist zu zeigen, daß für $\varepsilon > 0$ ein $N \in \mathbb{N}$ existiert, so daß $\left|0 - \dfrac{1}{i}\right| = \dfrac{1}{i} < \varepsilon$ für alle $i \geq N$. Dazu lösen wir die Ungleichung nach i auf und wählen N als die zu $\dfrac{1}{\varepsilon}$ nächstgrößere ganze Zahl.

Für $\varepsilon = 1$ läßt sich $N = 2$ wählen, für $\varepsilon = 0{,}03$ ist $\dfrac{1}{\varepsilon} = \dfrac{1}{0{,}03} = \dfrac{100}{3} = 33{,}3 \ldots$; also läßt sich $N = 34$ wählen.

Betrachten wir die Menge $A \subset \mathbb{R}$ mit $A = \left\{1, \dfrac{1}{2}, \dfrac{1}{3}, \ldots\right\}$, so stellen wir fest, daß diese Menge ein größtes Element bezüglich der üblichen „$\leq$" Ordnung des $\mathbb{R}$ besitzt, denn es gilt $\dfrac{1}{i} \leq 1 \,\forall\, i \in \mathbb{N}$, aber kein kleinstes Element besitzt. Wie klein auch $\dfrac{1}{i}$ gewählt wird, $\dfrac{1}{i+1}$ ist immer kleiner. Alle Elemente der Folge sind aber größer als Null und es gibt Elemente der Folge, die beliebig nahe bei 0 liegen.

Betrachten wir die Folge $(a_i)_{i \in \mathbb{N}} = \left(-\dfrac{1}{i}\right)_{i \in \mathbb{N}}$, so stellen wir einen ähnlichen Sachverhalt fest. Es gibt ein kleinstes Element, nämlich -1, aber kein größtes, denn es gilt $-\dfrac{1}{i+1} > -\dfrac{1}{i}$, wie immer auch $i \in \mathbb{N}$ gewählt wird.

Dieser Sachverhalt gibt Anlaß zu den Definitionen 6–8, die sich analog auch für Folgen formulieren lassen.

Definition 6: (Beschränktheit)

Sei $A \subset \mathbb{R}$

(1) A heißt beschränkt $:\Leftrightarrow \exists m \in \mathbb{R}_+$, so daß $|a| \leq m \; \forall a \in A$

(2) A heißt nach oben (unten) beschränkt $:\Leftrightarrow$
$\exists m \in \mathbb{R}$, so daß $a \leq m$ $(m \leq a)$ $\forall a \in A$ $\qquad \triangle$

Definition 7: (Maximum, Minimum)

Sei $A \subset \mathbb{R}$.

(1) $\bar{a}$ heißt Maximum von A (kurz: $\max A = \bar{a}$) $:\Leftrightarrow$
$\exists \bar{a} \in A$, so daß $a \leq \bar{a} \; \forall a \in A$

(2) $\tilde{a}$ heißt Minimum von A (kurz: $\min A = \tilde{a}$) $:\Leftrightarrow$
$\exists \tilde{a} \in A$, so daß $\tilde{a} \leq a \; \forall a \in A$ $\qquad \triangle$

Da das Maximum beziehungsweise Minimum einer Zahlenmenge nicht immer existiert, definierten wir zwei Größen, die für jede Zahlenmenge bestimmt sind und die mit dem Maximum beziehungsweise Minimum zusammenfallen, falls diese existieren.

Definition 8: (Supremum, Infimum)

(1) $\bar{s}$ heißt Supremum von A (kurz $\sup A = \bar{s}$) $:\Leftrightarrow$
Zu jedem $\varepsilon > 0$ gibt es ein $a \in A$, so daß $|\bar{s} - a| < \varepsilon$ und $a \leq \bar{s} \; \forall a \in A$.
Ist A nicht nach oben beschränkt, so wird $\sup A := \infty$ gesetzt.

(2) $\tilde{s}$ heißt Infimum von A (kurz: $\inf A = \tilde{s}$) $:\Leftrightarrow$
Zu jedem $\varepsilon > 0$ existiert ein $a \in A$, so daß $|\tilde{s} - a| < \varepsilon$ und $a \geq \tilde{s} \; \forall a \in A$.
Ist A nicht nach unten beschränkt, so wird $\inf A := -\infty$ gesetzt. $\qquad \triangle$

Das Infimum von $\left\{\dfrac{1}{i} \,\middle|\, i \in \mathbb{N}\right\}$ ist 0, das Supremum von $\left\{-\dfrac{1}{i} \,\middle|\, i \in \mathbb{N}\right\}$ ist ebenfalls 0.

Nun wollen wir einen Satz angeben, dessen Aussagen wir auch als Definition für die Konvergenz einer Folge hätten benutzen können.

Satz 2: Die Folge $(a_i)_{i \in \mathbb{N}}$ ist konvergent $\Leftrightarrow$
$(a_i)_{i \in \mathbb{N}}$ besitzt genau einen Häufungspunkt und $\{a_i | i \in \mathbb{N}\}$ ist beschränkt.

Sein Beweis läßt sich mit Hilfe des folgenden Satzes durchführen, den wir ebenfalls ohne Beweis angeben.

Satz 3: (Bolzano-Weierstrass) Jede beschränkte Zahlenfolge besitzt mindestens einen Häufungspunkt.

Der Inhalt des Satzes ist anschaulich klar. Wenn wir abzählbar unendlich viele Punkte auf der Zahlengeraden zwischen zwei vorgegebenen Schranken auftragen, so häufen sich diese zunächst an einer Stelle. Der Beweis des Satzes macht von der Vollständigkeitseigenschaft der reellen Zahlen Gebrauch, auf die im Rahmen dieser Einführung nicht näher eingegangen wird.

Beispiel 5:
Sei $(a_i)_{i \in \mathbb{N}} = (i)_{i \in \mathbb{N}}$, d.h. die Folge 1, 2, 3, ... Diese Folge ist nicht nach oben beschränkt und besitzt keinen Häufungspunkt.

Beispiel 6:
Sei die Folge $(a_i)_{i \in \mathbb{N}}$ gegeben durch

$$a_i = \begin{cases} \dfrac{1}{n+1} & \text{für } i = 2n \\ n & \text{für } i = 2n - 1, \quad n \in \mathbb{N} \end{cases}$$

Die Folge hat also die Gestalt

$$a_1 = 1, \ a_2 = \frac{1}{2}, \ a_3 = 2, \ a_4 = \frac{1}{3}, \ a_5 = 3, \ a_6 = \frac{1}{4}, \ \dots.$$

Diese Folge hat genau einen Häufungspunkt $a = 0$. Es gibt zu $\varepsilon > 0$ abzählbar unendlich viele Indizes j, so daß $|0 - a_j| < \varepsilon$. Wir bilden die Menge des Indizes $I = \{j \,|\, j = 2i\}$ und verfahren wie bei Beispiel 2. Die Folge ist aber nicht konvergent, da $(a_i)_{i \in \mathbb{N}}$ nicht nach oben beschränkt ist.

Nun einige Rechenregeln für Folgen, die die Argumentation bei entsprechenden Regeln der Differentialrechnung erleichtern.

Satz 4: Seien $(a_i)_{i \in \mathbb{N}}$, $(b_i)_{i \in \mathbb{N}}$ konvergente Folgen mit
$$\lim_{i \to \infty} a_i = a, \ \lim_{i \to \infty} b_i = b, \text{ und sei } \beta \in \mathbb{R}. \text{ Dann gilt:}$$

(1) $(c_i)_{i \in \mathbb{N}} := (\beta a_i)_{i \in \mathbb{N}}$ konvergiert mit

$$\lim_{i \to \infty} c_i = \beta \lim_{i \to \infty} a_i = \beta a$$

(2) $(d_i)_{i \in \mathbb{N}} := (a_i + b_i)_{i \in \mathbb{N}}$ konvergiert mit

$$\lim_{i \to \infty} d_i = \lim_{i \to \infty} a_i + \lim_{i \to \infty} b_i = a + b$$

Wir beweisen nur (2) und lassen (1) als Übung.

Beweis zu (2): Zu $\varepsilon > 0$ existieren nach Definition 5 Zahlen $N_1\left(\dfrac{\varepsilon}{2}\right)$ und $N_2\left(\dfrac{\varepsilon}{2}\right)$, so daß

$$|a - a_i| < \frac{\varepsilon}{2} \quad \forall i \geq N_1\left(\frac{\varepsilon}{2}\right) \qquad \text{und}$$

$$|b - b_i| < \frac{\varepsilon}{2} \quad \forall i \geq N_2\left(\frac{\varepsilon}{2}\right)$$

Sei nun $N := \max\{N_1, N_2\}$. Dann gilt für $i \geq N$

$$|(a + b) - (a_i + b_i)| = |(a - a_i) + (b - b_i)| \leq$$

$$\leq |a - a_i| + |b - b_i| < \frac{\varepsilon}{2} + \frac{\varepsilon}{2} = \varepsilon$$

Das Zeichen $\leq$ gilt wegen der Dreiecksungleichung, das Zeichen $<$ gilt nach Voraussetzung. Damit ist nach Definition 5 die Folge $(a_i + b_i)_{i \in \mathbb{N}}$ konvergent. $\square$

Ebenso lassen sich Regeln für Produkte und Quotienten von Folgen zeigen.

Satz 5: Seien die Voraussetzungen von Satz 4 gegeben, dann gilt

(1) $(c_i)_{i \in \mathbb{N}} := (a_i b_i)_{i \in \mathbb{N}}$ konvergiert mit

$$\lim_{i \to \infty} c_i = \lim_{i \to \infty} a_i \cdot \lim_{i \to \infty} b_i = ab.$$

(2) Sei zusätzlich $b_i \neq 0 \; \forall i \in \mathbb{N}$ und $b \neq 0$, dann gilt:

$$(d_i)_{i \in \mathbb{N}} := \left(\frac{a_i}{b_i}\right)_{i \in \mathbb{N}} \text{ ist konvergent mit}$$

$$\lim_{i \to \infty} d_i = \frac{\lim_{i \to \infty} a_i}{\lim_{i \to \infty} b_i} = \frac{a}{b}.$$

Beweis:

(1) Wie beim Beweis zu Satz 4 existieren zu $\varepsilon > 0$ nach Definition 5 Zahlen $N_1(\varepsilon)$ und $N_2(\varepsilon)$ mit

$|a - a_i| < \varepsilon$ für alle $i \geq N_1(\varepsilon)$ und $|b - b_i| < \varepsilon$ für alle $i \geq N_2(\varepsilon)$ und ein $N_3(1)$ mit $|a - a_i| < 1$ (also $|a_i| < |a| + 1$) $\forall i \geq N_3(1)$.

Nun bilden wir $|a_i b_i - ab|$, ergänzen, fassen zusammen und schützen mit der Dreiecksungleichung ab. Dann gilt

$$|ab - a_i b_i| = |ab - a_i b + a_i b - a_i b_i| =$$
$$= |b(a - a_i) + a_i(b - b_i)| \leq$$
$$\leq |b(a - a_i)| + |a_i(b - b_i)| \leq$$
$$\leq |b|\varepsilon + (|a| + 1)\varepsilon \leq (|a| + |b| + 1) \cdot \varepsilon$$

für $i > N := \max\{N_1, N_2, N_3\}$.

Der konstante Faktor $(|a| + |b| + 1)$ bei ε stört beim Schluß auf die Konvergenz von $(a_i b_i)_{i \in \mathbb{N}}$ nicht, da N_1 und N_2 in Abhängigkeit von $(|a| + |b| + 1)^{-1}\varepsilon$ gewählt werden können. Dann erhalten wir ε als Ergebnis der letzten Abschätzung.

(2) Es gibt Zahlen $N_1(\varepsilon)$ und $N_2(\varepsilon)$ wie im Teil (1) und $N_3\left(\frac{|b|}{2}\right)$ mit $|b - b_i| < \frac{|b|}{2}$ $\left(\text{also } |b_i| \geq \frac{|b|}{2}\right)$ für $\forall i \geq N_3$. Dann gilt

$$\left| \frac{a}{b} - \frac{a_i}{b_i} \right| = \left| \frac{ab_i - a_i b}{bb_i} \right| =$$

$$= \frac{|ab_i - a_i b + ab - ab|}{|b \cdot b_i|} = \frac{|b(a - a_i) - a(b - b_i)|}{|b \cdot b_i|} \leq$$

$$\leq \frac{(|b| + |a|) \cdot \varepsilon}{|b| \left| \frac{b}{2} \right|} = \frac{2(|a| + |b|)}{b^2} \cdot \varepsilon$$

für $i \geq N := \max \{N_1, N_2, N_3\}$.

Damit ist auch die Konvergenz von $(d_i)_{i \in \mathbb{N}}$ gezeigt.   □

Beispiel 7:
Betrachten wir zwei konvergente Folgen $(a_i)_{i \in \mathbb{N}}$ und $(b_i)_{i \in \mathbb{N}}$, bei denen

$$a_i < b_i \quad \forall i \in \mathbb{N}$$

gilt. Unvorsichtig ist es, den Schluß zu ziehen, daß auch $a < b$ gelten müsse. Dies ist im allgemeinen falsch.

Sei $(a_i)_{i \in \mathbb{N}} = \left(\frac{1}{(1 + i)^2} \right)_{i \in \mathbb{N}}$ und $(b_i)_{i \in \mathbb{N}} = \left(\frac{1}{1 + i} \right)_{i \in \mathbb{N}}$.

Dann gilt $a_i = \frac{1}{(1 + i)^2} < \frac{1}{1 + i} = b_i \quad \forall i \in \mathbb{N}$ und

$$\lim_{i \to \infty} a_i = 0 = \lim_{i \to \infty} b_i \quad \text{also} \quad a = b = 0.$$

Bis jetzt kennen wir nur Definition 5, um die Konvergenz einer Folge nachzuprüfen. Wir geben noch zwei Kriterien an.

Satz 6: Sei $(a_i)_{i \in \mathbb{N}}$ konvergent mit $\lim_{i \to \infty} a_i = 0$.
Gilt für $(b_i)_{i \in \mathbb{N}}$: es existiert ein $N \in \mathbb{N}$ mit

$$|b_i| \leq |a_i| \quad \forall i \geq N$$

so ist auch $(b_i)_{i \in \mathbb{N}}$ konvergent mit $\lim_{i \to \infty} b_i = 0$.

Beweis: Zu $\varepsilon > 0 \ \exists N_1(\varepsilon)$ mit $|0 - a_i| < \varepsilon \ \forall i \geq N_1(\varepsilon)$.

Nun schätzen wir $|0 - b_i|$ gemäß Voraussetzung ab:

$$|0 - b_i| \leq |b_i| \leq |a_i| < \varepsilon \quad \text{für alle} \quad i \geq N_2 := \max \{N_1, N\}. \quad □$$

Satz 7: (Cauchy-Kriterium) Eine Folge $(a_i)_{i \in \mathbb{N}}$ ist genau dann konvergent, wenn zu $\varepsilon > 0$ ein $N(\varepsilon)$ existiert, so daß

$$|a_i - a_j| < \varepsilon \ \forall i, j \geq N(\varepsilon).$$

Beweis: Wir zeigen nur, daß $|a_i - a_j| < \varepsilon$ falls $(a_i)_{i \in \mathbb{N}}$ konvergent ist.

Zu $\varepsilon > 0$ $\quad \exists N\left(\dfrac{\varepsilon}{2}\right)$, so daß $|a - a_i| < \dfrac{\varepsilon}{2}$ für alle $i \geq N\left(\dfrac{\varepsilon}{2}\right)$.

Dann gilt:

$$|a_i - a_j| = |a - a_j - a + a_i| \leq$$

$$\leq |a - a_i| + |a - a_j| < \frac{\varepsilon}{2} + \frac{\varepsilon}{2} = \varepsilon \quad \text{für alle } i, j \geq N\left(\frac{\varepsilon}{2}\right) \qquad \square$$

Das Konvergenzkriterium von Cauchy läßt sich nicht in dem Sinne abschwächen, daß es ausreicht, wenn benachbarte Folgenglieder einen Abstand $\varepsilon > 0$ ab einem gewissen $N(\varepsilon)$ nicht überschreiten, d.h. $|a_i - a_{i+1}| < \varepsilon$ für $i \geq N(\varepsilon)$. Dies sei durch das bekannte Beispiel der harmonischen Reihe gezeigt.

Beispiel 8:
Sei die Folge $(a_i)_{i \in \mathbb{N}}$ gegeben durch:

$$a_i = \sum_{k=1}^{i} \frac{1}{k} = 1 + \frac{1}{2} + \ldots + \frac{1}{i}.$$

Für die Differenz benachbarter Folgenglieder gilt offensichtlich

$$|a_{i+1} - a_i| = \frac{1}{i+1} \quad \text{und}$$

$$|a_{i+1} - a_i| < \varepsilon \quad \text{für} \quad i \geq N > \frac{1}{\varepsilon} - 1.$$

Die Folge $(a_i)_{i \in \mathbb{N}}$ ist aber nicht konvergent wie anhand des Satzes 7 zu sehen ist. Dazu bilden wir die Differenz für die Indizes i und 2i:

$$|a_{2i} - a_i| = \left| \sum_{k=1}^{2i} \frac{1}{k} - \sum_{k=1}^{i} \frac{1}{k} \right| =$$

$$= \left| \sum_{k=i+1}^{2i} \frac{1}{k} \right| = \sum_{k=i+1}^{2i} \frac{1}{k} \geq i \cdot \frac{1}{2i} = \frac{1}{2}.$$

Bei der Abschätzung werden in der letzten Summe alle Summanden durch den kleinsten Summanden $\dfrac{1}{2i}$ ersetzt. Wählen wir $\varepsilon < \dfrac{1}{2}$, so läßt sich keine Zahl $N \in \mathbb{N}$ finden, daß $|a_i - a_j| < \varepsilon$ für alle $i, j \geq N$, da für $j > 2i$ der Betrag der Differenz immer größer als $\dfrac{1}{2}$ ist.

Folgen wie im Beispiel 8 sind von besonderem Interesse und tragen einen eigenen Namen.

Definition 9: (Unendliche Reihe)

Sei $(a_i)_{i \in \mathbb{N}}$ eine Folge. Der formale Ausdruck $\sum\limits_{k=1}^{\infty} a_k$ heißt eine unendliche Reihe.

Die Folge $(s_i)_{i \in \mathbb{N}}$ mit $s_i := \sum\limits_{k=1}^{i} a_k$ heißt Folge der Partialsummen von $\sum\limits_{k=1}^{\infty} a_k$. $\triangle$

Definition 10: (Konvergente Reihe)

(1) Ist $(s_i)_{i \in \mathbb{N}}$ konvergent mit $\lim\limits_{i \to \infty} s_i = s$,

so heißt die unendliche Reihe $\sum\limits_{k=1}^{\infty} a_k$ konvergent mit

$$\sum_{k=1}^{\infty} a_k = \lim_{i \to \infty} s_i = s.$$

(2) Ist $(s_i)_{i \in \mathbb{N}}$ nicht konvergent, so heißt $\sum\limits_{k=1}^{\infty} a_k$ divergent. $\triangle$

Die Summation muß natürlich nicht immer bei $k = 1$ beginnen. Es ist möglich, eine beliebige ganze Zahl als Summationsbeginn zu wählen.

Beispiel 9:

Durch vollständige Induktion wurde gezeigt:

$$s_i = 1 + q + q^2 + \ldots + q^i = \frac{1 - q^{i+1}}{1 - q} \quad \text{für } q \neq 1.$$

Für $|q| < 1$ gilt

$$\lim_{i \to \infty} s_i = \frac{1}{1 - q} \qquad \text{(siehe Aufgabe 7)}.$$

Wenden wir das Cauchy-Kriterium (Satz 7) auf die Folge der Partialsummen an, so ergibt sich direkt

Satz 8: Die Reihe $\sum\limits_{k=1}^{\infty} a_k$ ist genau dann konvergent, wenn es zu $\varepsilon > 0$ ein $N(\varepsilon) \in \mathbb{N}$ gibt, so daß

$$|s_i - s_j| = | \sum_{k=j+1}^{i} a_k | < \varepsilon \quad \forall i, j \geqq N(\varepsilon) \text{ (mit } i \geqq j).$$

Eine einfache Folgerung aus Satz 8 für $i = j + 1$ ist:

Korrolar 1: Ist $\sum\limits_{k=1}^{\infty} a_k$ konvergent, so gilt $\lim\limits_{i \to \infty} a_i = 0$.

In Beispiel 8 wurde gezeigt, daß die Reihe $\sum\limits_{k=1}^{\infty} \frac{1}{k}$ nicht konvergent ist. Dies zeigt, daß die Umkehrung von Korrolar 1 falsch ist. Nun noch einige gängige Kriterien für die Konvergenz von Reihen.

Definition 11: Eine Reihe $\sum\limits_{k=1}^{\infty} a_k$ heißt absolut konvergent, wenn für

$\bar{s}_i = := \sum\limits_{k=1}^{i} |a_k|$ die Folge $(\bar{s}_i)_{i \in \mathbb{N}}$ konvergiert.   △

Satz 9: (Majorantenkriterium) Sei $\sum\limits_{k=1}^{\infty} a_k$ konvergent.

Gibt es ein $N \in \mathbb{N}$, so daß $|b_i| \leq a_i \; \forall i \geq N$ so ist $\sum\limits_{k=1}^{\infty} b_k$ absolut konvergent.

Beweis: Nach Voraussetzung gilt $\sum\limits_{k=j+1}^{i} |b_k| \leq \sum\limits_{k=j+1}^{i} a_k \; \forall i,j$ mit $i \geq j \geq N$.

Nach Satz 8 folgt damit die Konvergenz von $\sum\limits_{k=1}^{\infty} |b_k|$.   □

Ein analoges Minorantenkriterium läßt sich für divergente Reihen mit nichtnegativen Gliedern formulieren (Setze $0 \leq a_i \leq b_i$ für $i \geq N$ in Satz 9). Nun noch zwei Konvergenzkriterien für Reihen mit positiven Gliedern.

Satz 10: (Quotientenkriterium) Sei $(a_i)_{i \in \mathbb{N}}$ eine Folge mit $a_i > 0 \; \forall i \in \mathbb{N}$. Gibt es ein $N \in \mathbb{N}$ und ein $q \in \mathbb{R}$, so daß

(1) $\dfrac{a_{i+1}}{a_i} \leq q \; \forall i \geq N$ und $q < 1$,

so ist $\sum\limits_{k=1}^{\infty} a_k$ konvergent.

(2) $\dfrac{a_{i+1}}{a_i} \geq q \; \forall i \geq N$ und $q \geq 1$,

so ist $\sum\limits_{k=1}^{\infty} a_k$ divergent.

Beweis:

(1) Für $i \geq N$ gilt $a_{i+1} \leq q a_i$ und durch vollständige Induktion läßt sich zeigen

$a_i \leq q^{i-N} a_N = \dfrac{a_N}{q^N} q^i = \alpha \cdot q^i$ für alle $i \geq N$ und $\alpha = \dfrac{a_N}{q^N}$.

Für $q < 1$ wird $\sum\limits_{k=1}^{\infty} a_k$ durch die konvergente Reihe $\sum\limits_{k=1}^{\infty} \alpha \cdot q^k$ majorisiert und ist damit konvergent.

(2) Wir gehen analog vor. Es zeigt sich, daß $\sum\limits_{k=1}^{\infty} a_k$ die divergente Minorante $\sum\limits_{k=1}^{\infty} \alpha q^k$ besitzt.   □

Beispiel 10:

Die Reihe mit Gliedern q^i oder $i^n q^i$ konvergierten für $|q| < 1$ (siehe Übungsaufgabe 9). Es ist zu fragen, ob es auch Reihen mit Gliedern q^i gibt, die für alle q konvergieren. Solche Reihen gibt es. Ein Beispiel, das in der Differentialrechnung, der Integralrechnung und in der Theorie natürlicher Wachstumsvorgänge eine wichtige Rolle spielt, ist durch die Reihe

$$\sum_{k=0}^{\infty} \frac{q^k}{k!}$$

gegeben. Wir wenden das Quotientenkriterium auf $\sum_{k=0}^{\infty} \left|\frac{q^k}{k!}\right|$ an und zeigen damit die absolute Konvergenz.

$$\frac{|a_{i+1}|}{|a_i|} = \frac{\left|\frac{q^{i+1}}{(i+1)!}\right|}{\left|\frac{q^i}{i!}\right|} = \left|\frac{q^{i+1}\,i!}{(i+1)!\,q^i}\right| = \left|\frac{q}{i+1}\right| < 1-\varepsilon \text{ für } i > \frac{|q|}{1-\varepsilon} - 1$$

und $0 < \varepsilon < 1$. Damit ist gezeigt, daß die Reihe für alle $q \in \mathbb{R}$ absolut konvergiert und damit auch konvergiert.

In der Analysis wird diese Reihe üblicherweise mit x anstatt q geschrieben und zur Definition der Exponentialfunktion herangezogen

$$e^x := \sum_{k=0}^{\infty} \frac{x^k}{k!}.$$

Für $x = 1$ ergibt sich

$$e = \sum_{k=0}^{\infty} \frac{1}{k!}.$$

Ein etwas schärferes aber weniger bequem handhabbares Konvergenzkriterium ist das sogenannte Wurzelkriterium.

Satz 11: (Wurzelkriterium) Sei $(a_i)_{i \in \mathbb{N}}$ eine Folge mit $a_i \geq 0$ für alle $i \in \mathbb{N}$. Gibt es ein $N \in \mathbb{N}$, so daß

(a) $\sqrt[i]{a_i} \leq q$ für alle $i \geq N$ mit $q < 1$ so ist $\sum_{i=1}^{\infty} a_i$ konvergent.

(b) $\sqrt[i]{a_i} \geq q$ für alle $i \geq N$ mit $q > 1$ so ist $\sum_{i=1}^{\infty} a_i$ divergent.

Beweis:

(a) Nach Voraussetzung ist $\sqrt[i]{a_i} \leq q$ und damit $a_i \leq q^i$. Für $q < 1$ ist $\sum_{k=1}^{\infty} q^k$ konvergente Majorante von $\sum_{k=1}^{\infty} a_k$.   □

Beispiel 11:

Sei $(a_i)_{i \in \mathbb{N} \cup \{0\}} = \left(\left(\frac{1}{2}\right)^{i+(-1)^i}\right)_{i \in \mathbb{N} \cup \{0\}}$

Wir untersuchen nun die Konvergenz der Reihe

$$\sum_{i=0}^{\infty} a_i = \frac{1}{2} + 1 + \frac{1}{8} + \frac{1}{4} + \ldots$$

Die Konvergenz dieser Reihe läßt sich nicht mit dem Quotientenkriterium entscheiden. Bei Anwendung des Wurzelkriteriums ergibt sich

$$\sqrt[i]{a_i} = \sqrt[i]{\left(\frac{1}{2}\right)^i \cdot \left(\frac{1}{2}\right)^{(-1)^i}} = \frac{1}{2} \sqrt[i]{\left(\frac{1}{2}\right)^{(-1)^i}}$$

Es gilt $\dfrac{1}{2} \leq \left(\dfrac{1}{2}\right)^{(-1)^i} \leq 2$ für alle $i \in \mathbb{N} \cup \{0\}$ und somit

$$\sqrt[i]{a_i} = \frac{1}{2} \sqrt[i]{\left(\frac{1}{2}\right)^{(-1)^i}} \leq \frac{1}{2} \cdot \sqrt[i]{2}$$

Da $\sqrt[i]{2}$ monoton fallend und $\lim\limits_{i \to \infty} \sqrt[i]{2} = 1$ (siehe Aufgabe 6), gibt es ein N, so daß $\sqrt[i]{a_i} \leq \dfrac{2}{3}$ für alle $i \geq N$. Somit ist die Reihe $\sum\limits_{i=0}^{\infty} a_i$ nach Satz 11 konvergent.

Es gibt auch Reihen, die konvergent aber nicht absolut konvergent sind.

Beispiel 12:
Ändern wir die harmonische Reihe wie folgt

$$\sum_{k=1}^{\infty} (-1)^{k+1} \frac{1}{k},$$

so ergibt sich die alternierende harmonische Reihe. Betrachten wir die Folge der Partialsummen $s_i = \sum\limits_{k=1}^{i} (-1)^{k+1} \dfrac{1}{k}$, so sehen wir, daß diese beschränkt ist. Es gilt $\dfrac{1}{2} \leq s_i \leq 1$ für alle $i \in \mathbb{N}$. Die Folge $(s_i)_{i \in \mathbb{N}}$ besitzt also mindestens einen Häufungspunkt. Daß die alternierende harmonische Reihe konvergent ist, läßt sich mit dem Konvergenzkriterium von Abel (Satz 12) feststellen. Um einzusehen, daß $\sum\limits_{k=1}^{\infty} (-1)^k \dfrac{1}{k} = \ln 2$ (natürlicher Logarithmus von 2) ist, brauchen wir Hilfsmittel der Differentialrechnung.

Satz 12: Sei $(b_i)_{i \in \mathbb{N}}$ eine Folge mit $b_i \geq b_{i+1} \geq 0$ für alle $i \in \mathbb{N}$ mit $\lim\limits_{i \to \infty} b_i = 0$ und $\sum\limits_{k=1}^{\infty} a_k$ eine Reihe mit beschränkten Partialsummen. Dann ist $\sum\limits_{k=1}^{\infty} a_k b_k$ konvergent.

Reihen, die konvergent aber nicht absolut konvergent sind, heißen auch bedingt konvergent. Es kommt bei ihrer Berechnung auf die Summationsreihenfolge an.

Würden wir versuchen, bei der alternierenden harmonischen Reihe zuerst die positiven Glieder zu addieren, so ergäbe sich ∞, analog für die negativen Glieder $-\infty$. Für bedingt konvergente Reihen gilt sogar, daß sich jede reelle Zahl durch geeignete Festlegung der Summationsreihenfolge als Grenzwert der Reihe erhalten läßt.

§ 2 Stetigkeit

Bei der Untersuchung von Nachfragefunktionen nach einem Gut, bei denen die „nachgefragte Menge" in Abhängigkeit vom Preis p dargestellt wird, treffen wir meist auf die Feststellung: „Ändert sich der Preis nur wenig, so auch die nachgefragte Menge". Zu kleinen Veränderungen von p gehören also kleine Veränderungen von $q = f(p)$. Dies ist eine anschauliche Motivation für die Einführung des Begriffes der Stetigkeit.

Es sind aber nicht alle Funktionen stetig, die uns im Zusammenhang mit ökonomischen Problemen begegnen. Denken wir an einen Produktionsbetrieb, der zur Erhöhung seiner Ausbringung q über seine Kapazitätsgrenze $\bar{q}$ hinaus eine neue Anlage mit positiven fixen Kosten installieren muß, so macht dessen Kostenfunktion an der Stelle $\bar{q}$ einen Sprung.

Anschaulich gesprochen sind die stetigen Funktionen solche Funktionen, bei denen sich die Änderung der Funktionswerte in einem gewissen Sinne „gutartig" verhält. Interessieren wir uns aber nicht nur für die Änderung selbst, sondern auch für die Änderungsrate, so kann bei stetigen Funktionen, wie wir später sehen, noch ein stark irreguläres Verhalten auftreten. Um auch Änderungsraten untersuchen zu können, wird dann in der Menge der stetigen Funktionen die Teilmenge der differenzierbaren Funktionen eingeführt. Nun noch einige Bezeichnungen, die im folgenden häufig gebraucht werden.

Definition 1:

(1) Sei $\alpha, \beta \in \mathbb{R} \cup \{-\infty, \infty\}$. Die Menge
$]\alpha, \beta[:= \{x \in \mathbb{R} \mid \alpha < x < \beta\}$ heißt offenes Intervall.

(2) Sei $\alpha, \beta \in \mathbb{R} \cup \{-\infty, +\infty\}$; dann heißt
$[\alpha, \beta] := \{x \in \mathbb{R} \mid \alpha \leq x \leq \beta\}$ abgeschlossenes Intervall.

(3) Sind $\alpha, \beta \in \mathbb{R}$, so heißt das Intervall beschränkt oder endlich. $\triangle$

Definition 2:

(1) Sei $A \subset \mathbb{R}$. A heißt Umgebung von $a \in A :\Leftrightarrow$
Zu a existiert ein $\varepsilon > 0$, so daß $]a - \varepsilon, a + \varepsilon[\subset A$.

(2) Für $\varepsilon > 0$ heißt $U_{a,\varepsilon} :=]a - \varepsilon, a + \varepsilon[$ offene ε-Umgebung von a. $\triangle$

Wir werden den Begriff der Stetigkeit mit Hilfe von Grenzwerten von Folgen einführen. An einem Beispiel veranschaulichen wir, welche Forderungen in die Definition aufgenommen werden müssen.

Sei A eine Umgebung von a und f eine Funktion $f : A \to \mathbb{R}$.

Betrachten wir eine konvergente Folge $(a_i)_{i \in \mathbb{N}}$ mit $a_i \in A$ für alle $i \in \mathbb{N}$ und $\lim_{i \to \infty} a_i = a$, so ändern sich für großes i die Werte von a_i nur noch wenig. Wie verhält es sich nun mit der Folge der Funktionswerte $(f(a_i))_{i \in \mathbb{N}}$?

Sei $f_1: \mathbb{R} \to \mathbb{R}$ gegeben durch $x \mapsto x^2$ und

$$f_2: \mathbb{R} \to \mathbb{R} \text{ gegeben durch } x \mapsto \begin{cases} x & \text{für } x \geq 0 \\ 1 & \text{für } x < 0 \end{cases}$$

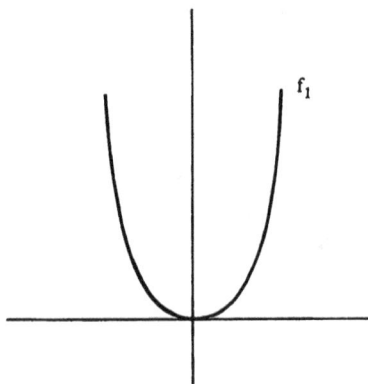

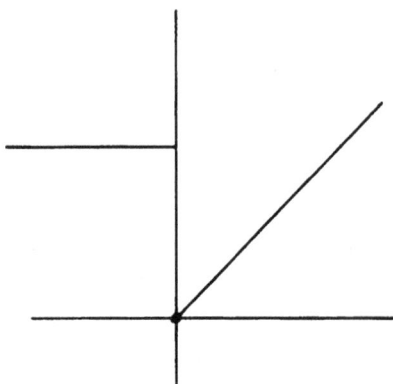

Graph von f_1 Graph von f_2

Anhand der Funktionen f_1 und f_2 untersuchen wir zwei Fragen:

(1) Folgt für eine konvergente Folge $(a_i)_{i \in \mathbb{N}}$, daß auch $(f(a_i))_{i \in \mathbb{N}}$ konvergent ist?

(2) Sei $b = f(a)$. Gilt auch $\lim_{i \to \infty} f(a_i) = f(a) = b$?

Falls ja, gilt dies für alle Folgen aus A, die gegen a konvergieren?

Nach § 1 Satz 5(1) gilt: aus $\lim_{i \to \infty} a_i = a$ folgt

$$\lim_{i \to \infty} f_1(a_i) = \lim_{i \to \infty} (a_i \cdot a_i) = \lim_{i \to \infty} a_i \lim_{i \to \infty} a_i = a^2 = f_1(a).$$

Dies gilt für beliebige gegen a konvergierende Folgen. Die Funktion f_1 ist unserer Anschauung nach „stetig".

Wenden wir uns nun der Funktion f_2 zu. Für die Folge $(a_i)_{i \in \mathbb{N}} = \left(\dfrac{1}{i}\right)_{i \in \mathbb{N}}$ gilt

$\lim (a_i) = 0$. Betrachten wir die zu den Stellen $a_i = \dfrac{1}{i}$ gehörigen Funktionswerte

$f_2(a_i) = f_2\left(\dfrac{1}{i}\right)$, so ergibt sich $\lim_{i \to \infty} f_2(a_i) = \lim_{i \to \infty} \dfrac{1}{i} = 0 = f_2(0)$; d.h. $(f_2(a_i))_{i \in \mathbb{N}}$ ist konvergent und strebt gegen den Funktionswert $f_2(0)$.

Nehmen wir die Folge $(\tilde{a}_i)_{i \in \mathbb{N}} = \left(-\dfrac{1}{i}\right)_{i \in \mathbb{N}}$ so gilt $\lim\limits_{i \to \infty} \tilde{a}_i = 0$ und $\lim\limits_{i \to \infty} f_2(\tilde{a}_i)$

$= \lim\limits_{i \to \infty} 1 = 1$. Die Folge $(f_2(a_i))_{i \in \mathbb{N}}$ (alle Folgenglieder sind 1) konvergiert, aber es

gilt $\lim\limits_{i \to \infty} f_2(\tilde{a}_i) \neq f_2(0)$.

Für die Folge $(a_i)_{i \in \mathbb{N}} = \left((-1)^i \cdot \dfrac{1}{i}\right)_{i \in \mathbb{N}}$ ist die Folge der Funktionswerte

$(f_2(a_i))_{i \in \mathbb{N}}$ gleich $1, \dfrac{1}{2}, 1, \dfrac{1}{4}, 1, \dfrac{1}{6}, \ldots$. Diese Folge besitzt zwei Häufungspunkte und
ist damit nicht konvergent. Eine Funktion wie f_2 soll nicht stetig sein. Es genügt für
die Definition der Stetigkeit also nicht, für eine spezielle konvergente Folge $(a_i)_{i \in \mathbb{N}}$
zu fordern, daß auch $(f(a_i))_{i \in \mathbb{N}}$ konvergent ist mit Grenzwert $f(a)$, da sonst die
Funktion f_2 stetig wäre. Wir müssen vielmehr wie folgt definieren.

Definition 3: (Stetigkeit)
Sei A eine Umgebung von a und f eine Funktion $f : A \longrightarrow \mathbb{R}$. f heißt stetig an der
Stelle a (oder im Punkte a) :$\Leftrightarrow$

Für alle Folgen aus A mit $a_i \xrightarrow[i \to \infty]{} a$ gilt $f(a_i) \xrightarrow[i \to \infty]{} f(a)$. $\triangle$

Gilt $f(a_i) \xrightarrow[i \to \infty]{} f(a)$ für alle Folgen $(a_i)_{i \in \mathbb{N}}$ mit $a_i \xrightarrow[i \to \infty]{} a$, so schreiben wir dies im
folgenden kurz

$$\lim_{x \to a} f(x) = f(a).$$

In Worten heißt dies: für alle konvergenten Folgen aus A mit Grenzwert a konvergieren auch die Folgen der Funktionswerte gegen $f(a)$. Die Stetigkeit ist also eine
punktweise Eigenschaft einer Funktion. Die Funktion muß aber mindestens in
einem offenen Intervall, das den Punkt enthält, erklärt sein.

Beispiel 1:
Nach § 1 Satz 5 (1) ist die Funktion $f(x) = x$ stetig für alle $x \in \mathbb{R}$. Wenden wir § 1
Satz 4 (1) und 5 (1) mehrfach an, so erhalten wir, daß alle Polynome $a_0 + a_1 x + \ldots$
$+ a_n x^n$ stetig für alle $x \in \mathbb{R}$ sind.

Wir erweitern die Eigenschaft der Stetigkeit in Punkten auf größere Mengen.

Definition 4:
(1) Eine Funktion $f :]\alpha, \beta[\to \mathbb{R}$ heißt stetig im offenen Intervall $I =]\alpha, \beta[:\Leftrightarrow$
   f ist stetig für alle $a \in]\alpha, \beta[$.

(2) Eine Funktion $f: [\alpha, \beta] \to \mathbb{R}$ heißt stetig im abgeschlossenen Intervall
   $I = [\alpha, \beta] :\Leftrightarrow$
   f ist stetig im offenen Intervall $]\alpha, \beta[$ und es gilt

$$\lim_{\substack{x \to \alpha \\ x \in I}} f(x) = f(\alpha) \quad \text{und} \quad \lim_{\substack{x \to \beta \\ x \in I}} f(x) = f(\beta).$$ $\triangle$

Der Subskript $x \in I$ unter dem Limes bedeutet, daß die konvergenten Folgen nur Glieder aus I enthalten dürfen.

Der folgende Satz läßt sich alternativ zur Definition der Stetigkeit heranziehen.

Satz 1: Sei A eine Umgebung von a.

Eine Funktion $f : A \to \mathbb{R}$ ist stetig an der Stelle a $\Leftrightarrow$
Es gibt zu jedem $\varepsilon > 0$ ein $\delta(\varepsilon, a) > 0$, so daß für alle x mit $|x - a| < \delta(\varepsilon, a)$ die Ungleichung $|f(x) - f(a)| \leqq \varepsilon$ gilt.

Beweis: „$\Rightarrow$" (Widerspruchsbeweis)

Gilt die Folgerung nicht, so läßt sich eine konvergente Folge $(a_i)_{i \in \mathbb{N}}$ so wählen, daß $|a_i - a| < \delta$ für alle $i \geqq N$ und es existiert $i^* \geqq N$ mit $|f(a_{i^*}) - f(a)| > \varepsilon$ gilt. Dies ist ein Widerspruch zu $a_i \xrightarrow[i \to \infty]{} a \Rightarrow f(a_i) \xrightarrow[i \to \infty]{} f(a)$.

„$\Leftarrow$" Wir wiederholen die Voraussetzung in Kurzschreibweise. Zu jedem $\varepsilon > 0 \; \exists \delta(\varepsilon, a)$ mit $|x - a| < \delta \Rightarrow |f(x) - f(a)| \leqq \varepsilon$. Wähle eine konvergente Folge $a_i \xrightarrow[i \to \infty]{} a$. Dann existiert ein $N(\varepsilon)$ mit $|a_i - a| < \delta(\varepsilon, a) \, \forall \, i \geqq N(\varepsilon)$. Nun folgt nach Voraussetzung $|f(a_i) - f(a)| \leqq \varepsilon \; \forall \, i \geqq N(\varepsilon)$, d.h. aber $(f(a_i))_{i \in \mathbb{N}}$ ist konvergent mit Grenzwert $f(a)$. $\square$

Im allgemeinen läßt sich $\delta(\varepsilon, a)$ nicht unabhängig von a wählen. Dies läßt sich leicht an der Funktion $f : \mathbb{R} \to \mathbb{R}$, die $x \mapsto f(x) = x^2$ zuordnet, sehen.

Definition 5: Sei I ein offenes Intervall. Eine Funktion heißt gleichmäßig stetig in I :$\Leftrightarrow$

Zu jedem $\varepsilon > 0$ existiert für alle $a \in I$ ein $\delta(\varepsilon) > 0$, so daß für alle x mit $|x - a| < \delta(\varepsilon)$ die Ungleichung $|f(x) - f(a)| \leqq \varepsilon$ folgt. $\triangle$

Wir zitieren jetzt noch zwei Sätze, deren Inhalt sehr anschaulich ist. Die Beweise, die nicht offensichtlich sind und die Gebrauch von der Vollständigkeit der reellen Zahlen machen, werden weggelassen.

Satz 2: Sei $I = [\alpha, \beta]$ ein beschränktes abgeschlossenes Intervall. Eine stetige Funktion $f : I \to \mathbb{R}$ nimmt ihr Maximum und ihr Minimum an, d.h.:

(1) $\exists a \in I$ mit $f(x) \leqq f(a) \forall x \in I$. Also ist $f(a) = \max \{f(x) | x \in I\}$.

(2) $\exists b \in I$ mit $f(b) \leqq f(x) \forall x \in I$. Also ist $f(b) = \min \{f(x) | x \in I\}$.

Wird die Forderung, daß I ein beschränktes Intervall ist, weggelassen, so gilt der Satz nicht mehr. Sei $I = [0, \infty[$ und $f : I \to \mathbb{R}$ gegeben durch $x \mapsto f(x) = x \cdot \sin x$.

Die Funktion f nimmt weder Maximum noch Minimum an. Sie ist weder nach oben noch nach unten beschränkt.

Auch die Forderung „I abgeschlossen" ist notwendig. Sei $I = \,]0, 1]$ und $f : I \to \mathbb{R}$ gegeben durch $x \mapsto f(x) = \dfrac{1}{x}$. Die Funktionswerte sind nicht beschränkt für x nahe

0. Dies ist leicht zu sehen durch Einsetzen der Folge $\left(\dfrac{1}{i}\right)_{i \in \mathbb{N}}$. Die Funktionswerte

sind dann $f\left(\dfrac{1}{\frac{1}{i}}\right) = i$.

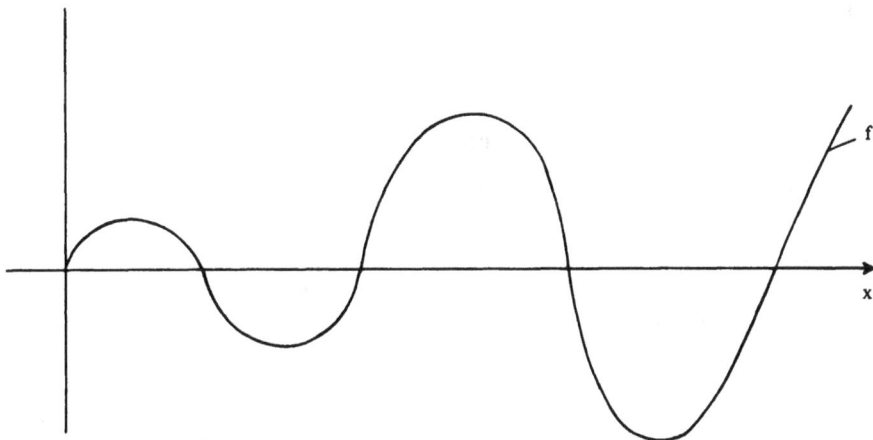

Satz 3: Sei $I = [\alpha, \beta]$ ein beschränktes abgeschlossenes Intervall und $f : I \to \mathbb{R}$ eine stetige Funktion, für die $f(\alpha) < 0 < f(\beta)$ gelte. Dann besitzt f in $]\alpha, \beta[$ mindestens eine Nullstelle, d.h. $\exists a \in]\alpha, \beta[$ mit $f(a) = 0$.

Eine direkte Folgerung aus Satz 2 und 3 ist:

Korrolar 1: Voraussetzung wie Satz 3.

Sei weiter $m_2 = \max \{f(x) | x \in I\}$ und $m_1 = \min \{f(x) | x \in I\}$, dann nimmt f jeden Wert $b \in]m_1, m_2[$ mindestens einmal an.

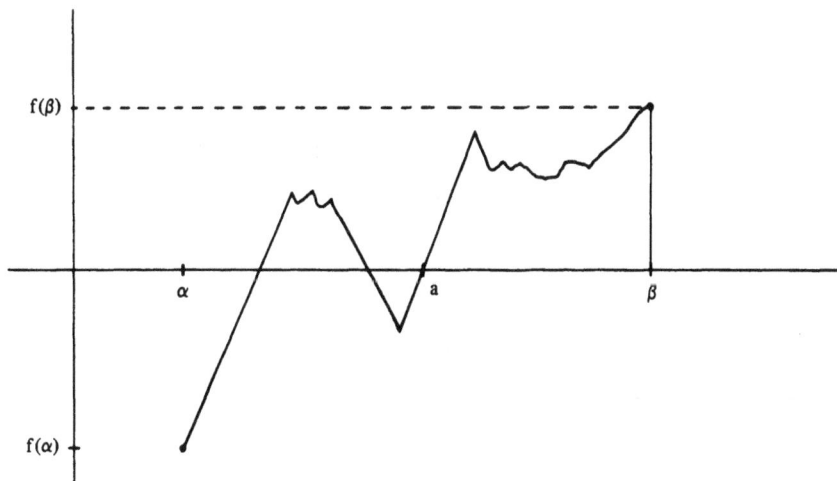

In § 1 haben wir Sätze über die Grenzwerte von Summen, Produkten und Quotienten von konvergenten Folgen kennengelernt. Analog läßt sich für Summen, Produkte und Quotienten von stetigen Funktionen zeigen:

Satz 4: Seien $f, g : A \to \mathbb{R}$ stetige Funktionen an der Stelle a (in A). Dann gilt:

(a) $f + g : A \to \mathbb{R}$ ist stetig an der Stelle a (in A).

(b) $f \cdot g : A \to \mathbb{R}$ ist stetig an der Stelle a (in A).

(c)   Ist zusätzlich $f(x) \neq 0$ für alle $x \in A$, so ist $\dfrac{g}{f} : A \to \mathbb{R}$ stetig an der Stelle a (in A).

Zum Abschluß noch ein Satz zur Verknüpfung von stetigen Funktionen.

Satz 5: Seien $A, B \subset \mathbb{R}$. Sind die Funktionen $f : A \to B$ und $g : B \to \mathbb{R}$ stetig, so ist auch die Funktion $g \circ f : A \to \mathbb{R}$ mit $a \mapsto g \circ f(a) = g\big(f(a)\big)$ stetig.

Beweis: Sei $(a_i)_{i \in \mathbb{N}}$ konvergente Folge in A. Dann ist $\big(f(a_i)\big)_{i \in \mathbb{N}}$ konvergente Folge in B, da f stetig ist, und auch $\big(g(f(a_i))\big)_{i \in \mathbb{N}}$ konvergent mit Limes $g(f(a))$, da g stetig ist. Also ist auch $g \circ f$ stetig.   □

§ 3 Differentialrechnung in einer Veränderlichen

In diesem Abschnitt wollen wir den Begriff der Änderungsrate einer Funktion präzisieren. Die Untersuchung von Änderungsraten liegt allen marginalanalytischen Begriffen wie Grenzkosten, Grenzumsatz oder Grenznutzen zugrunde.

Ausgangspunkt intuitiver Überlegungen zu Änderungsraten ist die durchschnittliche Änderung. Sei $A \subset \mathbb{R}$ und $f : A \to \mathbb{R}$, dann heißt für $a, b \in A$ mit $a \neq b$ der Ausdruck $\dfrac{f(b) - f(a)}{b - a}$ die durchschnittliche Änderung von f im Intervall]a, b[.

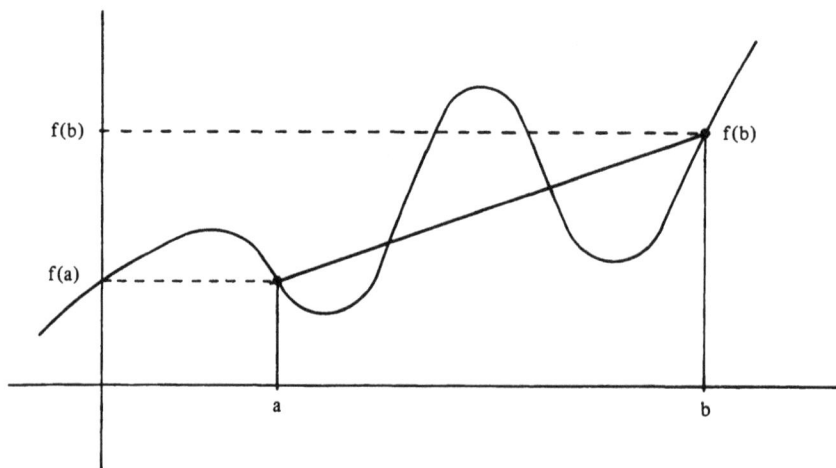

Die durchschnittliche Änderung gibt aber keine genügende Information über den tatsächlichen Funktionsverlauf. Wenn wir sagen, das Sozialprodukt Y ist im Laufe der letzten sechs Jahre um durchschnittlich 3% gewachsen, so gibt dies keine Auskunft darüber, wie sich das Sozialprodukt im Laufe der Zeit tatsächlich verändert hat, auch nicht darüber, ob es zum Beispiel im letzten Jahr gewachsen oder gefallen ist.

Ebenso enthält die Aussage, daß ein Autofahrer die Strecke zwischen seinem Arbeitsplatz und Wohnort mit einer Durchschnittsgeschwindigkeit von 60 km/h zurückgelegt hat, wenig Information darüber, wie schnell er tatsächlich gefahren ist.

Die in der älteren Literatur übliche Einführung der Änderungsrate, d.h. des „Differentialquotienten", verläuft wie folgt: Wir betrachten eine Funktion f und führen für die durchschnittliche Änderung eine Grenzwertbildung durch (falls ein solcher Grenzwert existiert).

$$\lim_{x \to a} \frac{f(x) - f(a)}{x - a}.$$

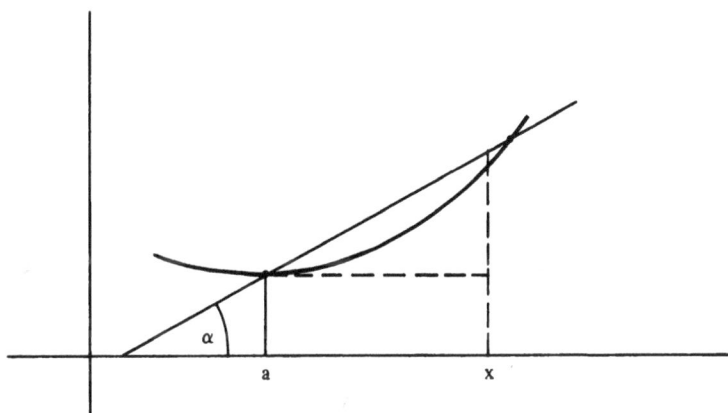

Dieser Limes hat den Wert der „Steigung der Tangente" an f im Punkte $(a, f(a))$.

Dieser geometrisch anschauliche Zugang zur Differentialrechnung läßt sich jedoch nicht problemlos auf Funktionen mehrerer Veränderlicher anwenden. Wir wollen deshalb von Anfang an so vorgehen, daß die Sätze, die wir für eine Veränderliche ableiten, ohne Schwierigkeit wörtlich auf den Fall mehrerer Veränderlicher übertragen werden können. Außerdem steht der in ökonomischen Anwendungen wichtige Begriff des Differentials am Beginn der Betrachtungen.

Der Fall einer Veränderlichen wird deshalb gesondert behandelt, um dem Studenten der Wirtschaftswissenschaften die Anknüpfung an das Schulwissen zu erleichtern.

Sind die Differenzen $f(x) - f(a)$ bekannt, so läßt sich die Funktion f für $x \neq a$

offensichtlich als

$$f(x) = f(a) + \big(f(x) - f(a)\big) =$$
$$= f(a) + \frac{f(x) - f(a)}{x - a} \cdot (x - a)$$

und weiter als

$$f(x) = f(a) + b \cdot (x - a) + (x - a) \left(\frac{f(x) - f(a)}{x - a} - b \right)$$

schreiben. Ist nun $b = \lim\limits_{x \to a} \dfrac{f(x) - f(a)}{x - a}$, so gilt

$$\left(\frac{f(x) - f(a)}{x - a} - b \right) \to 0 \quad \text{für } x \to a.$$

Diesen Zusammenhang benützen wir zur Definition der Differenzierbarkeit.

Definition 1: Sei $A \subseteq \mathbb{R}$ eine Umgebung von a.

$f : A \to \mathbb{R}$ heißt differenzierbar an der Stelle a :⇔
Es existiert ein $b \in \mathbb{R}$ und eine Funktion $r : A \to \mathbb{R}$ so, daß

(1) $f(x) = f(a) + b(x - a) + |x - a| r(x)$ für alle $x \in A$
(2) $\lim\limits_{x \to a} r(x) = 0.$ △

Ist b in (1) bekannt, so läßt sich r(x) leicht explizit angeben.

Sei $\text{sg}(\cdot) : \mathbb{R} \to \mathbb{R}$ (gesprochen: Signum oder Vorzeichen von x) gegeben durch

$$x \mapsto \text{sg}(x) = \begin{cases} 1 & \text{für } x \geq 0 \\ -1 & \text{für } x < 0. \end{cases}$$

Dann ist

(3.1) $r(x) = \begin{cases} \text{sg}(x - a) \left(\dfrac{f(x) - f(a)}{x - a} - b \right) & \text{für } x \neq a \\[2ex] 0 & \text{für } x = a \end{cases}$

Da $\lim\limits_{x \to a} r(x) = 0$ gilt, muß auch $\lim\limits_{\substack{x \to a \\ x > a}} r(x) = 0$ gelten und damit $\lim\limits_{\substack{x \to a \\ x > a}} r(x) =$

$$\lim_{\substack{x \to a \\ x > a}} \frac{f(x) - f(a)}{x - a} - b = 0.$$

Daraus folgt, daß b eindeutig bestimmt ist.

Definition 2: Die Zahl $b \in \mathbb{R}$ in Definition 1 heißt Ableitung von f an der Stelle a.

△

In der Mathematik sind für die Ableitung an der Stelle a mehrere Schreibweisen gebräuchlich:

$$b = Df(a) = f'(a) = \frac{df}{dx}(a).$$

Im folgenden wird sowohl die Schreibweise $Df(a)$ als auch $f'(a)$ benutzt.

Beispiel 1:

Wir werden nun die einfache Funktion $f : \mathbb{R} \to \mathbb{R}$, gegeben durch $x \mapsto f(x) = x$, an der Stelle $a \in \mathbb{R}$ differenzieren. Setzen wir $b = 1$ und $r(x) = 0$ für alle $x \in \mathbb{R}$, so ist Definition 1(1) und (2) erfüllt, denn es gilt:

(1) $f(x) = x = a + 1(x-a) + |x-a| \cdot 0$ und
(2) $\lim\limits_{x \to a} r(x) = 0$.

Es gilt also $Df(a) = f'(a) = 1$ für alle $a \in \mathbb{R}$.

Beispiel 2:

Sei $f : \mathbb{R} \backslash \{0\} \to \mathbb{R}$ gegeben durch $x \mapsto f(x) = \dfrac{1}{x}$. Dann ist $Df(a) = -\dfrac{1}{a^2}$ für alle $a \in \mathbb{R} \backslash \{0\}$. Die Forderung (1) von Definition 1 ist mit $r(x)$, gegeben durch (3.1), erfüllt. Es ist nur noch (2) zu zeigen.

$$\lim_{x \to a} |r(x)| = \lim_{x \to a} \left| sg(x-a) \left(\frac{\frac{1}{x} - \frac{1}{a}}{x-a} + \frac{1}{a^2} \right) \right| =$$

$$= \lim_{x \to a} \left| \frac{-(x-a)}{a \cdot x(x-a)} + \frac{1}{a^2} \right| =$$

$$= \lim_{x \to a} \left| \frac{x-a}{a^2 x} \right| = 0$$

nach §1 Satz 5.2. Aus $\lim\limits_{x \to a} |r(x)| = 0$ folgt nach §1 Satz 6 auch $\lim\limits_{x \to a} r(x) = 0$. Damit ist f differenzierbar an jeder Stelle $a \in \mathbb{R} \backslash \{0\}$ und $Df(a) = -\dfrac{1}{a^2}$.

Definition 3: Sei $f : A \to \mathbb{R}$ differenzierbar an der Stelle $a \in A$. Die Abbildung $t : \mathbb{R} \to \mathbb{R}$, gegeben durch $x \mapsto t(x) = f(a) + b(x-a)$, heißt Tangente an f an der Stelle a. $\triangle$

Beispiel 3:

Die Ableitung der Funktion $f : \mathbb{R} \to \mathbb{R}$, gegeben durch $x \mapsto f(x) = x^2$, besitzt an der Stelle $a = 1$ die Ableitung $Df(1) = 2$. Die Tangente an f an der Stelle $a = 1$ ist

$$t(x) = f(a) + b(x-a) = 1 + 2(x-1) = -1 + 2x.$$

Dies ist eine Geradengleichung mit der Steigung 2. Den Wert 2 besitzt auch die Ableitung von f an der Stelle $a = 1$.

Der Punkt $\big(a, f(a)\big) = (1,1)$ liegt auf der Geraden t.

Definition 4: Die Abbildung $df(a, \cdot) : \mathbb{R} \to \mathbb{R}$, gegeben durch

$$h \mapsto df(a, h) := b \cdot h = Df(a) \cdot h = f'(a) \cdot h,$$

heißt Differential von f an der Stelle a.   △

Bisher haben wir den Wert der Ableitung erraten und dann nach Definition 1 gezeigt, daß diese Vermutung richtig war. Eine bessere Methode zur Berechnung von Ableitungen liefert folgender Satz, den wir auch zur Definition der Differenzierbarkeit heranziehen könnten.

Satz 1: Sei A eine Umgebung von a und $f : A \to \mathbb{R}$ eine Funktion. f ist an der Stelle a differenzierbar mit Ableitung $Df(a)$ genau dann, wenn $\lim\limits_{x \to a} \dfrac{f(x) - f(a)}{x - a}$ existiert. Der Wert des Grenzwertes ist dann $Df(a)$.

Beweis:

„$\Rightarrow$" Ist f differenzierbar an der Stelle a, so gilt für alle $x \in A$

$$f(x) = f(a) + Df(a)\,(x - a) + r(x)\,|x - a| \quad \text{und für } x \neq a$$

$$\frac{f(x) - f(a)}{x - a} = r(x) \cdot sg(x - a) + Df(a).$$

Da $\lim\limits_{x \to a} [r(x) \cdot sg(x - a) + Df(a)]$ existiert und gleich $Df(a)$ ist, existiert auch

$\lim\limits_{x \to a} \dfrac{f(x) - f(a)}{x - a}$ und hat ebenso den Grenzwert $Df(a)$.

„$\Leftarrow$" Es existiert $\lim\limits_{x \to a} \dfrac{f(x) - f(a)}{x - a} = b$.

Dann läßt sich offensichtlich f wie folgt schreiben:

$$f(x) = f(a) + b(x - a) + r(x)|x - a|.$$

Zu zeigen ist noch, daß $\lim\limits_{x \to a} r(x) = 0$ ist.

Lösen wir nach $r(x)$ auf, ergibt sich

$$r(x) = \left(\frac{f(x) - f(a)}{x - a} - b \right) sg(x - a).$$

Da $\lim\limits_{x \to a} \left(\dfrac{f(x) - f(a)}{x - a} - b \right) = 0$, existiert der Grenzwert für $x \to a$ der rechten Seite und ist ebenfalls gleich Null. Damit existiert der Grenzwert der linken Seite und es gilt $\lim\limits_{x \to a} r(x) = 0$.   □

Beispiel 4:

Mit Hilfe der im Satz 1 gegebenen Methode berechnen wir die Ableitung der Funktion $f : \mathbb{R} \to \mathbb{R}$, gegeben durch $x \mapsto f(x) = x^2$. Sei $x \neq a$, dann gilt

$$\frac{f(x) - f(a)}{x - a} = \frac{x^2 - a^2}{x - a} = \frac{(x - a)(x + a)}{(x - a)} = x + a \quad \text{und damit}$$

$$\lim_{x \to a} \frac{f(x) - f(a)}{x - a} = \lim_{x \to a} (x + a) = a + a = 2a.$$

Damit ist gezeigt, daß f für alle $a \in \mathbb{R}$ differenzierbar ist mit Ableitung $Df(a) = 2a$.

Nun zeigen wir, daß die differenzierbaren Funktionen eine Teilmenge der stetigen Funktionen sind.

Satz 2: Sei A eine Umgebung von a und f eine Funktion $f : A \to \mathbb{R}$. Ist f an der Stelle a differenzierbar, so ist f auch stetig an der Stelle a.

Beweis:

Ist f differenzierbar an der Stelle a, so folgt nach Definition 1

$$f(x) = f(a) + b(x - a) + r(x)|x - a| \quad \text{und daraus}$$
$$\lim_{x \to a} f(x) = f(a) + \lim_{x \to a} b(x - a) + \lim_{x \to a} r(x)|x - a| = f(a).$$

Also ist f stetig an der Stelle a.   □

Als nächstes dehnen wir die Definition der Differenzierbarkeit auf offene Intervalle aus.

Definition 5:
(1) Sei $I =]\alpha, \beta[$ ein offenes Intervall und f eine Funktion mit $f : I \to \mathbb{R}$. f heißt differenzierbar in $I :\Leftrightarrow$
f ist differenzierbar für alle $a \in I$.

(2) Sei $I = [\alpha, \beta]$ ein endliches abgeschlossenes Intervall und f eine Funktion mit $f : I \to \mathbb{R}$. f heißt differenzierbar in $I :\Leftrightarrow$
f ist differenzierbar in $]\alpha, \beta[$ und sowohl

$$\lim_{\substack{x \to \alpha \\ x > \alpha}} \frac{f(x) - f(\alpha)}{x - \alpha} \quad \text{als auch} \quad \lim_{\substack{x \to \beta \\ x < \beta}} \frac{f(x) - f(\beta)}{x - \beta} \quad \text{existieren.}$$

(3) Sei $f : A \to \mathbb{R}$ differenzierbar für alle $a \in A$, so heißt die Funktion $Df : A \to \mathbb{R}$, gegeben durch $a \mapsto Df(a)$, Ableitung von f. Die Ableitung Df wird auch mit f′ bezeichnet.   △

Für differenzierbare Funktionen gelten einige Rechenregeln, denen wir uns nun zuwenden.

Satz 3: (Summenregel)
Seien f_1, f_2 in einem offenen Intervall I (bzw. in $a \in A$) differenzierbare Funktionen. Dann ist $f_1 + f_2$ differenzierbar in I (bzw. $a \in A$) und es gilt

$$D(f_1 + f_2)(a) = (f_1 + f_2)'(a) =$$
$$= Df_1(a) + Df_2(a) = f_1'(a) + f_2'(a) \quad \text{für alle } a \in I \text{ (bzw. für } a \in A\text{).}$$

Beweis: Da f_1 und f_2 differenzierbar sind und

(3.2) $f_i(x) = f_i(a) + b_i(x - a) + r_i(x)|x - a|$ für $i = 1,2$ gilt, folgt daraus

(3.3) $(f_1 + f_2)(x) = (f_1 + f_2)(a) + (b_1 + b_2)(x - a) + (r_1 + r_2)(x)|x - a|$ und
$$\lim_{x \to a}(r_1 + r_2)(x) = \lim_{x \to a} r_1(x) + \lim_{x \to a} r_2(x) = 0.$$

$f_1 + f_2$ besitzt nach (3.3) die in Definition 1 geforderte Darstellung mit $r(x) := (r_1 + r_2)(x)$.   □

Beispiel 5:
Seien $f_1, f_2 : \mathbb{R} \to \mathbb{R}$ gegeben durch $x \mapsto f_1(x) = c$ und $x \mapsto f_2(x) = x$. Dann ist
$$D(f_1 + f_2)(a) = Df_1(a) + Df_2(a) = 0 + 1 = 1 \ \forall a \in \mathbb{R}.$$

Satz 4: (Produktregel)
Voraussetzung wie Satz 3. Dann gilt $f_1 \cdot f_2$ ist differenzierbar in I (bzw. $a \in A$) und
$$D(f_1 \cdot f_2)(a) = (f_2 \cdot Df_1)(a) + (f_1 \cdot Df_2)(a) \text{ für alle } a \in I \text{ (bzw. für } a \in A) \quad \text{oder}$$
$$(f_1 \cdot f_2)'(a) = (f_1' \cdot f_2 + f_1 \cdot f_2')(a).$$

Beweis: Da f_1 und f_2 differenzierbar sind, gilt (3.2) und damit

$(f_1 \cdot f_2)(x) =$
$= \big(f_1(a) + b_1(x - a) + r_1(x)|x - a|\big)\big(f_2(a) + b_2(x - a) + r_2(x)|x - a|\big) =$
$= f_1(a)f_2(a) + (b_1 f_2(a) + b_2 f_1(a))(x - a) + b_1 b_2 (x - a)^2 +$
$\quad + \big(r_1(x)f_2(a) + r_2(x)f_1(a) + r_1(x)r_2(x)|x - a| + b_1(x - a)r_2(x) +$
$\quad + b_2(x - a)r_1(x)\big)|x - a| =$
$= (f_1 \cdot f_2)(a) + (b_1 f_2 + b_2 f_1)(a) \cdot (x - a) + r(x)|x - a|$

mit $r(x) = f_2(a) \cdot r_1(x) + f_1(a) \cdot r_2(x) + (r_1 \cdot r_2)(x)|x - a| +$
$\quad + (b_1 r_2(x) + b_2 r_1(x))(x - a) + b_1 b_2 |x - a|$

Da $b_1 = Df_1(a)$ und $b_2 = Df_2(a)$, bleibt nur noch zu zeigen, daß

$$\lim_{x \to a} r(x) = \lim_{x \to a} r_1(x) \cdot \lim_{x \to a} f_2(a) + \lim_{x \to a} r_2(x) \cdot \lim_{x \to a} f_1(a) +$$
$$+ \lim_{x \to a} r_1(x) \cdot \lim_{x \to a} r_2(x) \lim_{x \to a}|x - a| + \lim_{x \to a}(x - a) \lim_{x \to a}(b_1 r_2(x) + b_2 r_1(x))$$
$$+ b_1 b_2 \cdot \lim_{x \to a}|x - a| = 0 \cdot f_2(a) + 0 \cdot f_1(a) + 0 \cdot 0 \cdot 0 + 0 \cdot (0 + 0)$$
$$+ b_1 b_2 \cdot 0 = 0$$

Damit ist die Produktregel bewiesen.   □

Korollar 1: Gilt $f_2(x) = c \ \forall x \in I$,

so gilt $D(c \cdot f_1)(a) = c \cdot Df_1(a)$

oder $(c \cdot f_1)'(a) = c \cdot f_1'(a)$ für alle $a \in I$.

Beispiel 6:

Mit der Produktregel und vollständiger Induktion zeigen wir, daß die Funktionen $f_n : \mathbb{R} \to \mathbb{R}$, gegeben durch $x \mapsto f_n(x) = x^n$, differenzierbar sind für alle $n \in \mathbb{N}$ mit Ableitung $Df_n(a) = (f_n)'(a) = n \cdot a^{n-1}$ für alle $a \in \mathbb{R}$.

(1) Die Behauptung ist richtig für $n = 1$

LS: $Df_1(a) = 1 \, \forall \, a \in \mathbb{R}$ nach Beispiel 1

RS: $1 \cdot a^{1-1} = 1 \cdot a^0 = 1 \, \forall \, a \in \mathbb{R}$

RS: $=$ LS. Die Behauptung ist also richtig für $n = 1$.

(2) 1. Induktionsvoraussetzung

Die Behauptung sei richtig für $n = k \geq 1$, d.h. $Df_k(a) = k a^{k-1}$

2. Induktionsschritt

$Df_{k+1}(a) = D(f_k \cdot f_1)(a) \overset{*}{=}$

$\qquad = (f_1 \cdot Df_k)(a) + (f_k \cdot Df_1)(a) \overset{**}{=}$

$\qquad = a \cdot k \cdot a^{k-1} + a^k \cdot 1 = (k+1)a^k$ für alle $a \in \mathbb{R}$.

(* gilt nach der Produktregel Satz 4 und ** nach Induktionsvoraussetzung.)

Aus (1) und (2) folgt die Gültigkeit von

$\qquad Df_n(a) = na^{n-1}$ für alle $n \in \mathbb{N}$.

Wir wollen nicht für alle gängigen Funktionen beweisen, welche Gestalt ihre Ableitungen haben.

Satz 5: Für die folgenden Funktionen $f : A \to \mathbb{R}$ mit jeweils einem geeigneten Definitionsbereich A gilt

Funktion $x \mapsto f(x)$	Definitionsbereich mit $x \in A$	Ableitung an der Stelle x $b = Df(x)$
x^c für $c \in \mathbb{R}$	mit $x > 0$	cx^{c-1}
x^n für $n \in \mathbb{Z}$	mit $x \in \mathbb{R}$	nx^{n-1}
e^x	mit $x \in \mathbb{R}$	e^x
c^x für $c > 0$	mit $x \in \mathbb{R}$	$c^x \ln(c)$
$\ln(x)$	mit $x > 0$	$\dfrac{1}{x}$
$^m\log(x)$	mit $x > 0$	$\dfrac{1}{x \ln(m)}$
$\sin(x)$	mit $x \in \mathbb{R}$	$\cos(x)$
$\cos(x)$	mit $x \in \mathbb{R}$	$-\sin(x)$
$\mathrm{tg}(x)$	$x \in \mathbb{R} \setminus \{\frac{\pi}{2} + k\pi \mid k \in \mathbb{Z}\}$	$\dfrac{1}{\cos^2(x)}$
$\mathrm{ctg}(x)$	$x \in \mathbb{R} \setminus \{k\pi \mid k \in \mathbb{Z}\}$	$\dfrac{-1}{\sin^2(x)}$
$\arcsin(x)$	$-1 < x < 1$	$\dfrac{1}{\sqrt{1-x^2}}$

Funktion $x \mapsto f(x)$	Definitionsbereich mit $x \in A$	Ableitung an der Stelle x $b = Df(x)$
arccos (x)	$-1 < x < 1$	$\dfrac{-1}{\sqrt{1-x^2}}$
arctg (x)	$x \in \mathbb{R}$	$\dfrac{1}{1+x^2}$
arcctg (x)	$x \in \mathbb{R}$	$\dfrac{-1}{1+x^2}$

Aus diesen Funktionen lassen sich die meisten in der Wirtschaftstheorie gebräuchlichen differenzierbaren Funktionen zusammensetzen. Die Ableitungen können dann mit Hilfe einiger weiterer Regeln, denen wir uns jetzt zuwenden, berechnet werden.

Satz 6: (Kettenregel)

Sei A Umgebung von a und C Umgebung von c. Die Funktion f mit $f : A \to C$ sei differenzierbar an der Stelle $a \in A$ und $g : C \to \mathbb{R}$ sei differenzierbar an der Stelle c $= f(a)$. Dann gilt: $g \circ f : A \to \mathbb{R}$ ist differenzierbar an der Stelle a mit

$$D(g \circ f)(a) = (g \circ f)'(a) = Dg(c) \cdot Df(a) = Dg(f(a)) \cdot Df(a)$$

Beweis: Da f und g differenzierbar sind, können wir gemäß Definition 1

$$f(x) = f(a) + b_1(x-a) + r_1(x)|x-a| \quad \text{und}$$
$$g(y) = g(c) + b_2(y-c) + r_2(y)|y-c| \quad \text{schreiben.}$$

Setzen wir $y = f(x)$ und $c = f(a)$, so ergibt sich für die zusammengesetzte Funktion

$$(g \circ f)(x) = g(f(x)) =$$
$$= g(c) + b_2(f(a) + b_1(x-a) + r_1(x)|x-a| - c) +$$
$$+ r_2(f(x))|f(x) - c|$$

Wegen $f(a) = c$ gilt weiter:

$$= (g \circ f)(a) + b_2 b_1 (x-a) +$$
$$+ b_2 r_1(x) \cdot |x-a| + r_2(f(x))|f(x) - f(a)| =$$
$$= (g \circ f)(a) + b_2 b_1 (x-a) +$$
$$+ |x-a| \left[b_2 r_1(x) + r_2(f(x)) \left| \frac{f(x) - f(a)}{x-a} \right| \right]$$

Sei $r(x) = b_2 r_1(x) + r_2(f(x)) \cdot \left| \dfrac{f(x) - f(a)}{x-a} \right|$, dann gilt

$$\lim_{x \to a} r(x) = b_2 \cdot 0 + 0 \cdot |b_1| = 0.$$

Damit ist nach Definition 1

$$b_2 \cdot b_1 = Dg(c) \cdot Df(a)$$

die Ableitung von $g \circ f$ an der Stelle a. $\qquad\qquad\qquad\qquad\qquad\qquad$ □

Beispiel 7:
Wir müssen A und C genau angeben, damit $g \circ f$ eine wohldefinierte Funktion ist.

Sei $A = \{x \in \mathbb{R} \mid x^3 > 5\}$ und $C = \{y \in \mathbb{R} \mid y > 0\}$
$f : A \to C$ gegeben durch $x \mapsto f(x) = x^3 - 5$ und
$g : C \to \mathbb{R}$ gegeben durch $y \mapsto g(y) = \sqrt{y}$.

Dann ist die Funktion

$g \circ f : A \to \mathbb{R}$ gegeben durch $x \mapsto (g \circ f)(x) = \sqrt{x^3 - 5}$.

Für die Ableitung ergibt sich:

$$Dg(c) = \frac{1}{2} \cdot \frac{1}{\sqrt{c}} \quad \text{und} \quad Df(a) = 3a^2.$$

Da

$$c = f(a),$$

gilt somit für die zusammengesetzte Funktion:

$$D(g \circ f)f(a) = \frac{1}{2} \cdot \frac{1}{\sqrt{a^3 - 5}} \cdot 3a^2 \quad (\forall\, a \in A).$$

Das nächste Ziel ist es, Quotienten von Funktionen zu differenzieren. Dazu zeigen wir zunächst:

Satz 7: Sei $f : A \to \mathbb{R}$ differenzierbar an der Stelle a und $f(x) \neq 0$ für alle $x \in A$.

Dann ist $\frac{1}{f} : A \to \mathbb{R}$ differenzierbar an der Stelle a und es gilt:

$$D\frac{1}{f}(a) = \left(\frac{1}{f}\right)'(a) = -\frac{Df(a)}{(f(a))^2}.$$

Beweis: Sei $B := \{y \in \mathbb{R} \mid y = f(x) \text{ für } x \in A\}$ und $g : B \to \mathbb{R}$ gegeben durch $y \mapsto g(y) = \frac{1}{y}$.

Dann ist

$$\left(\frac{1}{f}\right)(x) = \frac{1}{f(x)} = g(f(x)) = (g \circ f)(x).$$

Auf g ∘ f läßt sich die Kettenregel anwenden und wir erhalten unter Beachtung von Beispiel 2

$$D \frac{1}{f}(a) = D(g \circ f)(a) = Dg(c) \cdot Df(a) = \frac{-1}{(f(a))^2} \cdot Df(a).$$ □

Satz 8: Sei die Voraussetzung von Satz 7 erfüllt und sei $g : A \to \mathbb{R}$ differenzierbar an der Stelle a. Dann ist $\frac{g}{f} : A \to \mathbb{R}$ differenzierbar an der Stelle a mit

$$D\left(\frac{g}{f}\right)(a) = \left(\frac{g}{f}\right)'(a) = \frac{f(a)\,Dg(a) - g(a)\,Df(a)}{(f(a))^2} =$$

$$= \left(\frac{fg' - gf'}{f^2}\right)(a),$$

wobei f^2 als Abkürzung für $f \cdot f$ gebraucht wird.

Beweis: Satz 8 folgt direkt aus der Produktregel und Satz 7. □

Beispiel 8:

Sei $A = \mathbb{R} \setminus \left\{\frac{\pi}{2} + k\pi \,|\, k \in \mathbb{Z}\right\}$ und

$g : A \to \mathbb{R}$ gegeben durch $x \mapsto g(x) = \sin(x)$

$f : A \to \mathbb{R}$ gegeben durch $x \mapsto f(x) = \cos(x)$

$\frac{g}{f} : A \to \mathbb{R}$ gegeben durch $x \mapsto \frac{g}{f}(x) = \frac{\sin(x)}{\cos(x)}$.

Für die Ableitung ergibt sich

$$D\left(\frac{g}{f}\right)(a) = \frac{f(a)\,Dg(a) - g(a)\,Df(a)}{(f(a))^2} =$$

$$= \frac{\cos(a) \cdot \cos(a) - \sin(a) \cdot (-1) \cdot \sin(a)}{\cos^2(a)} = \frac{1}{\cos^2(a)}.$$

Hierbei wurde die bekannte Beziehung $\cos^2(a) + \sin^2(a) = 1$ verwendet.

Wir geben noch einen Satz an, der es ermöglicht, die Umkehrfunktion f^{-1} zu differenzieren, falls diese existiert und Df bekannt ist.

Satz 9: Sei $f : A \to B$ differenzierbar an der Stelle $a \in A$ mit $Df(a) \neq 0$. Existiert die Umkehrfunktion $f^{-1} : B \to A$ und ist f^{-1} stetig an der Stelle $b = f(a)$, so gilt: f^{-1} ist differenzierbar an der Stelle b mit

$$Df^{-1}(b) = \frac{1}{Df(a)} = \frac{1}{Df(f^{-1}(b))}.$$

Wir geben zwei nicht vollständig ausgearbeitete Beweise (Beweisskizzen) für den Fall, daß f^{-1} nicht nur stetig, sondern auch differenzierbar ist.

Beweisskizze (1): Sei $b = f(a)$. Da $(f^{-1} \circ f)(a) = a$ für alle $a \in A$ ist, folgt nach Beispiel 1 und der Kettenregel

$$1 = D(f^{-1} \circ f)(a) = Df^{-1}(b) \cdot Df(a).$$

Beweisskizze (2): Wir können uns das Resultat von Satz 9 auch geometrisch verdeutlichen.

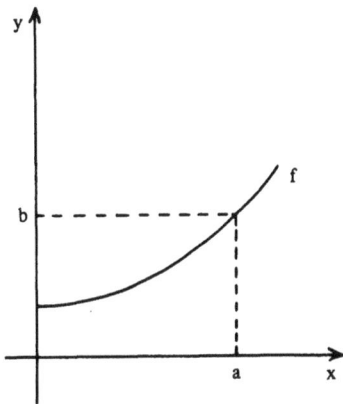

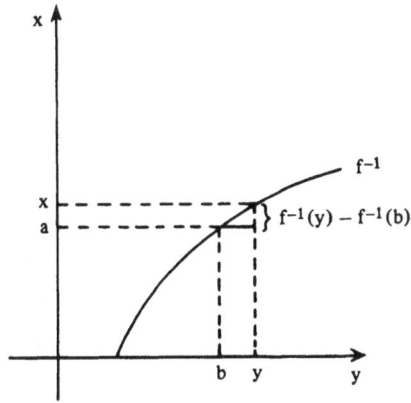

$$\frac{f^{-1}(y) - f^{-1}(b)}{y - b} = \frac{x - a}{f(x) - f(a)} = \frac{1}{\dfrac{f(x) - f(a)}{x - a}}.$$

Der Grenzübergang $y \to b$ liefert dann das Ergebnis. □

Wie für stetige Funktionen gibt es auch für differenzierbare Funktionen einen Mittelwertsatz. Wir geben diesen Satz, dessen Inhalt sehr anschaulich ist (siehe Abb. Seite 150), ohne Beweis wieder.

Satz 10: Sei $f : [\alpha, \beta] \to \mathbb{R}$ stetig im endlichen Intervall $[\alpha, \beta]$ und differenzierbar in $]\alpha, \beta[$. Dann existiert ein $a \in]\alpha, \beta[$ mit

$$f(\beta) - f(\alpha) = Df(a) \cdot (\beta - \alpha)$$

Es ist ein Irrtum, zu glauben, daß die Ableitung Df einer differenzierbaren Funktion f stetig sein müsse. Dies zeigt folgendes Beispiel:

Beispiel 9:

Sei $f : \mathbb{R} \to \mathbb{R}$ gegeben durch

$$x \mapsto f(x) = \begin{cases} x^2 \sin\left(\dfrac{1}{x}\right) & \text{für } x \neq 0 \\ 0 & \text{für } x = 0 \end{cases}$$

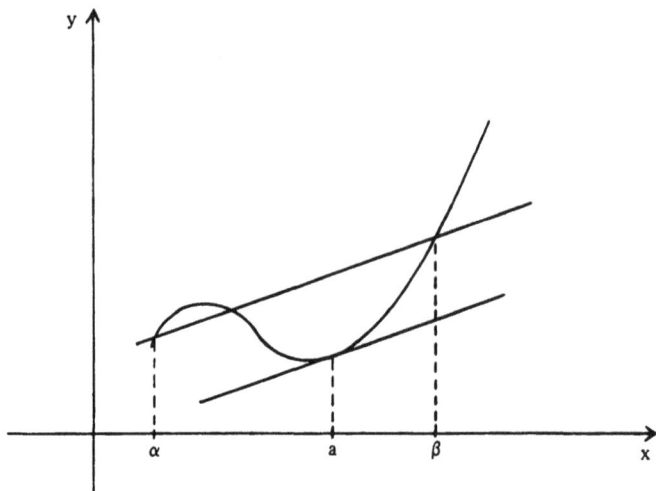

Wir zeigen zuerst, daß f an der Stelle 0 differenzierbar ist

$$\frac{f(x) - f(0)}{x - 0} = \frac{f(x)}{x} = x \sin\left(\frac{1}{x}\right)$$

Nach § 1 Satz 6 existiert

$$\lim_{x \to 0} \frac{f(x) - f(0)}{x - 0} = \lim_{x \to 0} x \sin\left(\frac{1}{x}\right) = 0.$$

Die Ableitung von f an einer Stelle a $\neq$ 0 ist mit Produkt und Kettenregel zu bestimmen. Es gilt:

$$Df(a) = 2a \cdot \sin\left(\frac{1}{a}\right) - \cos\left(\frac{1}{a}\right).$$

Der Limes von Df(a) für a gegen 0 existiert nicht, da der erste Term gegen 0 geht, der zweite aber zwischen -1 und $+1$ oszilliert. Daher ist Df an der Stelle a = 0 nicht stetig.

Bei der Betrachtung von Grenzwerten in § 1 war in Satz 5 (2) der Fall ausgeschlossen, daß beide Folgen gegen 0 konvergieren oder nach $\pm \infty$ divergieren. Bei Anwendungen in den Wirtschaftswissenschaften treten solche Fälle auf (siehe Beispiel 10). Der folgende Satz erleichtert oft die Grenzwertbestimmung.

Satz 11: (Regel von l'Hospital)
Seien f, g : I = $]\alpha, \beta[\to \mathbb{R}$ differenzierbar in dem endlichen Intervall I mit g(a) $\neq$ 0 und Dg(a) $\neq$ 0 $\forall$ a $\in$ I, und es gelte einer der Fälle

$$\lim_{\substack{x \to \beta \\ x \in I}} f(x) = \lim_{\substack{x \to \beta \\ x \in I}} g(x) = \begin{cases} 0 \\ \infty \\ -\infty \end{cases}$$

Existiert $\lim\limits_{\substack{x\to\beta \\ x\in I}} \dfrac{Df(x)}{Dg(x)} = s$, so existiert auch $\lim\limits_{\substack{x\to\beta \\ x\in I}} \dfrac{f(x)}{g(x)} = s$.

Divergiert $\dfrac{Df(x)}{Dg(x)}$ gegen $+\infty$ oder $-\infty$, so auch $\dfrac{f(x)}{g(x)}$.

(Hierbei ist $\lim\limits_{x\to\beta} g(x) = \pm\infty$ eine abkürzende Schreibweise dafür, daß $g(x)$ für $x \to \beta$ gegen plus bzw. minus Unendlich strebt.)

Beispiel 10:

In der Produktionstheorie werden Produktionsfunktionen mit konstanter Substitutionselastizität (CES-Funktionen) untersucht. Wir wählen folgende Beschreibung. Sei

Y: Gesamtproduktion
K: Kapital
N: Anzahl der Individuen
y: Per-capita-Produktion (Y/N) (Pro Kopf Produktion)
x: Per-capita-Kapitaleinsatz (K/N)
ϱ: Substitutionsparameter $\varrho > 0$
γ, δ: Effizienz- bzw. Verteilungsparameter.

Dann ist eine CES Produktionsfunktion gegeben durch

$$y = \gamma \cdot (1 - \delta + \delta x^{-\varrho})^{-\frac{1}{\varrho}} = (\ast).$$

Wir interessieren uns nun für den Fall $\varrho \to 0$. Dazu formen wir y noch etwas um

$$(\ast) = e^{\ln(\gamma(1-\delta+\delta x^{-\varrho})^{-\frac{1}{\varrho}})} = e^{\ln\gamma - \frac{1}{\varrho}\ln(1-\delta+\delta x^{-\varrho})}.$$

Um die Regel von l'Hospital anzuwenden, setzen wir $g(\varrho) = -\varrho$ und $f(\varrho) = \ln(1 - \delta + \delta x^{-\varrho})$. Dann gilt, falls die Limiten existieren,

$$\lim_{\varrho\to 0} \frac{1}{-\varrho}\ln(1-\delta+\delta x^{-\varrho}) = \lim_{\varrho\to 0}\frac{Df(\varrho)}{Dg(\varrho)} = \lim_{\varrho\to 0}\frac{\delta x^{-\varrho}(-1)\ln x}{(-1)(1-\delta+\delta x^{-\varrho})} = \delta\ln x.$$

Damit ergibt sich

$$\lim_{\varrho\to 0} y(\varrho) = e^{(\ln\gamma + \delta\ln x)} = e^{\ln(\gamma x^{\delta})} = \gamma x^{\delta}.$$

Dies ist die bekannte Cobb-Douglas-Produktionsfunktion. Gehen wir von Per-capita-Größen zu Gesamtgrößen über, so ergibt sich mit $y = \dfrac{Y}{N}$ und $x = \dfrac{K}{N}$ aus y $= \gamma x^{\delta}$ die Form $\dfrac{Y}{N} = \gamma\left(\dfrac{K}{N}\right)^{\delta}$ und damit $Y = \gamma K^{\delta}\cdot N^{1-\delta}$.

Definition 6 (1): Sei f und Df differenzierbar an der Stelle $a \in A$. Für Df gelte

$$Df(x) = Df(a) + \bar{b}(x - a) + \tilde{r}(x)|x - a|.$$

Dann heißt $D(Df)(a) =: D^2 f(a) = \bar{b}$ die zweite Ableitung von f an der Stelle a.

(2) Sei f an der Stelle a n-mal differenzierbar, dann wird die n-te Ableitung von f an der Stelle a durch die Rekursionsformel

$$D^n f(a) := D(D^{n-1} f)(a)$$

definiert.   △

Es sind auch noch folgende Schreibweisen üblich:

(1) $D^2 f(a) = f''(a) = \dfrac{d^2}{dx^2} f(x) \Big|_{x=a}$

(2) $D^n f(a) = f^{(n)}(a) = \dfrac{d^n}{dx^n} f(x) \Big|_{x=a}$

Für $n > 1$ heißt $D^n f$ Ableitung höherer Ordnung von f. Ihre Anwendungsmöglichkeiten sind vielfältig. Wir werden im nächsten Abschnitt bei der sogenannten Kurvendiskussion darauf zurückkommen.

Beispiel 11:

Sei $f : \mathbb{R} \to \mathbb{R}$ gegeben durch $x \mapsto e^x \cdot \sin(x)$.

Dann ist $D^1 f(a) = e^a(\sin(a) + \cos(a))$ und

$D^2 f(a) = e^a(\sin(a) + \cos(a) + \cos(a) - \sin(a)) = 2e^a \cos(a)$.

Nun wenden wir uns einer Anwendung höherer Ableitungen bei der Approximation von Funktionen zu: Betrachten wir die Tangente t zu f an der Stelle a. Hier stimmen sowohl die Funktionswerte als auch die Werte der Ableitung von t und f überein. Von der Tangente sagen wir, sie sei eine lineare Approximation oder eine Approximation erster Ordnung von f an der Stelle a. Sei nun f an Stelle a n-mal differenzierbar. Wir suchen ein Polynom höchstens n-ten Grades, das an der Stelle a den Wert f(a) hat und dessen n Ableitungen dort mit denen von f übereinstimmen. Dies nennen wir eine Approximation n-ter Ordnung für f an der Stelle a.

Definition 7: Die Abbildung $T_n(a, \cdot) : \mathbb{R} \to \mathbb{R}$ gegeben durch

$$x \mapsto T_n(a, x) = \sum_{k=0}^{n} D^k f(a) \frac{(x - a)^k}{k!}$$

heißt n-tes Approximationspolynom nach Taylor zu f an der Stelle a.   △

Beispiel 12:

Sei $f : A \to \mathbb{R}$ differenzierbar an der Stelle a, dann ergibt sich $T_0(a, x) = f(a)$, $T_1(a, x) = f(a) + Df(a)(x - a)$ für das nullte und erste Approximationspolynom zu f an der Stelle a.

Satz 12: (Taylorpolynom mit Restglied nach Lagrange)

(1) Sei $x > a$ und $f : [a, x] \to \mathbb{R}$ eine $(n + 1)$-mal differenzierbare Funktion. Dann gibt es ein $h > 0$ mit $h < |x - a|$ so, daß

$$f(x) = T_n(a, x) + \frac{(x - a)^{n+1}}{(n + 1)!} \, D^{n+1} f(a + h) \quad \text{ist.}$$

Der zweite Term wird Restglied nach Lagrange genannt.

(2) Analog gilt für $x < a$. Es gibt ein $h < 0$ mit $h > -|x - a|$ so, daß der Funktionswert $f(x)$ gleich dem Wert des Taylorpolynoms mit Restglied nach Lagrange ist.

Beispiel 13:

Sei $P_n : \mathbb{R} \to \mathbb{R}$ ein Polynom n-ten Grades.

$$x \mapsto P_n(x) = a_0 + a_1 x + \ldots + a_n x^n = \sum_{i=0}^{n} a_i x^i.$$

Dann ist die k-te Ableitung

$$D^k P_n(x) = \sum_{i=0}^{n-k} \frac{(k + i)!}{i!} \cdot a_{k+i} \cdot x^i$$

Offensichtlich gilt, da $D^k P_n^{(k)}(0) = k! \, a_k$

$$T_n(0, x) = \sum_{k=0}^{n} D^k P_n(0) \cdot \frac{(x - 0)^k}{k!} = \sum_{k=0}^{n} \frac{k! \, a_k}{k!} x^k = P_n(x)$$

d.h. das Taylorpolynom stimmt mit der Funktion P_n überein. Diese Übereinstimmung ist unabhängig von der speziellen Wahl $a = 0$, das heißt, es gilt $T_n(a, x) = P_n(x)$.

Wir wollen nicht der Frage nachgehen, wie sich Taylorpolynome $T_n(a, \cdot)$ zu einer beliebig oft differenzierbaren Funktion f für $n \to \infty$ verhalten und inwieweit dadurch f bestimmt ist.

§ 4 Diskussion von Funktionen

In diesem Abschnitt behandeln wir Eigenschaften von Funktionen, die sich mit Hilfe von Ableitungen charakterisieren lassen. Wir gehen auch auf die geometrische Gestalt der zugehörigen Graphen ein.

Beispiel 1:

Einfache Zusammenhänge lassen sich oft auch durch eine Zeichnung in der Ebene veranschaulichen. Sei eine Nachfragefunktion (q nachgefragte Menge, p Preis pro

Einheit) durch $q = a - bp$ mit $a, b > 0$ gegeben. Die zugehörige Preis-Absatz-Funktion ist dann $p = \dfrac{a}{b} - \dfrac{q}{b}$.

Für den Umsatz U erhalten wir $U = p \cdot q = -\dfrac{q^2}{b} + \dfrac{aq}{b}$.

Dies läßt sich in einer Zeichnung darstellen:

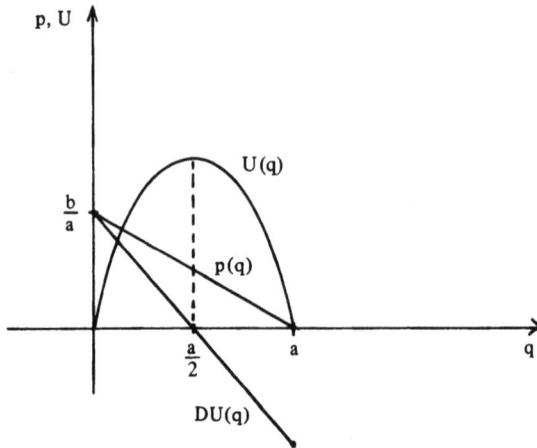

Wir können ablesen, daß der Grenzumsatz unterhalb der Preis-Absatzfunktion liegt und daß der Grenzumsatz nach Überschreiten des Umsatzmaximums negativ wird.

Um solche Betrachtungen systematisch durchführen zu können, bedarf es noch einiger Definitionen und Sätze. In § 1 Definition 7 haben wir bereits das Maximum und das Minimum einer Menge von Zahlen definiert und in § 2 Definition 2 den Begriff der Umgebung.

Definition 1:

(1) (lokales Maximum und Minimum)

Die Funktion $f : A \to \mathbb{R}$ besitzt ein lokales Maximum (Minimum) an der Stelle $a \in A :\Leftrightarrow$

Zu a existiert eine Umgebung $U_{\varepsilon, a}$ so, daß

$f(x) \leqq f(a)$ für alle $x \in U_{\varepsilon, a} \cap A$ („$\geqq$" für Minimum)

(2) Die Funktion $f : A \to \mathbb{R}$ besitzt ein globales Maximum (Minimum) an der Stelle $a \in A :\Leftrightarrow$

$f(x) \leqq f(a)$ für alle $x \in A$ („$\geqq$" für Minimum).

(3) Die Funktion f heißt lokal (global) extremal an der Stelle $a :\Leftrightarrow$

f besitzt an der Stelle a ein lokales (globales) Maximum oder Minimum.

(4) Lokale beziehungsweise globale Maxima und Minima bezeichnet man auch als lokale beziehungsweise globale Extrema.   △

Betrachten wir das zu Beispiel 1 gehörige Bild, so folgt nach dem Mittelwertsatz der Differentialrechnung, da $f(0) = f(a) = 0$, die Existenz einer Stelle x mit $f'(x) = 0$.

Der Zeichnung zufolge ist dies gerade die Stelle $\frac{a}{2}$, an der der Umsatz U seinen größten Wert annimmt.

Satz 1: Sei $f : A \to \mathbb{R}$ an der Stelle $a \in A$ lokal extremal und es gebe ein $\varepsilon > 0$ so, daß $a \in U_{\varepsilon, a} \subset A$.

Ist f differenzierbar, dann gilt $Df(a) = f'(a) = 0$.

Das Verschwinden der ersten Ableitung an der Stelle a ist also eine notwendige Bedingung für das Vorliegen eines lokalen Extremums, falls f an der Stelle a differenzierbar ist.

Beweis: Wir beschränken uns auf den Fall eines lokalen Maximums. Für ein lokales Minimum gilt der Beweis analog. Da f an der Stelle a differenzierbar ist, gilt

(4.1) $f(x) = f(a) + Df(a)(x - a) + r(x)|x - a|$.

Ist a lokales Maximum, so gilt nach Voraussetzung:

$\exists U_{a, \varepsilon} \subset A$, so daß $f(x) \leqq f(a) \ \forall x \in U_{a, \varepsilon}$.

Zusammen mit (4.1) folgt

(4.2) $0 \geqq f(x) - f(a) = Df(a)(x - a) + r(x)|x - a|$

Fall 1: Sei $x > a$

Wird (4.2) durch $(x - a)$ dividiert ($(x - a)$ ist größer Null), so erhalten wir

$$0 \geqq \frac{f(x) - f(a)}{x - a} = Df(a) + r(x)$$

und da f differenzierbar an der Stelle a ist, gilt:

$$0 \geqq \lim_{\substack{x \to a \\ x > a}} \frac{f(x) - f(a)}{x - a} = Df(a) + 0$$

Fall 2: Sei $x < a$.
Wir dividieren (4.2) durch $x - a < 0$ und erhalten

$$0 \leqq \frac{f(x) - f(a)}{x - a} = Df(a) - r(x) \text{ und damit}$$

$$0 \leqq \lim_{\substack{x \to a \\ x < a}} \frac{f(x) - f(a)}{x - a} = Df(a) - 0.$$

Da f an der Stelle a differenzierbar ist, müssen die beiden Limiten aus Fall 1 und Fall 2 übereinstimmen. Aus $Df(a) \leqq 0$ und $Df(a) \geqq 0$ folgt dann $Df(a) = 0$. □

Beispiel 2:

Sei $f : \mathbb{R} \to \mathbb{R}$ gegeben durch $x \mapsto f(x) = x^3 - 3x^2 + x - 3$. Dies ist ein Polynom und damit differenzierbar für alle $a \in \mathbb{R}$. Um lokale Extrema zu suchen, berechnen wir Df. Es ergibt sich

$$Df(x) = 3x^2 - 6x + 1.$$

Wir setzen dies gleich Null und bestimmen die Nullstellen von

$$3x^2 - 6x + 1 = 0.$$

Diese lassen sich mit quadratischer Ergänzung oder der bekannten Formel zur Lösung quadratischer Gleichungen angeben.

$$x_{1/2} = -\frac{-6}{2 \cdot 3} \pm \sqrt{\frac{6^2}{4 \cdot 3^2} - \frac{1}{3}} = 1 \pm \sqrt{\frac{2}{3}}$$

Es gilt also

$$Df\left(1 + \sqrt{\frac{2}{3}}\right) = Df\left(1 - \sqrt{\frac{2}{3}}\right) = 0.$$

Dies ist eine notwendige Bedingung für das Vorliegen eines lokalen Extremums. In diesem Fall handelt es sich nicht um globale Extrema von f, da solche nicht existieren, weil f für $x \to \infty$ nicht nach oben beschränkt und für $x \to -\infty$ nicht nach unten beschränkt ist.

Zeichnen wir den Graphen von f, so ist zu sehen, daß f an der Stelle $1 + \sqrt{\frac{2}{3}}$ ein lokales Minimum und an der Stelle $1 - \sqrt{\frac{2}{3}}$ ein lokales Maximum besitzt. Um dies auch rechnerisch leicht nachprüfen zu können, müssen wir noch den nächsten Satz zeigen.

Satz 2: Sei $f : A \to \mathbb{R}$ differenzierbar in einer Umgebung $U_{a,\varepsilon} \subset A$ und zweimal differenzierbar an der Stelle a.

(1) Gilt $Df(a) = 0$ und $D^2 f(a) > 0$, so besitzt f an der Stelle a ein lokales Minimum.

(2) Gilt $Df(a) = 0$ und $D^2 f(a) < 0$, so besitzt f an der Stelle a ein lokales Maximum.

Beweis: Wir werden nur (1) zeigen, da der Beweis für (2) vollkommen analog verläuft.

(1) i) Da f an der Stelle a zweimal differenzierbar ist, gilt für $x \in U_{a,\varepsilon}$:

$$Df(x) = Df(a) + D^2 f(a)(x - a) + r(x)|x - a|.$$

ii) Wir zeigen, daß Df die Abszisse (von unten) schneidet.
Da $Df(a) = 0$ ist, gilt für $x \neq a$:

(4.3) $\dfrac{Df(x)}{x-a} = D^2 f(y) + r(x) \cdot sg(x-a)$

Die Funktion $r(x)$ ist nach § 3 Definition 1 an der Stelle a stetig. Es gibt also zu jedem $\varepsilon_1 > 0$ (mit $\varepsilon_1 < \varepsilon$ und $\varepsilon_1 < D^2 f(a)$) ein $\delta(\varepsilon_1) > 0$ mit $\delta < \varepsilon$, so daß $|r(x)| < \varepsilon_1$ für $|x-a| < \delta$.

ii a)   Für x mit $a < x < a + \delta$ gilt:

$\dfrac{Df(x)}{x-a} = D^2 f(a) + r(x) \geqq D^2 f(a) - \varepsilon_1 > 0$ und damit $Df(x) > 0$

ii b)   Für x mit $a - \delta < x < a$ gilt:

$\dfrac{Df(x)}{x-a} = D^2 f(a) - r(x) \geqq D^2 \big(f(a)\big) - \varepsilon_1 > 0$ und damit, da $x - a < 0$ auch
$Df(x) < 0$.

iii)   Jetzt wird die Eigenschaft des lokalen Minimums nachgewiesen.

iii a)   Sei $a < x < a + \delta$. Dann existiert nach § 3 Satz 10, dem Mittelwertsatz der Differentialrechnung ein $\tilde{a} \in {]}a, x{[}$ mit

$f(x) - f(a) = Df(\tilde{a})(x-a) > 0$ gemäß ii a).

iii b)   Sei $a - \delta < x < a$, dann gibt es wiederum nach § 3 Satz 10 ein anderes $\tilde{a} \in {]}x, a{[}$ mit

$f(x) - f(a) = Df(\tilde{a})(x-a) > 0$,

da sowohl $Df(\tilde{a}) < 0$ als auch $(x-a) < 0$ sind.

Aus iii a) und iii b) folgt, daß $f(a) \leqq f(x)$ für alle $x \in U_{a,\delta}$ ($\subset U_{a,\varepsilon}$). Somit besitzt f an der Stelle a ein lokales Minimum.   □

Beispiel 2: (Fortsetzung)
Zu f, gegeben durch $x \mapsto x^3 - 3x^2 + x - 3$, berechnen wir $D^2 f$.

$D^2 f(a) = 6a - 6$.

Wir setzen nun die Punkte $a_1 = 1 + \sqrt{\dfrac{2}{3}}$ und $a_2 = 1 - \sqrt{\dfrac{2}{3}}$ ein.

$D^2 f(a_1) = 6\sqrt{\dfrac{2}{3}} > 0$. An der Stelle a_1 liegt also ein lokales Minimum vor.

$D^2 f(a_2) = -6\sqrt{\dfrac{2}{3}} < 0$. An der Stelle a_2 liegt also ein lokales Maximum vor.

Betrachten wir ein endliches abgeschlossenes Intervall, so können wir auch eine Aussage über das Maximum bzw. Minimum von f in diesem Intervall machen.

Dazu müssen wir nur noch die Randpunkte in Betracht ziehen. Randextrema können gerade bei ökonomischen Anwendungen wichtig sein (siehe Übungen 5, 6, 7).

Satz 3: Ist $f : I = [\alpha, \beta] \to \mathbb{R}$ stetig in I, differenzierbar in $]\alpha, \beta[$ und ist $\{a_1, \ldots, a_r\}$ $= \{a \mid Df(a) = 0$ für ein $a \in]\alpha, \beta[\}$, so gilt

$$\max \{f(x) \mid x \in [\alpha, \beta]\} = \max \{f(\alpha), f(\beta), f(a_1), \ldots, f(a_r)\}.$$

Nun wenden wir uns weiteren geometrischen Eigenschaften der Graphen von Funktionen zu.

Definition 2: Sei $f : A \to \mathbb{R}$ zweimal differenzierbar in A

(1) f besitzt einen Sattelpunkt in $a \in A :\Leftrightarrow$
   $Df(a) = 0$ und $D^2 f$ macht an der Stelle a einen Vorzeichenwechsel.

(2) f besitzt einen Wendepunkt an der Stelle $a :\Leftrightarrow$
   $D^2 f$ macht an der Stelle a einen Vorzeichenwechsel.
   Sowohl für Sattelpunkte als auch Wendepunkte gilt $D^2 f(a) = 0$.   △

Beispiel 3: (siehe Abb. Seite 159)
Sei $f : \mathbb{R} \backslash \{-1\} \to \mathbb{R}$ gegeben durch

$$x \mapsto f(x) = \frac{x - 2}{(x + 1)^2}.$$

f ist auf $\mathbb{R} \backslash \{-1\}$ differenzierbar und $Df : \mathbb{R} \backslash \{-1\} \to \mathbb{R}$ ergibt sich als

$$x \mapsto Df(x) = \frac{(x + 1)^2 1 - 2(x + 1)(x - 2)}{(x + 1)^4} = \frac{5 - x}{(x + 1)^3}.$$

Ebenso ist Df auf $\mathbb{R} \backslash \{-1\}$ differenzierbar und $D^2 f : \mathbb{R} \backslash \{-1\} \to \mathbb{R}$ berechnet sich als

$$x \mapsto D^2 f(x) = \frac{-(x + 1)^3 - 3(x + 1)^2 (5 - x)}{(x + 1)^6} = \frac{2x - 16}{(x + 1)^4}.$$

Nun bestimmen wir die lokalen Extrema von f. Dazu wird $Df(x) = 0$ gesetzt. Es gibt nur eine Nullstelle $a = 5$.

$$D^2 f(5) = \frac{2 \cdot 5 - 16}{(5 + 1)^4} < 0.$$

Daraus folgt: f hat an der Stelle $a = 5$ ein lokales Maximum. Eine notwendige Voraussetzung für das Vorhandensein eines Wendepunktes ist das Verschwinden der zweiten Ableitung. Wir setzen $D^2 f(x) = 0$.

Es gibt nur eine Nullstelle $a = 8$. Da $(x + 1)^4 \geqq 0$ für alle $x \in \mathbb{R}$, hat $D^2 f$ an der Stelle $a = 8$ einen Vorzeichenwechsel und damit auch einen Wendepunkt.

Beispiel 4: In der empirischen Wirtschaftsforschung finden wir auch Funktionen, bei denen die nach einem Gut nachgefragte Menge q nicht eine Funktion des Prei-

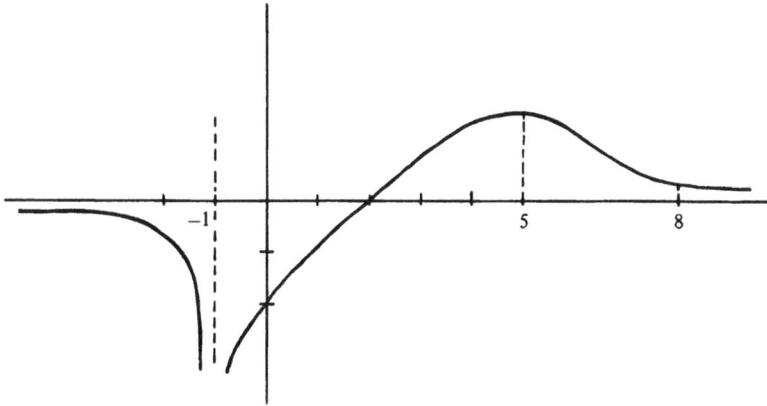

ses, sondern eine Funktion des persönlichen Einkommens ist. Eine solche Funktion heißt Engel-Funktion.

Eine der vielen möglichen Funktionsformen wird durch die Zuordnung $q : \mathbb{R} \to \mathbb{R}\backslash\{-\beta\}$ mit

$$x \mapsto q(x) = \gamma\,\frac{x - \alpha}{x + \beta} \quad \text{mit } \alpha, \beta, \gamma > 0$$

gegeben (siehe Abb. Seite 160). Dann ist

$$Dq(a) \;=\; \frac{\gamma(\alpha + \beta)}{(a + \beta)^2} \neq 0 \quad \text{für alle } a \in \mathbb{R}\backslash\{-\beta\} \quad \text{und}$$

$$D^2q(a) = \frac{-2\gamma(\alpha + \beta)}{(a + \beta)^3} \neq 0 \quad \text{für alle } a \in \mathbb{R}\backslash\{-\beta\},$$

d.h. $q(x)$ besitzt weder ein lokales Extremum noch einen Wendepunkt.

Der Bereich $x < \alpha$ ist ökonomisch nicht sinnvoll zu interpretieren, da eine nachgefragte Menge nicht negativ ist. Die Konstante α kann durchaus erheblich größer als Null sein, da die Nachfrage nach bestimmten „Luxusgütern" erst ab einem gewissen Einkommen beginnt.

Für $x > -\beta$ ist $q(x) < \bar{\gamma}$ und es gilt $\lim\limits_{x \to \infty} q(x) = \gamma$. Die Konstante γ heißt dann Sättigungsniveau.

Die Graphen zu Beispiel 3 und 4 hatten die Eigenschaft, sich Parallelen zur Abszisse oder Ordinate zu nähern ohne diese zu schneiden.

Definition 3: Sei $f : I = [a, \infty) \to \mathbb{R}$.

(1) Gilt $\lim\limits_{x \to \infty} f(x) = \alpha \in \mathbb{R}$ und entweder $f(x) < \alpha$ für alle $x \in I$ oder $f(x) > \alpha$ für alle $x \in I$. So heißt $l : I \to \mathbb{R}$, gegeben durch $x \mapsto l(x) = \alpha$ für alle $x \in I$, horizontale Asymptote zu f. (Analog für $f : (-\infty, a] \to \mathbb{R}$),

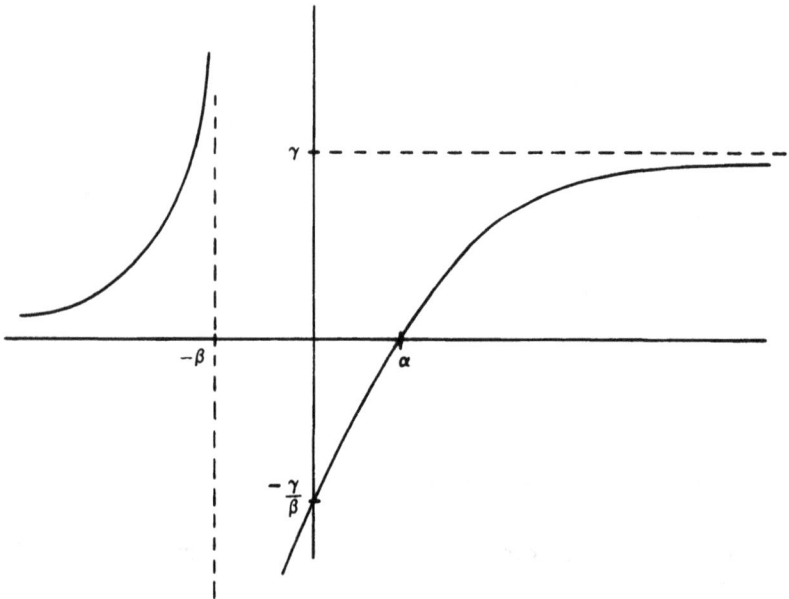

(2) Gilt $\lim\limits_{\substack{x \to a \\ x < a}} f(x) = \infty$ bzw. $-\infty$, so heißt die Parallele zur Ordinate durch a verti-

kale Asymptote zu f an der Stelle a.   △

Definition 4: Sei $f : I = \,]\alpha, \beta\,[\,\to \mathbb{R}$.

(1) f heißt (streng) monoton wachsend in I :⇔
    für alle $a, b \in I$ mit $a < b$ gilt $f(a) \leqq f(b)$ (bzw. $f(a) < f(b)$).

(2) f heißt (streng) monoton fallend in I :⇔
    für alle $a, b \in I$ mit $a < b$ gilt $f(a) \geqq f(b)$ (bzw. $f(a) > f(b)$).   △

Die Funktion q im Beispiel 4 ist in $\,]-\beta, \infty[$ streng monoton wachsend, die Funktion f im Beispiel 3 in $\,]-\infty, -1[$ streng monoton fallend.

Anstatt monoton wachsend ist auch die Sprechweise monoton nicht fallend gebräuchlich. Dann heißt streng monoton wachsend einfach monoton wachsend. Analoges gilt für monoton fallend.

Differenzierbare, monoton wachsende oder fallende Funktionen lassen sich durch ihre Ableitung charakterisieren.

Satz 4: Sei $f : I = \,]\alpha, \beta\,[\,\to \mathbb{R}$ differenzierbar in I.

(1) f ist monoton wachsend in I ⇔ $Df(a) \geqq 0$ für alle $a \in I$,

(2) f ist monoton fallend in I ⇔ $Df(a) \leqq 0$ für alle $a \in I$.

Die Richtung „⇐" des Satzes gilt auch mit streng monoton fallend bzw. wachsend, wenn „$\geqq$" bzw. „$\leqq$" durch „$>$" bzw. „$<$" ersetzt werden.

Beweis: (1) Es sind zwei Richtungen zu zeigen.

„$\Rightarrow$" Sei $(a_i)_{i \in \mathbb{N}}$ ein konvergente Folge in I mit $a_i > a$ für alle $i \in \mathbb{N}$ und $\lim\limits_{i \to \infty} a_i = a$. Dann gilt

$$\frac{f(a_i) - f(a)}{a_i - a} \geq 0 \quad \text{für alle } i \in \mathbb{N} \text{ und auch} \quad \lim\limits_{i \to \infty} \frac{f(a_i) - f(a)}{a_i - a} \geq 0.$$

Da f an der Stelle a differenzierbar ist, gilt dies für alle Folgen aus I, die gegen a konvergieren, d.h.

$$\lim\limits_{\substack{x \to a \\ x \in I}} \frac{f(x) - f(a)}{x - a} = Df(a) \geq 0.$$

„$\Leftarrow$" Seien x, $a \in I$ und $x > a$. Dann folgt aus dem Mittelwertsatz der Differential-rechnung die Existenz eines $\tilde{a} \in \,]a, x[$ mit

$$f(x) - f(a) = Df(\tilde{a})\,(x - a) \geq 0,$$

da $Df(\tilde{a}) \geq 0$ und $(x - a) > 0$. Damit ist f monoton wachsend in I.
Der Beweis von (2) ist vollkommen analog und wird deshalb weggelassen. $\square$

Als nächstes definieren wir konvexe Funktionen einer Veränderlichen. Wir benötigen an dieser Stelle den Begriff der konvexen Menge noch nicht (Siehe § 6 Definition 2). Die Konvexität spielt sowohl in der Optimierungstheorie als auch in der mathematischen Ökonomie eines wichtige Rolle.

Definition 5: Sei $f : I = \,]\alpha, \beta[\, \to \mathbb{R}$.

(1) f heißt (strikt) konvex in I :$\Leftrightarrow$
für alle $a, b \in I$ und für alle $\lambda \in [0, 1]$ gilt:

$$\lambda f(a) + (1 - \lambda)\, f(b) \geq f(\lambda a + (1 - \lambda)\,b) \quad \text{(es gilt },, > \text{" für } \lambda \in \,]0.1[).$$

(2) f heißt konkav in I :$\Leftrightarrow$
für alle $a, b \in I$ und für alle $\lambda \in [0.1]$ gilt:

$$\lambda f(a) + (1 - \lambda)\, f(b) \leq f(\lambda a + (1 - \lambda)\,b) \qquad \triangle$$

Wir wollen uns den in Definition 5 (1) dargestellten Sachverhalt geometrisch veranschaulichen (siehe Abb. Seite 162). Sei $b > a$.

Die Menge der Punkte der Ebene $\{(x, h(x)) \,|\, x = \lambda a + (1 - \lambda)\,b$ und $h(x) = \lambda f(a) + (1 - \lambda)\, f(b)$ für $\lambda \in [0, 1]\}$ ist der Abschnitt der Geraden durch $(a, f(a))$ und $(b, f(b))$, die diese beiden Punkte verbindet. Ist f konvex, so liegen die Funktionswerte von f zwischen den Schnittstellen unterhalb (präziser gesagt – nicht oberhalb) der Werte der Sekante.

Satz 5: Sei $f : I \to \mathbb{R}$ konvex, dann ist $-f : I \to \mathbb{R}$ konkav.

Beweis: Da f konvex in I ist, gilt:

$$\lambda \cdot f(a) + (1 - \lambda)\, f(b) \geq f(\lambda a + (1 - \lambda)\,b) \quad \forall\, a, b \in I \wedge \forall\, \lambda \in [0, 1].$$

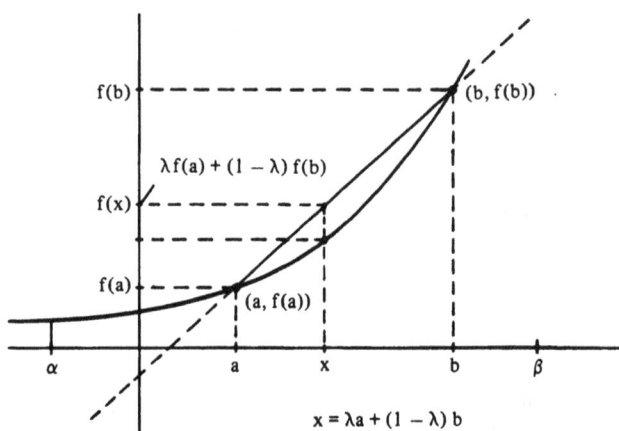

$$x = \lambda a + (1 - \lambda) b$$

Wird diese Ungleichung mit (-1) multipliziert, so folgt sofort: $-f$ ist konkav.

□

Wir werden uns wegen Satz 5 auf die Behandlung von konvexen Funktionen beschränken. Wir geben jetzt eine weitere Charakterisierung konvexer Funktionen an.

Satz 6: Sei $f : I =]\alpha, \beta[\to \mathbb{R}$. Die Funktion f ist konvex in $I \Leftrightarrow$ für alle $a, b \in I$ mit $a < b$ gilt für $x \in [a, b]$:

$$f(x) \leqq \frac{b - x}{b - a} f(a) + \frac{x - a}{b - a} f(b).$$

Beweis: Setze $\lambda = \dfrac{b - x}{b - a}$, dann ist $\lambda \in [0, 1]$ und $x = \lambda a + (1 - \lambda) b$, so erhalten wir die Definition der Konvexität und umgekehrt.   □

Satz 6*: Sei $f : I =]\alpha, \beta[\to \mathbb{R}$. Die Funktion f ist konvex in $I \Leftrightarrow$ Für alle $a, b \in I$ mit $a < b$ und $x \in [a, b]$ gilt

(1) $f(x) \leqq f(a) + \dfrac{f(b) - f(a)}{b - a} (x - a)$ und

(2) $f(x) \leqq f(b) + \dfrac{f(b) - f(a)}{b - a} (x - a)$.

Die Funktionen auf der rechten Seite heißen die f in $(a, f(a))$ und $(b, f(b))$ schneidenden Sekanten.

Beweis: (1) nach Satz 6 gilt

$$f(x) \leqq \frac{b - x}{b - a} f(a) + \frac{x - a}{b - a} f(b).$$

Wir bringen die rechte Seite auf einen gemeinsamen Nenner, ergänzen mit $(-af(a)$

$+ af(a))$ und erhalten durch erneutes Zusammenfassen

$$\frac{bf(a) - xf(a) + xf(b) - af(b) - af(a) + af(a)}{b - a} = f(a) + \frac{f(b) - f(a)}{b - a}(x - a)$$

(2) wird analog bewiesen.   □

Satz 7: Sei $f : I =]\alpha, \beta[\to \mathbb{R}$ konvex.

Für alle $a, b \in I$ mit $a < b$ und für alle $x \in]a, b[$ gilt

$$\frac{f(x) - f(a)}{x - a} \leq \frac{f(b) - f(a)}{b - a} \leq \frac{f(b) - f(x)}{b - x}$$

Beweis: Nach Satz 6*(1) gilt:

$$f(x) \leq f(a) + \frac{f(b) - f(a)}{b - a}(x - a)$$

Bringen wir $f(a)$ auf die linke Seite und dividieren mit $(x - a) > 0$, so ergibt sich die erste Ungleichung der Behauptung. Die zweite Ungleichung erhalten wir ebenso mit Satz 6* (2)   □

Ist eine konvexe Funktion zweimal differenzierbar, so läßt sich die Konvexität durch $D^2 f$ charakterisieren.

Satz 8: Sei $f : I =]\alpha, \beta[\to \mathbb{R}$ zweimal differenzierbar in $]\alpha, \beta[$. Dann gilt:

(1) $f : I \to \mathbb{R}$ ist konvex $\Leftrightarrow D^2 f(a) \geq 0 \ \forall a \in I$,

(2) $f : I \to \mathbb{R}$ ist konkav $\Leftrightarrow D^2 f(a) \leq 0 \ \forall a \in I$

Beweis: (1) „$\Rightarrow$"
Da f differenzierbar in I ist, gilt für alle $a, b \in I$ mit $a < b$ nach Satz 7

$$Df(a) = \lim_{\substack{x \to a \\ x \in]a, b[}} \frac{f(x) - f(a)}{x - a} \leq \frac{f(b) - f(a)}{b - a} \leq \lim_{\substack{x \to b \\ x \in]a, b[}} \frac{f(b) - f(x)}{b - x} = Df(b).$$

Daraus folgt Df ist monoton wachsend in I und nach Satz 4(1) gilt dann $D(Df)(a) = D^2 f(a) \geq 0$ für alle $a \in I$.

„$\Leftarrow$". Ist $D^2 f(a) \geq 0 \ \forall a \in I$, so ist Df nach Satz 4(1) monoton wachsend in I. Für alle $a, b \in I$ mit $a < b$ und für alle $x \in]a, b[$ gibt es nach dem Mittelwertsatz der Differentialrechnung ein $\tilde{a}_1 \in]a, x[$ und ein $\tilde{a}_2 \in]x, b[$ mit

$$\frac{f(x) - f(a)}{x - a} = Df(\tilde{a}_1) \leq Df(\tilde{a}_2) = \frac{f(b) - f(x)}{b - x}$$

Aus

$$\frac{f(x) - f(a)}{x - a} \leq \frac{f(b) - f(x)}{b - x}$$

erhalten wir durch Multiplikation mit $(x - a)$ und $(b - x)$ und Umordnen

$$f(x)\,(b-a) \leqq f(a)\,(b-x) + f(b)\,(x-a)$$

nach Division mit $(b-a)$ folgt aus Satz 6 die Konvexität von f in I.

(2) „$\Rightarrow$" Da f konkav ist, ist $-f$ konvex in I und $D^2(-f)\,(a) \geqq 0$ für alle $a \in I$. Daraus folgt $D^2 f(a) \leqq 0$ für alle $a \in I$.

„$\Leftarrow$" ist analog zu (1) zu beweisen.   □

Haben konvexe oder konkave Funktionen einen stationären Punkt, d. h. eine Stelle a, an der die Ableitung verschwindet, so besitzen sie ein globales Extremum.

Satz 9: Sei $f : I =]\alpha, \beta[\to \mathbb{R}$ differenzierbar in I.

(1) Ist f konvex und existiert ein a mit $Df(a) = 0$, dann besitzt f ein globales Minimum an der Stelle a. Das heißt

$$f(a) = \min \{f(x)\,|\,x \in I\}.$$

(2) Ist f konkav und existiert ein a mit $Df(a) = 0$, dann besitzt f ein globales Maximum an der Stelle a.

Beweis: Wir beweisen wiederum nur (1).

1) Für $b > a$ gilt nach Satz 7:

$$\frac{f(b) - f(a)}{b-a} \geqq Df(a) = 0 \quad \text{und damit} \quad f(b) \geqq f(a).$$

2) Für $b < a$ gilt ebenfalls nach Satz 7, wenn wir dort die Rolle von a und b vertauschen,

$$\frac{f(a) - f(b)}{a-b} \leqq Df(a) = 0 \quad \text{und damit} \quad f(b) \geqq f(a).$$

Nach 1) und 2) folgt $f(a) = \min \{f(b)\,|\,b \in I\}$. Es liegt also an der Stelle a ein globales Minimum vor.   □

Wir wollen für konvexe Funktionen noch einen Satz angeben, der überraschend ist.

Satz 10: Sei $f : I =]\alpha, \beta[\to \mathbb{R}$ konvex.

Dann existiert zu jedem $a \in I$ die linksseitige und rechtsseitige Ableitung

$$\lim_{\substack{x \to a \\ x < a}} \frac{f(x) - f(a)}{x - a} =: Df(a^-) \quad \text{und}$$

$$\lim_{\substack{x \to a \\ x > a}} \frac{f(x) - f(a)}{x - a} =: Df(a^+).$$

Es gilt $Df(a^-) \leqq Df(a^+)$.

Für $k \in [Df(a^-), Df(a^+)]$ und $x \neq a$ gilt $f(x) > f(a) + k \cdot (x - a)$.

Die Funktion $g : \mathbb{R} \to \mathbb{R}$, gegeben durch $x \mapsto g(x) = f(a) + k(x - a)$, heißt Stützfunktion von f an der Stelle a. Ist f an der Stelle a differenzierbar, so ergibt sich

als einzige Stützfunktion die Tangente zu f an der Stelle a. In der Abbildung veranschaulichen wir den Fall, daß f an der Stelle a nicht differenzierbar ist.

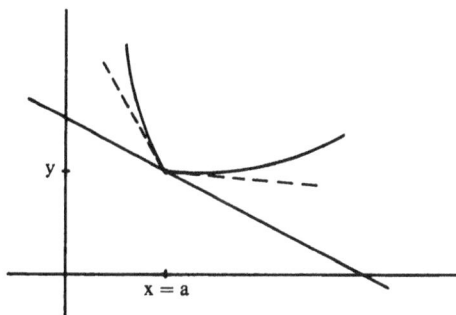

§ 5 Differentialrechnung bei mehreren Veränderlichen

Die Aufgabe dieses Abschnittes ist es, die in den ersten vier Kapiteln eingeführten
Begriffe und Techniken auf den Fall mehrerer Veränderlicher zu übertragen. Wir
greifen dabei auf Hilfsmittel aus der linearen Algebra zurück, zu Beginn insbesondere auf die in II § 2 behandelten Eigenschaften des $\mathbb{R}^n$. Wir werden sehen, daß viele
Aussagen, die für eine Veränderliche bewiesen wurden, auch für mehrere Veränder-
liche gelten, wenn das Betragszeichen $|\cdot|$ durch die Vektornorm $\|\cdot\|$ ersetzt wird.

Es wird nicht nur eine Funktion mehrerer Veränderlicher sondern simultan meh-
rere Funktionen mehrerer Veränderlicher betrachtet. Wir wollen dies am Beispiel
der Produktion in einer Unternehmung verdeutlichen. Stellt eine Unternehmung m
Güter her, so hängt der Erlös von den Preisen und den abgesetzten Mengen der m
Güter ab. Der Erlös ist also eine Funktion mehrerer Veränderlicher mit Werten in
$\mathbb{R}$. Zur Produktion der m Güter wird im allgemeinen mehr als ein Faktor benötigt.
Sagen wir, es seien n Faktoren. Läßt sich der Produktionsprozeß durch eine Funktion beschreiben, so nimmt diese Funktion Werte in $\mathbb{R}^m$ an. Soll die Beschreibung
oder Erklärung ökonomischer Vorgänge auch nur ein wenig realitätsnahe sein, so
müssen mehrere Vorgänge, die wiederum von mehreren Veränderlichen abhängen,
simultan betrachtet werden.

Nun stellen wir in gedrängter Form den Inhalt von § 1 und § 2 für den Fall
mehrerer Veränderlicher dar, nämlich Konvergenz von Folgen von Vektoren im $\mathbb{R}^n$
und Stetigkeit von Funktionen mit Definitionsbereich $A \subset \mathbb{R}^n$ und Wertebereich im
$\mathbb{R}^m$. (Im allgemeinen ist dabei $m \neq n$).

Im § 1 haben wir den Begriff der Zahlenfolge $(a_i)_{i \in \mathbb{N}}$ definiert. Um die Komponenten eines Vektors $a = (a_1, \dots, a_n)'$ auch weiterhin mit tiefgestellten Indizes versehen zu können, schreiben wir Folgenglieder von Vektorfolgen mit einem in Klammern gesetzten hochgestellten Index i, also $a^{(i)}$.

Definition 1: Sei $A \subset \mathbb{R}^n$ und $f : \mathbb{N} \to A$ eine Funktion, dann heißt

$$(a^{(i)})_{i \in \mathbb{N}} := \{(i, a^{(i)}) \mid i \in \mathbb{N}, \, a^{(i)} = f(i)\}$$

eine Folge von Vektoren in A.   △

Ebenso wie bei Zahlenfolgen werden wir die in Definition 1 eingeführte Schreibweise nicht benutzen. Wir schreiben Folgen meist in der Form $a^{(1)}$, $a^{(2)}$, ..., wobei das Hinschreiben die Reihenfolge der Elemente der Folge wiedergibt.

Beispiel 1:

Sei $n = 2$ und $(a^{(i)})_{i \in \mathbb{N}}$ gegeben durch

$$a^{(i)} = (a_1^{(i)}, a_2^{(i)})' = \left(\frac{1}{i}, \frac{1}{i^2} \right)'.$$

Dann sind die ersten Folgenglieder

$$a^{(1)} = \left(\frac{1}{1}, \frac{1}{1} \right)', \; a^{(2)} = \left(\frac{1}{2}, \frac{1}{4} \right)', \; a^{(3)} = \left(\frac{1}{3}, \frac{1}{9} \right)' \quad \text{usw.}$$

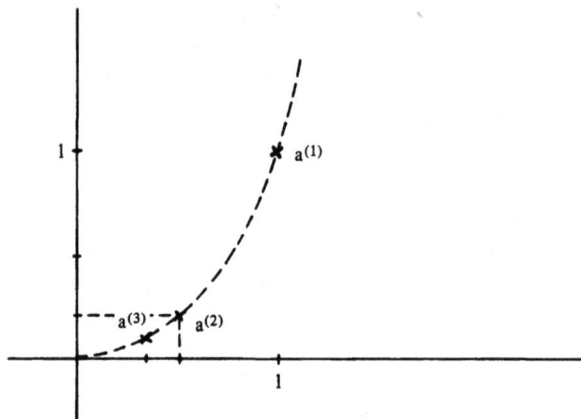

Die Folgenglieder liegen offensichtlich auf dem Graphen der Funktion $f : \mathbb{R} \to \mathbb{R}$ gegeben durch $x \mapsto f(x) = x^2$ und häufen sich für $i \to \infty$ an der Stelle $(0, 0)' \in \mathbb{R}^2$.

Definition 2: Eine Folge von Vektoren $(a^{(i)})_{i \in \mathbb{N}}$ des $\mathbb{R}^n$ heißt konvergent mit Grenzwert $a \in \mathbb{R}^n :\Leftrightarrow$
zu jedem $\varepsilon > 0$ existiert ein $N(\varepsilon) \in \mathbb{R}$ so, daß

$$\|a^{(i)} - a\| < \varepsilon \quad \text{für alle } i \geq N(\varepsilon).$$ △

In Definition 2 wird die Konvergenz von Folgen im $\mathbb{R}^n$ auf die Konvergenz von Zahlenfolgen zurückgeführt.

Wir schreiben auch kurz: $a^{(i)} \underset{i \to \infty}{\longrightarrow} a$ oder $\lim_{i \to \infty} a^{(i)} = a$.

Beispiel 1: (Fortsetzung)

Die Folge $(a^{(i)})_{i \in \mathbb{N}} = \left(\left(\frac{1}{i}, \frac{1}{i^2} \right)' \right)_{i \in \mathbb{N}}$ ist konvergent mit Grenzwert $(0, 0)'$. Es ist zu zeigen, daß zu jedem $\varepsilon > 0$ ein $N(\varepsilon) \in \mathbb{N}$ existiert mit $\| a^{(i)} - (0, 0)' \| < \varepsilon$ für alle $i \geqq N(\varepsilon)$. Dazu berechnen wir

$$\| a^{(i)} - (0, 0)' \| = \| a^{(i)} \| = \left\| \left(\frac{1}{i}, \frac{1}{i^2} \right)' \right\| = \sqrt{\left(\frac{1}{i} \right)^2 + \left(\frac{1}{i} \right)^4} \leqq \frac{1}{i} \sqrt{1 + 1} = \frac{\sqrt{2}}{i}.$$

Soll $\frac{\sqrt{2}}{i} < \varepsilon$ sein, so muß $i > \frac{\sqrt{2}}{\varepsilon}$ gelten. Wir setzen deshalb $N(\varepsilon)$ als die kleinste ganze Zahl größer oder gleich $\frac{\sqrt{2}}{\varepsilon}$.

Beispiel 2:

Seien $b, c \in \mathbb{R}^n$ mit $b \neq c$ und sei $(a^{(i)})_{i \in \mathbb{N}}$ gegeben durch $a^{(i)} = b + (c - b) \cdot i$. Die Folge $(a^{(i)})_{i \in \mathbb{N}}$ ist nicht konvergent.

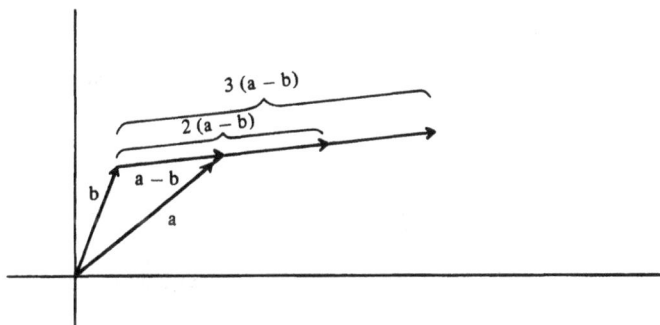

Dazu zeigen wir, daß $\| a^{(i)} \|$ nicht beschränkt ist.

$$\| a^{(i)} \| = \| b + i(c - b) \| \geqq \| i(c - b) \| - \| b \| =$$
$$= |i| \, \| c - b \| - \| b \| = i \| c - b \| - \| b \|$$

Das Zeichen „$\geqq$" gilt wegen II § 2 Satz 6(2). Da $c \neq b$ gilt, ist $\| c - b \| > 0$ und $i \| c - b \|$ unbeschränkt wachsend. Es gibt also kein $a \in \mathbb{R}^n$ so, daß die Folge $(\| a^{(i)} - a \|)_{i \in \mathbb{N}}$ gegen Null konvergiert.

Definition 3: Sei $A \subset \mathbb{R}^n$. A heißt beschränkt :$\Leftrightarrow$

Es gibt ein $c \in \mathbb{R}$ mit $\| a \| \leqq c$ für alle $a \in A$, d.h., die Norm der in A enthaltenen Vektoren ist beschränkt. $\triangle$

Definition 4: Sei $(a^{(i)})_{i \in \mathbb{N}}$ eine Folge im $\mathbb{R}^n$. Ein Vektor $a \in \mathbb{R}^n$ heißt Häufungspunkt :$\Leftrightarrow$

Zu jedem $\varepsilon > 0$ gibt es abzählbar unendlich viele $j \in \mathbb{N}$ mit $\|a - a_j\| < \varepsilon$. $\triangle$

Satz 1: (Bolzano-Weierstrass) Jede beschränkte Folge von Vektoren besitzt mindestens einen Häufungspunkt.

Ebenso wie in § 1 wird der Satz von Bolzano-Weierstrass nicht bewiesen, da nicht eingeführte Begriffe für den Beweis wesentlich sind. Direkt übertragen läßt sich auch § 1 Satz 4 und Satz 5 (1).

Satz 2: Seien $(a^{(i)})_{i \in \mathbb{N}}$ und $(b^{(i)})_{i \in \mathbb{N}}$ zwei konvergente Folgen im

$\mathbb{R}^n$ mit $\lim\limits_{i \to \infty} a^{(i)} = a$ und $\lim\limits_{i \to \infty} b^{(i)} = b$. Dann gilt

(1) $\lim\limits_{i \to \infty} (a^{(i)} + b^{(i)}) = a + b$

(2) für $\alpha \in \mathbb{R}$ gilt $\lim\limits_{i \to \infty} \alpha a^{(i)} = \alpha \lim\limits_{i \to \infty} a^{(i)} = \alpha a$

(3) $\lim\limits_{i \to \infty} a^{(i)\prime} \cdot b^{(i)} = a' b$.

Die Konvergenz von Folgen von Vektoren läßt sich auf die Konvergenz der Komponenten der Vektoren zurückführen.

Satz 3: Sei $(a^{(i)})_{i \in \mathbb{N}}$ eine Folge im $\mathbb{R}^n$. $(a^{(i)})_{i \in \mathbb{N}}$ ist konvergent mit Grenzwert $a = (a_1, \ldots, a_n)' \Leftrightarrow (a_j^{(i)})_{i \in \mathbb{N}}$ ist konvergent mit Grenzwert a_j für $j = 1, \ldots, n$.

Beweis: „$\Rightarrow$" Da $(a^{(i)})_{i \in \mathbb{N}}$ konvergent ist, gibt es zu jedem $\varepsilon > 0$ ein $N(\varepsilon)$ mit $\|a^{(i)} - a\| < \varepsilon$ für $i \geq N(\varepsilon)$. Zu zeigen ist nun die komponentenweise Konvergenz. Für $j = 1, \ldots, n$ gilt:

$$|a_j^{(i)} - a_j| = \sqrt{(a_j^{(i)}) - a_j)^2} \leq \sqrt{\sum_{k=1}^{n} (a_k^{(i)} - a_k)^2} = \|a^{(i)} - a\| < \varepsilon$$

für $i \geq N(\varepsilon)$. Damit ist die komponentenweise Konvergenz gezeigt.

„$\Leftarrow$" Sei $\varepsilon > 0$ gegeben. Für $j = 1, \ldots, n$ gibt es zu

$$\frac{\varepsilon}{\sqrt{n}} > 0 \text{ ein } N_j\left(\frac{\varepsilon}{\sqrt{n}}\right) \text{ so, daß } |a_j^{(i)} - a_j| < \frac{\varepsilon}{\sqrt{n}} \,\forall\, i \geq N_j\left(\frac{\varepsilon}{\sqrt{n}}\right).$$

Für $i \geq \max\{N_1, \ldots, N_n\}$ gilt

$$\|a^{(i)} - a\| = \sqrt{\sum_{j=1}^{n} (a_j^{(i)} - a_j)^2} < \sqrt{\frac{n\varepsilon^2}{n}} = \varepsilon.$$

Damit ist die Konvergenz der Folge $(a^{(i)})_{i \in \mathbb{N}}$ von Vektoren gezeigt. $\square$

Analog zu § 1 Satz 6 gilt

Satz 4: Sei $(c_i)_{i \in \mathbb{N}}$ eine Zahlenfolge mit $\lim\limits_{i \to \infty} c_i = 0$ und $(a^{(i)})_{i \in \mathbb{N}}$ eine Folge von Vektoren im $\mathbb{R}^n$. Gibt es ein $N \in \mathbb{N}$ so, daß $\|a^{(i)}\| \leq c_i$ für alle $i \geq N$ ist, so ist $(a^{(i)})_{i \in \mathbb{N}}$ konvergent mit $\lim\limits_{i \to \infty} a^{(i)} = 0 \ (\in \mathbb{R}^n)$.

Satz 5: Sei $(a^{(i)})_{i \in \mathbb{N}}$ eine konvergente Folge im $\mathbb{R}^n$, dann gilt:

$$\lim_{i \to \infty} \|a^{(i)}\| = \|a\|.$$

Auch das Cauchy-Kriterium gilt für Folgen von Vektoren.

Satz 6: Eine Folge $(a^{(i)})_{i \in \mathbb{N}}$ von Vektoren im $\mathbb{R}^n$ ist genau dann konvergent, wenn zu jedem $\varepsilon > 0$ ein $N(\varepsilon)$ existiert, so daß

$$\|a^{(i)} - a^{(j)}\| < \varepsilon \quad \text{für alle} \quad i, j \geqq N(\varepsilon).$$

Definition 5: Sei $a \in \mathbb{R}^n$ und $\varrho \in \mathbb{R}$ mit $\varrho > 0$. Dann heißt

$$K_\varrho(a) := \{x \,|\, x \in \mathbb{R}^n, \|x - a\| < \varrho\}$$

eine offene Kugel (im $\mathbb{R}^n$) mit Mittelpunkt a und Radius ϱ. $\triangle$

Dies ist eine Übertragung der Sprechweise im $\mathbb{R}^3$ auf den $\mathbb{R}^n$.

Beispiel 3:

Für $n < 3$ haben die „offenen Kugeln" üblicherweise andere Bezeichnungen.

Sei $n = 1$, dann ist

$$K_\varrho(a) = \{x \,|\, x \in \mathbb{R}, |x - a| < \varrho\} = \,]a - \varrho, a + \varrho[$$

Das heißt, im $\mathbb{R}^1$ ist eine offene „Kugel" mit Mittelpunkt a und Radius ϱ ein offenes Intervall mit Mittelpunkt a und Länge 2ϱ.

Sei $n = 2$ dann ist

$$K_\varrho(a) = \{x \,|\, x \in \mathbb{R}^2, \|x - a\| < \varrho\} =$$
$$= \{(x_1, x_2)' \,|\, (x_1, x_2)' \in \mathbb{R}^2, \sqrt{(x_1 - a_1)^2 + (x_2 - a_2)^2} < \varrho\}$$

das heißt, im $\mathbb{R}^2$ ist $K_\varrho(a)$ eine Kreisscheibe mit Mittelpunkt $a' = (a_1, a_2)$ und Radius ϱ, zu der die Randpunkte nicht gehören.

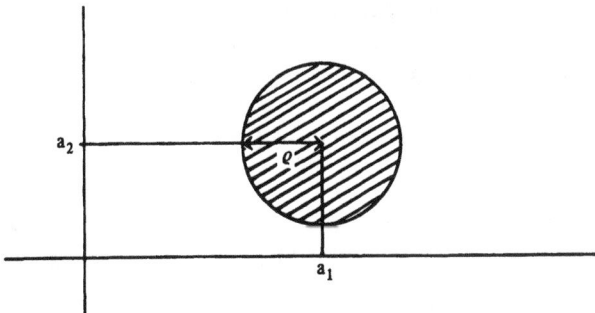

Für $n = 3$ wird durch $K_\varrho(a)$ eine Kugel im üblichen Sinne beschrieben, bei der die Punkte der Oberfläche (Kugelsphäre) nicht zu $K_\varrho(a)$ gehören. Offene Kugeln spielen im $\mathbb{R}^n$ eine ähnliche Rolle wie offene Intervalle im $\mathbb{R}^1$.

Definition 6: (1) Sei $A \subset \mathbb{R}^n$. A heißt Umgebung von $a \in A :\Leftrightarrow$ zu a existiert ein $\varepsilon > 0$ so, daß $K_\varepsilon(a) \subset A$.

(2) Sei $A \subset \mathbb{R}^n$. A heißt offen (oder offene Menge), falls A Umgebung von jedem $a \in A$ ist.   △

Der Stetigkeitsbegriff wird wiederum auf den Grenzwertbegriff zurückgeführt.

Definition 7: (1) Sei $A \subset \mathbb{R}^n$ eine Umgebung von a. Die Funktion $f : A \to \mathbb{R}^m$ heißt stetig an der Stelle $a :\Leftrightarrow$

Für jede konvergente Folge $(a^{(i)})_{i \in \mathbb{N}}$ mit Gliedern in A und Grenzwert $\lim\limits_{i \to \infty} a^{(i)} = a$

ist die Folge $(f(a^{(i)}))_{i \in \mathbb{N}}$ konvergent mit $\lim\limits_{i \to \infty} f(a^{(i)}) = f(a)$

(kurz: $a^{(i)} \underset{i \to \infty}{\longrightarrow} a \Rightarrow f(a^{(i)}) \underset{i \to \infty}{\longrightarrow} f(a)$)

(2) Sei A offen. f heißt stetig in $A :\Leftrightarrow$
f ist stetig für alle $a \in A$.   △

Definition 8: Sei $A \subset \mathbb{R}^n$. Gilt für alle konvergenten Folgen $(a^{(i)})_{i \in \mathbb{N}}$ mit $a^{(i)} \in A$ für alle $i \in \mathbb{N}$, daß $\lim\limits_{i \to \infty} a^{(i)} = a \in A$, dann heißt A abgeschlossen.   △

Es gilt folgende Verallgemeinerung von § 2 Satz 2.

Satz 7: Sei $A \subset \mathbb{R}^n$ abgeschlossen und beschränkt und $f : A \to \mathbb{R}^1$ stetig. Dann nimmt die Funktion f ihr Maximum in A an.

Für Funktion $f : A \to \mathbb{R}^m$ mit $m > 1$ ist der Begriff des Maximums nicht auf natürliche Weise definiert, da die übliche Ordnung „$\leq$" auf $\mathbb{R}^m$ (siehe I § 3 Beispiel 13) nicht vollständig ist.

Nun dehnen wir den Begriff der Differenzierbarkeit von Funktionen einer Veränderlichen mit Werten im $\mathbb{R}$ auf Funktionen mehrerer Veränderlicher mit Werten im $\mathbb{R}^m$ aus. Solche Funktionen heißen auch vektorwertige Funktionen.

Die Motivation anhand von Zeichnungen ist in diesem Bereich nicht mehr so leicht, denn bereits die Graphen von Funktionen mit $\mathbb{R}^2 \to \mathbb{R}$ lassen sich nur mühsam in der Ebene darstellen. Für die Begriffe, die wir noch einführen, spielt es aber keine Rolle, ob es sich um eine Funktion von $\mathbb{R}^3 \to \mathbb{R}^2$ oder $\mathbb{R}^{50} \to \mathbb{R}^{40}$ handelt. Die Definition der Differenzierbarkeit aus § 3 (Definition 1) läßt sich fast wörtlich übertragen.

Definition 9: (Differenzierbarkeit) Sei $A \subset \mathbb{R}^n$ eine Umgebung von a und $f : A \to \mathbb{R}^m$ eine Funktion. Die Funktion f heißt differenzierbar an der Stelle $a :\Leftrightarrow$

(1) existiert eine $(m \times n)$Matrix B und eine Funktion $r : A \to \mathbb{R}^m$ so, daß

$$f(x) = f(a) + B(x - a) + r(x)\|x - a\|$$

(2) $\lim\limits_{x \to a} r(x) = 0 \in \mathbb{R}^m$.   △

Ebenso wie im eindimensionalen Fall heißt B Ableitung von f an der Stelle a. Die Matrix B wird häufig auch Funktionalmatrix von f genannt. Wir schreiben auch

$$B = Df(a) = \frac{df(x)}{dx}\bigg|_{x=a}.$$

Wir benutzen dieselben Symbole wie im § 3; aber aus Skalaren werden hier Vektoren und Matrizen.

Definition 10: (Differential) Die lineare Abbildung

$df(a, \cdot) : \mathbb{R}^n \to \mathbb{R}^m$ gegeben durch

$h \mapsto df(a, h) := Bh = Df(a)h$

heißt (totales) Differential von f an der Stelle a.   △

Beispiel 4:
Sei $f : \mathbb{R}^2 \to \mathbb{R}$ differenzierbar an der Stelle $a = (a_1, a_2)'$. Es ist $n = 2$ und $m = 1$. Die Matrix B hat eine Zeile und zwei Spalten, also $B = (b_{11}, b_{12})$. Der Graph von $df(a, \cdot)$ ist eine Ebene im $\mathbb{R}^3$, die den Nullpunkt des $\mathbb{R}^3$ enthält.
Die Menge $M_a := \{(h, df(a, h)) | h \in \mathbb{R}^2\}$ ist also ein Unterraum des $\mathbb{R}^3$. Ausführlicher geschrieben ist

$$M_a = \{(h_1, h_2, y) \in \mathbb{R}^3 \, | \, y = (b_{11}, b_{12}) \binom{h_1}{h_2} \quad \text{mit} \quad h \in \mathbb{R}^2\}$$
$$= \{(h_1, h_2, y) \in \mathbb{R}^3 \, | \, y = b_{11} h_1 + b_{12} h_2 \quad \text{mit} \quad h_1, h_2 \in \mathbb{R}\}.$$

Definition 11: (Tangentialabbildung) Sei $A \subset \mathbb{R}^n$ und $f : A \to \mathbb{R}^m$ differenzierbar an der Stelle a. Dann heißt die Abbildung

$t(a, \cdot) : \mathbb{R}^n \to \mathbb{R}^m$ gegeben durch

$x \mapsto t(a, x) = f(a) + Df(a)(x - a)$

Tangentialabbildung zu f an der Stelle a. Die Menge $\{(x, t(a, x)) | x \in \mathbb{R}^n\}$ heißt Tangentialhyperebene.   △

Bis jetzt haben wir nur von der Differenzierbarkeit an einer Stelle a gesprochen. Dies läßt sich analog zum Fall einer Veränderlichen erweitern.

Definition 12: Sei $A \subseteq \mathbb{R}^n$ eine offene Menge und $f : A \to \mathbb{R}^m$.
f heißt differenzierbar in A :⇔
f ist differenzierbar für alle $a \in A$.   △

Ist f in A differenzierbar, so können wir Df als Funktion auffassen. Sei M(m, n) die Menge aller m × n Matrizen, so nennen wir

$Df : A \to M(m, n)$ gegeben durch $a \mapsto Df(a)$ für $a \in A$

die Ableitung von f.

Beispiel 5: Sei $f : \mathbb{R}^n \to \mathbb{R}^m$ eine lineare Abbildung. Wir haben in II § 6 gezeigt, daß es zu einer solchen Abbildung eine m × n Matrix T gibt, so daß f gegeben ist durch $x \mapsto f(x) = Tx$.

Im Falle einer Veränderlichen ist die Ableitung Df einer linearen Funktion f mit $f(x) = cx$ gegeben durch $Df(x) = c$ (siehe § 3 Beispiel 1). Für mehrere Veränderliche wird analog vorgegangen. Wir zeigen: f ist differenzierbar für alle $a \in \mathbb{R}^n$ mit

$$Df(a) = T \quad \text{für alle} \quad a \in \mathbb{R}^n.$$

Setze $r(x) = 0 \in \mathbb{R}^m$ und $Df(a) = T$ für alle $a \in \mathbb{R}^n$; dann ist f gemäß Definition 9 differenzierbar, da

(1) $\quad f(x) = f(a) + Df(a)(x - a) + r(x)\|x - a\| =$
$\qquad = Ta + T(x - a) + 0 =$
$\qquad = Ta + Tx - Ta = Tx \quad \text{für alle} \quad a \in \mathbb{R}^n.$

(2) $\quad \lim_{x \to a} r(x) = \lim_{x \to a} 0 = 0 \in \mathbb{R}^m.$

Als nächstes behandeln wir eine n-dimensionale Verallgemeinerung von $f(x) = x^2$. Sei T eine n × n Matrix, so heißt die Funktion $f : \mathbb{R}^n \to \mathbb{R}$ gegeben durch $x \mapsto x'Tx$ eine quadratische Form.

Beispiel 6:

Die Ableitung der Quadratischen Form $f : \mathbb{R}^n \to \mathbb{R}$ gegeben durch $x \mapsto f(x) = x'Tx$ ist

$$Df(a) = a'(T' + T).$$

(Df(a) ist ein Zeilenvektor mit n Komponenten). Nach Definition 9 ist f differenzierbar falls (1)

$$f(x) = x'Tx = a'Ta + a'(T' + T)(x - a) + r(x)\|x - a\|.$$

Mit

$$r(x) = \|x - a\|^{-1}\big(x'Tx - a'Ta - a'(T' + T)(x - a)\big) = *$$

ist dies immer erfüllt. Es bleibt nur zu zeigen, daß $\lim\limits_{x \to a} r(x) = 0$.

$\quad * = \|x - a\|^{-1}(x'Tx - a'Ta - a'T'x + a'T'a - a'Tx + a'Ta) =$
$\qquad = \|x - a\|^{-1}\big((x' - a')Tx - a'T'(x - a)\big) =$
$\qquad = \|x - a\|^{-1}(x' - a')T(x - a).$

Die letzte Gleichheit gilt wegen

$$(x' - a')Ta = a'T'(x - a).$$

Nach der Schwarzschen Ungleichung II §2 Satz 5 erhalten wir

$$|r(x)| = \|x - a\|^{-1}|(x' - a')\big(T(x - a)\big)| \leq \|x - a\|^{-1}\|x - a\| \cdot \|T(x - a)\|$$
$$= \|T(x - a)\|.$$

Es gilt $\lim_{x \to a} \| T(x - a) \| = 0$, da nach Satz 3 der Limes komponentenweise gebildet werden darf und nach Satz 2(3) die Limites der Komponenten gleich Null sind. Ist T eine symmetrische Matrix, so gilt $Df(a) = 2a'T$. Dies ist ein Resultat, das in der Statistik im Zusammenhang mit der Methode der Kleinsten Quadrate nützlich ist.

Die Berechnung von Ableitungen mittels Definition 9 ist etwas mühsam. Wir werden später Methoden kennenlernen, die es ermöglichen, Kenntnisse der Differentialrechnung in einer Veränderlichen auszunützen. Entsprechend zu § 3 Satz 2 gilt:

Satz 8: Sei $A \subset \mathbb{R}^n$ eine Umgebung von a und $f : A \to \mathbb{R}^m$ differenzierbar an der Stelle a, so ist f auch stetig an der Stelle a.

Beweis: Der Beweis von § 3 Satz 2 ist wörtlich zu übertragen.   □

Die Summenregel gilt auch für Funktionen mit Werten im $\mathbb{R}^m$.

Satz 9: (Summenregel) Sei $A \subset \mathbb{R}^n$ eine offene Menge und f, g : $A \to \mathbb{R}^m$ differenzierbar in A. Dann gilt

(1) $f + g$ ist differenzierbar in A und
   $D(f + g)(a) = Df(a) + Dg(a)$ für $a \in A$

(2) für $\alpha \in \mathbb{R}$ ist $\alpha \cdot f$ differenzierbar und $D(\alpha f)(a) = \alpha Df(a)$.

Beweis: Der Beweis verläuft analog zu § 3 Satz 3.

Sind f und g lediglich an einer Stelle $a \in A$ differenzierbar, so ist der Satz entsprechend abzuändern.   □

Bei der Produktregel ist Vorsicht geboten. Wir formulieren die Produktregel nur für Funktionen mit Werten im $\mathbb{R}$.

Satz 10: Sei $A \subset \mathbb{R}^n$ eine offene Menge und f, g : $A \to \mathbb{R}^1$ differenzierbar in A. Dann gilt: $f \cdot g$ ist differenzierbar in A und

$$D(f \cdot g)(a) = f(a) Dg(a) + g(a) Df(a) \quad \text{für alle } a \in A.$$

$D(f \cdot g)(a)$ ist ein Zeilenvektor mit n Komponenten. Sind f und g nur an einer Stelle a differenzierbar, so gilt der Satz analog.

Beweis: Der Beweis von § 3 Satz 4 ist fast wörtlich zu übertragen.   □

Die Kettenregel ist für den Fall einer Veränderlichen ein wichtiges Hilfsmittel zur Berechnung von Ableitungen. Ohne Benutzung der Matrixschreibweise ist die Kettenregel im mehrdimensionalen Fall nur umständlich zu formulieren. Mit Matrixschreibweise nimmt sie dieselbe Gestalt an wie für eine Veränderliche.

Satz 11: (Kettenregel): Sei $A \subset \mathbb{R}^n$ eine Umgebung von a und $B \subset \mathbb{R}^m$ eine Umgebung von b. Weiter seien die Funktionen f : $A \to B$ und g : $B \to \mathbb{R}^p$ differenzierbar an den Stellen $a \in A$ und $b = f(a) \in B$.

Dann ist die Funktion $g \circ f : A \to \mathbb{R}^p$ differenzierbar an der Stelle $a \in A$ und es gilt:

$$D(g \circ f)(a) = Dg(b) Df(a) = Dg(f(a)) Df(a)$$

Der Beweis von Satz 11 kann analog zu § 3 Satz 6 geführt werden.   □

Es wird daran erinnert, daß $Dg(b)$ eine $(p \times m)$ und $Df(a)$ eine $(m \times n)$ Matrix ist. $D(g \circ f)(a)$ ist eine $(p \times n)$ Matrix. Die Berechnung der Elemente dieser Matrizen ist eine der nächsten Aufgaben.

Mit Beispielen zur Produktregel und zur Kettenregel warten wir noch, bis eine einfache Methode zur Bestimmung der Ableitungen zur Verfügung steht.

Wir werden im folgenden öfter nur eine Komponente eines Vektors untersuchen oder eine Komponente verändern und die anderen Komponenten festhalten. Ein nützliches Hilfsmittel für solche Betrachtungen ist der Begriff der Projektion.

Definition 13: Sei $x = (x_1, \ldots, x_n)'$. Die Abbildung $p_j : \mathbb{R}^n \to \mathbb{R}$ gegeben durch

$$x \mapsto p_j(x) = e_j'x = x_j$$

heißt Projektion auf die j-te Koordinate.   △

Der Vektor e_j ist der j-te Vektor der geordneten kanonischen Basis des $\mathbb{R}^n$, d.h. $e_j = (0, \ldots, 0, 1, 0, \ldots, 0)'$ wobei die 1 an der j-ten Stelle steht.

Beispiel 7:
Wir berechnen die Ableitung der Projektion p_j. Dazu benutzen wir Beispiel 5 mit $T = e_j' = (0, 0, \ldots, 1, 0, \ldots, 0)$ und erhalten sofort

$$Dp_j(a) = e_j' \quad \text{für alle } a \in \mathbb{R}^n.$$

Wir betrachten nun den Zusammenhang zwischen der Differenzierbarkeit von f und der Differenzierbarkeit der Komponenten $f_1, \ldots, f_m$ von f.

Satz 12: Sei $A \subseteq \mathbb{R}^n$ und $f : A \to \mathbb{R}^m$.

(1) f ist differenzierbar an der Stelle $a \in A$ ⇔
    $f_j = p_j \circ f$ ist differenzierbar an der Stelle $a \in A$ für $j = 1, \ldots, m$.

(2) Sei $A \subseteq \mathbb{R}^n$ eine offene Menge.
    $f : A \to \mathbb{R}^m$ differenzierbar in A ⇔
    $f_j = p_j \circ f$ ist differenzierbar in A für $j = 1, \ldots, m$.

Für die Ableitung von f gilt $Df(a) = \begin{pmatrix} Df_1(a) \\ \vdots \\ Df_m(a) \end{pmatrix}$, wobei $Df_1(a), \ldots, Df_m(a)$ Zeilenvektoren mit je n Elementen sind.

Beweis: (1) „⇒" Wir wenden die Kettenregel (Satz 11) an.

Da die Projektion p_j differenzierbar für alle $a \in \mathbb{R}^m$ ist, ist p_j an der Stelle $b = f(a)$ differenzierbar und damit nach Satz 11 auch $p_j \circ f$ mit

$$D(p_j \circ f)(a) = Dp_j(b) \cdot Df(a) = e_j' \cdot Df(a).$$

Multiplizieren wir den j-ten Vektor e_j' der kanonischen Basis des $\mathbb{R}^m$ von rechts mit der $m \times n$ Matrix $Df(a)$, so erhalten wir genau die j-te Zeile von $Df(a)$. Das heißt, die Matrix der Ableitung von f setzt sich zeilenweise zusammen aus den Ableitungen der Komponenten $f_1, \ldots, f_m$ von f.

„⇐". Mit f_j ist auch $e_j \cdot f_j$ differenzierbar an der Stelle a. Die Multiplikation von f_j mit dem Vektor e_j entspricht einer linearen Transformation von f_j. Dann liefert die Anwendung der Kettenregel die Behauptung. Weiter folgt mittels der Summenregel (Satz 9), daß auch $f = \sum\limits_{j=1}^{m} e_j f_j$ an der Stelle a differenzierbar ist.   ☐

Wir wissen nun, daß die Zeilen von Df die Ableitungen der Komponenten von f sind. Jetzt muß noch geklärt werden, wie die Komponenten der Zeilen von Df_j zu bestimmen sind.

Bei der Bildung von Grenzwerten an der Stelle a waren bisher alle in A liegenden gegen a konvergierenden Folgen zu berücksichtigen. Wir werden nun solche Folgen von Vektoren untersuchen, die sich nur in einer Komponente ändern. Sei die j-te Komponente veränderlich und werden alle anderen Komponenten $i \neq j$ festgehalten, so bedeutet dies, daß sich die Folge entlang der Richtung der j-ten Koordinatenachse verändert.

Daß dies eine beträchtliche Einschränkung der Menge der zulässigen Folgen ist, zeigt das nächste Beispiel.

Beispiel 8:

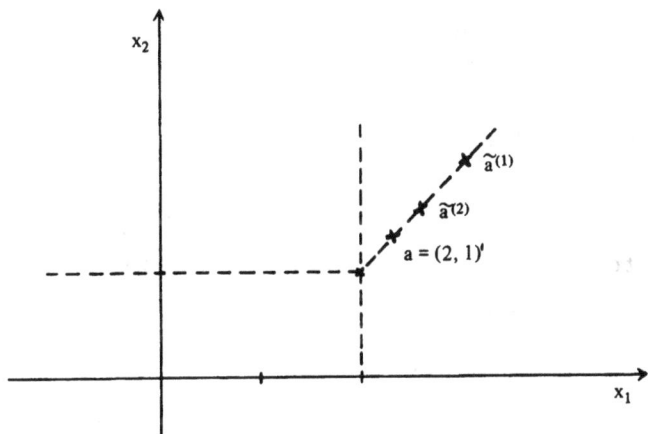

Gegen $a = (2,1)'$ konvergierende Folgen mit festgehaltener erster Komponente sind von der Gestalt $(2, a_2^{(1)})$. Ihre Glieder liegen auf der Parallelen zur Ordinate durch den Punkt $(2, 0)$. Ebenso liegen Folgen mit festgehaltener zweiten Komponente $((a_1^{(1)}, 1))_{i \in \mathbb{N}}$ auf einer Parallelen zur Abszisse. Es ist zu sehen, daß sie von anderer Art sind wie zum Beispiel $(\tilde{a}^{(i)})_{i \in \mathbb{N}} = \left(\left(2 + \frac{1}{i}, 1 + \frac{1}{i} \right) \right)_{i \in \mathbb{N}}$. Die Folgenglieder von $a^{(i)}$ liegen auf einer Geraden mit Steigung 1 durch den Punkt $= (2,1)'$.

Wir wenden uns nun der Ableitung von Funktionen mehrerer Veränderlicher zu, wenn alle Veränderlichen bis auf eine festgehalten werden. Dies läßt sich wie folgt formalisieren:

Sei $A \subset \mathbb{R}^n$ und $f : A \to \mathbb{R}^m$ differenzierbar an der Stelle $a \in A$. Wollen wir nur die Auswirkung einer Veränderung der j-ten Variablen studieren, so wird zuerst eine Abbildung von $p_j(A) \to A$ definiert. $p_j(A) =: A_j = \{x_j | x \in A\}$ ist eine Teilmenge von $\mathbb{R}^1$ und eine Umgebung von a_j der j-ten Komponente von a. Es gibt also ein offenes Intervall $]a_j - \varepsilon, a_j + \varepsilon[\subset A_j$.

Sei $h_{a,j} : A_j \to A$ gegeben durch

$$x_j \mapsto h_{a,j}(x_j) = (a_1, \dots, a_{j-1}, x_j, a_{j+1}, \dots, a_n)'.$$

Die Abbildung $h_{a,j}$ ist (lediglich) ein technisches Hilfsmittel, das es ermöglicht, die j-te Komponente eines Vektors zu verändern.

Wir zeigen, daß $h_{a,j}$ differenzierbar an der Stelle a_j ist. Wird $r(x) = 0 \in \mathbb{R}^n$ und $B = e_j$ (wobei e_j der j-te Vektor der kanonischen Basis des $\mathbb{R}^n$ ist) gesetzt, so gilt:

$$h_{a,j}(x_j) = h_{a,j}(a_j) + e_j(x_j - a_j) =$$
$$= a + (0, \dots, 0, x_j - a_j, 0, \dots, 0)'.$$

Damit ist nach Definition 9 die Funktion $h_{a,j}$ differenzierbar an der Stelle a_j mit Ableitung

$$Dh_{a,j}(a_j) = e_j \in \mathbb{R}^n.$$

Nun sind wir soweit, die Auswirkung der Veränderung einer einzigen Variablen auf die Funktion $f : A \to \mathbb{R}^m$ zu untersuchen. Dazu betrachten wir die Funktion $g = f \circ h_{a,j} : A_j \to \mathbb{R}^m$.

Die Funktion g ist differenzierbar an der Stelle a_j. Dies läßt sich mit der Kettenregel (Satz 11) zeigen.

$$Dg(a_j) = D(f \circ h_{a,j})(a_j) = Df(a) \cdot Dh_{a,j}(a_j) = Df(a) \cdot e_j.$$

Das Produkt der $m \times n$ Matrix $Df(a)$ mit e_j liefert gerade die j-te Spalte von $Df(a)$.

Nehmen wir nun f_i, die i-te Komponente von f, und bilden $f_i \circ h_{a,j}$, so ist dies eine skalare Funktion einer Veränderlichen und wir können zur Berechnung der Ableitung § 3 Satz 1 heranziehen. Es ist

$$D(f_i \circ h_{a,j})(a_j) = \lim_{x_j \to a_j} \frac{f_i(a_1, \dots, a_{j-1}, x_j, a_{j+1}, \dots, a_n) - f_i(a_1, \dots, a_n)}{x_j - a_j}$$

Die Elemente der Matrix der Ableitung $Df(a)$ lassen sich also mittels der Differentialrechnung skalarer Funktionen in einer Veränderlichen berechnen. Es sind dann alle Veränderlichen, mit Ausnahme der j-ten als Konstante zu behandeln.

Definition 14: (Partielle Ableitung) Für $i = 1, \dots, m$ und $j = 1, \dots, n$ heißt $D(f_i \circ h_{a,j})(a_j) = Df_i(a) e_j$ partielle Ableitung von f_i nach der j-ten Veränderlichen an der Stelle a.

Zur Abkürzung schreiben wir

$$\frac{\partial f_i}{\partial x_j}(a) := f_{x_j}(a) := D(f_i \circ h_{a,j})(a_j). \qquad \triangle$$

Definition 15: Sei $A \subset \mathbb{R}^n$ und $f : A \to \mathbb{R}^m$. Die Funktion f heißt partiell differenzierbar an der Stelle a $:\Leftrightarrow$
Für $i = 1, \ldots, m$ sind die Funktion $f_i \circ h_{a,j}$ an der Stelle a_j für $j = 1, \ldots, n$ differenzierbar (d.h. $\dfrac{\partial f_i}{\partial x_j}(a)$ existiert für $i = 1, \ldots, m$ und $j = 1, \ldots, n$). $\triangle$

Wir können nun unter Verwendung von Definition 14 und den obigen Überlegungen folgenden Satz formulieren:

Satz 13: Sei $f : A \to \mathbb{R}^m$ differenzierbar an der Stelle a, dann gilt für die Ableitung von f (Funktionalmatrix):

$$Df(a) = \left(\frac{\partial f_i}{\partial x_j}(a) \right)_{m \times n}.$$

Nun sind wir soweit, einige weitere Beispiele für die Ableitung von Funktionen mehrerer Veränderlicher zu behandeln.

Beispiel 9:

Sei $f : \mathbb{R}^2 \to \mathbb{R}^2$ gegeben durch

$$x = \begin{pmatrix} x_1 \\ x_2 \end{pmatrix} \mapsto f(x) = \begin{pmatrix} f_1(x) \\ f_2(x) \end{pmatrix} = \begin{pmatrix} x_1 e^{x_2} \\ x_1 + x_2 \end{pmatrix} \quad \text{und} \quad a = (a_1, a_2)' \in \mathbb{R}^2$$

Dann ist $f_i \circ h_{a,j} : \mathbb{R} \to \mathbb{R}$ für $i, j = 1, 2$

$$f_1 \circ h_{a,1}(x_1) = x_1 \cdot e^{a_2}$$
$$f_1 \circ h_{a,2}(x_2) = a_1 \cdot e^{x_2}$$
$$f_2 \circ h_{a,1}(x_1) = x_1 + a_2$$
$$f_2 \circ h_{a,1}(x_2) = a_1 + x_2$$

Nun läßt sich leicht $\dfrac{\partial f_i}{\partial x_j}(a)$ für $i = 1, 2$ und $j = 1, 2$ berechnen.

$$Df(a) = \begin{pmatrix} \dfrac{\partial f_1}{\partial x_1}(a) & \dfrac{\partial f_1}{\partial x_2}(a) \\ \dfrac{\partial f_2}{\partial x_1}(a) & \dfrac{\partial f_2}{\partial x_2}(a) \end{pmatrix} = \begin{pmatrix} e^{a_2} & a_1 e^{a_2} \\ 1 & 1 \end{pmatrix}$$

Beispiel 10:

Sei $f : \mathbb{R}^2 \to \mathbb{R}$ gegeben durch

$$x = \begin{pmatrix} x_1 \\ x_2 \end{pmatrix} \mapsto f(x) = x_1^{n_1} x_2^{n_2} \quad \text{mit } n_1, n_2 \in \mathbb{N}$$

Dann ist

$$Df(a) = \left(\frac{\partial f}{\partial x_1}(a), \frac{\partial f}{\partial x_2}(a) \right) = (n_1 a_1^{n_1 - 1} a_2^{n_2}, \; a_1^{n_1} n_2 a_2^{n_2 - 1}).$$

In Analogie zu § 3 Satz 7 gilt:

Satz 14: Sei $A \subset \mathbb{R}^n$ und $f: A \to \mathbb{R}$ differenzierbar an der Stelle a.
Es gelte weiter $f(x) \neq 0$ für alle $x \in A$. Dann ist

$$\frac{1}{f}: A \to \mathbb{R} \quad \text{differenzierbar an der Stelle a mit}$$

$$D\left(\frac{1}{f}\right)(a) = -\frac{1}{f(a)^2} Df(a).$$

Beweis: Wir benützen Definition 14 (Partielle Ableitung) und § 3 Satz 7

$$D\left(\frac{1}{f}\right)(a) = \left(\frac{\partial}{\partial x_1}\left(\frac{1}{f}\right)(a), \ldots, \frac{\partial}{\partial x_n}\left(\frac{1}{f}\right)(a)\right) =$$

$$= \left(\frac{-1}{(f(a))^2}\frac{\partial f}{\partial x_1}(a), \ldots, \frac{-1}{(f(a))^2_{-x_n}}\frac{\partial f}{\partial x_n}(a)\right) = \frac{-1}{(f(a))^2} Df(a). \qquad \square$$

Beispiel 11:

Sei $f: \mathbb{R}^2 \backslash \{(0,0)\} \to \mathbb{R}$ gegeben durch

$$x = \begin{pmatrix} x_1 \\ x_2 \end{pmatrix} \mapsto f(x) = (x_1^2 + x_2^2)$$

$Df(a)$ und $D\left(\frac{1}{f}\right)(a)$ sind Zeilenvektoren mit

$$D\left(\frac{1}{f}\right)(a) = \frac{-1}{(a_1^2 + a_2^2)^2} Df(a) \quad \text{und} \quad Df(a) = (2a_1, 2a_2) \quad \text{für alle}$$
$a \in \mathbb{R}^2 \backslash \{(0,0)\}$.

Wir haben gezeigt, daß aus der Differenzierbarkeit einer Funktion f an der Stelle a auch die Stetigkeit folgt. Es ist falsch, zu glauben, daß bereits aus der partiellen Differenzierbarkeit an der Stelle a auch die Stetigkeit gefolgert werden kann. Wir geben dazu ein Beispiel an.

Beispiel 12:

Sei $f: \mathbb{R}^2 \to \mathbb{R}$ gegeben durch

$$x = \begin{pmatrix} x_1 \\ x_2 \end{pmatrix} \mapsto f(x) = \begin{cases} \dfrac{2x_1 x_2}{x_1^2 + x_2^2} & \text{für } x_1^2 + x_2^2 > 0 \\ 0 & \text{für } x_1 = x_2 = 0 \end{cases}$$

Für $x_1^2 + x_2^2 > 0$ ist f als Quotient von zwei differenzierbaren Funktionen auch partiell differenzierbar und die partiellen Ableitungen sind sofort mit der Quotientenregel § 3 Satz 8 zu berechnen. An der Stelle $a = (0, 0)'$ weisen wir die partielle Differenzierbarkeit direkt nach.

$$\frac{\partial f}{\partial x_1}(0, 0) = \lim_{x_1 \to 0} \frac{f(x_1, 0) - f(0, 0)}{x_1 - 0} =$$

$$= \lim_{x_1 \to 0} \frac{\dfrac{2x_1 \cdot 0}{x_1^2 + 0^2} - 0}{x_1 - 0} = \lim_{x_1 \to 0} \frac{0}{x_1^3} = 0.$$

Ebenso ergibt sich

$$\frac{\partial f}{\partial x_2}(0, 0) = \lim_{x_2 \to 0} \frac{f(0, x_2) - f(0, 0)}{x_2 - 0} = 0.$$

Also ist f für alle $a \in \mathbb{R}^2$ partiell differenzierbar. f ist aber an der Stelle $(0, 0)'$ nicht stetig.

Um dies zu zeigen, genügt es, eine Folge $(a^{(i)})_{i \in \mathbb{N}}$ anzugeben, die gegen $(0, 0)'$ konvergiert und für die $\lim_{i \to \infty} f(a^{(i)}) \neq f(0, 0)$ gilt. Wir wählen dazu die Folge

$$a^{(i)} = \left(\left(\frac{1}{i}, \frac{1}{i} \right) \right)_{i \in \mathbb{N}},$$

deren Glieder auf der Winkelhalbierenden der Zahlenebene liegen. Dann gilt:

$$\lim_{i \to \infty} f(a^{(i)}) = \lim_{i \to \infty} \frac{2 \dfrac{1}{i} \cdot \dfrac{1}{i}}{\left(\dfrac{1}{i} \right)^2 + \left(\dfrac{1}{i} \right)^2} = 1 \neq f(0, 0) = 0.$$

Im folgenden Satz, der ohne Beweis wiedergegeben wird, stellen wir den Zusammenhang zwischen partieller Differenzierbarkeit und Differenzierbarkeit für Funktionen f, die für alle $a \in A$ differenzierbar sind, her.

Satz 15: Sei $A \subset \mathbb{R}^n$ eine offene Menge und $f : A \to \mathbb{R}^m$ partiell differenzierbar in A. Weiter seien die Funktionen $\frac{\partial f_i}{\partial x_j} : A \to \mathbb{R}^m$ stetig in A für $i = 1, \ldots, m$ und $j = 1, \ldots, n$.

Dann ist f differenzierbar in A. Damit ist f auch stetig in A.

Beispiel 12: (Fortsetzung)
Die Funktion f aus Beispiel 12 ist für alle $a \in \mathbb{R}^2$ partiell differenzierbar, aber sicherlich an der Stelle $(0, 0)$ nicht differenzierbar, da sie dort nicht stetig ist und Stetigkeit eine notwendige Voraussetzung für die Differenzierbarkeit ist. Die Funktion f verletzt die Voraussetzung von Satz 15. Dazu berechnen wir

$$\frac{\partial f}{\partial x_1}(a_1, a_2) = \frac{2a_2(a_1^2 + a_2^2) - 2a_1 a_2 \cdot 2a_1}{(a_1^2 + a_2^2)^2} = \frac{-2a_1^2 a_2 + 2a_2^3}{(a_1^2 + a_2^2)_2}$$

Damit ergibt sich $\dfrac{\partial f}{\partial x_1}$ an der Stelle $(0, a_2)$ zu

$$\frac{\partial f}{\partial, x_1}(0, a_2) = \frac{2a_2^3}{a_2^4} = \frac{2}{a_2}$$

$\dfrac{\partial f}{\partial x_1}$ ist also nicht stetig an der Stelle $(0, 0)'$, da $\dfrac{\partial f}{\partial x_1}(0, 0) = 0$.

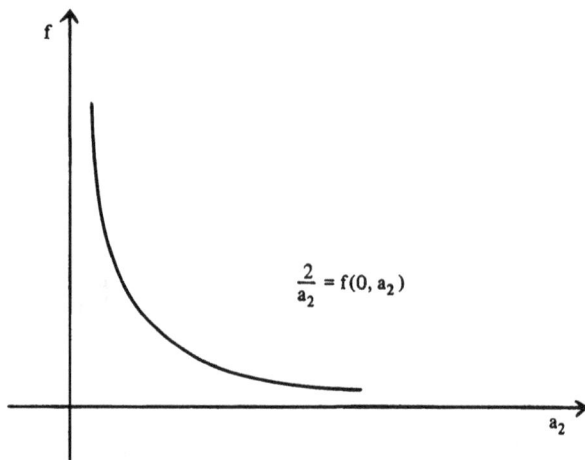

In Beispiel 12 haben wir eine Funktion f betrachtet, die in $\mathbb{R}^2$ partiell differenzierbar, jedoch nicht stetig an der Stelle $(0, 0)'$ und damit offensichtlich nicht differenzierbar an der Stelle $(0, 0)'$ ist. Differenzierbarkeit kann nur gefolgert werden, wenn die Voraussetzungen von Satz 15 erfüllt sind. Die sind aber, wie die Abbildung zeigt, verletzt.

Ähnlich wie höhere Ableitungen bei Funktionen einer Veränderlichen lassen sich auch bei mehreren Veränderlichen Ableitungen höherer Ordnung einführen. Diese sind nicht nur bei der Untersuchung lokaler Extrema nützlich, sondern sie haben auch direkte ökonomische Interpretationen, auf die wir in Beispiel 13 eingehen.

Definition 16: Sei $A \subseteq \mathbb{R}^n$ eine offene Mange, $f : A \to \mathbb{R}$ eine Funktion und sowohl f als auch $Df \cdot e_i : A \to \mathbb{R}$ für $i = 1, \ldots, n$ partiell differenzierbar in A. Dann heißt

$$\frac{\partial}{\partial x_k}\left(\frac{\partial f}{\partial x_i}\right)(a) := D\big((Df \cdot e_i) \circ h_{a, k}\big)(a_k) =: \frac{\partial^2 f}{\partial x_k \partial x_i}(a) =: f_{x_k x_i}(a)$$

gemischte partielle Ableitung von f nach x_i und x_k. Die gemischten partiellen Ableitungen lassen sich zu einer quadratischen $n \times n$ Matrix H_f zusammenfassen.

$$H_f(a) := \left(\frac{\partial^2 f}{\partial x_k \partial x_i}(a)\right)_{n \times n}$$

heißt Hesse-Matrix von f an der Stelle a.   △

Beispiel 13:

Sei $u : \mathbb{R}^n_+ \to \mathbb{R}$ eine Nutzenfunktion, die auf $\mathbb{R}^n_+$ partiell differenzierbar und deren partielle Ableitungen wiederum auf $\mathbb{R}^n_+$ partiell differenzierbar und stetig sind.

Ist die Ausstattung des Individuums mit Nutzenfunktion u das Güterbündel $x = (x_1, \ldots, x_n)'$, so können wir fragen, wie der Nutzenzuwachs ist, wenn das Individuum zusätzlich ε_1 Einheiten von Gut i und ε_2 Einheiten von Gut j erhält. Dies ist

$$u(x + \varepsilon_1 e_i + \varepsilon_2 e_j) - u(x).$$

Wie verteilt sich der Nutzenzuwachs auf die zusätzlichen Einheiten von Gut i und j? Dazu bilden wir die Differenz des gesamten Nutzenzuwachses mit den Zuwächsen in den Gütern i und j.

$$u(x + \varepsilon_1 e_i + \varepsilon_2 e_j) - u(x) - \big(u(x + \varepsilon_1 e_i) - u(x)\big) - \big(u(x + \varepsilon_2 e_j) - u(x)\big) =$$
$$= u(x + \varepsilon_1 e_i + \varepsilon_2 e_j) + u(x) - u(x + \varepsilon_1 e_i) - u(x + \varepsilon_2 e_j).$$

Wir gehen nun zu den Raten über und bilden

$$\lim_{\varepsilon_2 \to 0}\left(\lim_{\varepsilon_1 \to 0} \frac{1}{\varepsilon_1 \cdot \varepsilon_2}\left(u(x + \varepsilon_1 e_i + \varepsilon_2 e_j) + u(x) - u(x + \varepsilon_1 e_i) - u(x - \varepsilon_2 e_j)\right)\right) =$$

$$\lim_{\varepsilon_2 \to 0}\left(\lim_{\varepsilon_1 \to 0} \frac{\dfrac{u(x + \varepsilon_1 e_i + \varepsilon_2 e_j) - u(x + \varepsilon_2 e_j)}{\varepsilon_1} - \dfrac{u(x + \varepsilon_1 e_i) - u(x)}{\varepsilon_1}}{\varepsilon_2}\right) =$$

$$= \frac{\partial}{\partial x_j}\left(\frac{\partial u}{\partial x_i}\right)(x).$$

Die Umformung erfolgte so, daß sichtbar wurde, wie die partielle Ableitung $\dfrac{\partial u}{\partial x_i}$ partiell nach der j-ten Veränderlichen abgeleitet wird.

Ist $\dfrac{\partial}{\partial x_j}\left(\dfrac{\partial u}{\partial x_i}\right)(x) > 0$, so heißen die Güter i und j komplementär; anderenfalls heißen sie substitutiv. Diese Definition ist gut einzusehen, wenn wir für den Fall komplementärer Güter für Gut i und j Zucker und Tee wählen; für den Fall von substitutiven Gütern für Gut i und j Tee und Kaffee wählen.

Nun wenden wir uns der in Definition 16 eingeführten Hesse-Matrix zu. Es ergibt sich nun die Frage ob $H_f(a)$ symmetrisch ist, in anderen Worten, ob die Reihenfolge der partiellen Differentiation vertauscht werden kann.

Beispiel 14:

Sei $f : \mathbb{R}^2 \to \mathbb{R}$ gegeben durch

$$x = \begin{pmatrix} x_1 \\ x_2 \end{pmatrix} \mapsto f(x) = x_1 \cdot e^{x_2}$$

Wir berechnen nun $H_f(a)$. Dazu benötigen wir zuerst

$$\frac{\partial f}{\partial x_1}(a) = e^{a_2}; \quad \frac{\partial f}{\partial x_2}(a) = a_1 e^{a_2}$$

$\dfrac{\partial f}{\partial x_1}$ und $\dfrac{\partial f}{\partial x_2}$ sind partiell differenzierbare Funktionen (mit $\mathbb{R}^2 \to \mathbb{R}$)

$$\frac{\partial}{\partial x_1}\left(\frac{\partial f}{\partial x_1}\right)(a) = 0; \quad \frac{\partial}{\partial x_2}\left(\frac{\partial f}{\partial x_1}\right)(a) = e^{a_2}; \quad \frac{\partial}{\partial x_2}\left(\frac{\partial f}{\partial x_2}\right) = a_1 e^{a_2};$$

$$\frac{\partial}{\partial x_1}\left(\frac{\partial f}{\partial x_2}\right)(a) = e^{a_2}.$$

Damit ergibt sich

$$H_f(a) = \begin{pmatrix} 0 & e^{a_2} \\ e^{a_2} & a_1 e^{a_2} \end{pmatrix}.$$

Die Reihenfolge der Differentiation bei der Berechnung der gemischten Ableitungen ist vertauschbar. Daß dies nicht immer so ist, zeigt das nächste Beispiel.

Beispiel 15:

Sei $f : \mathbb{R}^2 \to \mathbb{R}$ gegeben durch

$$x = \begin{pmatrix} x_1 \\ x_2 \end{pmatrix} \mapsto f(x) = \begin{cases} \dfrac{x_1 x_2 (x_1^2 - x_2^2)}{x_1^2 + x_2^2} & \text{für } x_1^2 + x_2^2 > 0 \\ 0 & \text{für } x_1 = x_2 = 0 \end{cases}$$

Wir berechnen $\dfrac{\partial^2 f}{\partial x_1 \partial x_2}$ und $\dfrac{\partial^2 f}{\partial x_2 \partial x_1}$:

$$\frac{\partial f}{\partial x_1}(a) = \frac{(3a_1^2 a_2 - a_2^3)(a_1^2 + a_2^2) - a_1 a_2 (a_1^2 - a_2^2) 2a_1}{(a_1^2 + a_2^2)^2}$$

für die Stelle $a = (0, a_2)'$ ergibt sich

$$\frac{\partial f}{\partial x_1}(0, a_2) = \frac{-a_2^5}{a_2^4} = -a_2 \quad \text{und damit}$$

$$\frac{\partial^2 f}{\partial x_2 \partial x_1}(0, a_2) = -1 \quad \text{für alle } a_2 \in \mathbb{R}$$

$$\frac{\partial f}{\partial x_2}(a) = \frac{(a_1^3 - 3a_1 a_2^2)(a_1^2 + a_2^2) - a_1 a_2 (a_1^2 - a_2^2) 2a_2}{(a_1^2 + a_2^2)^2}$$

für die Stelle $a = (a_1, 0)'$ erhalten wir

$$\frac{\partial f}{\partial x_2}(a_1, 0) = \frac{a_1^5}{a_1^4} = a_1 \quad \text{und damit}$$

$$\frac{\partial^2 f}{\partial x_1 \partial x_2}(a_1, 0) = 1 \quad \text{für alle } a_1 \in \mathbb{R}.$$

Für die Stelle $a = (0, 0)'$ ergibt sich

$$\frac{\partial^2 f}{\partial x_2 \partial x_1}(0, 0) = -1 \neq +1 = \frac{\partial^2 f}{\partial x_1 \partial x_2}(0, 0).$$

Nun geben wir ohne Beweis eine Bedingung an, die die Vertauschbarkeit der Differentiationsreihenfolge sichert.

Satz 17: Sei $A \subset \mathbb{R}^n$ eine offene Menge und $f : A \to \mathbb{R}$ zweimal partiell differenzierbar in A.

Ist $\dfrac{\partial^2 f}{\partial x_i \partial x_j}$ stetig für $i, j = 1, \ldots, n$ in A, dann gilt

$$\frac{\partial^2 f(a)}{\partial x_i \partial x_j} = \frac{\partial^2 f(a)}{\partial x_j \partial x_i} \quad \text{für } a \in A.$$

In Beispiel 15 ist $\dfrac{\partial^2 f}{\partial x_1 \partial x_2}$ an der Stelle $(0, 0)'$ nicht stetig.

Zum Abschluß wollen wir noch eine einfache Konsequenz der Kettenregel behandeln, die unter dem Namen ‚Satz vom totalen Differential' in der Wirtschaftstheorie vielfach Anwendung findet.

Satz 18: Sei $T \subset \mathbb{R}$ eine offene Menge und $B \subset \mathbb{R}^n$. Die Funktion

$$f : T \to B \text{ gegeben durch } t \mapsto f(t) = \begin{pmatrix} f_1(t) \\ \vdots \\ f_n(t) \end{pmatrix}$$

sei differenzierbar an der Stelle $t \in T$. Weiter sei $g : B \to \mathbb{R}$ differenzierbar an der Stelle $b = f(t)$, Dann gilt für $g \circ f : T \to \mathbb{R}$:

$$\left.\frac{dg(f(s))}{ds}\right|_{s=t} = D(g \circ f)(t) = Dg(b) \cdot Df(t)$$

$$= \left(\frac{\partial g}{\partial x_1}(b), \ldots, \frac{\partial g}{\partial x_n}(b) \right) \begin{pmatrix} Df_1(t) \\ \vdots \\ Df_m(t) \end{pmatrix} =$$

$$= \sum_{i=1}^{n} \frac{\partial g}{\partial x_1}(f(t)) \cdot \left.\frac{df_i(s)}{ds}\right|_{s=t}.$$

Sind f und g in A bzw. B differenzierbar, so gilt für die Kettenregel, wenn wir die

Ableitung von g ∘ f als Funktion auffassen

$$D(g \circ f) = (Dg \cdot Df).$$

Damit erhalten wir Schreibweisen wie

$$g' = \frac{dg}{dt} = \frac{\partial g}{\partial x_1} \cdot \frac{dx_1}{dt} + \ldots + \frac{\partial g}{\partial x_n} \cdot \frac{dx_n}{dt}.$$

§ 6 Extrema bei Funktionen mehrerer Veränderlicher

Wie in § 4 läßt sich die Untersuchung von Extrema bei Funktionen mehrerer Veränderlicher durch Beispiele aus der Theorie der Unternehmung motivieren. Gewinnfunktionen enthalten Preise der eingesetzten Produktionsfaktoren als Veränderliche. Der Fall eines einzigen Produktionsfaktors ist eine Ausnahme.

Wir werden uns aber auf skalare Funktionen mehrerer Veränderlicher beschränken. Die Betrachtung von Funktionen mit Werten im $\mathbb{R}^m$ für m > 1 würde in das Gebiet der Optimierung bei mehreren Zielen führen. Dies ist ein Gebiet, das in rascher Entwicklung begriffen ist. Wir werden uns auch auf Funktionen beschränken, deren lokale Extrema mit Mitteln der Differentialrechnung zu bestimmen sind. Dabei wird ähnlich vorgegangen wie in § 4.

Definition 1: Sei $A \subset \mathbb{R}^n$ und $f : A \to \mathbb{R}$.

(1) Die Funktion f besitzt ein lokales Maximum an der Stelle $a \in A :\Leftrightarrow$ es existiert ein $\varepsilon > 0$ und eine Kugel $K_\varepsilon(a)$ so, daß $f(a) \geqq f(x)$ ist, für alle $x \in K_\varepsilon(a) \cap A$.

(2) Die Funktion f besitzt ein lokales Minimum an der Stelle $a \in A :\Leftrightarrow$ es existiert ein $\varepsilon > 0$ und eine Kugel $K_\varepsilon(a)$ so, daß $f(a) \leqq f(x)$ ist, für alle $x \in K_\varepsilon(a) \cap A$.

(3) Die Funktion f besitzt ein lokales Extremum an der Stelle a, wenn (1) oder (2) erfüllt ist.

(4) Ein lokales Extremum heißt strikt (oder lokales Extremum im engeren Sinne), falls die Definitionen (1) oder (2) mit „ > " bzw. „ < " für $x \neq a$ gelten.

(5) Die Funktion f besitzt ein globales Maximum (bzw. Minimum) an der Stelle $a \in A :\Leftrightarrow$
$f(a) \geqq f(x)$ (bzw. $f(a) \leqq f(x)$) für alle $x \in A$.   △

Manchmal läßt sich durch einfaches Umformen zeigen, daß eine gegebene Funktion f nicht nur ein lokales sondern auch ein globales Extremum besitzt.

Sei $f : \mathbb{R}^2 \to \mathbb{R}$ gegeben durch

$$\binom{x_1}{x_1} \mapsto f(x) = 4x_1 + 12x_2 - x_1^2 - 2x_2^2.$$

Die Funktion f besitzt ein globales Maximum an der Stelle $(2, 3)'$. Dies ist durch Zusammenfassen wie folgt einzusehen.

$$f(x_1, x_2) = -(x_1 - 2)^2 + 4 - 2(x_2 - 3)^2 + 18 =$$
$$= 22 - (x_1 - 2)^2 - 2(x_2 - 3)^2.$$

Offensichtig gilt, wenn wir $a = (2, 3)'$ einsetzen

$$f(2, 3) = 22 \geq f(x) \quad \text{für alle } x \in \mathbb{R}^2.$$

Wie bei Funktionen einer Veränderlichen lassen sich, falls A eine offene Menge ist, notwendige Bedingungen für lokale Extrema mit Hilfe der Ableitung Df angeben.

Satz 1: Sei $A \subset \mathbb{R}^n$ eine offene Menge und $f : A \to \mathbb{R}$ differenzierbar in A. Besitzt f an der Stelle $a \in A$ ein lokales Extremum, dann gilt:

$$Df(a) = 0 \quad (\in \mathbb{R}^n).$$

Beweis: Die Funktion f besitzt an der Stelle a ein lokales Extremum. Ohne Einschränkung der Allgemeinheit nehmen wir an, es handle sich um ein lokales Maximum. Es existiert also ein $\varepsilon > 0$ und ein $K_\varepsilon(a) \subset A$ so, daß $f(a) \geq f(x)$ für alle $x \in K_\varepsilon(a)$ für $i = 1, \ldots, n$ gilt und damit

$$f(a) = (f \circ h_{a,i})(a_i) \geq (f \circ h_{a,i})(x_i) \quad \text{für alle } x_i \in]a_i - \varepsilon, a_i + \varepsilon[.$$

Daraus folgt (nach § 4 Satz 1) $D(f \circ h_{a,i})(a_i) = \dfrac{\partial f}{\partial x_i}(a) = 0.$ ☐

Der Satz 1 liefert lediglich eine notwendige Bedingung für das Vorliegen eines lokalen Extremums. Wir behandeln wegen der leichteren expliziten Darstellung den Fall von zwei Veränderlichen getrennt.

Beispiel 1:

Sei $f : \mathbb{R}^2 \to \mathbb{R}$ gegeben durch

$$x = \begin{pmatrix} x_1 \\ x_2 \end{pmatrix} \mapsto f(x) = x_1^2 - 4x_1 x_2 + 2x_2^2.$$

Eine notwendige Bedingung für ein lokales Extremum ist das Verschwinden der partiellen Ableitungen.

$$\frac{\partial f}{\partial x_1}(x) = 2x_1 - 4x_2 \overset{!}{=} 0,$$

$$\frac{\partial f}{\partial x_2}(x) = -4x_1 + 4x_2 \overset{!}{=} 0.$$

Diese homogene lineare Gleichung besitzt genau eine Lösung $x = (0, 0)'$. Es stellt sich nun die Frage, ob an der Stelle $x = (0, 0)$ ein lokales Extremum vorliegt. Dazu überprüfen wir die Funktionswerte von f mit festem x_2 und dann mit $x_1 = x_2$, um uns eine Vorstellung über den Verlauf von f in der Umgebung von $x = (0, 0)'$ machen zu können.

Setzen wir $x_2 = 0$, so ist $f(x_1, 0) = x_1^2 \geq 0 = f(0, 0)$ für alle $x_1 \in \mathbb{R}$. Für $x_1 = x_2$ erhalten wir $f(x_1, x_1) = x_1^2 - 4x_1^2 + 2x_1^2 = -x_1^2 \leq 0 = f(0, 0)$ für alle $x_1 \in \mathbb{R}$.

Daraus ergibt sich, daß in jeder Umgebung des Punktes $(0, 0)'$ die Funktion f Werte annimmt, die größer und die kleiner als Null sind. Es liegt an der Stelle $(0, 0)$ also kein lokales Extremum vor.

Ähnlich wie in § 4 Satz 2 läßt sich für skalare Funktionen mehrerer Veränderlicher eine hinreichende Bedingung für das Vorliegen eines lokalen Extremums zeigen.

Satz 2: Sei $A \subset \mathbb{R}^2$ eine offene Menge und $f : A \to \mathbb{R}$ zweimal stetig partiell differenzierbar in A.

Gilt für $a \in A$

$$Df(a) = 0, \quad \text{d.h.} \quad \frac{\partial f}{\partial x_1}(a) = 0 \quad \text{und} \quad \frac{\partial f}{\partial x_2}(a) = 0.$$

So ist eine hinreichende Bedingung für das Eintreten eines lokalen Extremums im engeren Sinne an der Stelle a

$$\det(H_f(a)) > 0, \quad \text{d.h.}$$

$$(6.1) \quad \frac{\partial^2 f}{\partial x_1^2}(a) \frac{\partial^2 f}{\partial x_2^2}(a) - \left(\frac{\partial^2 f}{\partial x_1 \partial x_2}(a)\right)^2 > 0.$$

(1) Ist $\dfrac{\partial^2 f}{\partial x_1^2}(a) < 0$, liegt ein lokales Maximum im engeren Sinne vor.

(2) Ist $\dfrac{\partial^2 f}{\partial x_1^2}(x) > 0$, liegt ein lokales Minimum im engeren Sinne vor.

Gilt $\det(H_f(a)) < 0$, d.h.

$$\frac{\partial^2 f}{\partial x_1^2}(a) \frac{\partial^2 f}{\partial x_2^2}(a) - \left(\frac{\partial^2 f}{\partial x_1 \partial x_2}(a)\right)^2 < 0,$$

so liegt kein lokales Extremum vor.

Die beiden partiellen Ableitungen $\dfrac{\partial^2 f}{\partial x_1^2}(a)$ und $\dfrac{\partial^2 f}{\partial x_2^2}$ haben das gleiche Vorzeichen, falls (6.1) gilt. Der zweite Term $-\left(\dfrac{\partial^2 f}{\partial x_1 \partial x_2}(a)\right)^2$ ist immer kleiner gleich Null. Damit $\det(H_f(a)) > 0$ sein kann, müssen die beiden Faktoren des ersten Terms das gleiche Vorzeichen haben. Die Bedingungen „ < " und „ > " im Satz 2 dürfen nicht zu „ $\leq$ " und „ $\geq$ " abgeschwächt werden. Der umfangreiche Beweis wird weggelassen.

Beispiel 1 (Fortsetzung):

Für die Funktion $f : \mathbb{R}^2 \to \mathbb{R}$, gegeben durch $x \mapsto f(x) = x_1^2 - 4x_1x_2 + 2x_2^2$, berechnen wir die Hessematrix an der Stelle $a = (0, 0)'$

$$\frac{\partial^2 f}{\partial x_1^2}(a) = 2 > 0, \quad \frac{\partial^2 f}{\partial x_2^2}(a) = 4 > 0, \quad \frac{\partial^2 f}{\partial x_1 \partial x_2}(a) = \frac{\partial^2 f}{\partial x_2 \partial x_1}(a) = -4.$$

Damit ergibt sich für die Hessematrix

$$H_f(a) = \begin{pmatrix} 2 & -4 \\ -4 & 4 \end{pmatrix} \quad \text{und} \quad \det(H_f(a)) = 2 \cdot 4 - (-4)^2 = -8 < 0.$$

Es liegt also an der Stelle $(0, 0)'$, wie bereits direkt gezeigt, kein lokales Extremum vor.

Wir formulieren nun das Analogon zu Satz 2 für den Fall von n Veränderlichen.

Satz 2*: Sei $A \subset \mathbb{R}^n$ eine offene Menge und $f : A \to \mathbb{R}$ zweimal stetig partiell differenzierbar in A. Es gelte

$$Df(a) = 0 \quad \left(\text{d.h. } \frac{\partial f}{\partial x_1}(a) = \ldots = \frac{\partial f}{\partial x_n}(a) = 0\right)$$

(1) Eine hinreichende Bedingung für das Eintreten eines relativen Minimums im engeren Sinne ist die Positivität der Hauptminoren von $H_f(a)$.

(2) Eine hinreichende Bedingung für das Eintreten eines relativen Maximums im engeren Sinne ist das Alternieren der Vorzeichen der Hauptminoren von $H(a)$, beginnend mit $\frac{\partial^2 f}{\partial x_1^2}(a) < 0$.

Die Hauptminoren von $H_f(a)$ sind die Determinanten der folgenden Matrizen:

$$\begin{pmatrix} \dfrac{\partial^2 f}{\partial x_1^2}(a) & \cdots & \dfrac{\partial^2 f}{\partial x_1 \partial x_i}(a) \\ \vdots & & \vdots \\ \dfrac{\partial^2 f}{\partial x_1 \partial x_i}(a) & \cdots & \dfrac{\partial^2 f}{\partial x_i^2}(a) \end{pmatrix}$$

für $i = 1, \ldots, n$.

Beispiel 2:

Sei $f : \mathbb{R}^3 \to \mathbb{R}$ gegeben durch

$$x = \begin{pmatrix} x_1 \\ x_2 \\ x_3 \end{pmatrix} \mapsto f(x) = x_1^2 + x_2^2 + x_3^2.$$

Der Graph dieser Funktion ist ein „Rotationsparaboloid". Offensichtlich gilt $f(0, 0, 0) = 0 \leq x_1^2 + x_2^2 + x_3^2$ für alle $(x_1, x_2, x_3) \in \mathbb{R}^2$.

Dieses Resultat erhalten wir auch durch Anwendung des Satzes 2*:

$$Df(x) = (2x_1, 2x_2, 2x_3).$$

Setzen wir $Df(x) \overset{!}{=} 0$, so erhalten wir $Df(a) = 0$ genau dann, wenn $a = (a_1, a_2, a_3)' = (0, 0, 0)'$ ist.

Für die Hessematrix an der Stelle $(0, 0, 0)'$ ergibt sich

$$H_f(0, 0, 0) = \begin{pmatrix} 2 & 0 & 0 \\ 0 & 2 & 0 \\ 0 & 0 & 2 \end{pmatrix} \quad \text{und damit}$$

$$2 = \frac{\partial^2 f}{\partial x_1^2}(0, 0, 0) > 0 \quad \text{sowie} \quad \begin{vmatrix} 2 & 0 \\ 0 & 2 \end{vmatrix} > 0 \quad \text{und} \quad \begin{vmatrix} 2 & 0 & 0 \\ 0 & 2 & 0 \\ 0 & 0 & 2 \end{vmatrix} = 8 > 0.$$

Es liegt also ein relatives Minimum im engeren Sinne vor.

Ebenso wie bei Funktionen einer Veränderlichen spielen konvexe Funktionen eine besondere Rolle.

Definition 2: Eine Teilmenge $A \subset \mathbb{R}^n$ heißt konvex :$\Leftrightarrow$

aus $a, b \in A$ folgt $\lambda a + (1 - \lambda) b \in A$ für $\lambda \in [0, 1]$.   △

Beispiel 3:

i) $A = K_\varepsilon(a)$ ist eine konvexe Menge (Zeichnung für $\mathbb{R}^2$).

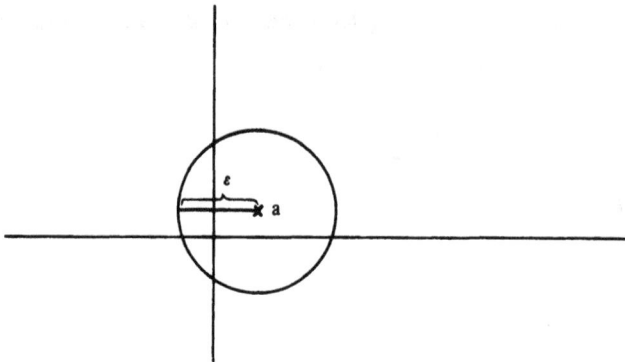

ii) $K_\varepsilon(0) \backslash \mathbb{R}_+^n$ ist nicht konvex (Zeichnung für $\mathbb{R}^2$).

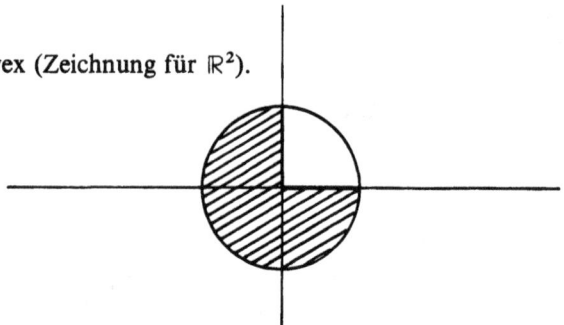

iii) Die Menge $\{a \in \mathbb{R}^2 \mid a_2 \geq a_1^2\}$ ist konvex.

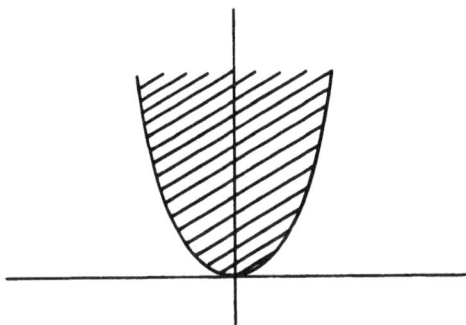

Definition 3: Sei $A \subset \mathbb{R}^n$.

Eine Funktion $f : A \to \mathbb{R}$ heißt (strikt) konvex $:\Leftrightarrow$

(1) A ist konvex

(2) Für alle $a, b \in A$ und alle $\lambda \in [0, 1]$ gilt:

$$\lambda f(a) + (1 - \lambda) f(b) \geq f(\lambda a + (1 - \lambda) b) \quad \text{(bei strikt gilt ,,>'')}$$
$$\text{für} \quad \lambda \in \,]0, 1[.) \qquad\qquad\qquad\qquad\qquad\qquad\qquad\qquad \triangle$$

Definition 4: Sei $A \subset \mathbb{R}^n$. Eine Funktion $f : A \to \mathbb{R}$ heißt konkav $:\Leftrightarrow$
$-f$ ist konvex. $\qquad\qquad\qquad\qquad\qquad\qquad\qquad\qquad\qquad\qquad\qquad\qquad \triangle$

Beispiel 4:

Sei $A = \{(x_1, x_2)' \mid 0 \leq x_1 \leq 1, \ 0 \leq x_2 \leq 2\}$ und $f_1 : A \to \mathbb{R}$ gegeben durch $x = \begin{pmatrix} x_1 \\ x_2 \end{pmatrix} \mapsto f_1(x) = x_1^2 + x_2^2$. Dann ist f_1 konvex. Dies gilt, da A offensichtlich eine konvexe Menge ist und für $x, y \in A$ sowie $\lambda \in [0, 1]$ die Ungleichung

$$f_1(\lambda x + (1 - \lambda) y) \leq \lambda f_1(x) + (1 - \lambda) f_1(y)$$

gilt. Die Funktion $f_2 : A \to \mathbb{R}$, gegeben durch $x = (x_1, x_2)' \mapsto f_2(x) = x_1^2 - x_2^2$, ist nicht konvex.

Wir zeigen nun den Zusammenhang zwischen konvexen Funktionen und konvexen Mengen auf.

Definition 5: Sei $A \subset \mathbb{R}^n$ und $f : A \to \mathbb{R}$.

Die Menge $E_f := \{(a, y) \mid a \in A \text{ und } y \in \mathbb{R} \text{ mit } y \geq f(a)\}$ heißt Epigraph von f. $\triangle$

Beispiel 3 iii) zeigt den Epigraphen der Funktion $f : \mathbb{R} \to \mathbb{R}$ gegeben durch $x \mapsto f(x) = x^2$.

Satz 3: Eine Funktion $f : A \to \mathbb{R}$ ist genau dann konvex, wenn die Menge E_f konvex ist.

Beweis: Wir zeigen nur „⇒". Sei (a, y_1), $(b, y_2) \in E_f$. Es ist nachzuweisen, daß jede konvexe Kombination von (a, y_1), (b, y_2) wieder in E_f liegt.

$$\lambda(a, y_1) + (1 - \lambda)(b, y_2) = (\lambda a + (1 - \lambda) b, \lambda y_1 + (1 - \lambda) y_2).$$

Da nach Voraussetzung $\lambda a + (1 - \lambda) b \in A$ und f konvex ist, gilt

$$f(\lambda a + (1 - \lambda) b) \leq \lambda f(a) + (1 - \lambda) f(b) \leq \lambda y_1 + (1 - \lambda) y_2.$$

Die letzte Ungleichung gilt gemäß der Definition von E_f. Also gilt:

$$\lambda(a, y_1) + (1 - \lambda)(b, y_2) \in E_f \quad \text{für} \quad \lambda \in [0, 1].$$

Daraus folgt, daß E_f konvex ist.   □

Für differenzierbare Funktionen läßt sich die Konvexität auch mit Hilfe der Ableitungen charakterisieren. Geometrisch gesprochen gilt für differenzierbare Funktionen, daß sie genau dann konvex sind, wenn für beliebige Stellen $a \in A$ der Graph von f oberhalb der Tangentialhyperebene durch den Punkt $(a, f(a))$ liegt.

Satz 4: Sei $A \subset \mathbb{R}^n$ eine offene, konvexe Menge und $f : A \to \mathbb{R}$ differenzierbar für alle $a \in A$.

f : A → ℝ ist konvex ⇔
für alle $a, b \in A$ gilt $f(b) \geq f(a) + Df(a)(b - a)$.

Die Funktion $t : \mathbb{R}^n \to \mathbb{R}$, gegeben durch $x \mapsto t(x) = f(a) + Df(a)(x - a)$, heißt Stützhyperebene von f an der Stelle a.

Für konvexe und konkave Funktionen, die stationäre Punkte besitzen, d.h. Punkte, an denen die Ableitung Df verschwindet, lassen sich Aussagen über globale Extrema machen.

Satz 5: Sei $A \subset \mathbb{R}^n$ offene, konvexe Menge und $f : A \to \mathbb{R}$ konvex (konkav) sowie differenzierbar für alle $a \in A$. Gibt es ein $a \in A$ mit $Df(a) = 0 (\in \mathbb{R}^n)$, so nimmt f an der Stelle a ein globales Minimum (Maximum) an.

Die in Beispiel 1 gegebene Funktion ist konkav und nimmt, wie gezeigt, ihr globales Maximum an der Stelle $a = (2, 3)'$ an. Im allgemeinen muß die Stelle a nicht eindeutig sein.

§ 7 Extrema unter Nebenbedingungen

Es werden nur solche Probleme betrachtet, deren Lösung zumindest prinzipiell mit Methoden der Differentialrechnung zu erhalten ist. Die Nebenbedingungen sollen zuerst in Gleichungsform gegeben sein. Nebenbedingungen in der Form von Ungleichungen sind schwieriger zu behandeln, treten aber häufig auf.

Die Lösung von Maximierungs- bziehungsweise Minimierungs-Problemen mit Ungleichungen als Nebenbedingungen sind Gegenstand der Optimierungstheorie. Ist die zu optimierende Funktion linear und sind die Nebenbedingungen in Form linearer (inhomogener) Gleichungen oder Ungleichungen gegeben, so spricht man von linearer Optimierung. Zur Lösung solcher Aufgaben gibt es u. a. die Simplex-Methode, die auf G. Dantzig zurückgeht. Auch zur Optimierung quadratischer und konvexer Funktionen gibt es sehr weit entwickelte numerische Verfahren. Ansonsten sind unter Beachtung von Differenzierbarkeits- und Regularitäts-Voraussetzungen Sätze vom Typ „Kuhn-Tucker" zur Optimierung heranzuziehen.

Sei $A \subset \mathbb{R}^n$ und $f : A \to \mathbb{R}$ die auf lokale Extrema zu untersuchende Funktion. Weiter sei $g : A \to \mathbb{R}^m$ und $m < n$. Die zu beachtende Restriktion sei durch $g(a) = 0$ gegeben. Die Menge $M_g := \{a \in A \,|\, g(a) = 0\}$ ist die Menge der unter der Restriktion $g(a) = 0$ zulässigen Punkte.

Definition 1: Die Funktion $f : A \to \mathbb{R}$ hat an der Stelle a unter Beachtung der Restriktion (Notation wie oben) ein lokales Extremum $:\Leftrightarrow$

(1) $a \in M_g$, d.h. $g(a) = 0$.

(2) Die Einschränkung von f auf M_g besitzt an der Stelle a ein lokales Extremum.

$\triangle$

Wir beginnen mit einem einfachen Beispiel, dessen Lösung auch anschaulich klar ist.

Beispiel 1:

Wann ist das Produkt von zwei nicht negativen Zahlen mit vorgegebener Summe am größten? Sei $A = \mathbb{R}_+^2$ und $f : A \to \mathbb{R}$ gegeben durch

$$x = \begin{pmatrix} x_1 \\ x_2 \end{pmatrix} \mapsto f(x) = x_1 \cdot x_2$$

und die Restriktion durch

$$g(x) = x_1 + x_2 - c = 0.$$

Wir eliminieren mit Hilfe der Nebenbedingung eine der Veränderlichen in f und erhalten ein Maximierungsproblem in einer Veränderlichen. Aus der Nebenbedingung folgt

$$x_2 = -x_1 + c.$$

Eingesetzt in f ergibt sich

$$f(x) = x_1 \cdot x_2 = x_1(-x_1 + c).$$

Wir bilden die Ableitung Df und setzen sie gleich Null.

$$Df(x_1) = -2x_1 + c \overset{!}{=} 0$$

und erhalten

$$a_1 = \frac{c}{2}, \, a_2 = -a_1 + c = \frac{c}{2}, \text{ sowie } D^2 f(a) = -2.$$

Es handelt sich also um ein lokales Maximum.

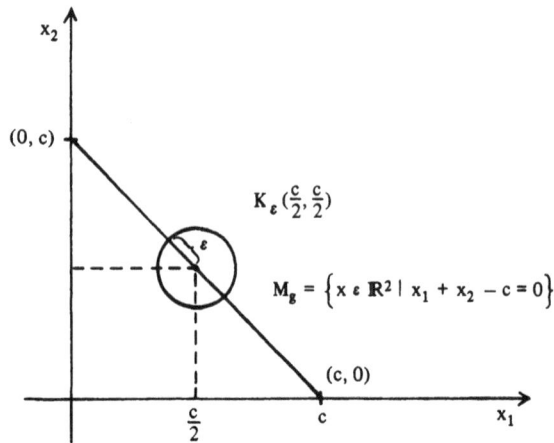

Auf den „Randpunkten" $(0, c)$ und $(c, 0)$ von Mg hat f den Wert Null. Für $x \in K_\varepsilon \left(\dfrac{c}{2}, \dfrac{c}{2} \right) \cap M_g$ gilt $f(x) \leqq f \left(\dfrac{c}{2}, \dfrac{c}{2} \right)$. Es liegt also ein lokales Maximum vor. Da f, eingeschränkt auf M_g, auch konkav ist, handelt es sich um ein globales Maximum.

Nicht immer läßt sich eine Elimination der Veränderlichen durchführen, sei es, daß dies zu schwierig oder daß es explizit nicht möglich ist. In diesem Fall läßt sich eine auf Lagrange (1736–1813) zurückgehende Methode anwenden.

Dazu überführen wir das Problem mit Nebenbedingungen in ein Problem ohne Nebenbedingungen, das aber zusätzliche Unbekannte enthält, deren Anzahl der der Nebenbedingungen entspricht. Wir führen dies am Beispiel 1 vor und formulieren anschließend einen Satz, der dieses Vorgehen rechtfertigt.

Beispiel 1: (Fortsetzung)
Da nur eine Restriktion vorliegt, wird eine zusätzliche Veränderliche λ in das Problem ohne Nebenbedingungen eingeführt. Wir definieren hierzu eine Funktion $L : A \times \mathbb{R} \to \mathbb{R}$ durch

$$L(x, \lambda) := f(x) + \lambda g(x) = x_1 x_2 + \lambda (x_1 + x_2 - c).$$

Die Funktion L wird auch Lagrangefunktion des Maximierungsproblems genannt.

Eine notwendige Bedingung für das Vorliegen eines lokalen Extremums von L ist das Verschwinden von DL. Wir berechnen also $DL(a, \lambda)$ und setzen die Ableitungen gleich Null.

$$\frac{\partial L}{\partial x_1}(a, \lambda) = a_2 + \lambda \overset{!}{=} 0$$

$$\frac{\partial L}{\partial x_2}(a, \lambda) = a_1 + \lambda \overset{!}{=} 0$$

$$\frac{\partial L}{\partial \lambda}(a, \lambda) = a_1 + a_2 - c \overset{!}{=} 0.$$

Aus den beiden ersten Gleichungen ergibt sich nach Elimination von λ

$a_1 = a_2$

und damit aus der dritten Gleichung

$$a_1 = a_2 = \frac{c}{2}.$$

In diesem Beispiel liefern die notwendigen Bedingungen auch wirklich ein Extremum.

Ohne Beweis geben wir den Satz, der die Methode von Lagrange rechtfertigt.

Satz 1: Sei $A' \subset \mathbb{R}^n$ und $f : A \to \mathbb{R}$ differenzierbar an der Stelle $a \in M_g$.
Weiter sei $g : A \to \mathbb{R}^m$ mit $m < n$ differenzierbar an der Stelle a und die Funktionalmatrix $Dg(a)$ besitze vollen Rang.

Wenn die Beschränkung von f auf $M_g = \{x \in \mathbb{R}^n \mid g(x) = 0\}$ an der Stelle a ein lokales Extremum besitzt, so existiert ein Vektor $\lambda_a \in \mathbb{R}^m$ für den an der Stelle a

(7.1) $Df(a) + \lambda_a' \, Dg(a) = 0'$ $(0 \in \mathbb{R}^n)$ gilt.

Der Vektor λ_a heißt Lagrange-Multiplikator.

Wir erhalten (7.1) und $g(a) = 0$ durch Ableiten der Lagrange-Funktion L nach den Veränderlichen $x_1, \ldots, x_n$ und $\lambda_1, \ldots, \lambda_m$ an der Stelle (a, λ_a).

$$L(a, \lambda_a) = f(a) + \lambda_a' g(a) =$$
$$= f(a_1, \ldots, a_n) + (\lambda_{a1}, \ldots, \lambda_{am}) (g_1(a_1, \ldots, a_n), \ldots, g_m(a_1, \ldots, a_n))'.$$

Durch Bilden der Ableitung DL, die Null gesetzt wird, ergibt sich:

$$\frac{\partial L}{\partial x_1}(a, \lambda) = \frac{\partial f}{\partial x_1}(a) + \lambda_1 \frac{\partial g_1}{\partial x_1}(a) + \ldots + \lambda_m \frac{\partial g}{\partial x_1}(a) \stackrel{!}{=} 0$$

$$\vdots$$

$$\frac{\partial L}{\partial x_n}(a, \lambda) = \frac{\partial f}{\partial x_n}(a) + \lambda_1 \frac{\partial g_1}{\partial x_n}(a) + \ldots + \lambda_m \frac{\partial g_m}{\partial x_n}(a) \stackrel{!}{=} 0$$

$$\frac{\partial L}{\partial \lambda_1}(a, \lambda) = g_1(a) \stackrel{!}{=} 0,$$

$$\vdots$$

$$\frac{\partial L}{\partial \lambda_m}(a, \lambda) = g_m(a) \stackrel{!}{=} 0.$$

Die Bedingungen $m < n$ und $\text{Rang}(Dg(a)) = m$ im Satz 1 sichert die Eliminierbarkeit der zusätzlichen Veränderlichen $\lambda_1, \ldots, \lambda_m$ aus den Gleichungen (7.1).

Wir fassen noch einmal die Vorgehensweise bei der Methode von Lagrange zusammen.

i) Bilde $L = f + \lambda' g$ und die Ableitung DL.
    Setze alle partiellen Ableitungen von L gleich Null.

ii) Sind die Voraussetzungen von Satz 1 erfüllt, so lassen sich aus diesen $n + m$
    Gleichungen $\lambda_1, \ldots, \lambda_m$ eliminieren.

iii) Besitzt f eingeschränkt auf M_g lokale Extrema, so sind diese Stellen unter den
    Lösungen der verbleibenden n Gleichungen zu finden. Umgekehrt gilt jedoch
    nicht, daß jede Lösung der verbleibenden n Gleichungen zu einem lokalen Ex-
    tremum führt.

Die Methode von Lagrange läßt sich auch bei nicht explizit angegebenen Funktionen zur Herleitung von Bedingungen für mögliche Extremalstellen benutzen. Dazu
ein Beispiel aus der Nutzentheorie, bei dem wir zunächst die spezielle Gestalt der
Nutzenfunktion offen lassen.

Beispiel 2:

Ein Konsument besitze eine Nutzenfunktion $u : \mathbb{R}_+^2 \to \mathbb{R}$, die nur von den Mengen-
einheiten x_1, x_2 des Konsums der Güter 1 und 2 abhängt. Seien weiter p_1 und p_2 die
Preise der Güter 1 und 2, wobei $p_1 > 0$ und $p_2 > 0$. Der Konsument unterliegt einer
Budgetrestriktion. Das heißt, er kann höchstens $y > 0$ Geldeinheiten ausgeben.
Verteilt er sein gesamtes Einkommen auf Ausgaben für die beiden Güter, so gilt

$$y = x_1 p_1 + x_2 p_2 .$$

Die Restriktion g ist dann $g(x) = x_1 p_1 + x_2 p_2 - y = 0$.

Wir suchen nun die Mengeneinheiten x_1, x_2, die den maximalen Nutzen $u(x_1, x_2)$
liefern. Wir betrachten eine einfache (statische) Situation, in der der Konsument
sein gesamtes Einkommen für den Konsum ausgibt. In der ökonomischen Theorie
werden, ohne u explizit zu spezifizieren, vielfältige Annahmen über die Gestalt von
u gemacht, die sichern, daß u unter der gegebenen Budgetrestriktion ein Maximum
besitzt.

Nehmen wir zusätzlich an, daß u differenzierbar ist, dann können wir die Methode von Lagrange anwenden.

Wir bilden

$$L = u + \lambda g$$

und leiten diese Funktion ab:

$$\frac{\partial L}{\partial x_1}(a, \lambda) = \frac{\partial u}{\partial x_1}(a) + \lambda p_1 \overset{!}{=} 0$$

$$\frac{\partial L}{\partial x_2}(a, \lambda) = \frac{\partial u}{\partial x_2}(a) + \lambda p_2 \overset{!}{=} 0$$

$$\frac{\partial L}{\partial \lambda}(a, \lambda) = a_1 p_1 + a_2 p_2 - y \overset{!}{=} 0 .$$

Durch Elimination von λ erhalten wir die aus der mikroökonomischen Theorie bekannten Beziehungen

$$(1) \quad \frac{p_1}{p_2} = \frac{\dfrac{\partial u}{\partial x_1}(a)}{\dfrac{\partial u}{\partial x_2}(a)} \quad \text{oder} \quad (2) \quad \frac{\dfrac{\partial u}{\partial x_1}(a)}{p_1} = \frac{\dfrac{\partial u}{\partial x_2}(a)}{p_2}.$$

In Worten heißt dies: (1) im Nutzenoptimum ist der Quotient der Preise gleich den Quotienten der Grenznutzen oder (2) im Nutzenoptimum ist der Grenznutzen pro Geldeinheit der Güter gleich.

Bei explizit gegebener Nutzenfunktion lassen sich dann mit Hilfe der Budgetrestriktion die Konsummengen berechnen.

Beispiel 3:
Wir spezifizieren die Nutzenfunktion u im Beispiel 2. Sei $u : \mathbb{R}^2_+ \to \mathbb{R}$ gegeben durch

$$x = \begin{pmatrix} x_1 \\ x_2 \end{pmatrix} \mapsto u(x) = x_1 x_2.$$

Dann ist

$$\frac{\partial u}{\partial x_1}(a) = a_2 \quad \text{und} \quad \frac{\partial u}{\partial x_2}(a) = a_1.$$

Es ergibt sich durch Anwendung von Beispiel 2 Ergebnis (2):

$$\frac{a_2}{p_1} = \frac{a_1}{p_2}.$$

Durch Einsetzen von $a_2 p_2$ aus der Budgetrestriktion $a_1 p_1 + a_2 p_2 - y = 0$ erhalten wir $2a_1 p_1 = y$ und damit

$$a_1 = \frac{y}{2p_1} \quad \text{und} \quad a_2 = \frac{y}{2p_2}.$$

Dies ist lediglich eine notwendige Bedingung für das Auftreten eines lokalen Extremums. Aus der speziellen Gestalt von u können wir aber erkennen, daß es sich um ein globales Maximum von u unter Beachtung der Restriktion g handelt.

In diesem speziellen Fall ließe sich die Aufgabe auch durch Substitution ohne Verwendung der Methode von Lagrange wie folgt lösen: Aus der Restriktion $y = p_1 x_1 + p_2 x_2$ ergibt sich

$$x_2 = \frac{y - p_1 x_1}{p_2}.$$

Dies eingesetzt in u liefert

$$u(x) = x_1 \frac{y - p_1 x_1}{p_2}.$$

u hängt nur noch von x_1 ab und wir gehen gemäß § 4 vor. Aus

$$Du(x_1) = \frac{y}{p_2} - \frac{2p_1 x_1}{p_2} \overset{!}{=} 0$$

ergibt sich $a_1 = \dfrac{y}{2p_1}$. Außerdem gilt

$$D^2 u(a_1) = - \frac{2p_1}{p_2} < 0.$$

Es liegt also ein lokales Maximum im engeren Sinne vor. Durch Untersuchung der Randpunkte sehen wir, daß dieses auch global ist.

Diese Methode von Langrange ist hauptsächlich dann anzuwenden, wenn gesichert ist, daß ein lokales oder globales Extremum vorliegt, für das nur noch die Stelle a bestimmt werden muß oder wenn – wie bei dem Beispiel aus der Nutzentheorie – die Funktion f nicht explizit gegeben ist.

Es gibt für die Methode von Lagrange auch hinreichende Bedingungen, die die Existenz eines lokalen Extremums sichern. Diese Bedingungen sind aber nicht so leicht zu formulieren und nachzuprüfen wie die des vorigen Abschnittes. Wir müssen auf Hilfsmittel aus der linearen Algebra zurückgreifen.

Definition 2: Sei T eine symmetrische n × n Matrix und F eine m × n Matrix mit m < n.

Die quadratische Form $q(x) = x'Tx$ heißt positiv (negativ) definit unter der Nebenbedingung $Fx = 0$, falls $q(x) = x'Tx > 0$ $(q(x) = x'Tx < 0)$ für alle $x \in \mathbb{R}^n$ mit $x \neq 0$ und $Fx = 0$ ist.   △

Es werden nur symmetrische Matrizen T betrachtet, da die Hessematrix H_f für zweimal stetig differenzierbare Funktionen symmetrisch ist. Nun geben wir ein Kriterium an, mit dem festgestellt werden kann, wann eine symmetrische Matrix positiv beziehungsweise negativ definit unter einer linearen Nebenbedingung $Fx = 0$ ist.

Sei T^{kl} die Matrix, die aus den Elementen der ersten k Zeilen und den Elementen der ersten l Spalten von T hervorgeht. Analoges gelte für F^{ij} und F.

Beispiel 4:

Sei $F = \begin{pmatrix} 1 & 0 & 2 \\ -3 & 1 & 2 \end{pmatrix}$. Dann ist

$$F^{12} = (1 \quad 0) \qquad F^{22} = \begin{pmatrix} 1 & 0 \\ -3 & 1 \end{pmatrix} \quad \text{usw.}$$

Satz 2: Sei T eine symmetrische n × n Matrix und F eine m × n Matrix mit m < n und Rang (F) = m.

(1) T ist positiv definit unter der Nebenbedingung Fx = 0, falls

$$(-1)^m \det \begin{pmatrix} T^{ii} & F^{mi\prime} \\ F^{mi} & 0 \end{pmatrix} > 0 \quad \text{für } i = m+1, \ldots, n.$$

(2) T ist negativ definit unter der Nebenbedingung Fx = 0, falls

$$(-1)^i \det \begin{pmatrix} T^{ii} & F^{mi\prime} \\ F^{mi} & 0 \end{pmatrix} > 0 \quad \text{für } i = m+1, \ldots, n.$$

Nun sind wir in der Lage, ein hinreichendes Kriterium für das Vorliegen von lokalen Extrema unter Nebenbedingungen zu formulieren.

Satz 3: SeiA ⊂ $\mathbb{R}^n$ eine offene Menge und seien

$$f : A \to \mathbb{R} \quad \text{sowie} \quad g : A \to \mathbb{R}^m$$

zweimal stetig differenzierbare Funktionen.

An der Stelle a ∈ A gelte g(a) = 0 und

(1) für die Lagrangefunktion

$$L(x, \lambda) = f(x) + \lambda' g(x) = f(x) + \sum_{i=1}^{m} \lambda_i g_i(x) \quad \text{sei}$$

$$\frac{\partial L}{\partial x_j}(a, \lambda_a) = 0 \quad \text{für } j = 1, \ldots, n.$$

(2) Rang $(Dg(a)) = m$.

Dann gilt: f besitzt an der Stelle a ∈ A ein lokales Maximum (Minimum) unter Berücksichtigung der Restriktion g, wenn die symmetrische Matrix H(a)

$$H(a) := \begin{pmatrix} \dfrac{\partial^2}{\partial x_1 \partial x_1} L(a, \lambda_a) & \cdots & \dfrac{\partial^2}{\partial x_1 \partial x_n} L(a, \lambda_a) \\ \vdots & & \vdots \\ \dfrac{\partial^2}{\partial x_1 \partial x_n} L(a, \lambda_a) & \cdots & \dfrac{\partial^2}{\partial x_n \partial x_n} L(a, \lambda_a) \end{pmatrix}$$

negativ (positiv) definit unter der Nebenbedingungen Dg(a)x = 0 ist.

Die Matrix H(a) ist die Hessematrix H_l der Funktion $l = f + \lambda'_a g$. Nun werden wir zuerst Definition 2 und den Satz 2 und 3 durch einige Beispiele illustrieren.

Beispiel 5:

Sei $T = \begin{pmatrix} -1 & 1 \\ 1 & -1 \end{pmatrix}$ und $F = (1, 1)$.

T ist sicher weder positiv noch negativ definit, da T singulär ist. Aber T ist unter der Nebenbedingung $Fx = 0$ negativ definit.

Es ergibt sich, daß für $n = 2$ und $m = 1$ das Vorzeichen genau einer Determinante nachzuprüfen ist, weil $i = m + 1 = 2 = n$ ist.

$$(-1)^{m+1} \det \begin{pmatrix} T^{22} & F^{12'} \\ F^{12} & 0 \end{pmatrix} =$$

$$= (-1)^2 \det \begin{pmatrix} -1 & 1 & 1 \\ 1 & -1 & 1 \\ 1 & 1 & 0 \end{pmatrix} = (-1)^2 (1 + 1 + 2) = 4 > 0.$$

Beispiel 6:

Sei $f : \mathbb{R}^3 \to \mathbb{R}$ gegeben durch

$$x \mapsto f(x_1, x_2, x_3) = x_1 + x_2 + x_3$$

und $g : \mathbb{R}^2 \to \mathbb{R}$ gegeben durch

$$x \mapsto g(x) = x_1 x_2 x_3 - 8$$

Gesucht ist das Minimum von f unter der Nebenbedingung $g(x) = 0$. Mit der Methode von Lagrange erhalten wir $\lambda_a = -\dfrac{1}{4}$, und

$$a = \begin{pmatrix} a_1 \\ a_2 \\ a_3 \end{pmatrix} = \begin{pmatrix} 2 \\ 2 \\ 2 \end{pmatrix} \quad \text{als mögliche lokale Extremalstelle.}$$

Wir zeigen nun mit Satz 3, daß es sich um ein lokales Minimum handelt.

$$L(x,, \lambda) = x_1 + x_2 + x_3 + \lambda(x_1 \cdot x_2 \cdot x_3 - 8).$$

Nach Bilden der zweiten (gemischten) partiellen Ableitungen ergibt sich die Matrix $H(a)$ als

$$H(a) = \begin{pmatrix} 0 & -\dfrac{1}{2} & -\dfrac{1}{2} \\ -\dfrac{1}{2} & 0 & -\dfrac{1}{2} \\ -\dfrac{1}{2} & -\dfrac{1}{2} & 0 \end{pmatrix}.$$

Die Matrix $H(a)$ ist sicher nicht positiv definit, da $H(a)^{11} = (0)$ ist. Für $Dg(x)$ ergibt sich $Dg(x) = (x_2 x_3, x_1 x_3, x_1 x_2)$ und damit $Dg(a) = (4, 4, 4)$.

Also hat $Dg(a)$ den Rang 1. Um festzustellen, daß es sich an der Stelle von a um ein lokales Minimum handelt, sind zwei Bedingungen nachzuprüfen; gemäß Satz 2(1) zuerst für i = 2

$$(-1)^1 \det \begin{pmatrix} H(a)^{22} & Dg(a)^{12'} \\ Dg(a)^{12} & 0 \end{pmatrix} =$$

$$= (-1)^1 \det \begin{pmatrix} 0 & -\dfrac{1}{2} & 4 \\ -\dfrac{1}{2} & 0 & 4 \\ 4 & 4 & 0 \end{pmatrix} = 16 > 0$$

und dann für i = 3

$$(-1)^1 \det \begin{pmatrix} H(a)^{33} & Dg(a)^{13'} \\ Dg(a)^{13} & 0 \end{pmatrix} =$$

$$= (-1)^1 \det \begin{pmatrix} 0 & -\dfrac{1}{2} & -\dfrac{1}{2} & 4 \\ -\dfrac{1}{2} & 0 & -\dfrac{1}{2} & 4 \\ -\dfrac{1}{2} & -\dfrac{1}{2} & 0 & 4 \\ 4 & 4 & 4 & 0 \end{pmatrix} = 12 > 0.$$

Damit ist gezeigt, daß $H(a)$ unter der Nebenbedingung $Dg(a)x = 0$ positiv definit ist. Hieraus folgt, daß an der Stelle $a = (2, 2, 2)'$ tatsächlich ein lokales Minimum vorliegt.

Zum Abschluß wollen wir uns noch dem Problem relativer Extrema mit Ungleichungen als Nebenbedingungen widmen. Wir betrachten lediglich notwendige Bedingungen. Eine Vielzahl von wirtschaftstheoretischen Anwendungen findet sich in [12].

Zuerst behandeln wir ein Beispiel, dessen Lösung sich auch durch geometrische Betrachtungen erhalten läßt.

Beispiel 7:
Die Funktion $f : \mathbb{R}^2 \to \mathbb{R}$ gegeben durch

$$x \mapsto f(x) = (x_1 - 3)^2 + (x_2 - 2)^2$$

ist zu minimieren unter den Nebenbedingungen

$$g_1(x) = x_1^2 + x_2^2 - 5 \leqq 0$$
$$g_2(x) = x_1 + 2x_2 - 4 \leqq 0$$
$$g_3(x) = -x_1 \leqq 0$$

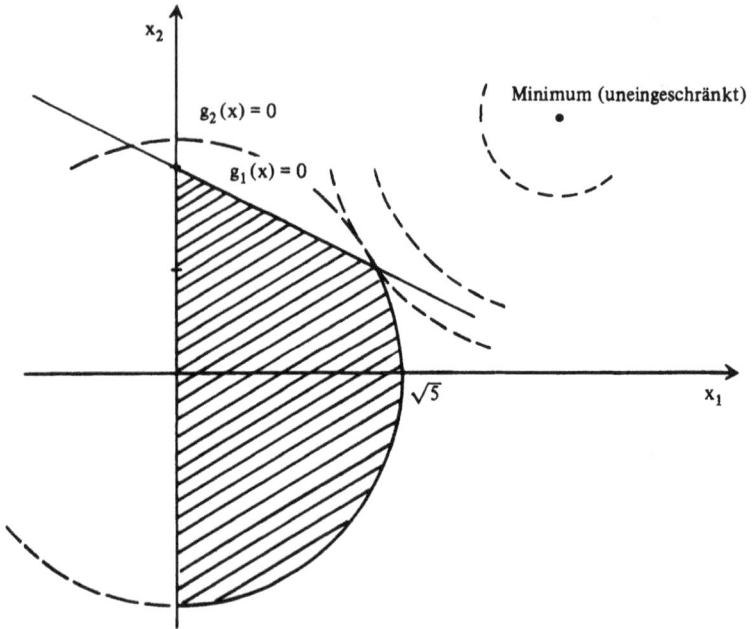

Die Bedingung $g_1(x) = 0$ beschreibt einen Kreis mit Radius $\sqrt{5}$ um den Ursprung, $g_2(x) = 0$ die in der Abbildung eingezeichnete Gerade. Offensichtlich gilt für die beiden Nebenbedingungen g_1 und g_2 an der relativen Minimalstelle $a = (a_1, a_2)'$ die Beziehung $g_1(a) = 0$ und $g_2(a) = 0$, während $g_3(a) < 0$ ist.

Berechnen wir unter Beachtung der Zeichnung die Minimalstelle, so ergibt sich aus $g_1(x) = g_2(x) = 0$ durch Einsetzen von x_1 aus g_1 in g_2:

$$5x_2^2 - 16x_2 + 11 = 0 \quad \text{und somit}$$

$$x_2 = \frac{16}{10} \pm \sqrt{-\frac{11}{5} + \frac{256}{100}} = \frac{16}{10} \pm \frac{6}{10}.$$

Daraus erhalten wir x_1, da nur $x_2 = \frac{16}{10} - \frac{6}{10} = 1 = a_2$ zu einem nichtnegativen Wert x_1 führt, als

$$x_1 = 4 - 2x_2 = 2 = a_1.$$

Die Stelle a, an der f ein (relatives) Minimum annimmt, ist also

$$a = (a_1, a_2)' = (2, 1)'.$$

Da zur Bestimmung von a lediglich die Bedingungen g_1 und g_2 in Erscheinung treten, hätten wir zur Berechnung der notwendigen Bedingungen für das Vorliegen eines relativen Extremums mit $g_1(x) = 0$ und $g_2(x) = 0$ die Methode von Lagrange heranziehen können. Die Nebenbedingungen, die mit „=" erfüllt sind, spielen offenbar eine besondere Rolle.

Definition 3: Sei A offen, $A \subset \mathbb{R}^n$ und seien $f : A \to \mathbb{R}$ und $g : A \to \mathbb{R}^m$ Funktionen $(g = (g_1, \ldots, g_m)')$.

(1) Sei a lokales Extremum von f eingeschränkt auf $A \cap \{x \,|\, g(x) \leq 0\}$, dann heißt eine Nebenbedingung g_i straff für a, falls $g_i(a) = 0$.

(2) Die Menge $I := \{i \,|\, g_i(a) = 0\}$ heißt Indexmenge der straffen Restriktionen für die (lokale) Extremalstelle a. $\triangle$

Verschiedentlich werden straffe Restriktionen auch „bindende" Restriktionen genannt. Diese Begriffsbildung findet sich auch in der Linearen Programmierung.

Nun formulieren wir notwendige Bedingungen für das Vorliegen eines lokalen Extremums unter Nebenbedingungen $g(x) \leq 0$. Wir geben dabei der Einfachheit halber die Bedingungen von Kuhn-Tucker in stark spezialisierter Form wieder.

Satz 4: (Notwendige Bedingungen von Kuhn-Tucker)
Sei $A \subset \mathbb{R}^n$ eine offene Menge und $f : A \to R$ sowie $g : A \to \mathbb{R}^m$ Funktionen. Sei weiter $a \in A \cap \{x \,|\, g(x) \leq 0\}$ und $I = \{i \,|\, g_i(a) = 0\}$. Die Funktionen f und g_i mit $i \in I$ seien differenzierbar an der Stelle a sowie g_i stetig an der Stelle a für $i \notin I$ und die Menge von Vektoren $\{Dg_i(a) \,|\, i \in I\}$ linear unabhängig.

Eine notwendige Bedingung für das Vorliegen eines lokalen Extremums an der Stelle a ist die Existenz von Zahlen u_i so, daß

$$Df(a) + \sum_{i \in I} u_i \cdot Dg_i(a) = 0' \ (\in \mathbb{R}^n) \text{ mit } u_i \geq 0 \text{ für } i \in I.$$

Wir wollen auf den Beweis verzichten.

Sind alle Nebenbedingungen g_i für $i = 1, \ldots, m$ an der Stelle a differenzierbar, so lassen sich die notwendigen Bedingungen etwas einfacher formulieren, nämlich:

$$Df(a) + \sum_{i=1}^{m} u_i Dg_i(a) = 0$$

$$u_i \cdot g_i(a) = 0 \quad \text{für } i = 1, \ldots, m$$
$$u_i \geq 0 \quad \text{für } i = 1, \ldots, m.$$

Offensichtlich muß nach den Voraussetzungen von Satz 4 die Beziehung $m \leq n$ gelten.

Beispiel 7: (Fortsetzung)
Berechnen wir die Ableitungen von f und g_i an der Stelle $a = (2, 1)'$, so erhalten wir

$$Df(a) = \left(\frac{\partial f}{\partial x_1}(a), \frac{\partial f}{\partial x_2}(a)\right) = (2a_1 - 6, 2a_2 - 4) = (-2, -2).$$

Ebenso ergibt sich

$$Dg_1(a) = (4, 2) \quad \text{und} \quad Dg_2(a) = (1, 2) \quad \text{sowie} \quad Dg_3(a) = (-1, 0).$$

Lösen wir die lineare inhomogene Gleichung

$$-2 + 4u_1 + 1u_2 - 1u_3 = 0$$
$$-2 + 2u_1 + 2u_2 + 0u_3 = 0,$$

so ergibt sich als eine spezielle Lösung

$$u_1 = \frac{1}{3}, \ u_2 = \frac{2}{3}, \ u_3 = 0.$$

Die Bedingungen von Satz 4

$$(-2, -2) + \frac{1}{3}(4, 2) + \frac{2}{3}(1, 2) + 0(-1, 0) = (0, 0) \quad \text{sowie}$$

$$u_1 \cdot g(a) = 0, \quad u_2 \cdot g_2(a) = 0 \quad \text{und} \quad 0 \cdot g_3(a) = 0$$

sind also erfüllt.

Daß sich mit Hilfe von Satz 4 selbst einfache Aufgaben nicht immer lösen lassen, zeigt folgendes Beispiel von Kuhn und Tucker.

Beispiel 8:

Sei $f : \mathbb{R}^2 \to \mathbb{R}$ gegeben durch $x \mapsto f(x) = -x_1$ und $g : \mathbb{R}^2 \to \mathbb{R}$ durch $x \mapsto g(x)$
$= \begin{pmatrix} x_2 - (1 - x_1)^3 \\ -x_2 \end{pmatrix}$. Gesucht sind lokale Minima unter der Nebenbedingung
$g(x) \leqq 0$.

Zeichnerisch läßt sich das Problem einfach lösen:

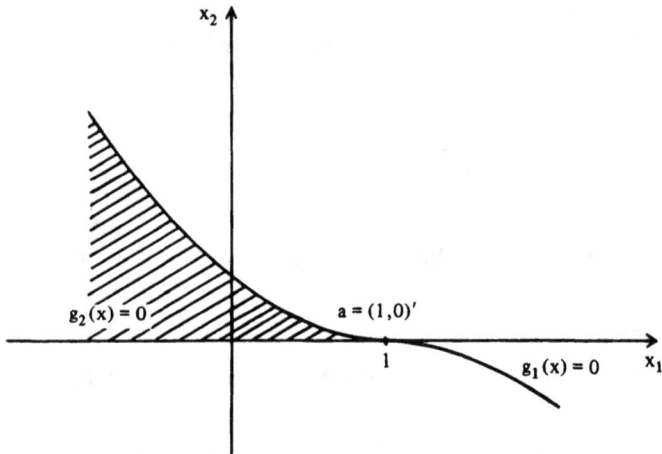

Es ergibt sich offenbar $a = (1, 0)'$ als (lokales) Minimum.

Berechnen wir nun Df und Dg, so gilt

$Df(a) = (-1, 0)$ sowie

$Dg_1(a) = (0, 1)$ und $Dg_2(a) = (0, -1)$.

Die Menge von Vektoren $\{Dg_1(a), Dg_2(a)\} = \{(0, 1), (0, -1)\}$ ist offensichtlich nicht linear unabhängig, so daß Satz 4 nicht anwendbar ist.

Zum Abschluß geben wir noch hinreichende Bedingungen für das Vorliegen eines globalen Minimums bei Nebenbedingungen in Ungleichungsform an.

Satz 5: (Hinreichende Bedingungen)

Sei $A \subset \mathbb{R}^n$ eine offene konvexe Menge sowie $f : A \to \mathbb{R}$ und $g : A \to \mathbb{R}^m$ in A differenzierbare Funktionen.

Ist f konvex, g_i konkav für $i = 1, \ldots, m$ und gilt für $a \in A \cap \{x \in A \,|\, g(x) \leqq 0\}$:

$$Df(a) + \sum_{i=1}^{m} u_i g(a) = 0 \quad (\in \mathbb{R}^m)$$

$$u_i g_i(a) = 0 \quad \text{für } i = 1, \ldots, m$$

$$u_i \geqq 0 \quad \text{für } i = 1, \ldots, m.$$

dann liegt an der Stelle a ein globales Minimum vor.

Wir verzichten auf den Beweis, wollen aber darauf hinweisen, daß sich Satz 5 auch wesentlich allgemeiner formulieren ließe. Dazu wären aber neue Begriffsbildungen wie „pseudo-konvex" nötig, auf die hier nicht eingegangen werden soll.

Beispiel 7: (Fortsetzung)

Offensichtlich ist die Funktion f gegeben durch $x \mapsto (x) = (x_1^2 - 2)^2 + (x_2 - 3)^2$ konvex für $A := \{(x_1, x_2)' \in \mathbb{R}^2 \,|\, x_2 > 0\}$. Es ist A eine offene, konvexe Menge und g_3 immer erfüllt. Die Restriktionen g_1 und g_2 sind konkave Funktionen auf A. Damit ist Satz 5 anwendbar und es folgt, wie wir bereits aus zeichnerischen Überlegungen gesehen haben, daß an der Stelle $a = (2, 1)'$ ein globales Minimum vorliegt.

Kapitel 4:

Integralrechnung

§ 1 Der Integralbegriff von Cauchy

Historisch gesehen hat die Integralrechnung ihren Ursprung in dem Problem, Flächeninhalte nichtgradlinig begrenzter Flächen der Ebene zu bestimmen. Der von Riemann (1826–66) entwickelte Integralbegriff geht von diesem Problem aus.

Es gibt viele Gründe, diesen Weg nicht zu wählen und statt dessen den Integralbegriff von Cauchy (1789–1857) einzuführen. Zwei davon seien erwähnt. Erstens wird dabei sehr deutlich, daß die Integration von Funktionen einer Veränderlichen in einem gewissen Sinne die Umkehrung der Differentiation ist. Zweitens ist die Menge der Funktionen, die im Sinne Cauchys integrierbar sind, hinreichend groß, um diesen Integralbegriff bei Anwendungen in der Wahrscheinlichkeitsrechnung, Statistik und in den Wirtschaftswissenschaften gebrauchen zu können.

Wir wollen die Problemstellung mit je einem Beispiel aus der Physik und der Ökonomie erläutern.

Ein Fahrzeug bewege sich auf einer Straße, von der wir der Einfachheit halber annehmen, sie lasse sich als Gerade darstellen. Die Änderungsrate des Ortes $f(t)$, an dem sich das Fahrzeug zum Zeitpunkt t befindet, ist die Geschwindigkeit $g(t)$ $= Df(t)$ zum Zeitpunkt t. Befindet sich das Fahrzeug zum Zeitpunkt t_1 am Ort $f(t_1)$ und ist die Geschwindigkeit $g(t)$ für $t \in [t_1, t_2]$ mit $t_1 < t_2$ bekannt, so stellt sich die Aufgabe, aus der Geschwindigkeit und dem Standort zum Zeitpunkt t_1 den Standort für $t \in [t_1, t_2]$ zu bestimmen.

In ökonomischen Modellen mit kontinuierlicher Zeit muß sehr genau zwischen Stromgrößen und Bestandsgrößen unterschieden werden. Sei $K(t_0)$ der Kapitalstock einer Ökonomie zum Zeitpunkt t_0. Dies ist eine Bestandsgröße. Fließt nun ein Strom von Nettoinvestitionen I in der Höhe von $I(t)$ zum Zeitpunkt $t \geqq t_0$, so erhebt sich die Frage nach der Größe des Kapitalstocks $K(t)$ zum Zeitpunkt $t \geqq t_0$.

Dies sind Aufgaben, die wir mit Hilfe der Integralrechnung lösen wollen. Wir formulieren in der Notation des ersten Beispiels noch einmal die Problemstellung.

(1) Sei $A \subset \mathbb{R}$. Gesucht wird eine Funktion $f : A \to \mathbb{R}$, die differenzierbar in A ist und für die $Df = g$ gilt.

(2) Falls es überhaupt eine solche Funktion gibt, stellt sich die Frage, ob sie dann auch eindeutig bestimmt ist und wie sich dies gegebenenfalls sichern läßt.

Um eine hinreichend reichhaltige Menge von Funktionen zu erhalten, für die wir ein Umkehrproblem der Differentialrechnung definieren, muß der Begriff der Stammfunktion wie folgt eingeführt werden. Dazu wird Problemstellung (1) abgeschwächt. Die Differenzierbarkeit der Funktion f wird nicht im ganzen Definitionsbereich gefordert.

Definition 1: (Stammfunktion)

Sei $I \subset \mathbb{R}$ ein Intervall. Eine Funktion $f : I \to \mathbb{R}$ heißt Stammfunktion von $g : I \to \mathbb{R} :\Leftrightarrow$

(1) f ist stetig in I

(2) Es existiert eine Teilmenge $N \subset I$ mit höchstens abzählbar unendlich vielen Elementen, so daß f differenzierbar in $I\backslash N$ ist.

(3) $Df(a) = g(a)$ für alle $a \in I\backslash N$.   △

Es ist wichtig, eine Menge $N \neq \emptyset$ zuzulassen, auf der $Df = g$ nicht erfüllt sein muß, da es sonst zu wenige Funktionen g gibt, die eine Stammfunktion besitzen. Dies zeigt Beispiel 2, das die Verbindung zur Berechnung von Flächeninhalten herstellt.

Beispiel 1:

Sei $g : I =]-1, +1[\to \mathbb{R}$ gegeben durch

$$x \mapsto g(x) = \begin{cases} 1 & \text{für } x \geq 0 \\ -1 & \text{für } x < 0 \end{cases}$$

Dann ist $f : I =]-1, +1[\to \mathbb{R}$ gegeben durch $x \mapsto f(x) = |x|$ eine Stammfunktion zu g.

(1) Die Funktion f ist stetig gemäß III § 2 Aufgabe 2.

(2) Die Menge N von Punkten aus I, an denen f nicht differenzierbar ist, enthält nur einen Punkt $N = \{0\}$.

(3) Auf der Menge $I\backslash N$ gilt $Df(a) = \begin{cases} 1 & \text{für } a > 0 \\ -1 & \text{für } a < 0. \end{cases}$

Df stimmt also auf $I\backslash N$ mit g überein. Somit ist f eine Stammfunktion zu g.

Es gibt also Funktionen, die nicht in ganz I differenzierbar sind, aber Stammfunktionen sind. Ist g die Ableitung einer in I differenzierbaren Funktion f, so ist f gemäß Definition 1 eine Stammfunktion.

Im folgenden Satz charakterisieren wir die Menge der Stammfunktionen zu g, falls diese existieren. Wir geben ohne Beweis das folgende Lemma an.

Lemma 1: Sei $I \subset \mathbb{R}$ ein Intervall, $N \subset I$ eine höchstens abzählbar unendliche Menge und $h : I \to \mathbb{R}$ stetig und differenzierbar auf $I\backslash N$ mit $Dh(a) = 0$ für alle $a \in I\backslash N$, dann ist $h(a) = c$ für alle $a \in I$.

Satz 1: Sei $I \subset \mathbb{R}$ ein Intervall, f, g : I → ℝ Funktionen und f Stammfunktion zu g. Für jede Funktion $\tilde{f} : I \to \mathbb{R}$ gilt:

$\tilde{f}$ ist Stammfunktion zu $g \Leftrightarrow \tilde{f}(a) - f(a) = c$ für alle $a \in I$.

(Offensichtlich gibt es zu einer Funktion mehrere Stammfunktionen, die sich nur durch eine Konstante unterscheiden).

Beweis: „⇒" Ist $\tilde{f} : I \to \mathbb{R}$ Stammfunktion zu g, so ist

(1) $\tilde{f}$ stetig in I

(2) es existiert ein $N_1 \subset I$, so daß $\tilde{f}$ differenzierbar in $I \backslash N_1$ und

(3) $Df(a) = g(a)$ für alle $a \in I \backslash N_1$.

Deshalb gilt: $\tilde{f} - f$ ist stetig als Differenz von stetigen Funktionen. Auch ist f als Stammfunktion differenzierbar auf I mit Ausnahme von höchstens einer zählbar unendlichen Menge N. Damit ist $\tilde{f} - f$ differenzierbar in $I \backslash (N_1 \cup N)$ und es gilt:

$$D(\tilde{f} - f)(a) = D\tilde{f}(a) - Df(a) = g(a) - g(a) = 0$$

für alle $a \in A = I \backslash (N_1 \cup N)$.

Nach Lemma 1 folgt nun, daß die Funktion $f - \tilde{f}$ konstant ist.

„$\Leftarrow$" Diese Richtung ist einfacher zu zeigen.

Aus $\tilde{f}(a) - f(a) = c$ für alle $a \in I$ erhalten wir $\tilde{f}(a) = f(a) + c$. Da f Stammfunktion ist, gibt es eine höchstens abzählbar unendliche Menge $N \subset I$ so, daß $\tilde{f}$ in $I \backslash N$ differenzierbar ist mit

$$Df(a) = Df(a) + 0 = g(a) \quad \text{für alle} \quad a \in I \backslash N.$$

Somit ist auch $\tilde{f}$ eine Stammfunktion zu g. $\square$

Die Menge der Stammfunktionen zu g wird unbestimmtes Integral genannt (siehe Definition 6). Im Beispiel 1 haben wir gesehen, daß eine Stammfunktion nicht in ganz I differenzierbar sein muß. Für die Differenzierbarkeit von f an einer Stelle a geben wir ohne Beweis eine hinreichende Bedingung an.

Satz 2: Sei $I \subset \mathbb{R}$ ein Intervall und $f : I \to \mathbb{R}$ eine Stammfunktion zu g. Sei g stetig an der Stelle $a \in I$. Dann gilt: f ist differenzierbar an der Stelle a.

Definition 2: (Indikatorfunktion)

Sei A eine Menge und $B \subset A$. Die Funktion $1_B : A \to \mathbb{R}$, gegeben durch

$$a \mapsto 1_B(a) = \begin{cases} 1 & \text{für } a \in B \\ 0 & \text{für } a \in A \backslash B \end{cases}$$

heißt Indikatorfunktion der Menge B. Oft wird 1_B auch charakteristische Funktion von B genannt und dann meist χ_B geschrieben. Auch die Notation i_B ist üblich.

$\triangle$

Beispiel 2:

Sei $I = [a, b]$ ein endliches Intervall.

Wir betrachten nun die Indikatorfunktion $1_I : \mathbb{R} \to \mathbb{R}$ eines Intervalles, gegeben durch $x \mapsto 1_I(x) = \begin{cases} 1 & \text{für } x \in I \\ 0 & \text{sonst} \end{cases}$

Eine Stammfunktion $f : \mathbb{R} \to \mathbb{R}$ zu $g = 1_I$ ist gegeben durch

$$x \mapsto f(x) = \begin{cases} a & \text{für } x < a \\ x & \text{für } x \in I \\ b & \text{für } x > b \end{cases}$$

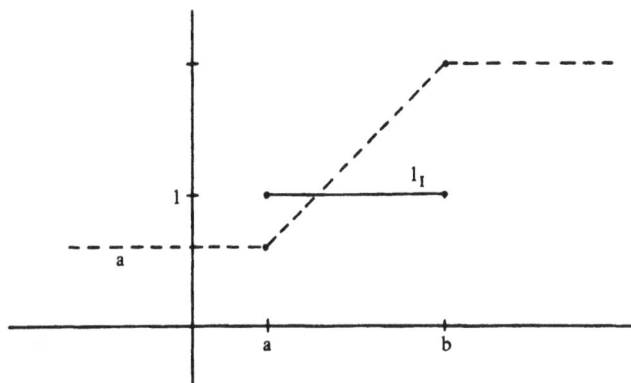

Das Bild zeigt den Graphen von 1_I und von f.

Wir zeigen nun, daß f Stammfunktion zu 1_I ist. Die Funktion f ist nach Definition stetig und bis auf die Stellen a und b differenzierbar.

Es gilt in $\mathbb{R} \setminus \{a, b\}$

$$Df(x) = \begin{cases} 0 & \text{für } x < a \quad \text{oder} \quad x > b, \\ 1 & \text{für } a < x < b, \end{cases}$$

d.h. Df ist im $\mathbb{R} \setminus \{a, b\}$ gleich g.

Der nächste Satz ist das Analogon zur Summenregel in der Differentialrechnung.

Satz 3: Sei $I \subset \mathbb{R}$ ein Intervall und $g_1, g_2 : I \to \mathbb{R}$.
Sind die Funktionen f_1 und $f_2 : I \to \mathbb{R}$ Stammfunktionen zu g_1 und g_2, so gilt für $\alpha, \beta \in \mathbb{R}$:

$\alpha f_1 + \beta f_2$ ist Stammfunktion zu $\alpha g_1 + \beta g_2$.

Beweis:

(1) Da f_1 und f_2 Stammfunktionen sind, ist die Summe $\alpha f_1 + \beta f_2$ stetig in I.
(2) Es existieren höchstens abzählbar unendliche Mengen $N_1, N_2 \subset I$ so, daß f_i differenzierbar in $I \setminus N_i$ ist für $i = 1, 2$.
(3) Es gilt:
$$D(\alpha f_1 + \beta f_2)(a) = \alpha Df_1(a) + \beta Df_2(a) = \alpha g_1(a) + \beta g_2(a)$$
für alle $a \in I \setminus (N_1 \cup N_2)$. □

Definition 3: (Treppenfunktion) Sei $I \subset [\alpha, \beta]$ ein abgeschlossenes Intervall. Eine Funktion $h_n : I \to \mathbb{R}$ heißt Treppenfunktion genau dann, wenn es endlich viel Punkte

$$x_1, \dots, x_n \quad \text{gibt mit} \quad \alpha = x_1 < x_2 < \dots < x_n = \beta,$$

so daß für $k = 1, \dots, n - 1$ gilt:

$$h(x) = c_k \quad \text{für alle} \quad x \in I_k =]x_k, x_{k+1}[. \qquad \triangle$$

Nach Beispiel 2 und Satz 3 besitzen die in Definition 3 eingeführten Treppenfunktionen als Summen von Indikatorfunktionen auch Stammfunktionen.

Bis auf die Punkte $x_1, \ldots, x_n$ ist die Treppenfunktion h_n gegeben durch

$$h_n = \sum_{k=1}^{n-1} c_k \cdot 1_{I_k}.$$

Welche Werte die Funktion h_n an den Stellen $x_1, \ldots, x_n$ annimmt, ist für die Stammfunktion von h_n unerheblich.

Bis jetzt wissen wir, daß die Treppenfunktionen und alle Funktionen, die als Ableitungen auftreten, Stammfunktionen besitzen. Dies reicht jedoch für die in statistischen und ökonomischen Anwendungen auftretenden Fälle noch nicht aus. Wir definieren jetzt eine weitere Klasse von Funktionen, die sogenannten sprungstetigen Funktionen.

Definition 4: (Sprungstetige Funktionen)
Sei $I \subset \mathbb{R}$ ein Intervall. Eine Funktion $g : I \to \mathbb{R}$ heißt sprungstetig: $\Leftrightarrow$
Es existieren für innere Punkte a von I die einseitigen Limites

$$\lim_{\substack{x \to a \\ x > a}} g(x) \quad \text{und} \quad \lim_{\substack{x \to a \\ x < a}} g(x)$$

und für Randpunkte der jeweils betreffenden einseitigen Limes. $\triangle$

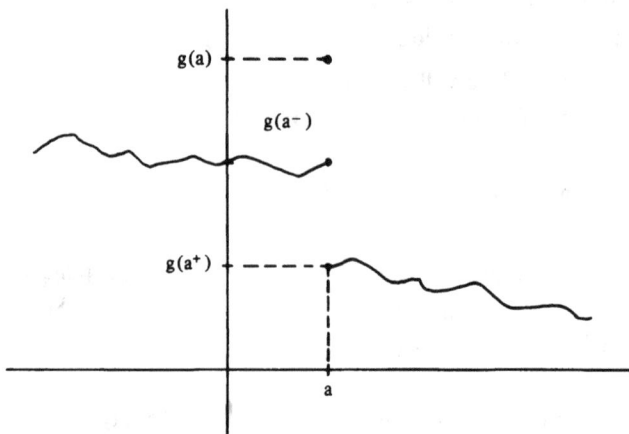

Offensichtlich sind alle stetigen Funktionen auch sprungstetig. In Abbildung 2 wird der Graph einer sprungstetigen Funktion g in einer Umgebung der Stelle $a \in I$ veranschaulicht. Die Funktion g ist stetig in einer Umgebung von a bis auf möglicherweise einen Sprung an der Stelle a. Summen und Produkte von sprungstetigen Funktionen sind wieder sprungstetig.

Wir wollen die nächsten Resultate nur zitieren, da die Beweise umfangreicher sind und die Einführung weiterer Begriffe erfordern würden, die den Rahmen einer Einführung überschreiten.

Die Menge der sprungstetigen Funktionen ist genau die Menge, die sich durch Treppenfunktionen „gut approximieren" läßt. Zu einer gegebenen sprungstetigen Funktion $g : I \rightarrow \mathbb{R}$ gibt es eine Folge von Treppenfunktionen h_n, so daß $h_n(a)$ für $n \rightarrow \infty$ „gut" gegen $g(a)$ für alle $a \in I$ konvergiert. Da jedes h_n eine Stammfunktion besitzt und h_n „gut" gegen g strebt, benützen wir den Grenzwert für $n \rightarrow \infty$ der Stammfunktionen f_n von h_n als Stammfunktion zu g. Es gilt der Satz:

Satz 4: Sei $I \subset \mathbb{R}$ ein Intervall. Jede sprungstetige Funktion $g : I \rightarrow \mathbb{R}$ besitzt eine Stammfunktion.

Die Menge der sprungstetigen Funktionen, die auch alle stetigen Funktionen einschließt, ist reichhaltig genug für alle beabsichtigten Anwendungen.

Wir zeigen nun einen Satz, der die Verbindung zwischen dem Begriff der Stammfunktion und dem „bestimmten Integral", das wir im Anschluß definieren, herstellt.

Satz 5: Sei $I \subset \mathbb{R}$ ein Intervall und es besitze die Funktion $g : I \rightarrow \mathbb{R}$ Stammfunktionen f, $\tilde{f}$. Dann gilt mit $a \in I$

$$\tilde{f}(x) - \tilde{f}(a) = f(x) - f(a) \quad \text{für alle} \quad x \in I.$$

Beweis: Nach Satz 1 gilt $\tilde{f} = f + c$ und damit

$$\tilde{f}(x) - \tilde{f}(a) = f(x) + c - (f(a) + c) = f(x) - f(a) \quad \text{für alle} \quad x \in I. \qquad \Box$$

Die Differenz $f(x) - f(a)$ ist also unabhängig von der speziellen Wahl der Stammfunktion f. Dies gibt Anlaß zu folgender Definition:

Definition 5: (Bestimmtes Integral)
Sei $I \subset \mathbb{R}$ ein Intervall und $a, b \in I$. Besitzt $g : I \rightarrow \mathbb{R}$ eine Stammfunktion f, so heißt

$$S(g; a, b) := f(b) - f(a)$$

das bestimmte Integral von g zwischen den Grenzen a und b.
Es wird a Untergrenze und b Obergrenze des Integrationsbereiches genannt. $\triangle$
Diese Sprechweise wird sofort klar, wenn wir das nächste Beispiel behandeln.
Für das bestimmte Integral sind folgende Schreibweisen üblich:

$$S(g; a, b) = \int_a^b g(x)\,dx = \int_{]a,b[} g(x)\,dx = f(x)\Big|_{x=a}^{x=b} = f(b) - f(a).$$

Beispiel 3:
Sei 1_I die Indikatorfunktion des Intervalles $I = [a, b]$. In Beispiel 2 haben wir die Stammfunktion zu 1_I bestimmt. Für $c \in \mathbb{R}$ ist die Stammfunktion zu $c\,1_I$ gegeben durch

$$x \mapsto f(x) = \begin{cases} c\,a & \text{für } x < a \\ c\,x & \text{für } x \in I \\ c\,b & \text{für } x > b. \end{cases}$$

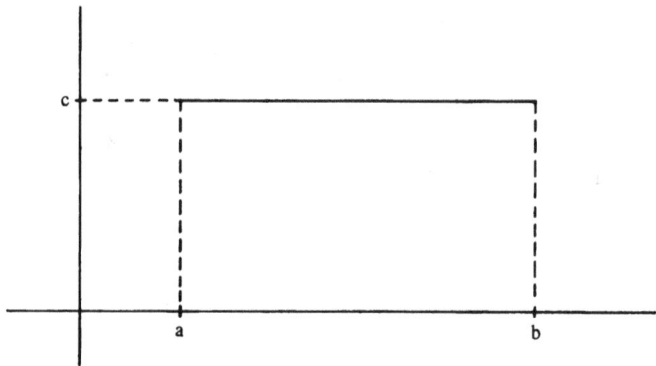

Dann ist das bestimmte Integral über $c1_I$ zwischen den Grenzen a und b gegeben durch

$$S(c1_I; a, b) = f(b) - f(a) = cb - ca = c(b - a).$$

Dies ist gerade der elementargeometrische Flächeninhalt des Flächenstückes, das vom Graphen von $c1_I$ der Abszissenachse und den Ordinaten in a und b begrenzt wird. Liegt das Flächenstück oberhalb der Abszissenachse, d.h. $c \geqq 0$, wird sein Inhalt positiv gezählt, liegt es unterhalb der Abszissen, d.h. $c < 0$, wird der Inhalt negativ genommen.

Die Indikatorfunktion eines Intervalles ist eine besonders einfache Treppenfunktion. Für allgemeine Treppenfunktionen h_n gehen wir analog vor.

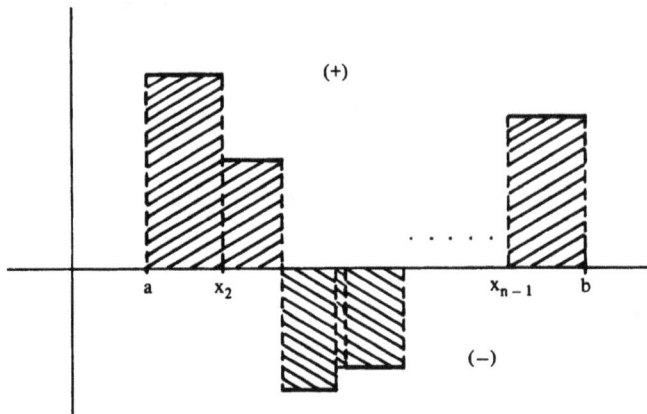

Zu $h_n = \sum\limits_{k=1}^{n-1} c_k 1_{I_k}$ bestimmen wir nun eine Stammfunktion. Zu h_n gehört eine Aufteilung $a = x_1 < x_2 < \ldots < x_n = b$ des Intervalles [a, b].

Sei $I_k =]x_k, x_{k+1}[$. Dann definieren wir für $k = 1, \ldots, n-1$ die Funktion f_k wie folgt

$$f_1(x) := \begin{cases} c_1 & \text{für } x < a = x_1, \\ c_1 x & \text{für } a = x_1 \leqq x \leqq x_2, \\ c_1 x_2 & \text{für } x > x_2. \end{cases}$$

$$f_2(x) := \begin{cases} f_1(x_2) & \text{für } x < x_2, \\ f_1(x_2) + c_2(x - x_2) & \text{für } x_2 \leqq x \leqq x_3, \\ f_1(x_2) + c_2(x_3 - x_2) & \text{für } x > x_3. \end{cases}$$

Nun gehen wir rekursiv vor und setzen

$$f_k(x) := \begin{cases} f_{k-1}(x_k) & \text{für } x < x_k, \\ f_{k-1}(x_k) + c_k(x - x_k) & \text{für } x_k \leqq x \leqq x_{k+1}, \\ f_{k-1}(x_k) + c_k(x_{k+1} - x_k) & \text{für } x > x_k. \end{cases}$$

Falls $x \in I_k$ ist, ist $f_k(x)$ der Wert der Stammfunktion f an der Stelle x. Mit Hilfe von Indikatorfunktionen läßt sich f wie folgt angeben:

$$f = \sum_{k=1}^{n-1} f_k 1_{I_k}.$$

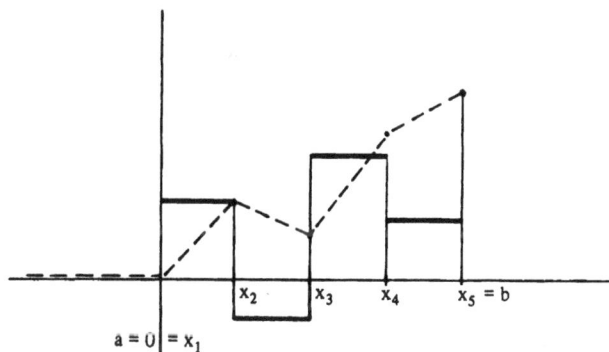

Abbildung 5 veranschaulicht den Verlauf der Stammfunktion (---) zu der in der Zeichnung vorgegebenen Treppenfunktion.

Nun leiten wir noch einige allgemeine Regeln für das bestimmte Integral ab.

Satz 6: Sei $I \subset \mathbb{R}$ ein Intervall. Besitzt $g : I \to \mathbb{R}$ eine Stammfunktion, so gilt für $a, b, c \in I$:

$$S(g; a, c) = S(g; a, b) + S(g; b, c).$$

Beweis: $S(g; a, c) = f(c) - f(a) = f(c) - f(b) + f(b) - f(a) = S(g; b, c)$
$\qquad\qquad\qquad + S(g; a, b)$ $\qquad\qquad\qquad\qquad\qquad\qquad\qquad\qquad\qquad\qquad\qquad$ □

Satz 7: Sei $I \subset \mathbb{R}$ ein Intervall. Besitzen $g_1, g_2 : I \to \mathbb{R}$ Stammfunktionen f_1, f_2, so gilt für $\alpha, \beta \in \mathbb{R}$ und $a, b \in I$:

$$S(\alpha g_1 + \beta g_2; a, b) = \alpha S(g_1; a, b) + \beta S(g_2; a, b).$$

Beweis: Nach Satz 3 besitzt $\alpha g_1 + \beta g_2$ eine Stammfunktion $\alpha f_1 + \beta f_2$ und es gilt gemäß Definition 5:

$$S(\alpha g_1 + \beta g_2; a, b) = \alpha f_1(b) + \beta f_2(b) - \alpha f_1(a) - \beta f_2(a) =$$
$$= \alpha(f_1(b) - f_1(a)) + \beta(f_2(b) - f_2(a)) =$$
$$= \alpha S(g_1; a, b) + \beta S(g_2; a, b). \qquad \square$$

Als nächstes formulieren wir einen Satz, dessen Inhalt sehr anschaulich ist.

Satz 8: Sei $I \subset \mathbb{R}$ ein Intervall. Besitzen $g_1, g_2 : I \to \mathbb{R}$ Stammfunktionen f_1, f_2 und gilt außerdem $g_1(x) \leq g_2(x)$ für alle $x \in I$, dann ist für $a, b \in I$ mit $a \leq b$

$$S(g_1; a, b) \leq S(g_2; a, b).$$

Beweis: Da f_1 und f_2 Stammfunktionen sind, gibt es zwei Mengen N_1 und N_2 mit höchstens abzählbar unendlich vielen Elementen so, daß $f_2 - f_1$ differenzierbar in $I \backslash (N_1 \cup N_2)$ ist.

Für $x \in I \backslash (N_1 \cup N_2)$ gilt $D(f_2 - f_1)(x) = (g_2 - g_1)(x) \geq 0$.

Daraus folgt, daß $f_2 - f_1$ monoton wachsend in $I \backslash (N_1 \cup N_2)$ ist. Falls $N_1 = N_2 = \emptyset$, folgt dies nach III § 4 Satz 4. Ansonsten muß zu diesem Schluß eine geeignete Modifikation des gerade erwähnten Satzes für Funktionen, die bis auf eine höchstens abzählbar unendliche Ausnahmemenge differenzierbar sind, herangezogen werden.

Da $f_2 - f_1$ stetig ist, gilt: $f_2 - f_1$ ist monoton wachsend in I. Es ist also

$$0 \leq (f_2 - f_1)(b) - (f_2 - f_1)(a) =$$
$$= f_2(b) - f_1(b) - f_2(a) + f_1(a) =$$
$$= S(g_2; a, b) - S(g_1; a, b). \qquad \square$$

Der nächste Satz gibt darüber Auskunft, wie wir eine Funktion verändern können, ohne das bestimmte Integral zu beeinflussen.

Satz 9: Sei $I \subset \mathbb{R}$ ein Intervall. Besitzen $g_1, g_2 : I \to \mathbb{R}$ Stammfunktionen und gibt es eine Menge N mit höchstens abzählbar unendlich vielen Elementen so, daß $g_1(x) \neq g_2(x)$ für $x \in I \backslash N$ ist, dann gilt für $a, b \in I$

$$S(g_1; a, b) = S(g_2; a, b).$$

Beweis: Sei f Stammfunktion zu g_1, dann existiert ein N_1 mit höchstens abzählbar unendlich vielen Elementen so, daß $Df = g_1$ auf $I \backslash N_1$. Da $g_1(x) \neq g_2(x)$ für höchstens abzählbar viele $x \in I$ gilt, ist f auch Stammfunktion zu g_2. $S(g_1; a, b) = f(b) - f(a) = S(g_2; a, b)$. $\qquad \square$

Für bestimmte Integrale gilt folgende einfache Abschätzung:

Satz 10: Sei $I \subset \mathbb{R}$ ein endliches Intervall und besitze $g : I \to \mathbb{R}$ eine Stammfunktion. Dann gilt für $a, b \in I$:

$$|S(g; a, b)| \leq S(|g|; a, b) \leq \sup\{|g(x)| \mid x \in]a, b[\} \cdot |b - a|$$

Beweis: Mit g besitzt auch $|g|$ eine Stammfunktion. Für a, b $\in$ I und x $\in$]a, b[gilt

$$g(x) \leqq |g(x)| \leqq \sup\{|g(x)| \,|\, x \in \,]a, b[\}$$

Nach Satz 8 folgt daraus die Behauptung. $\square$

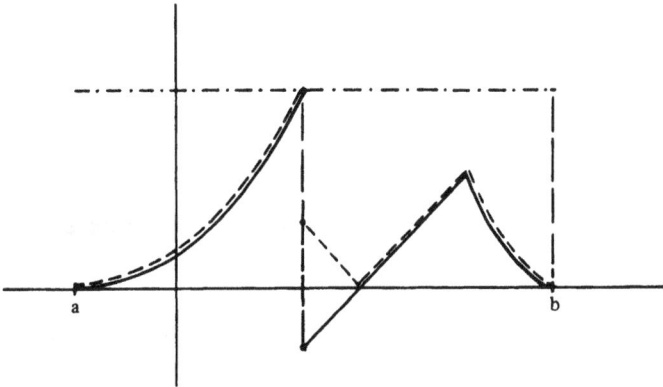

Wir wollen noch einige Bemerkungen zu der historisch motivierten Schreibweise von Integralen machen. Ebenso wie bei bestimmten Integralen ist es auch in Verbindung mit Stammfunktionen üblich, das Zeichen „$\int$" zu benutzen.

Definition 6: Sei I $\subset \mathbb{R}$ ein Intervall und es besitze g : I $\to \mathbb{R}$ eine Stammfunktion. Dann heißt

$$\int g(x)\,dx := \{f : I \to \mathbb{R} \,|\, f \text{ ist Stammfunktion zu g}\}$$

das unbestimmte Integral von g. $\triangle$

Ist f eine Stammfunktion zu g, so wird das unbestimmte Integral häufig etwas lässig als $\int g(x)\,dx = f(x) + c$ für x $\in$ I mit c $\in \mathbb{R}$ geschrieben.

Wir werden von nun an die Schreibweise mit dem Integralzeichen benutzen, da dies für die Darstellung der Integrationsregeln des nächsten Abschnittes vorteilhaft ist.

Ist g durch einen Rechenausdruck wie zum Beispiel $g(x) = x^2 \sin(x)e^x$ bestimmt, so wird das Integral $S(g; a, b)$ als

$$\int_a^b x^2 \sin(x)e^x\,dx$$

geschrieben.

Für Funktionen, die noch von einem Parameter t abhängen, läßt sich das Integral wie folgt schreiben. Sei $I_1, I_2 \subset \mathbb{R}$ und g : $I_1 \times I_2 \to \mathbb{R}$ für festes t $\in I_1$ gegeben durch x $\mapsto$ g(t, x). Dann ist

$$\int_a^b g(t, x)\,dx = S(g(t, \cdot); a, b).$$

Bei manchen praktischen Problemen, z.B. bei der kontinuierlichen Auf- oder Abzinsung, wird das bestimmte Integral als Funktion der oberen Grenze x betrachtet. Wir schreiben dann

$$\int_a^x g(u)\,du \quad \text{oder ähnliches.}$$

Auf keinen Fall darf ein Zeichen in einem Integral in verschiedener Bedeutung verwendet werden. Also nicht:

$$\int_a^x g(x)\,dx.$$

Satz 11: Das bestimmte Integral ist eine stetige Funktion der oberen (und unteren) Grenze, d.h. die Funktion $S(g; a, \cdot) : I \to \mathbb{R}$, gegeben durch $x \mapsto S(g; a, x)$, ist stetig in I.

Beweis: $S(g; a, x) = f(x) - f(a)$. Da f als Stammfunktion zu g stetig ist, gilt:

$$\lim_{\substack{y \to x \\ y \in I}} S(g; a, y) = \lim_{\substack{y \to x \\ y \in I}} \left(f(y)\right) - f(a)) = f(x) - f(a) = S(g; a, x) \qquad \square$$

Eine bereits umfängliche Tabelle von Stammfunktionen findet sich in III § 3 Satz 5. Wir wollen diese noch um einige Funktionen ergänzen.

Satz 12: Sei g auf einem geeigneten Definitionsbereich gegeben, dann ist f eine zugehörige Stammfunktion

$x \mapsto g(x) =$	$x \mapsto f(x) =$	
$\operatorname{sg}(x)$	$\lvert x \rvert$	
$\dfrac{1}{x}$	$\ln \lvert x \rvert$	für $x \neq 0$
$\ln(x)$	$x \ln(x) - x$	für $x > 0$
$\dfrac{1}{a^2 + x^2}$	$\dfrac{1}{a} \operatorname{arctg}\left(\dfrac{x}{a}\right)$	$a \neq 0$
$\dfrac{1}{a^2 - x^2}$	$\dfrac{1}{2a} \ln\left(\left\lvert\dfrac{a + x}{a - x}\right\rvert\right)$	$x \neq +a$
$\dfrac{1}{x^2 - a^2}$	$\dfrac{1}{2a} \ln\left(\left\lvert\dfrac{x - a}{x + a}\right\rvert\right)$	$x \neq -a$
$\dfrac{1}{\sqrt{x^2 + a^2}}$	$\ln\left(\lvert x + \sqrt{x^2 + a^2}\rvert\right)$	

§ 2 Integrationsregeln und uneigentliche Integrale

Wie bei der Differentialrechnung müssen wir noch einige Rechenregeln kennenlernen, damit zu den in verschiedenen Fragestellungen auftretenden Funktionen eine Stammfunktion und das bestimmte Integral berechnet werden kann.

Zuerst zeigen wir das Analogon zur Produktregel der Differentialrechnung. In der Integralrechnung heißt diese Regel partielle Integration.

Satz 1: (Partielle Integration)

Sei $I \subset \mathbb{R}$ ein Intervall und seien $g_1, g_2 : I \to \mathbb{R}$ sprungstetig, mit Stammfunktionen f_1, f_2, dann gilt für a, b $\in$ I:

$$(2.1) \quad \int_a^b f_1(x)g_2(x)\,dx = f_1(x)f_2(x)\Big|_{x=a}^{x=b} - \int_a^b g_1(x)f_2(x)\,dx.$$

Beweis: Da f_1 und f_2 Stammfunktionen sind, ist $f_1 \cdot f_2$ differenzierbar in I mit Ausnahme einer Menge N von höchstens abzählbar unendlich vielen Elementen. Für $x \in I\backslash N$ gilt

$$(2.2) \quad D(f_1 \cdot f_2)(x) = Df_1(x) \cdot f_2(x) + f_1(x)Df_2(x) =$$
$$= g_1(x) \cdot f_2(x) + f_1(x) \cdot g_2(x).$$

Da $g_1 f_2$ und $f_1 g_2$ als Produkt sprungstetiger Funktionen wieder sprungstetig sind, folgt durch Bilden des bestimmten Integrals über (2.2)

$$\int_a^b g_1(x)f_2(x)\,dx + \int_a^b f_1(x)g_2(x)\,dx =$$
$$= \int_a^b [g_1(x)f_2(x) + f_1(x)g_2(x)]\,dx = \int_a^b D(f_1 \cdot f_2)(x)\,dx =$$
$$= f_1(b)f_2(b) - f_1(a)f_2(a).$$

Durch Umordnen folgt die Behauptung. □

Häufig findet sich Satz 1 mit der stärker einschränkenden Voraussetzung f_1, f_2 differenzierbar in I. (2.1) läßt sich dann wie folgt formulieren:

$$\int_a^b f_1(x)f_2'(x)\,dx = f_1(x)f_2(x)\Big|_{x=a}^{x=b} - \int_a^b f_1'(x)f_2(x)\,dx.$$

Beispiel 1:

Zu berechnen ist das bestimmte Integral $\int_a^b x\sin(x)\,dx$.

Wir können I = $\mathbb{R}$ setzen. Es gilt nun f_1 und g_2 in (2.1) geschickt so zu wählen, daß
(1) sich eine Stammfunktion zu g_2 findet und
(2) sich das Integral auf der rechten Seite vereinfacht oder berechnen läßt.

Wir wählen g_2 und f_1 wie folgt

$$f_1(x) = x \quad \text{und} \quad g_2(x) = \sin(x) \quad \text{für} \quad x \in \mathbb{R}.$$

Damit erhalten wir

$$g_1(x) = Df_1(x) = 1 \quad \text{und} \quad f_2(x) = -\cos(x) \quad \text{für} \quad x \in \mathbb{R}.$$

Dies setzen wir in (2.1) ein und erhalten

$$\int_a^b x\sin(x)\,dx = f_1(x)\cdot f_2(x)\Big|_{x=a}^{x=b} - \int_a^b g_1(x)\cdot f_2(x)\,dx =$$

$$= x(-\cos(x))\Big|_{x=a}^{x=b} - \int_a^b 1(-\cos(x))\,dx =$$

$$= -x\cos(x)\Big|_{x=a}^{x=b} + \sin(x)\Big|_{x=a}^{x=b} =$$

$$= -b\cos(b) + a\cos(a) + \sin(b) - \sin(a).$$

Benutzen wir anstatt von x ein anderes Symbol, zum Beispiel t, für die Veränderliche in dem zu integrierenden Rechenausdruck, so läßt sich die Bezeichnung x für die obere Grenze wählen und wir erhalten

$$\int_a^x t\cdot\sin(t)\,dt = -x\cos(x) + \sin(x) + a\cos(a) - \sin(a).$$

Die Funktion $h : \mathbb{R} \to \mathbb{R}$, gegeben durch $x \mapsto h(x) = -x\cos(x) + \sin(x)$ für alle $x \in \mathbb{R}$, ist eine Stammfunktion zu $f_1 g_2$. Das unbestimmte Integral ist dann

$$\int t\sin(t)\,dt = \{h + c \mid c \in \mathbb{R}\}.$$

Manchmal führt die einmalige Anwendung der partiellen Integration noch nicht zum Erfolg und erst die mehrmalige Anwendung von Satz 1 führt zum gewünschten Ergebnis. Dies wird im nächsten Beispiel gezeigt.

Beispiel 2:

Zu berechnen ist das bestimmte Integral

$$\int_a^b x^2\cos(x)\,dx.$$

Wir setzen für f_1 und g_2

$$f_1(x) = x^2 \quad \text{und} \quad g_2(x) = \cos(x) \quad \text{für} \quad x \in \mathbb{R}$$

und erhalten damit für g_1 und f_2

$$g_1(x) = 2x \quad \text{und} \quad f_2(x) = \sin(x) \quad \text{für} \quad x \in \mathbb{R}.$$

Eingesetzt in (2.1) ergibt dies

$$\int_a^b x^2 \cos(x)\,dx = x^2 \sin(x)\Big|_{x=a}^{x=b} - 2\int_a^b x\sin(x)\,dx.$$

Auf den zweiten Term wenden wir wieder die partielle Integration an und erhalten mit Hilfe von Beispiel 1:

$$\int_a^b x^2 \cos(x)\,dx = x^2 \sin(x)\Big|_{x=a}^{x=b} - 2\left[-x\cos(x)\Big|_{x=a}^{x=b} + \sin(x)\Big|_{x=a}^{x=b}\right].$$

Beispiel 3:

Das bestimmte Integral

$$\int_a^b \cos^2(x)\,dx = \int_a^b \cos(x)\cos(x)\,dx \quad \text{ist zu berechnen.}$$

Wir setzen für f_1 und g_2

$$f_1(x) = \cos(x) \quad \text{und} \quad g_2(x) = \cos(x) \quad \text{für} \quad x \in \mathbb{R}$$

und erhalten damit für g_1 und f_2

$$g_1(x) = -\sin(x) \quad \text{und} \quad f_2(x) = \sin(x) \quad \text{für} \quad x \in \mathbb{R}.$$

Eingesetzt in (2.1) ergibt sich

$$\int_a^b \cos^2(x)\,dx = \cos(x)\sin(x)\Big|_{x=a}^{x=b} - \int_a^b (-\sin(x))\sin(x)\,dx =$$

$$= \cos(x)\sin(x)\Big|_{x=a}^{x=b} + \int_a^b \sin^2(x)\,dx =$$

$$= \cos(x)\sin(x)\Big|_{x=a}^{x=b} + \int_a^b (1 - \cos^2(x))\,dx.$$

Nun wird $\int_a^b (1 - \cos^2(x))\,dx$ aufgespalten und $-\int_a^b \cos^2(x)\,dx$ auf die linke Seite gebracht. Dann folgt

$$\int_a^b \cos^2(x)\,dx = \frac{1}{2}\cos(x)\sin(x)\Big|_{x=a}^{x=b} + \frac{1}{2}x\Big|_{x=a}^{x=b}.$$

Als nächstes wenden wir uns dem Analogon der Kettenregel der Differentialrechnung zu. Wir gehen davon aus, daß die Stammfunktion die Gestalt einer zusammengesetzten Funktion hat, also $f \circ \varphi(x) = f(\varphi(x))$ für $x \in I$. In einer etwas allgemeineren Form wird das Problem in Satz 3 behandelt.

Satz 2: (Integration durch Substitution)

Seien I_1, $I \subset \mathbb{R}$ Intervalle.

Die Funktion $\varphi : I_1 \to \mathbb{R}$ sei differenzierbar in I_1.

Die Funktion $g : I \to \mathbb{R}$ besitze eine in I differenzierbare Stammfunktion $f : I \to \mathbb{R}$. Sei weiter $\{y \,|\, y = \varphi(x), x \in I_1\} \subset I$.

Dann ist $f \circ \varphi$ differenzierbar in I und für $a, b \in I_1$ gilt

$$\int_a^b g(\varphi(x)) D\varphi(x)\,dx = \int_{\varphi(a)}^{\varphi(b)} g(t)\,dt.$$

Beweis: Der Beweis erfolgt durch Anwendung der Kettenregel.

$$\int_a^b g(\varphi(x)) D\varphi(x)\,dx = \int_a^b D(f \circ \varphi)(x)\,dx =$$

$$= (f \circ \varphi)(x)\Big|_{x=a}^{x=b} = f(\varphi(b)) - f(\varphi(a)) =$$

$$= f(t)\Big|_{t=\varphi(a)}^{t=\varphi(b)} = \int_{\varphi(a)}^{\varphi(b)} g(t)\,dt.$$

Der Name Integration durch Substitution wird benutzt, da an Stelle von φ eine neue Veränderliche t eingeführt wird. Die Integration durch Substitution ist im allgemeinen nicht so leicht durchzuführen wie die Anwendung der Kettenregel. Die Integration durch Substitution erfordert des öfteren etwas Fantasie.

Beispiel 4:

Sei $r > 0$ ein fester Zinssatz. Fließt aus einer Investition ein konstanter Ertragsstrom c im Zeitintervall [0, T], so ist bei kontinuierlicher Verzinsung der Gegenwartswert dieses Ertragsstromes definiert als

$$k = \int_0^T c e^{-rx}\,dx.$$

Dieses Integral läßt sich durch Anwendung von Satz 2 berechnen. Sei $t = \varphi(x) = -rx$ für $x \geq 0$. Dann ist $D\varphi(x) = -r$. Für die neuen Integrationsgrenzen ergibt sich

$$\varphi(0) = 0 \quad \text{und} \quad \varphi(T) = -rT.$$

$$\int_0^T c e^{-rx}\,dx = c \int_0^T e^{\varphi(x)} D\varphi(x)\left(-\frac{1}{r}\right)dx =$$

$$= -\frac{c}{r} \int_0^T e^{\varphi(x)} D\varphi(x)\,dx = -\frac{c}{r} \int_{\varphi(0)}^{\varphi(T)} e^t\,dt =$$

$$= -\frac{c}{r} \int_0^{-rT} e^t\,dt = -\frac{c}{r}(e^{-rT} - e^0) = \frac{c}{r}(1 - e^{-rT}).$$

Bei der praktischen Durchführung der Substitution wird auch oft formal vorgegangen. Es wird $\varphi(x)$ durch t und $\varphi'(x)dx$ durch dt beziehungsweise dx durch $\dfrac{dt}{\varphi'(x)}$ ersetzt. Es ergibt sich dann durch Einsetzen

$$\int_0^T ce^{-rx}dx = c\int_0^{-rT} e^t\,\frac{1}{-r}\,dt = -\frac{c}{r}e^t\Big|_{t=0}^{t=-rT} =$$

$$= -\frac{c}{r}(e^{-rT} - e^0) = \frac{c}{r}(1 - e^{-rT}).$$

Dies ist die bekannte Formel für den Gegenwartswert eines konstanten Ertragsstromes der Dauer T bei kontinuierlicher Abzinsung.

Leider sind die Differenzierbarkeitsvoraussetzungen von Satz 2 in Anwendungen oft nicht erfüllt. Wir zitieren deshalb – allerdings ohne Beweis – den Satz über die Integration durch Substitution in einer allgemeinen Form.

Satz 3: (Integration durch Substitution)

Seien $I_1, I \subset \mathbb{R}$ Intervalle.
Die Funktion $g : I \to \mathbb{R}$ sei sprungstetig in I.
Die Funktion $\varphi : I_1 \to \mathbb{R}$ sei Stammfunktion zu der Funktion $\phi : I_1 \to \mathbb{R}$. Sei weiter $\{y\,|\,y = \varphi(x), x \in I_1\} \subset I$.
Ist g stetig oder φ monoton, so gilt:
$g \circ \varphi : I_1 \to \mathbb{R}$ ist sprungstetig in I_1 und für $a, b \in I_1$ gilt:

$$\int_a^b g(\varphi(x))\phi(x)\,dx = \int_{\varphi(a)}^{\varphi(b)} g(t)\,dt.$$

Beispiel 5:

Sei $I = [0, r]$ und $f : I \to \mathbb{R}$ gegeben durch

$$x \mapsto x\sqrt{r^2 - x^2}.\ \text{Gesucht ist} \int_0^r x\sqrt{r^2 - x^2}\,dx.$$

Wir setzen $\varphi(x) = r^2 - x^2$ und erhalten damit $\phi(x) = D\varphi(x) = -2x$. Für die neuen Integrationsgrenzen gilt:

$$\varphi(0) = r^2 \quad \text{und} \quad \varphi(r) = r^2 - r^2 = 0.$$

Durch formales Rechnen ergibt sich:

$$\frac{1}{D\varphi(x)}\,dt = \frac{1}{-2x}\,dt.$$

Dies eingesetzt führt zu

$$\int_0^r x\sqrt{r^2 - x^2}\,dx = \int_{r^2}^0 x\sqrt{t}\,\frac{1}{-2x}\,dt = \frac{1}{2}\int_0^{r^2} \sqrt{t}\,dt = \frac{1}{2}\cdot\frac{2}{3}\cdot t^{\frac{3}{2}}\Big|_{t=0}^{t=r^2} = \frac{1}{3}r^3.$$

Ergibt sich nach der Einsetzung von t und $\dfrac{1}{D\varphi(x)}$ dt ein Ausdruck, der noch von der

Variablen x abhängt, so wurde eine Substitution durchgeführt, die bei der Berechnung des Integrals nicht weiterhilft, denn die rechte Seite von (2.3) ist eine Funktion von t allein. Es ist durchaus nicht selten, daß erst nach mehreren Versuchen eine geeignete Funktion φ für die Substitution gefunden wird.

Zur Berechnung mancher Integrale ist es auch notwendig, die Substitutionsmethode, d. h. Satz 2 (bzw. Satz 3) mehrfach anzuwenden oder sowohl partielle als auch Integration durch Substitution durchzuführen.

In Beispiel 4 haben wir den Gegenwartswert eines konstanten Ertragsstromes bei kontinuierlicher Abzinsung berechnet und haben

$$K(T) = \frac{c}{r}(1 - e^{-rT}) = \int_0^T ce^{-rx}\,dx$$

erhalten. Betrachten wir den Ausdruck

$\dfrac{c}{r}(1 - e^{-rT})$, so sehen wir, daß ein Grenzübergang für $T \to \infty$ möglich ist. Es gilt:

$$\lim_{T\to\infty} \frac{c}{r}(1 - e^{-rT}) = \frac{c}{r}.$$

Das heißt, der Gegenwartswert eines konstanten Ertragsstromes der Höhe c ist bei kontinuierlicher Abzinsung endlich, auch wenn er beliebig lange fließt.

Bis jetzt hatten wir Integrale betrachtet, bei denen die Integrationsgrenzen a, b $\in \mathbb{R}$ waren. Das obige Beispiel legt es nahe, Integrale zu definieren, bei denen die Integrationsgrenzen auch die Werte $\pm \infty$ annehmen können.

Definition 1: Sei $I \subset \mathbb{R} \cup \{\infty\} \cup \{-\infty\}$ und $g : I =]\alpha, \beta[\to \mathbb{R}$ sprungstetig. Falls die betreffenden Grenzwerte existieren, heißen für a, b $\in$ I die Integrale

$$\int_{-\infty}^{b} g(x)\,dx := \lim_{a \to -\infty} \int_{a}^{b} g(x)\,dx \quad \text{und}$$

$$\int_{a}^{\infty} g(x)\,dx := \lim_{b \to \infty} \int_{a}^{b} g(x)\,dx$$

$$\int_{-\infty}^{+\infty} g(x)\,dx := \int_{-\infty}^{a} g(x)\,dx + \int_{a}^{\infty} g(x)\,dx$$

uneigentliche Integrale. $\triangle$

Diese letzte Definition ist unabhängig von der Wahl von a $\in \mathbb{R}$, falls die Grenzwerte existieren.

Beispiel 6:

Sei $I = [0, \infty]$ und $g : I \to \mathbb{R}$ gegeben durch $x \mapsto g(x) = \dfrac{1}{n}$ für $n - 1 \leq x < n$ und $n \in \mathbb{N}$.

Der Graph von g ist eine Treppenfunktion der Stufenhöhe $\dfrac{1}{n}$.

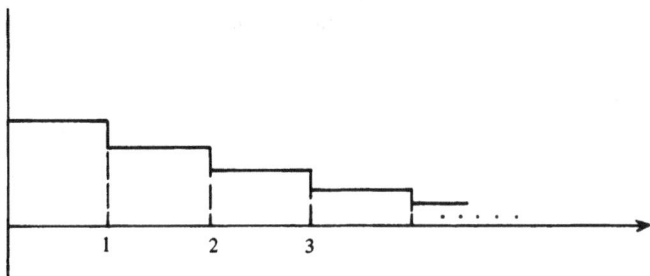

Es gilt: $\displaystyle\int_0^n g(x)\,dx = \sum_{k=1}^n \frac{1}{k}$.

Wir wissen nach III § 1, daß $\displaystyle\lim_{n\to\infty} \sum_{k=1}^n \frac{1}{k}$ nicht existiert sondern die Reihe gegen $+\infty$ divergiert.

Sei nun $I =]-\infty, +\infty[$ und $g(x)$ gegeben durch

$$x \mapsto g(x) = \begin{cases} sg(x)\cdot\frac{1}{n} & \text{für } n-1 \leq |x| < n \quad \text{und} \quad n \in \mathbb{N} \quad \text{und} \quad x \neq 0 \\ 1 & \text{für } x = 0. \end{cases}$$

Da $g(x)$ bezüglich des Nullpunktes symmetrisch ist, gilt

$$\int_{-n}^{+n} g(x)\,dx = 0 \quad \text{für alle} \quad n \in \mathbb{N}.$$

Das uneigentliche Integral $\displaystyle\int_{+\infty}^{+\infty} g(x)\,dx$ existiert aber nicht, obwohl $\displaystyle\lim_{n\to\infty} \int_{-n}^{+n} g(x)\,dx$

$= 0$ ist, da $\displaystyle\int_a^{+\infty} g(x)\,dx$ für $a \in \mathbb{R}$ nicht existiert.

Beispiel 7:
Sei $I = [0, \infty[$ und $g : I \to \mathbb{R}$ gegeben durch $g(x) := (-1)^{n+1}\cdot\dfrac{1}{n}$ für $n-1 \leq x < n$ und $n \in \mathbb{N}$.

Dann ist $\displaystyle\int_0^n g(x)\,dx = \sum_{k=1}^n \frac{(-1)^{k+1}}{k}$. Von dieser Summe wissen wir nach III § 1 Satz 12 daß sie für $n \to \infty$ konvergiert. Es gilt:

$$\int_0^\infty g(x)\,dx = \lim_{n\to\infty} \int_0^n g(x)\,dx = \ln 2.$$

In Beispiel 4 haben wir gesehen, daß das Ergebnis der Integration noch von Parametern abhängen kann. Es waren dies im speziellen Falle Zinssatz und Höhe des konstanten Ertragsstromes. Der nächste Satz behandelt die Differentiation von Funktionen nach Parametern, die wie im Beispiel 4 durch ein Integral gegeben sind. Das mathematische Problem besteht darin, hinreichende Bedingungen für die Vertauschbarkeit von Integration und Differentiation zu finden. Dies geschieht im folgenden Satz, den ohne Beweis angeben.

Satz 4: Seien I_1, $I_2 \subset \mathbb{R}$ Intervalle.

Weiter sei $g : I_1 \times I_2 \to \mathbb{R}$, gegeben durch $(x, t) \mapsto g(x, t)$, stetig. Außerdem sei $g(x, \cdot)$ stetig differenzierbar in I_2 für alle $x \in I_1$.

Dann ist für a, $b \in I_1$ mit $a < b$ die Funktion $h : I_2 \to \mathbb{R}$, gegeben durch

$$t \mapsto h(t) := \int_a^b g(x, t)\,dx,$$

differenzierbar (nach t) und es gilt:

$$Dh(\bar{t}) = \frac{d}{dt} \int_a^b g(x, \bar{t})\,dx = \int_a^b \frac{\partial}{\partial t} g(x, \bar{t})\,dx,$$

d.h. die Differentiation nach t darf mit der Integration nach x vertauscht werden.

Beispiel 8:

Sei $\quad g : \mathbb{R} \times \,]0, 1[\,\to \mathbb{R} \quad$ gegeben durch $\quad (x, t) \mapsto g(x, t) = e^{xt^2}$. Dann ist $h(t) := \int_a^b g(x, t)\,dx = \int_a^b e^{xt^2}\,dx$ differenzierbar nach t und es gilt

$$Dh(t) = \int_a^b \frac{\partial}{\partial t} g(x, t)\,dx = \int_a^b 2te^{xt^2}\,dx = \frac{2}{t} e^{xt^2}\Big|_{x=a}^{x=b}$$

§ 3 Mehrfache Integrale

Mehrfache Integrale spielen in der Statistik bei der Behandlung mehrdimensionaler Verteilungen eine wichtige Rolle.

Analog zur Einführung des bestimmten Integrales, das für eine Funktion über einem Intervall definiert wurde, wollen wir das bestimmte mehrfache Integral für eine Funktion g mehrerer Veränderlicher auf dem karthesischen Produkt von Intervallen definieren. Was eine hierzu brauchbare Stammfunktion ist und wie sie gegebenenfalls definiert werden kann, wollen wir nicht untersuchen. Wir gehen von dem Problem der Messung eines Volumens aus und betrachten deshalb zuerst eine Funktion g von zwei Veränderlichen.

Seien zwei endliche, abgeschlossene Intervalle $I_1 = [\alpha_1, \beta_1]$ und $I_2 = [\alpha_2, \beta_2]$ gegeben und sei $g : I_1 \times I_2 \to \mathbb{R}$ eine stetige Funktion.

Um uns mit dem Problem vertraut zu machen, nehmen wir zuerst an, es gebe zwei stetige Funktionen

$g_1 : I_1 \rightarrow \mathbb{R}$ und $g_2 : I_2 \rightarrow \mathbb{R}$

so, daß sich g als Produkt von g_1 und g_2 schreiben läßt:

$g(x_1, x_2) = g_1(x_1) \cdot g_2(x_2)$ für alle $(x_1, x_2) \in I_1 \times I_2$.

Dann wissen wir aus § 1, daß sich g_1 und g_2 durch Treppenfunktionen $h_{1,n}$ und $h_{2,n}$ „gut" approximieren lassen. Es ist nötig, den Umweg über die Approximation mit Treppenfunktionen zu wählen, da nicht von vornherein klar ist, was unter dem Volumen eines räumlichen Körpers zu verstehen ist.

Nun definieren wir $h_n := h_{1,n} \cdot h_{2,n}$.

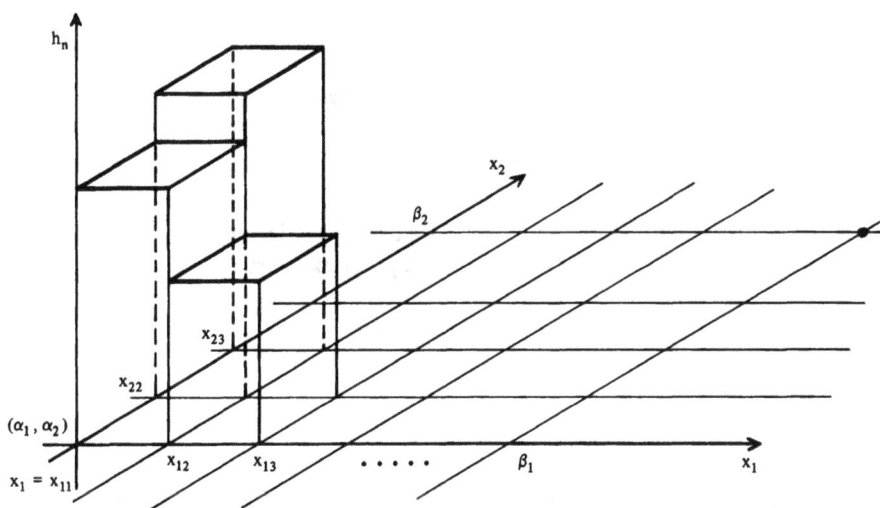

Dann läßt sich elementargeometrisch von dem durch den Graphen von h_n der (x_1, x_2) Ebene und den zugehörigen Seitenflächen eingeschlossenen Rauminhalt sprechen.

Seien nun $h_{1,n}$ und $h_{2,n}$ Folgen von Treppenfunktionen, die g_1 und g_2 „gut" approximieren, so definieren wir den Rauminhalt über $I_1 \times I_2$, der unter dem Graphen von g liegt, als

$$\int\limits_{I_1 \times I_2} g(x_1, x_2)\,dx_1\,dx_2 := \lim_{n \to \infty} \left(\int\limits_{\alpha_1}^{\beta_1} h_{1,n}(x_1)\,dx_1 \cdot \int\limits_{\alpha_2}^{\beta_2} h_{2,n}(x_2)\,dx_2 \right).$$

In dem hier dargestellten Fall, daß $g = g_1 \cdot g_2$ ist, gilt, da die bestimmten Integrale reelle Zahlen sind und sich somit wie Konstante vor oder hinter das Integralzeichen schreiben lassen:

$$\int\limits_{I_1 \times I_2} g(x_1, x_2) dx_1\, dx_2 = \int\limits_{\alpha_1}^{\beta_1} g_1(x_1) dx_1 \cdot \int\limits_{\alpha_2}^{\beta_2} g_2(x_2) dx_2 =$$

$$= \int\limits_{\alpha_1}^{\beta_2} (g_1(x_1) \int\limits_{\alpha_2}^{\beta_2} g_2(x_2) dx_2) dx_1 = \int\limits_{\alpha_1}^{\beta_1} (\int\limits_{\alpha_2}^{\beta_2} g_1(x_1) g_2(x_2) dx_2) dx_1 =$$

$$= \int\limits_{\alpha_2}^{\beta_1} (\int\limits_{\alpha_2}^{\beta_2} g(x_1, x_2) dx_2)\, dx_1 = \int\limits_{\alpha_2}^{\beta_2} (\int\limits_{\alpha_1}^{\beta_1} g(x_1, x_2) dx_1) dx_2.$$

Das heißt, die Reihenfolge der Integration kann vertauscht werden, ohne den Wert des Integrales zu ändern.

Läßt sich g nicht als Produkt zweier Funktionen darstellen, die jeweils nur von einer Veränderlichen abhängen, so läßt sich für stetige Funktionen $g : I_1 \times I_2 \to \mathbb{R}$ wie folgt verfahren. Wir bilden mit Hilfe der jeweils von einem Parameter abhängenden Integrale die Funktion $f_1 : I_1 \to \mathbb{R}$ und $f_2 : I_2 \to \mathbb{R}$, wobei

$$f_1(x_1) = \int\limits_{\alpha_2}^{\beta_2} g(x_1, x_2) dx_2 \quad \text{und} \quad f_2(x_2) = \int\limits_{\alpha_1}^{\beta_1} g(x_1, x_2) dx_1 \quad \text{ist.}$$

Nun sind die so definierten Funktionen f_1 und f_2 stetig und für abgeschlossene endliche Intervalle $I_1 = [\alpha_1, \beta_1]$ und $I_2 = [\alpha_2, \beta_2]$ existieren die beiden Integrale

$$\int\limits_{\alpha_1}^{\beta_1} f_1(x_1) dx_1 = \int\limits_{\alpha_1}^{\beta_1} (\int\limits_{\alpha_2}^{\beta_2} g(x_1, x_2) dx_2) dx_1 \quad \text{und}$$

$$\int\limits_{\alpha_2}^{\beta_2} f_2(x_2) dx_2 = \int\limits_{\alpha_2}^{\beta_2} \int\limits_{\alpha_1}^{\beta_1} g(x_1, x_2) dx_1) dx_2 \quad \text{immer.}$$

Der folgende Satz, den wir nicht beweisen, zeigt, daß diese beiden iterierten Integrale gleich sind. Diesen Sachverhalt benutzen wir bei der Definition mehrfacher Integrale.

Satz 1: Seien $I_1 = [\alpha_1, \beta_1]$ und $I_2 = [\alpha_2, \beta_2]$ abgeschlossene, endliche Intervalle und sei $g : I_1 \times I_2 \to \mathbb{R}$ stetig.

Dann gilt

$$\int\limits_{\alpha_1}^{\beta_1} (\int\limits_{\alpha_2}^{\beta_2} g(x_1, x_2) dx_2) dx_1 = \int\limits_{\alpha_2}^{\beta_2} (\int\limits_{\alpha_1}^{\beta_1} g(x_1, x_2) dx_1) dx_2.$$

Der Wert des iterierten Integrales läßt sich ebenso wie bei der letzten Abbildung als elementargeometrischer Rauminhalt interpretieren.

Definition 1: (Zweifache Integrale)
Seien $I_1 = [\alpha_1, \beta_1]$ und $I_2 = [\alpha_2, \beta_2]$ abgeschlossene, endliche Intervalle.

$$\int\limits_{I_1 \times I_2} g(x_1, x_2) dx_1\, dx_2 := \int\limits_{\alpha_2}^{\beta_2} (\int\limits_{\alpha_1}^{\beta_1} g(x_1, x_2) dx_1) dx_2 (= \int\limits_{\alpha_1}^{\beta_1} (\int\limits_{\alpha_2}^{\beta_2} g(x_1, x_2) dx_2) dx_1)$$

heißt Integral von g über den Bereich $I_1 \times I_2$. $\triangle$

Beispiel 1:

Sei $I = [0, \infty[$, dann ist $g : I \times I \to \mathbb{R}$, gegeben durch

$$(x_1, x_2) \mapsto g(x_1, x_2) = e^{c_1 x_2 + c_2 x_2}$$

stetig und es gilt für

$$I_1 = [a_1, b_1], I_2 = [a_2, b_2] \subset I$$

$$\int\limits_{I_1 \times I_2} e^{c_1 x_1 + c_2 x_2} dx_1 dx_2 = \int\limits_{a_1}^{b_1} (\int\limits_{a_2}^{b_2} e^{c_1 x_1 + c_2 x_2} dx_2) dx_1 =$$

$$= \int\limits_{a_1}^{b_1} e^{c_1 x_1} dx_1 \int\limits_{a_2}^{b_2} e^{c_2 x_2} dx_2$$

$$= \frac{1}{c_1} e^{c_1 x_1} \Big|_{x_1 = a_1}^{x_1 = b_1} \cdot \frac{1}{c_2} e^{c_2 x_2} \Big|_{x_2 = a_2}^{x_2 = b_2}.$$

Ein Satz 1 entsprechender Satz läßt sich auch für stetige Funktionen von n Veränderlichen formulieren.

Satz 2: Seien $I_1 = [\alpha_1 \cdot \beta_1], \ldots, I_n = [\alpha_n, \beta_n]$ abgeschlossene, endliche Intervalle und sei $g : I_1 \times \ldots \times I_n \to \mathbb{R}$ stetig. Dann gilt: der Wert des iterierten Integrals

$$\int\limits_{\alpha_1}^{\beta_1} (\int\limits_{\alpha_2}^{\beta_2} \ldots (\int\limits_{\alpha_n}^{\beta_n} g(x_1, \ldots, x_n) dx_n) \ldots) dx_1 \text{ ist unabhängig von der Integrationsreihenfolge.}$$

Ebenso wie im Fall von Funktionen zweier Veränderlicher wird der Begriff des mehrfachen Integrals eingeführt.

Definition 2: Seien $I_1 = [\alpha_1, \beta_1], \ldots, I_n = [\alpha_n, \beta_n]$ abgeschlossene, endliche Intervalle. Dann heißt

$$\int\limits_{I_1 \times \ldots \times I_n} g(x_1, \ldots, x_n) dx_1 \ldots dx_n := \int\limits_{\alpha_1}^{\beta_1} \ldots \int\limits_{\beta_n}^{\beta_n} g(x_1 \ldots x_n) dx_1 \ldots dx_n :=$$

$$\int\limits_{\alpha_1}^{\beta_1} \ldots (\int\limits_{\alpha_n}^{\beta_n} g(x_1 \ldots x_n) dx_n \ldots) dx_1$$

Integral von g über den Bereich $I_1 \times \ldots \times I_n$. $\triangle$

Die Einschränkung des Integrationsbereiches des bestimmten mehrfachen Integrales auf das karthesische Produkt von Intervallen erscheint sehr restriktiv. Wollen wir auch andere Gebilde zulassen, so ergeben sich erheblich komplizertere Probleme. In einfachen Fällen, in denen sich die Funktion in geeigneter Weise stetig fortsetzen läßt, können wir auch über anderen Mengen als Intervallen Integrale bilden.

Kapitel 5:

Differenzen- und Differentialgleichungen

§ 1 Lineare Differenzengleichungen

In der Differential- und Integralrechnung haben wir uns mit Funktionen befaßt, die auf einem Intervall oder zumindest in einer offenen Umgebung einer Stelle a definiert waren. Sehen wir uns aber das Zahlenmaterial an, das für ökonomische Größen zur Verfügung steht, so erkennen wir, daß viele wichtige Größen nur über einer Menge von gewissen Punkten definiert sind. Besonders klar wird dies bei ökonomischen „Zeitreihen". Betrachten wir die amtliche Statistik, so gibt es Größen, wie zum Beispiel den Preisindex der Lebenshaltungskosten, deren Werte jeden Monat veröffentlicht werden. Für andere Größen gibt es Quartals-, Halbjahres- oder Jahresdaten. Für die Kurse von Wertpapieren gibt es (streichen wir die Feiertage) tägliche Daten für die verschiedenen Handelsplätze.

Ein Charakteristikum dieser Daten ist es, für äquidistante Zeitpunkte, das heißt, für solche mit gleichem Abstand, definiert zu sein. Nehmen wir die Bevölkerungsentwicklung, so werden normalerweise die Zahlen aufeinanderfolgender Jahre genommen, d. h. zur Analyse werden direkt aufeinanderfolgende Zeitpunkte benutzt. Dies ist nicht immer so. Bei der Entwicklung des Preisindexes der Lebenshaltungskosten wird die Zahl – z. B. des Monats Mai – mit der des Mai des vergangenen Jahres verglichen, also mit der 12 Zeiteinheiten zurückliegenden Zahl.

Die Analyse datierter Größen nennt man Periodenanalyse. Im ökonomischen Bereich werden dazu äquidistante Zeitpunkte benutzt. Die Periodenanalyse ist die natürliche Form der Betrachtung dynamischer ökonomischer Phänomäne.

Wir wollen mit einem einfachen, auf Harrod (1948) zurückgehenden Modell beginnen. Die in der Literatur übliche Bezeichnungsweise wird übernommen.

Beispiel 1:
Sei $Y_t := Y(t)$ das Volkseinkommen,
$S_t := S(t)$ die gesamte Sparsumme,
$I_t := I(t)$ die beabsichtigten Nettoinvestitionen
der Periode t.
Harrod's Modell baut auf folgende Hypothesen auf:

(1) Es wird ein konstanter Anteil s (Sparquote) des Volkseinkommens gespart.

(2) Die beabsichtigten Nettoinvestitionen sind proportional (mit Proportionalitätsfaktor g) zur Differenz des Volkseinkommens zur Periode t und (t − 1).

(3) Es herrscht Gleichgewicht. Die realisierten Nettoinvestitionen sind gleich den gewünschten Nettoinvestitionen – oder anders gesagt: die Sparsumme ist gleich den Nettoinvestitionen.

In Formeln entspricht den drei Hypothesen

(1.1) $S(t) = s \cdot Y(t)$ oder $S_t = sY_t$

(1.2) $I(t) = g \cdot (Y(t) - Y(t-1))$ $I_t = g(Y_t - Y_{t-1})$

(1.3) $S(t) = I(t)$ $S_t = I_t$.

Im Zusammenhang mit der Periodenanalyse und bei Zeitreihen ist es üblich, den Wert einer Funktion an der Stelle t durch einen tiefgestellten Index t zu kennzeichnen.

Setzen wir (1.3) in (1.1), so ergibt sich $I(t) = sY(t)$ und dies in (1.2), dann erhalten wir

(1.4) $Y(t) = \left(1 + \dfrac{s}{g-s}\right) Y(t-1) = \left(\dfrac{g}{g-s}\right) Y(t-1).$

Dies ist eine Gleichung, aus der eine unbekannte Funktion Y bestimmt werden soll. Beginnen wir die Analyse mit der Zeitperiode $t = 0$ (und läuft die Zeit in Intervallen der Dauer 1 ab), so ist die Funktion $Y : \mathbb{N} \cup \{0\} \to \mathbb{R}$ gegeben durch $t \mapsto Y(t)$. Ist Y für die Periode 0, d.h. $Y(0) = Y_0$, gegeben, so läßt sich eine Lösung von (1.4) rekursiv ermitteln. Es ist

$$Y(1) = \frac{g}{g-s} Y(0)$$

$$Y(2) = \frac{g}{g-s} Y(1) = \left(\frac{g}{g-s}\right)^2 Y(0) \quad \text{und schließlich}$$

$$Y(t) = \left(\frac{g}{g-s}\right)^t Y(0).$$

Da $\dfrac{g}{g-s} = 1 + \dfrac{s}{g-s}$ ist, sehen wir, daß, falls $\dfrac{s}{g-s}$ positiv ist, das Volkseinkommen mit der konstanten Rate $\dfrac{s}{g-s}$ wächst.

Nun wollen wir allgemeiner daran gehen, Gleichungen zu untersuchen, die durch Differenzen von Funktionswerten zu bestimmender Funktionen gegeben sind. Dazu formalisieren wir zuerst den Vorgang der Differenzenbildung und leiten einige Eigenschaften dieses Vorganges ab.

Definition 1: Sei $B \subset \mathbb{R}$ und $a \in B$ so, daß für ein festes $h > 0$ und $k \in \mathbb{N} \cup \{0\}$ gilt $a + kh \in B$. Sei weiter eine Funktion $f : B \to \mathbb{R}^m$ gegeben.

(1) Dann ist die erste Differenz mit Schrittweite h von f an der Stelle a:

$$\Delta_h f(a) := f(a+h) - f(a).$$

(2) Die n-te Differenz von f an der Stelle a ist rekursiv definiert durch:

$$\Delta_h^n f(a) := \Delta_h(\Delta_h^{n-1} f)(a). \qquad \triangle$$

Ist $\mathbb{R}$ oder $\mathbb{R}_+$ als Definitionsbereich von f wählbar, so ist die Forderung, daß a + kh wieder im Definitionsbereich von f liegt, immer erfüllt. Ist f aber nur für ganze Zahlen definiert, so läßt sich h > 0 nicht beliebig wählen, da z. B. für a = 1, k = 1 und $h = \frac{1}{2}$ dann $a + 1 \cdot h = 1 + \frac{1}{2}$ nicht ganzzahlig ist.

Wir können $\Delta_h f$ wieder als Funktion auffassen mit

$$\Delta_h f : \{x \mid x = a + kh\} \to \mathbb{R}.$$

Der Operator Δ_h ist linear, was im folgenden Satz gezeigt wird.

Satz 1: Seien f und g Funktionen mit $B \to \mathbb{R}^m$. Dann gilt

(1) $\Delta_h (cf)(a) = c\Delta_h f(a)$,

(2) $\Delta_h (f + g)(a) = \Delta f(a) + \Delta g(a)$.

Beweis:

(1) $\Delta_h (cf)(a) = (cf)(a + h) - (cf)(a) =$
     $= c(f(a + h) - f(a)) = c\Delta_h f(a)$.

(2) $\Delta_h (f + g)(a) = (f + g)(a + h) - (f + g)(a) =$
     $= f(a + h) + g(a + h) - f(a) - g(a) = \Delta_h f(a) + \Delta_h g(a)$. $\square$

Die Eigenschaft (1) und (2) hat der Differenzenoperator Δ_h gemeinsam mit der Ableitung D.

Nun berechnen wir die 2-te Differenz $\Delta_h^2 f = \Delta_h (\Delta_h f)$:

$$\Delta_h^2 f(a) = \Delta_h (\Delta_h f)(a) = \Delta_h f(a + h) - \Delta_h f(a) =$$

$$= f(a + 2h) - f(a + h) - f(a + h) + f(a) =$$

$$= f(a + 2h) - 2f(a + h) + f(a).$$

Satz 2: Für die n-te Differenz $\Delta_h^n f$ gilt an der Stelle a

$$\Delta_h^n f(a) = \sum_{k=0}^{n} \binom{n}{k} (-1)^k f(a + (n - k)h).$$

Dieser Satz läßt sich mit vollständiger Induktion beweisen. Ebenso der folgende Satz.

Satz 3: Sei P_n ein Polynom n-ten Grades, so ist für jedes h > 0

$$\Delta_h^{n+1} P_n(a) = 0 \quad \text{für alle} \quad a \in \mathbb{R}.$$

Wir veranschaulichen den Inhalt von Satz 3 für ein Polynom 2-ten Grades

$$P_2(x) = c_1 x^2 + c_2 x + c_3.$$

Für die 2-te Differenz ergibt sich wie bereits gezeigt

$$\Delta_h^2 P_2(x) = P_2(x + 2h) - 2P_2(x + h) + P_2(x)$$
$$= c_1(x + 2h)^2 + c_2(x + 2h) + c_3 -$$
$$- 2c_1(x + h)^2 - 2c_2(x + h) - 2c_3 + c_1 x^2 + c_2 x + c_3 = 2c_1 h^2.$$

Nun bilden wir die 3-te Differenz

$$\Delta_h^3 P_2(x) = \Delta_h(\Delta_h^2 P_2)(x) = 2c_1 h^2 - 2c_1 h^2 = 0.$$

Dies gilt, da $\Delta_h^2 P_2(x) = 2c_1 h^2$ nicht mehr von x abhängt.

Die Produktregel hat eine leicht verschiedene Gestalt.

Satz 4: Seien f und g Funktionen mit f, g : B → ℝ. Dann gilt:

$$\Delta_h(f \cdot g)(a) = f(a + h)\Delta_h g(a) + \Delta_h f(a) g(a).$$

Beweis: Der Beweis verläuft analog zu dem entsprechenden Satz der Differential-rechnung,

$$\Delta_h(f \cdot g)(a) = (f \cdot g)(a + h) - (f \cdot g)(a) =$$
$$= f(a + h)g(a + h) - f(a) g(a)$$
$$= f(a + h)g(a + h) - f(a + h)g(a) + f(a + h)g(a) - f(a)g(a) =$$
$$= f(a + h)\Delta_h g(a) + \Delta_h f(a)g(a). \qquad \square$$

Im folgenden wählen wir h = 1 und lassen dann den Index bei Δ weg, also $\Delta := \Delta_1$ und wählen für den Definitionsbereich von f die Menge ℕ ∪ {0} oder ℤ. Dies ist bei entsprechender Variablentransformation immer möglich.

Sei $B = \{x \mid x = a + kh \text{ mit } k \in ℕ \cup \{0\}\}$ und

$$\tilde{B} = \left\{ t \mid t = \frac{x - a}{h} \quad \text{für} \quad x \in B \right\}.$$

Dann ist $\tilde{B} = ℕ \cup \{0\} = ℕ_0$ und es gilt f(x) = f(ht + a) mit $t \in ℕ_0$.

Unter Berücksichtigung der eben eingeführten Vereinfachung definieren wir nun den Begriff der Differenzengleichung.

Definition 2: Sei $B \subset ℕ_0$ und seien f : B → ℝ sowie g : $ℝ^{n+1}$ → ℝ Funktionen. Eine Gleichung der Form

(1.4) $g(t, \Delta f(t), \ldots, \Delta^n f(t)) = 0$ mit $t \in B$ heißt

Differenzengleichung n-ter Ordnung. $\triangle$

Die Funktion f ist dann aus dieser Gleichung zu bestimmen, falls dies möglich ist.

Definition 3: Eine Funktion f : B → ℝ heißt Lösung der Differenzengleichung (1.4) über B, falls

$g(t, \Delta f(t), \ldots, \Delta^n f(t)) = 0$ erfüllt ist für alle $t \in B$. $\triangle$

Im folgenden werden wir $B = \mathbb{N}_0$ wählen. In den von uns ins Auge gefaßten Anwendungen sind lineare Differenzengleichungen von besonderem Interesse und von diesen wiederum solche mit konstanten Koeffizienten. Einige der dabei auftretenden Probleme studieren wir zuerst an einem Beispiel und zeigen später die betreffenden Sätze.

Beispiel 2:

Sei $f : \mathbb{N}_0 \to \mathbb{R}$. Dann ist

$$(1.5) \quad f(t + 2) - 2f(t + 1) - 3f(t) = 0 \quad \text{für alle} \quad t \in \mathbb{N}_0$$

eine homogene Differenzengleichung 2-ter Ordnung über $\mathbb{N}_0$ mit konstantem Koeffizienten (siehe Definition 4). Es ist sofort zu sehen, daß die Funktion $f : \mathbb{N}_0 \to \mathbb{R}$ gegeben durch $t \mapsto f(t) = 0$ für alle $t \in \mathbb{N}_0$ die Gleichung erfüllt. Vielleicht gibt es aber noch andere Funktionen, die die Gleichung (1.5) erfüllen.

In Beispiel 1 sahen wir, daß $Y(t) = \left(\dfrac{g}{g - s} \right)^t Y(0)$ eine Lösung der dort gegebenen Differenzengleichung ist. Die Lösung hat die Form $f(t) = c \cdot q^t$ für $t \in B$. Diese Lösung wählen wir als Versuchslösung und setzen sie in die gegebene Gleichung ein. Wir erhalten für

$$f(t + 2) - 2f(t + 1) - 3f(t) = 0$$
$$c \cdot q^{t+2} - 2cq^{t+1} - 3c \cdot q^t = 0 \quad \text{für alle} \quad t \in \mathbb{N}_0.$$

Für $c \neq 0$ und $q \neq 0$ läßt sich die Gleichung mit $c \cdot q^t$ kürzen und es ergibt sich die sogenannte charakteristische Gleichung

$$q^2 - 2q - 3 = 0.$$

Nullstellen dieser Gleichung sind

$$q_1 = 1 + 2 = 3 \quad \text{und} \quad q_2 = 1 - 2 = -1.$$

So, wie wir den Ansatz gewählt haben, heißt dies, daß

$$f_1(t) = 3^t \quad \text{und} \quad f_2(t) = (-1)^t$$

die Gleichung (1.5) über $\mathbb{N}_0$ erfüllen. Dies sei für f_1 und f_2 noch einmal überprüft:

$$f_1(t + 2) - 2f_1(t + 1) - 3f_1(t) =$$
$$= 3^{t+2} - 2 \cdot 3^{t+1} - 3 \cdot 3^t = 3^{t+2} - (2 + 1)3^{t+1} = 0 \quad \text{für alle} \quad t \in \mathbb{N}_0 \quad \text{und}$$
$$f_2(t + 2) - 2f_2(t + 1) - 3f_2(t) =$$
$$= (-1)^{t+2} - 2(-1)^{t+1} - 3(-1)^t = (-1)^t((-1)^2 - 2(-1) - 3) = 0 \text{ für alle}$$
$$t \in \mathbb{N}_0.$$

Mit f_1 und f_2 sind auch $c_1 f_1$ und $c_2 f_2$ Lösungen der Gleichung (1.5) und – wie sich aus der Addition der beiden letzten Gleichungen ergibt – auch $c_1 f_1 + c_2 f_2$ für

$c_1, c_2 \in \mathbb{R}$. Aus Satz 6 und Satz 8 folgt, wie wir später sehen werden, daß es keine weiteren Lösungen gibt.

Die Lösungen dieser linearen homogenen Differenzengleichung bilden also einen Untervektorraum der Menge der Funktionen $\{f | f : \mathbb{N}_0 \rightarrow \mathbb{R}\}$, wenn diese mit den in II § 4 definierten Verknüpfungen versehen wird.

Nun stellen wir die Frage, ob es zu einem beliebig vorgegebenen Wert k_0 eine Lösung f gibt, die an der Stelle 0 den Wert $f(0) = k_0$ annimmt. Dieses Problem nennen wir Anfangswertproblem.

Dazu betrachten wir die lineare Gleichung

$$k_0 = c_1 f_1(0) + c_2 f_2(0) = c_1 + c_2.$$

Dies ist unter anderem mit $c_1 = k_0$ und $c_2 = 0$ zu erreichen.

Jetzt gehen wir weiter und fragen, ob es zu zwei beliebig vorgegebenen Werten k_0 $= f(0)$ und $k_1 = f(1)$ eine Lösung gibt, die diese Werte annimmt. Dazu untersuchen wir die lineare Gleichung

$$c_1 f_1(0) + c_2 f_2(0) = k_0$$
$$c_1 f_1(1) + c_2 f_2(1) = k_1.$$

Diese Gleichung besitzt genau eine Lösung für c_1 und c_2, falls die Matrix $\begin{pmatrix} f_1(0) & f_2(0) \\ f_1(1) & f_2(1) \end{pmatrix}$ den Rang 2 besitzt. In unserem Beispiel 2 ist $f_1(t) = 3^t$ und $f_2(t) = (-1)^t$ und somit ergibt sich $\operatorname{rg} \begin{pmatrix} 1 & +1 \\ 3 & -1 \end{pmatrix} = 2$.

Es gibt zu (1.5) also für beliebig vorgegebene „Anfangswerte" $f(0) = k_0$ und $f(1)$ $= k_1$ eine Lösung $f = c_1 f_1 + c_2 f_2$, die für $t = 0$ und $t = 1$ die Werte

$$k_0 = f(0) = c_1 f_1(0) + c_2 f_2(0) \quad \text{und}$$
$$k_1 = f(1) = c_1 f_1(1) + c_2 f_2(1) \quad \text{annimmt.}$$

Beispiel 3:
Wir bleiben bei einer linearen homogenen Differenzengleichung 2-ter Ordnung. Es sei

(1.6) $f(t + 2) - 4f(t + 1) + 4f(t) = 0$ für alle $t \in \mathbb{N}_0$.

Mit dem Lösungsansatz $f(t) = q^t$ werden wir wie im Beispiel 2 zu der quadratischen Gleichung

$$q^2 - 4q + 4 = 0$$

geführt. Diese hat die zweifache Nullstelle

$$q_1 = q_2 = 2.$$

Damit wissen wir, daß $f_1(t) = 2^t$ eine Lösung von (1.6) ist.

Auf der Suche nach weiteren Lösungen gelangen wir schließlich zu dem Ansatz $f_2(t) = tf_1(t) = t2^t$. Wir rechnen nach, daß f_2 tatsächlich eine Lösung von (1.6) über $\mathbb{N}_0$ ist.

$$f_2(t+2) - 4f_2(t+1) + 4f_2(t) =$$
$$= (t+2)2^{t+2} - 4(t+1)2^{t+1} + 4t2^t =$$
$$= 2^t\big((t+2)2^2 - 4(t+1)2 + 4t\big) =$$
$$= 2^t(4t + 8 - 8t - 8 + 4t) = 2^t \cdot 0 = 0 \quad \text{für alle} \quad t \in \mathbb{N}_0.$$

Damit ist auch $c_1 f_1 + c_2 f_2$ für $c_1, c_2 \in \mathbb{R}$ Lösung von (1.6).

Sei $k_0 = f(0)$ und $k_1 = f(1)$ beliebig vorgegeben. Um geeignete Werte für die Koeffizienten c_1, c_2 zu bestimmen, betrachten wir die lineare Gleichung

$$c_1 f_1(0) + c_2 f_2(0) = k_0$$
$$c_1 f_1(1) + c_2 f_2(1) = k_1.$$

Diese lineare Gleichung besitzt für c_1, c_2 genau eine Lösung. da

$$\mathrm{rg} \begin{pmatrix} f_1(0) & f_2(0) \\ f_1(1) & f_2(1) \end{pmatrix} = \mathrm{rg} \begin{pmatrix} 2^0 & 0 \cdot 2^0 \\ 2^1 & 1 \cdot 2^1 \end{pmatrix} = \mathrm{rg} \begin{pmatrix} 1 & 0 \\ 2 & 2 \end{pmatrix} = 2.$$

Es gibt also für Gleichung (1.6) bei beliebig vorgegebenen Anfangswerten $k_0 = f(0)$ und $k_1 = f(1)$ eine Lösung, die für $t = 0$ und $t = 1$ diese Werte annimmt.

In Beispiel 2 haben wir den Fall betrachtet, daß die charakteristische Gleichung 2 verschiedene reelle Nullstellen besitzt. In Beispiel 3 lag eine 2-fache Nullstelle vor. Nun bleibt noch der Fall übrig, in dem die charakteristische Gleichung (mit reellen Koeffizienten) zwei konjugiert komplexe Nullstellen besitzt.

Beispiel 4:
Sei eine Differenzengleichung über $\mathbb{N}_0$ gegeben durch

(1.7) $f(t+2) - 4f(t+1) + 13f(t) = 0$ für alle $t \in \mathbb{N}_0$.

Dann führt der Lösungsansatz $f(t) = q^t$ auf die quadratische Gleichung

$$q^2 - 4q + 13 = 0.$$

Diese hat die beiden konjugiert komplexen Nullstellen

$$q = 2 + 3i \quad \text{und} \quad \bar{q} = 2 - 3i.$$

Eine einfache Anwendung des Vorgehens bei den beiden letzten Beispielen würde auf komplexwertige Funktionen führen. Wir suchen aber nach reellen Funktionen, die die Gleichung (1.7) erfüllen. Wie wir vorzugehen haben, klärt der folgende Satz:

Satz 5: Sei $c, q \in \mathbb{C}$ und $\bar{c}, \bar{q}$ die dazu konjugiert komplexen Zahlen. Dann ist die

Funktion f, gegeben durch:

$$t \mapsto f(t) = cq^t + \bar{c}\bar{q}^t \quad \text{für} \quad t \in \mathbb{N}_0,$$

eine reellwertige Funktion $f : \mathbb{N}_0 \to \mathbb{R}$.

Beweis: In I § 4 haben wir die Darstellung komplexer Zahlen in Polarkoordinaten eingeführt. Gemäß I § 4 Satz 4 lassen sich Potenzen komplexer Zahlen in dieser Darstellung auf einfache Weise berechnen.

Für $q \in \mathbb{C}$ gilt die Darstellung

(1.8) $q = r(\cos(\varphi) + i\sin(\varphi))$ und

$q^t = r^t(\cos(\varphi t) + i\sin(\varphi t))$.

Für $\bar{q}^t$ erhalten wir

$\bar{q}^t = r^t(\cos(\varphi t) - i\sin(\varphi t))$.

Bilden wir nun mit $c = c_1 + ic_2$ den Ausdruck

$f(t) = cq^t + \bar{c}\bar{q}^t =$

$\quad = (c_1 + ic_2)r^t(\cos(\varphi t) + i\sin(\varphi t)) + (c_1 - ic_2)r^t(\cos(\varphi t) - i\sin(\varphi t)) =$

$\quad = 2c_1 r^t \cos(\varphi t) - 2c_2 r^t \sin(\varphi t),$

so ist dies eine reelle Zahl für alle $t \in \mathbb{N}_0$. $\square$

Stellen wir nun auch $c = c_1 + ic_2$ in Polarkoordinaten dar, so ist $c = b(\cos(\psi) + i \cdot \sin(\psi))$ und zwischen c_1, c_2, b und ψ bestehen die Beziehungen:

$$c_1 = b \cdot \cos(\psi) \quad \text{und} \quad c_2 = b \cdot \sin(\psi).$$

Setzen wir dies in (1.8) ein und wenden einen Additionssatz für Winkelfunktionen an, so erhalten wir

$f(t) = 2r^t(c_1 \cos(\varphi t) - c_2 \sin(\varphi t)) =$

$\quad = 2br^t(\cos(\psi)\cos(\varphi t) - \sin(\psi)\sin(\varphi t)) =$

$\quad = br^t(\cos(\psi + \varphi t) + \cos(\psi - \varphi t) - \cos(\psi - \varphi t) + \cos(\psi + \varphi t)) =$

$\quad = 2br^t \cdot \cos(\varphi t + \psi).$

Korollar 1: Sei eine Differenzengleichung über $\mathbb{N}_0$ gegeben durch

(1.9) $f(t + 2) + a_1 f(t + 1) + a_0 f(t) = 0$ für alle $t \in \mathbb{N}_0$

und besitze

$$q^2 + a_1 q + a_0 = 0$$

die konjugiert komplexen Lösungen

$$q = r(\cos(\varphi) + i\sin(\varphi)) \quad \text{und} \quad \bar{q} = r(\cos(\varphi) - i\sin(\varphi)).$$

Dann besitzt (1.9) reelle Lösungen:

(1.10) $f(t) = 2br^t \cos(\varphi t + \psi)$,

wobei b, $\psi \in \mathbb{R}$ beliebig wählbar sind.

Beispiel 4:

(Fortsetzung) Noch offen ist die Frage, ob es zu vorgegebenen Werten $k_0 = f(0)$ und $k_1 = f(1)$ eine Lösung f gibt, die diese Werte annimmt. In (1.10) sind 2 Konstanten frei wählbar. Wir setzen t = 0 und t = 1 in (1.10) ein und erhalten für b und ψ die Gleichungen

(1.9) $k_0 = f(0) = 2b\cos(\psi)$ und $k_1 = 2br\bigl(\cos(\varphi + \psi)\bigr)$.

Aus diesen beiden Gleichungen ist b eindeutig bestimmbar und ψ bis auf Vielfache von 2π.

Für die Gleichung (1.7) haben wir q = 2 + 3i berechnet. In Polarkoordinaten ist dies $q = \sqrt{13}\bigl(\cos(\varphi) + i\sin(\varphi)\bigr)$, wobei φ ca. 56° entspricht.

Suchen wir eine Lösung durch f(0) = 0 und f(1) = 1, so ergibt sich für $\psi = \dfrac{\pi}{2} \approx 1{,}571$, sowie

$$f(0) = 0 = 2b\cos\left(\frac{\pi}{2}\right) \quad \text{und} \quad b = \frac{2}{\cos\left(\varphi + \dfrac{\pi}{2}\right)} \approx 2{,}403.$$

Die Gleichungen (1.9) sind im allgemeinen also nicht explizit lösbar.

Nachdem wir an einigen Beispielen gesehen haben, welche Probleme bei der Behandlung von linearen Differenzengleichungen zweiter Ordnung auftreten, wollen wir allgemein definieren, was unter skalaren und vektorwertigen linearen Differenzengleichungen zu verstehen ist.

Definition 4: Seien f, $a_0, \ldots, a_{n-1} : \mathbb{N}_0 \to \mathbb{R}$ Funktionen.

(1) Eine Gleichung der Form

(1.11) $f(t+n) + a_{n-1}(t)f(t+n-1) + \ldots + a_1(t)f(t+1) +$
$\qquad + a_0(t)f(t) = g(t)$

für alle $t \in \mathbb{N}_0$ heißt skalare lineare inhomogene Differenzengleichung n-ter Ordnung über $\mathbb{N}_0$.

(2) Ist g(t) = 0 für alle $t \in \mathbb{N}_0$, so heißt die Differenzengleichung (1.11) homogen.

△

Da der Differenzenoperator nicht nur für skalare, sondern auch für vektorwertige Funktionen definiert wurde, erklären wir auch für diesen Fall lineare (vektorielle) Differenzengleichungen. Dazu müssen die skalaren Funktionen in Definition 4 durch matrixwertige Funktionen ersetzt werden.

Definition 5: Die Funktionen $A_i : \mathbb{N}_0 \to \mathbb{R}^{m \times m}$ für $i = 0, 1, \ldots, n-1$ seien matrixwertig mit

$$A_i(t) = \begin{pmatrix} a_{11}^{(i)}(t) & \ldots & a_{1m}^{(i)}(t) \\ \vdots & & \vdots \\ a_{m1}^{(i)}(t) & \ldots & a_{mm}^{(i)}(t) \end{pmatrix} \quad \text{für} \quad t \in \mathbb{N}_0$$

und die Funktionen $f, g : \mathbb{N}_0 \to \mathbb{R}^m$ seien vektorwertig mit der Gestalt

$$f(t) = \begin{pmatrix} f_1(t) \\ \vdots \\ f_m(t) \end{pmatrix} \quad \text{bzw.} \quad g(t) = \begin{pmatrix} g_1(t) \\ \vdots \\ g_m(t) \end{pmatrix} \quad \text{für} \quad t \in \mathbb{N}_0$$

(1) Eine Gleichung der Form

$$(1.11) \quad f(t+n) + A_{n-1}(t)f(t+n-1) + \ldots + A_1(t)f(t+1) + A_0(t)f(t) = g(t)$$

für alle $t \in \mathbb{N}_0$ heißt m-dimensionale lineare inhomogene Differenzengleichung n-ter Ordnung.

(2) Ist $g(t) = 0 \in \mathbb{R}^m$ für alle $t \in \mathbb{N}_0$, so heißt die Differenzengleichung (1.11) homogen. $\triangle$

Wir wollen nun kurz den Spezialfall der m-dimensionalen linearen homogenen Differenzengleichung erster Ordnung betrachten. Wir erhalten

$$(1.12) \quad f(t+1) + A_0(t)f(t) = 0.$$

Bringen wir $A_0(t)f(t)$ auf die rechte Seite, so liegt dasselbe rekursive Vorgehen wie bei einer skalaren linearen Differenzengleichung erster Ordnung nahe.

Setzen wir $-A_0(t) = A(t)$, so läßt sich (1.12) als

$$f(t+1) = A(t)f(t) \quad \text{schreiben.}$$

Für einen fest vorgegebenen Anfangsvektor $f(0) \in \mathbb{R}^m$ können wir wie folgt verfahren:

$$f(1) \quad = A(0)f(0)$$
$$f(2) \quad = A(1)f(1) = A(1) \cdot A(0) \cdot f(0)$$
$$f(3) \quad = A(2)f(2) = A(2) \cdot A(1) \cdot A(0) \cdot f(0)$$
$$\vdots$$
$$f(t+1) = A(t)f(t) = A(t) \cdot A(t-1) \cdot \ldots \cdot A(0) \cdot f(0)$$

Dieses Vorgehen fassen wir im nächsten Satz zusammen.

Satz 6: Sei $f(t+1) = A(t)f(t)$ eine n-dimensionale homogene lineare Differenzengleichung erster Ordnung über $\mathbb{N}_0$. Dann gibt es genau eine Lösung mit fest vorgegebenem Anfangswert $f(0) \in \mathbb{R}^m$ und diese ist

(1.13) $f(t) = A(t-1)\ldots A(1)A(0)f(0) = \prod_{j=0}^{t-1} A(j)f(0)$ für $t \in \mathbb{N}$.

Da das Matrixprodukt im allgemeinen nicht kommutativ ist, muß die Matrixmultiplikation in der angegebenen Reihenfolge durchgeführt werden.

Definition 6:

(1) Seien f, g : $\mathbb{N}_0 \to \mathbb{R}^m$ und $A_0, \ldots, A_{n-1}$ reelle m × m Matrizen. Eine Gleichung der Form

$$f(t+n) + A_{n-1}f(t+n-1) + \ldots + A_1 f(t+1) + A_0 f(t) = g(t)$$

für alle $t \in \mathbb{N}_0$ heißt m-dimensionale inhomogene lineare Differenzengleichung n-ter Ordnung über $\mathbb{N}_0$ mit konstanten Koeffizienten.

(2) Seien f, g : $\mathbb{N}_0 \to \mathbb{R}$ und $a_0, \ldots, a_{n-1} \in \mathbb{R}$.

Eine Gleichung der Form

$$f(t+n) + a_{n-1}f(t+n-1) + \ldots + a_1 f(t+1) + a_0 f(t) = g(t)$$

für alle $t \in \mathbb{N}_0$ heißt skalare inhomogene lineare Differenzengleichung über $\mathbb{N}_0$ mit konstanten Koeffizienten.

(3) Ist $g(t) = 0$ für alle $t \in \mathbb{N}_0$ so heißt die entsprechende Differenzengleichung homogen.   △

Liegt eine homogene m-dimensionale Differenzengleichung erster Ordnung mit konstanten Koeffizienten vor, so ergibt sich aus Satz 6 sofort

Satz 7: Sei A eine reelle m × m Matrix und $f(t+1) = Af(t)$ eine lineare Differenzengleichung über $\mathbb{N}_0$, so gibt es genau eine Lösung mit fest vorgegebenem Anfangswert $f(0) \in \mathbb{R}^m$ und diese ist gegeben durch

(1.14) $f(t) = A^t f(0)$.

Wir werden später sehen, daß dadurch auch die Frage der Existenz von Lösungen für skalare homogene lineare Differenzengleichungen n-ter Ordnung gelöst ist.

Da vektorwertige lineare Differenzengleichungen der Ordnung n > 1 in wirtschaftstheoretischen Anwendungen seltener auftreten, konzentrieren wir uns auf den Fall vektorieller Differenzengleichungen erster Ordnung. Dies wird, wie der nächste Satz zeigt, dadurch gerechtfertigt, daß sich jede skalare lineare Differenzengleichung n-ter Ordnung in eine n-dimensionale lineare Differenzengleichung erster Ordnung überführen läßt.

Satz 8: Sei $f(t+n) + a_{n-1}f(t+n-1) + \ldots + a_0 f(t) = g(t)$ für alle $t \in \mathbb{N}_0$ eine lineare Differenzengleichung n-ter Ordnung. Dazu wird die n-dimensionale lineare Differenzengleichung erster Ordnung (1.15)

(1.15)

$$x(t+1) = \begin{bmatrix} x_1(t+1) \\ \vdots \\ x_n(t+1) \end{bmatrix} = \begin{bmatrix} 0 & 1 & 0 & & 0 \\ \vdots & & \ddots & & 0 \\ \vdots & & & \ddots & 0 \\ 0 & & & 0 & 1 \\ -a_0(t) & & & & -a_{n-1}(t) \end{bmatrix} \begin{bmatrix} x_1(t) \\ \vdots \\ x_n(t) \end{bmatrix} + \begin{bmatrix} 0 \\ \vdots \\ 0 \\ g(t) \end{bmatrix} \quad t \in \mathbb{N}_0$$

mit $x_1(t) = f(t)$ gebildet. Die Komponenten von $x(t)$ sind ohne Benutzung der Matrixschreibweise wie folgt definiert:

Für alle $t \in \mathbb{N}_0$ ist

(1.16)
$$x_1(t) \quad = f(t)$$
$$x_1(t+1) \quad = x_2(t) (= f(t+1) \text{ usw.})$$
$$x_2(t+1) \quad = x_3(t)$$
$$x_{n-1}(t+1) = x_n(t)$$
$$x_n(t+1) \quad = -a_{n-1}(t)x_n(t) - \ldots - a_1(t)x_2(t) - a_0(t)x_1(t) + g(t).$$

Dann gilt: jede Lösung der Differenzengleichung

$$f(t+n) + a_{n-1}f(t+n-1) + \ldots + a_0 f(t) = g(t)$$

ist nach Durchführen der Transformation (1.16) auch eine Lösung von (1.15) und umgekehrt.

Beweis: Gemäß (1.16) gilt $x_j(t) = f(t+j-1)$ für $j = 1, \ldots, n$ und $t \in \mathbb{N}_0$. Sei f Lösung von (1.10), dann sind die ersten Gleichungen von (1.16) mit $x_1 = f$ gemäß Definition erfüllt. Für die n-te Gleichung gilt

(1.17) $x_n(t+1) = f(t+n) =$
$$= -a_{n-1}(t)f(t+n-1) - \ldots - a_1(t)f(t+1) - a_0(t)f(t) + g(t) =$$
$$= -a_{n-1}(t)x_n(t) - \ldots \quad a_1(t)x_2(t) - a_0(t)x_1(t) + g(t)$$
für alle $t \in \mathbb{N}_0$.

Ist umgekehrt x Lösung von (1.15), dann gilt nach (1.17) auch umgekehrt, daß f $= x_1$ Lösung von (1.10) ist. □

Als nächstes wenden wir uns dem Problem der Lösung der inhomogenen n-dimensionalen linearen Differenzengleichung erster Ordnung zu (Es gilt dann m $= n$). Sei $\prod\limits_{t=j}^{k} A(t) = A(k)A(k-1)\ldots A(j)$, wobei auf die Reihenfolge zu achten ist, da die Matrixmultiplikation nicht kommutativ ist.

Satz 9: Sei $f(t+1) = A(t)f(t) + g(t)$ für alle $t \in \mathbb{N}_0$ eine inhomogene lineare Differenzengleichung erster Ordnung, dann gibt es genau eine Lösung $f: \mathbb{N}_0 \to \mathbb{R}^n$ mit Anfangswert $f(0)$. Sie ist gegeben durch

(1.18) $\quad f(t) = \prod\limits_{j=0}^{t-1} A(j)f(0) + \sum\limits_{j=0}^{k-1} \prod\limits_{i=j+1}^{t-1} A(i)g(j)$ für $t \in \mathbb{N}$

Beweis: Der Ausdruck (1.18) ergibt sich rekursiv durch Zusammenfassen wie folgt:

Es ist dabei $\prod\limits_{i=t}^{t-1} A(i) := E$ (n-dimensionalen Einheitsmatrix) zu setzen.

$f(1) = A(0)f(0) + g(0)$

$f(2) = A(1)f(1) + g(1) =$

$\quad = A(1)A(0)f(0) + A(1)g(0) + g(1)$

$f(3) = A(2)f(2) + g(2) =$

$\quad = A(2)A(1)A(0)f(0) + A(2)A(1)g(0) + A(2)g(1) + g(2) =$

$\quad = \prod\limits_{j=0}^{2} A(j)f(0) + \sum\limits_{j=0}^{2} \prod\limits_{i=j+1}^{2} A(i)g(j).$

Durch vollständige Induktion, die wir hier nicht durchführen wollen, ergibt sich (1.18). Nach Konstruktion ist die Lösung auch eindeutig. $\qquad\square$

Aus Satz 9 ergibt sich sofort die Existenz und Eindeutigkeit von Lösungen für vektorielle lineare inhomogene Differenzengleichungen erster Ordnung mit konstanten Koeffizienten.

Satz 10: Sei $f(t+1) = Af(t) + g(t)$ für alle $t \in \mathbb{N}_0$ eine n-dimensionale lineare inhomogene Differenzengleichung mit konstanten Koeffizienten, dann gibt es zu einem gegebenen Anfangswert $f(0) \in \mathbb{R}^n$ genau eine Lösung; gegeben durch

$$(1.19) \quad f(t) = A^t f(0) + \sum_{j=0}^{t-1} A^{t-1-j} g(j) \quad \text{für} \quad t \in \mathbb{N}.$$

In den Beispielen 2–4 war mit dem Auffinden der Lösungen einer skalaren Differenzengleichung 2-ter Ordnung mit konstanten Koeffizienten das Berechnen der Nullstellen einer quadratischen Gleichung verbunden. Dies ist offensichtlich nicht der Fall, wenn wir zu 2-dimensionalen Differenzengleichungen erster Ordnung übergehen. Das Verhalten der Matrix A^t muß alle in den Beispielen 2–4 aufgetretenen Fälle wiedergeben können. Den Zusammenhang stellen wir im nächsten Abschnitt her.

§ 2 Stabilitätsanalyse

In diesem Abschnitt untersuchen wir das asymptotische Verhalten der Lösungen von Differenzengleichungen. Wir beschränken uns dabei im wesentlichen auf lineare Differenzengleichungen und gehen speziell auf solche mit konstanten Koeffizienten ein.

Betrachten wir noch einmal Beispiel 2 aus § 1. Die gegebene homogene lineare Differenzengleichung zweiter Ordnung mit konstanten Koeffizienten lautete

$$(2.1) \quad f(t+2) - 2f(t+1) - 3f(t) = 0$$

Durch das Einsetzen der Versuchslösung cq^t (mit $c \neq 0$) ergab sich die quadratische Gleichung

$$(2.2) \quad q^2 - 2q - 3 = 0.$$

Diese hat die zwei Nullstellen $q_1 = 3$ und $q_2 = -1$.

Damit ergab sich f, gegeben durch

$$f(t) = c_1 q_1^t + c_2 q_2^t = c_1 3^t + c_2 (-1)^t$$
$$\text{(mit } c_1, c_2 \in \mathbb{R}) \quad \text{für} \quad t \in \mathbb{N}_0,$$

als Lösung dieser Differenzengleichung.

Nach § 1 Satz 8 könnten wir aber auch anstelle von (2.1) die vektorielle (zweidimensionale) lineare homogene Differenzengleichung erster Ordnung

$$(2.3) \quad \begin{pmatrix} x_1(t+1) \\ x_2(t+1) \end{pmatrix} = \begin{pmatrix} 0 & 1 \\ -a_0 & -a_1 \end{pmatrix} \begin{pmatrix} x_1(t) \\ x_2(t) \end{pmatrix} = \begin{pmatrix} 0 & 1 \\ 3 & 2 \end{pmatrix} \begin{pmatrix} x_1(t) \\ x_2(t) \end{pmatrix}$$

untersuchen. Wir erhalten dann $x_1(t) = f(t)$ als Lösung von (2.1).

Nach § 1 Satz 7 gibt es zu beliebig vorgegebenen Werten für $x_1(0)$ und $x_2(0)$ genau eine Lösung x, gegeben durch

$$x(t) = \big(x_1(t), x_2(t)\big)' = \begin{pmatrix} 0 & 1 \\ 3 & 2 \end{pmatrix}^t \begin{pmatrix} x_1(0) \\ x_2(0) \end{pmatrix}.$$

Die Potenzen der Matrix $A = \begin{pmatrix} 0 & 1 \\ 3 & 2 \end{pmatrix}$ müssen also dasselbe Verhalten widerspiegeln wie die oben angegebene Lösung.

Nun berechnen wir das charakteristische Polynom zur Matrix A. Dies ist

$$\det(A - \lambda E) = \det \begin{pmatrix} -\lambda & 1 \\ 3 & 2 - \lambda \end{pmatrix} = \lambda^2 - 2\lambda - 3.$$

Setzen wir das charakteristische Polynom gleich Null, so erhalten wir die Gleichung (2.2), wenn wir die Veränderliche nun λ nennen. Die Funktionen f beziehungsweise f_1 und f_2, die als Lösung von (2.1) auftreten, lassen sich also auch mittels des charakteristischen Polynoms von A bestimmen.

Berechnen wir für vorgegebene Anfangswerte $x_1(0)$ und $x_2(0)$ die Koeffizienten c_1 und c_2 aus

$$x_1(0) = c_1 3^0 + c_2 (-1)^0 = c_1 + c_2$$
$$x_2(0) = c_1 3^1 + c_2 (-1)^1 = 3c_1 - c_2,$$

so erhalten wir $c_1 = \dfrac{x_1(0) + x_2(0)}{4}$ und $c_2 = \dfrac{3x_1(0) - x_2(0)}{4}$. Dann können wir mit diesen Werten von c_1, c_2 die Lösung x von (2.3) unter Benutzung von § 1 (1.16) und der Lösung von (2.1) aus § 1 Beispiel 2 als

$$x(t) = \begin{pmatrix} x_1(t) \\ x_2(t) \end{pmatrix} = \begin{pmatrix} 0 & 1 \\ 3 & 2 \end{pmatrix}^t \begin{pmatrix} x_1(0) \\ x_2(0) \end{pmatrix} =$$

$$= \begin{pmatrix} c_1 3^t + c_2(-1)^t \\ +3(c_1 3^{t-1} + c_2(-1)^{t-1}) + 2(c_1 3^t + c_2(-1)^t) \end{pmatrix},$$

schreiben.

Sei nun eine lineare homogene ein-dimensionale Differenzengleichung n-ter Ordnung gegeben.

(2.4) $f(t+n) + a_{n-1}f(t+n-1) + \ldots + a_1 f(t+1) + a_0 f(t) = 0$ für $t \in \mathbb{N}_0$.

Mit der Methode der Versuchslösungen erhalten wir die Gleichung

$$q^n + a_{n-1}q^{n-1} + \ldots + a_1 q^1 + a_0 = 0.$$

Betrachten wir die nach § 1 Satz 8 entsprechende lineare n-dimensionale Differenzengleichung erster Ordnung

$$(2.5) \quad x(t+1) = Ax(t) = \begin{pmatrix} 0 & 1 & \ldots\ldots & 0 \\ \vdots & & \ddots & \vdots \\ \vdots & & & \ddots \\ \vdots & & & \cdot 1 \\ -a_0 & \ldots & & -a_{n-1} \end{pmatrix} \begin{pmatrix} x_1(t) \\ \vdots \\ \vdots \\ \vdots \\ x_n(t) \end{pmatrix},$$

so gilt für das charakteristische Polynom von A, wie sich mit vollständiger Induktion zeigen läßt:

$$\det(A - \lambda E) =$$

$$\det \begin{pmatrix} 0-\lambda & 1 & \ldots\ldots\ldots & 0 \\ 0 & \ddots & & 1 \\ -a_0 & \ldots & & (-a_{n-1}-\lambda) \end{pmatrix} = (-1)^n(\lambda^n + a_{n-1}\lambda^{n-1} + \ldots + a_1\lambda + a_0)$$

Mittels Satz 7 und 8 können wir also auch die Lösungen der homogenen linearen Differenzengleichungen n-ter Ordnung bestimmen. Diese lassen sich aber auch ohne Verwendung von (1.15) mit der Methode der Versuchslösungen wie in Beispiel 2 bis 4 berechnen. Wir formulieren dies ohne Beweis als Satz.

Satz 1: Sei eine lineare homogene Differenzengleichung n-ter Ordnung mit konstanten Koeffizienten gegeben:

$$f(t+n) + a_{n-1}f(t+n-1) + \ldots + a_1 f(t+1) + a_0 f(t) = 0 \quad \text{für alle} \quad t \in \mathbb{N}.$$

Für die Nullstellen des Polynoms

$$q^n + a_{n-1}q^{n-1} + \ldots + a_1 q + a_0 = 0 \quad \text{gelte:}$$

$q_1, \ldots, q_l$ seien reelle Nullstellen der Vielfachheit $n_1, \ldots, n_l$ und $(q_{l+1}, \bar{q}_{l+1}), \ldots, (q_s, \bar{q}_s)$ seien komplexe Nullstellen der Vielfachheit $n_{l+1}, \ldots, n_s$. Sei weiter

$$q_j = r_j \big(\cos(\varphi_j) + i \sin(\varphi_j) \big); \quad \bar{q}_j = r_j \big(\cos(\varphi_j) - i \sin(\varphi_j) \big)$$
$$\text{für} \quad j = l+1, \ldots, s$$

die Darstellung der komplexen Nullstellen in Polarkoordinaten, dann ist f gegeben durch

$$(2.6) \quad f(t) = \sum_{i=1}^{l} \sum_{j=1}^{n_i} c_{ij} t^{j-1} q_i^t + \sum_{i=l+1}^{s} \sum_{j=1}^{n_i} b_i t^{j-1} r^t \cos(\varphi_i t + \psi_i) \quad \text{für } t \in \mathbb{N}_0$$

eine Lösung der homogenen Differenzengleichung, wobei c_{ij}, b_i, ψ_i beliebige reelle Konstanten sind.

Der zweite Summand in (2.6) ergibt sich in Analogie zu § 1 Satz 5 und Korrolar 1. Zur Übung vollziehe man die Beispiele 2 bis 4 von § 1 mit (2.6) nach.

Da nach Satz 7 zu einem vorgegebenen Anfangswert $f(0) = k_0, \ldots, f(n-1) = k_{n-1}$ genau eine Lösung existiert, lassen sich die zu diesem Anfangswert gehörigen Konstanten c_{ij}, b_i, ψ_i aus (2.6) durch Einsetzen von $t = 0$ bis $t = n - 1$ bestimmen.

Beispiel 1:

Sei eine homogene Differenzengleichung

$$(2.7) \quad f(t+3) - \frac{11}{6} f(t+2) + \frac{49}{36} f(t+1) - \frac{25}{72} f(t) = 0$$

für alle $t \in \mathbb{N}_0$ gegeben. Als Nullstellen der Gleichung

$$q^3 - \frac{11}{6} q^2 + \frac{49}{36} q - \frac{25}{72} = 0$$

ergeben sich die Werte

$$q_1 = \frac{1}{2}; \, q_2 = \frac{2}{3} + \frac{1}{2} i \quad \text{und} \quad \bar{q}_2 = \frac{2}{3} - \frac{1}{2} i.$$

Dies ist durch Einsetzen einfach nachzuprüfen. Als eine Lösung der homogenen Differenzengleichung erhalten wir nach Satz 1 eine Funktion f gegeben durch

$$(2.8) \quad f(t) = c_{11} q_1^t + b_2 r_2^t \cos(\varphi_2 t + \psi_2) \quad \text{für} \quad t \in \mathbb{N}_0.$$

Dabei sind c_{11}, b_2 und ψ_2 beliebig wählbare Konstanten, während r_2 und φ_2 aus den konjugiert komplexen Nullstellen q_2 und $\bar{q}_2$ wie folgt zu bestimmen sind:

$$r_2 = \| q_2 \| = \| \bar{q}_2 \| = \sqrt{ \left(\frac{2}{3} \right)^2 + \left(\frac{1}{2} \right)^2 } = \sqrt{ \frac{25}{36} }.$$

$$\cos\varphi_2 = \frac{\dfrac{1}{2}}{\sqrt{\left(\dfrac{2}{3}\right)^2 + \left(\dfrac{1}{2}\right)^2}} = \frac{3}{5} \quad \text{und somit} \quad \varphi_2 = \arccos\frac{3}{5}.$$

Eingesetzt in die Lösung ergibt sich

$$f(t) = c_{11}\left(\frac{1}{2}\right)^t + b_2\left(\frac{5}{6}\right)^t \cos(\varphi_2 t + \psi_2).$$

Betrachten wir nun die Folge $\bigl(f(t)\bigr)_{t\,\in\,\mathbb{N}_0}$, so sehen wir, daß $f(t)$ für $t \to \infty$ gegen Null strebt. Es gilt $|\cos(\varphi_2 t + \psi_2)| \leqq 1$ für alle $t \in \mathbb{N}$. Für Konvergenzuntersuchungen läßt sich dieser Faktor durch eins ersetzen. Da sowohl $\dfrac{1}{2}$ als auch $\dfrac{25}{36}$ kleiner eins sind gilt, daß $\left(\left(\dfrac{1}{2}\right)^t\right)_{t\,\in\,\mathbb{N}}$ und $\left(\left(\dfrac{5}{6}\right)^t\right)_{t\,\in\,\mathbb{N}}$ konvergente geometrische Folgen bilden.

Die Lösungen der eingangs betrachteten Differenzengleichung (2.1) divergieren gegen $+\infty$, falls $c_1 > 0$ gilt und sie divergieren gegen $-\infty$, falls $c_1 < 0$ gilt. Für $c_1 = 0$ und $c_2 \neq 0$ werden alternierend die Werte $\pm c_2$ angenommen.

Für die in Satz 1 behandelten Differenzengleichungen n-ter Ordnung läßt sich das asymptotische Verhalten direkt aus der expliziten Darstellung (2.6) der Lösungen ablesen. Ist eine der reellen Nullstellen dem Betrage nach größer als eins oder ist eine der komplexen Nullstellen dem Betrage nach größer eins, d.h., daß bei der Darstellung in Polarkoordinaten der Betrag des zugehörigen Wertes von r größer eins ist, so divergiert die Lösung (falls der zugehörige Koeffizient c_{ij} oder b_i ungleich null ist). Um das symptotische Verhalten der Lösungen von Differenzengleichungen weiter zu untersuchen, benötigen wir noch einige Begriffe.

Definition 1: (Stationäre Lösung)

Sei $f(t + 1) = A(t)f(t) + g(t)$ für alle $t \in \mathbb{N}_0$ eine m-dimensionale lineare Differenzengleichung. Eine Funktion $\bar{f}: \mathbb{N}_0 \to \mathbb{R}^m$ heißt stationäre Lösung: $\Leftrightarrow$

(1) $\bar{f}(t) = c \in \mathbb{R}^m$ für alle $t \in \mathbb{N}_0$ und

(2) $c = A(t)c + g(t)$. $\triangle$

Offensichtlich ist die Nullfunktion, gegeben durch $f(t) = 0$ für alle $t \in \mathbb{N}_0$, eine stationäre Lösung der homogenen linearen Differenzengleichung, da $0 = A(t)0$ gilt.

Als nächstes wollen wir uns dem Begriff der Stabilität widmen. Wir benützen dabei die in der Mathematik übliche Begriffsbildung.

Definition 2: (Stabilität)

Sei $f(t + 1) = A(t)f(t)$ für $t \in \mathbb{N}_0$ eine m-dimensionale lineare Differenzengleichung. Die Lösung $f = 0$ heißt stabil: $\Leftrightarrow$

Zu beliebigem $\bar{t} \in \mathbb{N}_0$ und $\varepsilon > 0 (\varepsilon \in \mathbb{R})$ gibt es ein $\delta(\bar{t}, \varepsilon)$ so, daß für jede Lösung f die zum Zeitpunkt $\bar{t}$ den vorgegebenen (Anfangs-)Wert $x_{\bar{t}}$ annimmt, aus $\|x_{\bar{t}}\| = \|f(\bar{t})\| < \delta$ folgt, daß $\|f(t)\| < \varepsilon$ für alle $t \geqq \bar{t}$ ist. $\triangle$

Diese Definition der Stabilität wird durch die Betrachtung mechanischer Systeme (mit kontinuierlicher Zeit) nahegelegt. Wird ein mechanisches System aus seiner Ruhelage nicht weiter als einen bestimmten Betrag ε abgelenkt, so dürfen die daraus resultierenden Bewegungen des Systems nicht weiter als den Betrag δ von seiner Ruhelage abweichen. Die Lösung $f = 0$ charakterisiert das Verharren in der Ruhelage.

In wirtschaftswissenschaftlichen Anwendungen finden wir meist einen etwas stärkeren Begriff der Stabilität.

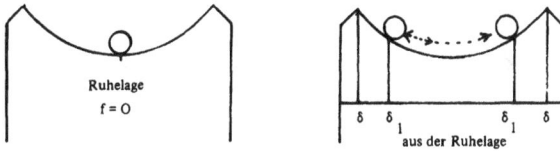

Ruhelage
f = 0

δ δ₁ δ₁ δ
aus der Ruhelage

Definition 3: (Asymptotische Stabilität)

Sei $f(t + 1) = A(t) f(t)$ für alle $t \in \mathbb{N}_0$ eine homogene m-dimensionale lineare Differenzengleichung. Die Lösung $f = 0$ heißt asymptotisch stabil: $\Leftrightarrow$

(1) Die Lösung $f = 0$ ist stabil.

(2) $\lim_{t \to \infty} \| f(t) \| = 0$. $\qquad\qquad\qquad\qquad\qquad \Delta$

Die Definitionen 2 und 3 lassen sich auch auf nichtlineare Differenzengleichungen ausdehnen. Da aber die meisten ökonomischen Anwendungen auf lineare Differenzengleichungen beschränkt sind, wird dies hier nicht weiter verfolgt.

Die asymptotische Stabilität fordert zusätzlich zur Stabilität noch die Konvergenz der Lösung f gegen 0. Betrachten wir ein mechanisches System wie in der folgenden Abbildung, so bleibt die Kugel in der Ruhelage $f = 0$. Wird die Kugel aus der Ruhelage um den Betrag δ_1 ausgelenkt, so bleibt sie, falls das System keine Reibung besitzt, in permanenter Schwingung (mit maximaler Auslenkung δ_1). Dies ist gemäß Definition 2 ein stabiles Verhalten. Wird die Kugel weiter als δ (also über

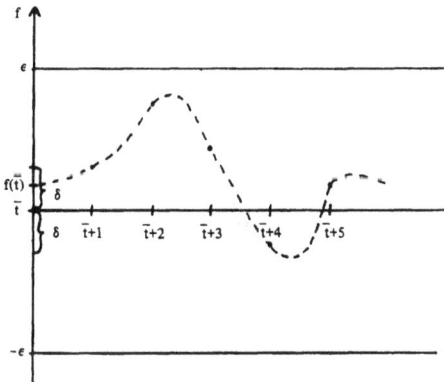

den Rand der Mulde hinaus) abgelenkt, so führt dies zu instabilem Verhalten der Ruhelage f = 0. Besitzt das System Reibung, so kehrt die Kugel bei „gedämpfter Schwingung" zur Ruhelage f = 0 zurück. Dies entspricht asymptotisch stabilem Verhalten gemäß Definition 3.

Für lineare Differenzengleichungen mit konstanten Koeffizienten läßt sich ein einfaches hinreichendes Kriterium für die Stabilität formulieren, das wir ohne Beweis angeben.

Satz 2: Sei $f(t + 1) = Af(t)$ für alle $t \in \mathbb{N}$ eine homogene lineare m-dimensionale Differenzengleichung mit konstanten Koeffizienten. Die stationäre Lösung $f = 0$ ist stabil, wenn

(1) alle Nullstellen des charakteristischen Polynoms von A (von $\det(A - \lambda E) = 0$) sind dem Betrage nach kleiner-gleich eins und

(2) die Nullstellen, die dem Betrage nach gleich eins sind, einfache Nullstellen sind.

Um ein ähnlich lautendes notwendiges und hinreichendes Kriterium anzugeben, wäre die Einführung eines zusätzlichen Begriffes notwendig, worauf hier verzichtet werden soll.

Beispiel 2:

Sei die lineare homogene zwei-dimensionale Differenzengleichung

$$f(t + 1) = Af(t) \quad \text{für} \quad t \in \mathbb{N}_0 \quad \text{gegeben mit} \quad A = \begin{pmatrix} 1 & 0 \\ 0 & 1 \end{pmatrix}.$$

Dann besitzt nach § 1 Satz 7 diese Gleichung genau eine Lösung f, die durch einen vorgegebenen Anfangspunkt $x_0 = f(0) \in \mathbb{R}^2$ geht und diese Lösung ist gegeben durch $f(t) = A^t f(0) = E^t f(0) = f(0)$ für alle $t \in \mathbb{N}_0$. Die Lösung $f = 0$ ist nach Definition 1 offensichtlich stabil. Es ist $\delta = \varepsilon$ zu wählen. Die gegebene Differenzengleichung erfüllt aber nicht das Kriterium von Satz 2. Bilden wir das charakteristische Polynom zu A, so ergibt sich die Gleichung

$$\det(A - \lambda I) = \det \begin{pmatrix} 1 - \lambda & 0 \\ 0 & 1 - \lambda \end{pmatrix} = (1 - \lambda)^2 = 0.$$

Dieses Polynom hat die zweifache Nullstelle eins. Dieses einfache Beispiel zeigt uns auch, daß wir, falls die Matrix A nicht die in Satz 1 gegebene spezielle Gestalt hat, eine zu (2.6) analoge Darstellung der Lösung nicht allein aus dem charakteristischen Polynom bestimmen können.

Nun geben wir, ebenfalls ohne Beweis, ein hinreichendes Kriterium für die asymptotische Stabilität an.

Satz 3: Sei $f(t + 1) = Af(t)$ für $t \in \mathbb{N}_0$ eine homogene lineare m-dimensionale Differenzengleichung mit konstanten Koeffizienten. Die stationäre Lösung $f = 0$ ist asymptotisch stabil, wenn alle Nullstellen des charakteristischen Polynoms von A dem Betrage nach kleiner als eins sind.

Betrachten wir (2.5), so ist die stationäre Lösung $f = 0$ im Beispiel 1, wie wir ausgeführt haben, asymptotisch stabil, da alle Nullstellen des charakteristischen

Polynoms kleiner als eins sind. Bei den in § 1 betrachteten Beispielen 2, 3 und 4 ist die stationäre Lösung $f = 0$ nicht stabil, da die charakteristischen Polynome mindestens eine Nullstelle besitzen, die dem Betrage nach größer als eins ist.

Satz 3 wird auch als das Einheitskreis-Kriterium bezeichnet. Stellen wir die komplexen Zahlen in der Zahlenebene dar, so besagt Satz 3, daß alle Wurzeln des charakteristischen Polynoms innerhalb des Kreises mit Radius eins um den Ursprung liegen müssen. Da die Berechnung aller Nullstellen eines Polynoms numerische Schwierigkeiten bereiten kann, wollen wir für den in Satz 1 behandelten Spezialfall der eindimensionalen homogenen linearen Differenzengleichung mit konstanten Koeffizienten das Stabilitätskriterium von Jury angeben. Dabei müssen lediglich Determinanten berechnet werden.

Satz 4: Sei die Differenzengleichung n-ter Ordnung mit konstanten Koeffizienten

$$f(t + n) + a_{n-1} f(t + n - 1) + \ldots + a_0 f(t) = 0 \quad \text{für alle} \quad t \in \mathbb{N}_0$$

gegeben. Die Nullstellen des Polynoms

$$P(q) = q^n + a_{n-1} q^{n-1} + \ldots + a_1 q + a_0$$

sind genau dann dem Betrage nach kleiner als eins, wenn die folgenden Bedingungen erfüllt sind:

Fall 1: n ist gerade.
Es gilt $P(1) > 0$ und $P(-1) > 0$
sowie $|d_i| < |\tilde{d}_i|$ für $i = 1, 3, 5, \ldots, n - 1$ und das Vorzeichen von $\tilde{d}_i$ alterniert für ungerade i beginnend mit $\tilde{d}_1 > 0$.

Fall 2: n ist ungerade.
Es gilt $P(1) > 0$ und $P(-1) < 0$
sowie $|d_i| > |\tilde{d}_i|$ für gerade i und das Vorzeichen von d_i alterniert für gerade i beginnend mit $d_2 < 0$.
Die dabei benötigten Hilfsgrößen d_i und $\tilde{d}_i$ werden wie folgt bestimmt. Setze

$$H_i := \begin{pmatrix} a_0 & a_1 & \cdots & a_{i-1} \\ 0 & \ddots & & \vdots \\ \vdots & \ddots & \ddots & \vdots \\ \vdots & & \ddots & a_1 \\ 0 & \cdots & 0 & a_0 \end{pmatrix} \qquad \tilde{H}_i := \begin{pmatrix} a_{n-i+1} & \cdots & a_{n-1} & 1 \\ \vdots & & 1 & 0 \\ \vdots & & & \vdots \\ a_{n-1} & & & \vdots \\ 1 & 0 & \cdots & 0 \end{pmatrix}$$

für $i = 1, \ldots, n$ und berechne aus

$$\det(H_i + \tilde{H}_i) = d_i + \tilde{d}_i$$

$$\det(H_i - \tilde{H}_i) = d_i - \tilde{d}_i$$

die Werte d_i und $\tilde{d}_i$ für $i = 1, \ldots, n$.

Beispiel 3:

In Beispiel 1 war die Differenzengleichung

$$f(t+3) - \frac{11}{6}f(t+2) + \frac{49}{36}f(t+1) - \frac{25}{72}f(t) = 0 \text{ für } t \in \mathbb{N}_0 \text{ gegeben.}$$

Wir untersuchen nun mit Satz 4, ob die Nullstellen des Polynoms

$$P(q) = q^3 - \frac{11}{6}q^2 + \frac{49}{36}q - \frac{25}{72}$$

dem Betrage nach kleiner als eins sind, d. h. ob die stationäre Lösung $f = 0$ stabil ist. Dazu berechnen wir nach Satz 4:

$$P(1) = 1 - \frac{11}{6} + \frac{49}{36} - \frac{25}{72} = \frac{13}{72} > 0$$

$$P(-1) = -1 - \frac{11}{6} - \frac{49}{36} - \frac{25}{72} < 0.$$

Damit ist die erste Bedingung erfüllt. Weiter zu bestimmen sind, da $n = 3$ ist, lediglich die Größe d_2 und $\tilde{d}_2$. Zuerst berechnen wir aus H_2 und $\hat{H}_2$ die Werte von $\det(H_2 + \hat{H}_2)$ und $\det(H_2 - \hat{H}_2)$.

$$H_2 = \begin{pmatrix} -\dfrac{25}{72} & \dfrac{49}{36} \\ 0 & -\dfrac{25}{72} \end{pmatrix} \quad \hat{H}_2 = \begin{pmatrix} -\dfrac{11}{6} & 1 \\ 1 & 0 \end{pmatrix}$$

$$\det(H_2 + \hat{H}_2) = \left(\frac{1}{72}\right)^2 \cdot \det\begin{pmatrix} -157 & 170 \\ 72 & -25 \end{pmatrix} = -1{,}604 = d_2 + {}_2$$

$$\det(H_2 - \hat{H}_2) = \left(\frac{1}{72}\right)^2 \cdot \det\begin{pmatrix} 107 & 26 \\ -72 & -25 \end{pmatrix} = -0{,}872 = d_2 - \tilde{d}_2.$$

Daraus ergibt sich sofort

$$d_2 = -1{,}238 \quad \text{und} \quad \tilde{d}_2 = -0{,}366.$$

Es gilt also

$$|d_2| > |\tilde{d}_2| \quad \text{und} \quad d_2 < 0.$$

Hieraus folgt, daß die stationäre Lösung $f = 0$ asymptotisch stabil ist.

Beispiel 4:

In § 1 Beispiel 2 war die Differenzengleichung $f(t+2) - 2f(t+1) - 3f(t) = 0$ für $t \in \mathbb{N}_0$ gegeben. Um die Stabilität der stationären Lösung $f = 0$ zu untersuchen,

betrachten wir das zugehörige Polynom $P(q) = q^2 - 2q - 3$. Es ist also $n = 2$.
Nach Satz 4 berechnen wir zuerst

$$P(1) = 1 - 2 \cdot 1 - 3 = -4 < 0.$$

Damit kann nach Satz 4 die stationäre Lösung $f = 0$ nicht asymptotisch stabil sein.
Die Frage der asymptotischen Stabilität kann also unter Umständen bereits mit
sehr geringem Rechenaufwand entschieden werden.

Zum Abschluß wollen wir noch inhomogene Differenzengleichungen erster Ordnung mit konstanten Koeffizienten betrachten.

Satz 5: Sei eine m-dimensionale lineare Differenzengleichung $f(t + 1) = Af(t) + g(t)$ für alle $t \in \mathbb{N}_0$ gegeben. Gilt $|g(t)| \leqq M_1$ für $t \in \mathbb{N}_0$ und ist die stationäre
Lösung der homogenen Gleichung asymptotisch stabil, so gibt es ein M_2 so, daß
$|f(t)| \leqq M_2$ für alle $t \in \mathbb{N}_0$ gilt.

Wir lassen den Beweis dieses Satzes weg; wollen aber die Aussage interpretieren.
Wir können uns $g(t)$ als einen von außen (steuernd) ausgeübten Einfluß (Input) auf
das System vorstellen. Satz 5 besagt dann, daß unter den gegebenen Voraussetzungen ein beschränkter Input einen beschränkten Output hervorruft.

Als Ergänzung zu Satz 1 behandeln wir noch den Fall der eindimensionalen
inhomogenen linearen Differenzengleichung n-ter Ordnung mit konstanten Koeffizienten. Der folgende Satz ist ein Analogon zu II § 3 Satz 2.

Satz 6: Sei eine eindimensionale lineare inhomogene Differenzengleichung erster
Ordnung mit konstanten Koeffizienten gegeben durch

(2.7) $f(t + n) + a_{n-1} f(t + n - 1) + \ldots + a_1 f(t + 1) + a_0 f(t) = g(t)$
        für alle $t \in \mathbb{N}_0$.

Sei f^* irgendeine Lösung von (2.7). Dann ist $h(t) = f^*(t) + \tilde{f}(t)$ für $t \in \mathbb{N}_0$ eine
Lösung von (2.7), wenn $\tilde{f}$ eine Lösung der zu (2.7) gehörigen homogenen Gleichung
ist. Umgekehrt ist auch jede Lösung von (2.7) in dieser Form darstellbar.

Die Menge der Lösungen der homogenen Gleichung bildet einen Vektorraum. Wir
wollen hier nicht wieder darauf eingehen, welche Funktion eine Basis dieses Vektorraumes bilden. Für den Fall von Gleichungen 2-ter Ordnung haben wir eine Basis
jeweils mit der Methode der Versuchslösungen gefunden.

§ 3 Lineare Differentialgleichungen

Wir werden Differentialgleichungen nur kurz und beispielhaft behandeln. In Kapitel IV haben wir uns bereits mit einer sehr speziellen Form der Differentialgleichung
befaßt.

Sei I ein Intervall und seien die Funktionen

$f, g : I \to \mathbb{R}$ so, daß

$f'(x) = Df(x) = g(x)$ für alle $x \in I$.

Dann ist die Stammfunktion f eine Lösung der obigen Gleichung

$f'(x) = g(x)$ (für alle $x \in I$).

Wir behandeln nun Gleichungen, in denen Ableitungen vorkommen, etwas allgemeiner.

Definition 1: Sei I ein offenes Intervall und $f : I \to \mathbb{R}$ eine in I n-mal differenzierbare Funktion. Sei weiter $F : I \times \mathbb{R}^{n+1} \to \mathbb{R}$.

(a) Eine Gleichung der Form

(3.1) $F(x, f(x), f'(x), f''(x), \ldots, f^{(n)}(x)) = 0$ für alle $x \in I$

heißt gewöhnliche Differentialgleichung n-ter Ordnung

(b)   Eine Funktion $f : I \to \mathbb{R}$ heißt Lösung von (3.1) in I, falls (3.1) für alle $x \in I$
         gilt.   △

Die Bezeichnung n-te Ordnung besagt, daß in F eine Ableitung von höchstens n-ter Ordnung vorkommt. Im folgenden wollen wir uns aber nur mit sogenannten expliziten Differentialgleichungen befassen.

Definition 2: Sei $f : I \to \mathbb{R}$ eine n-mal differenzierbare Funktion und
$F : I \times \mathbb{R}^n \to \mathbb{R}$, dann heißt eine Gleichung der Form

$f^{(n)}(x) = D^n f(x) = F(x, f(x), f'(x), \ldots, f^{(n-1)}(x))$ für alle $x \in I$

eine explizite gewöhnliche Differentialgleichung n-ter Ordnung.   △

Die Integralrechnung gibt nur für den speziellen Fall $f'(x) - g(x) = 0$ Möglichkeiten zur Bestimmung von f.

Der britische Ökonom Malthus (1766–1834) beobachtete und untersuchte ein besonders einfaches Modell des Bevölkerungswachstums, das, unkritisch angewandt, zu eigenartigen Aussagen führt. Die grundlegende Idee des Modells ist, daß die Änderungsrate der Bevölkerungszahl proportional der vorhandenen Bevölkerungszahl ist. Bezeichnen wir die Bevölkerungszahl zur Zeit t mit f(t), so lautet das Modell von Malthus, wenn wir gemäß seinen Annahmen voraussetzen, daß der Proportionalitätsfaktor a sich weder mit der Zeit noch mit der Bevölkerungszahl verändert

$f'(t) = Df(t) = a \cdot f(t)$ für $t \geqq t_0$,

wobei t_0 ein gegebener Anfangszeitpunkt ist.

Aus unserer Kenntnis der Differentialrechnung läßt sich bereits eine Funktion erraten, die diese Gleichung erfüllt und die außerdem zum Zeitpunkt t_0 einen vorgegebenen Wert $f_0 = f(t_0)$ annimmt. Dies ist die Funktion f gegeben durch

$f(t) = f_0 \cdot e^{a(t - t_0)}$ für $t \geqq t_0$.

Diese Formel gibt für den Zeitraum von 1700 bis 1960 mit a = 0,02 recht genau den geschätzten Verlauf der Entwicklung der Weltbevölkerung wieder. Extrapolieren wir aber bis zum Jahre 2500, so hätte jeder Mensch nur noch einen knappen Quadratmeter der nicht von Meeren bedeckten Erdoberfläche übrig. Das Modell erscheint also unsinnig, beschreibt aber über gewisse Zeitintervalle die tatsächliche Entwicklung erstaunlich genau. Wir können also davon ausgehen, daß zumindest für begrenzte Zeitabschnitte die Beschreibung – und vielleicht auch Erklärung – gewisser Zusammenhänge durch als Differentialgleichungen formulierte Modelle sinnvoll ist.

Zuerst wenden wir uns Differentialgleichungen zu, die sich „formelmäßig" lösen lassen.

Definition 3: Eine Differentialgleichung der Gestalt

$$(3.2) \quad f'(x) + a(x)f(x) = b(x) \quad \text{für alle} \quad x \in I$$

heißt lineare Differentialgleichung erster Ordnung. Gilt $b(x) = 0$ für alle $x \in I$, so heißt die Differentialgleichung homogen. $\triangle$

Für die homogene Differentialgleichung

$$(3.3) \quad f'(x) + a(x)f(x) = 0 \quad \text{für} \quad x \in I$$

läßt sich für integrierbare Funktionen $a : I \to \mathbb{R}$ eine Lösung wie folgt berechnen. Zuerst stellen wir fest, daß für $f(x) = 0$ für alle $x \in I$ auch $f'(x) = 0$ für alle $x \in I$ gilt und daß damit $f = 0$ eine Lösung von (3.3) ist.

Sei nun $f(x) \neq 0$ für alle $x \in I$. Dann läßt sich (3.3) durch $f(x)$ dividieren und wir erhalten

$$\frac{f'(x)}{f(x)} = -a(x).$$

Auf der linken Seite steht nun die Ableitung von $\ln|f(x)|$. Es ist also

$$\ln|f(x)|' = D\ln|f(x)| = -a(x).$$

Stammfunktionen von $D\ln|f(x)|$ lassen sich als

$$\ln|f(x)| = -\int a(x)dx + c$$

finden. Durch Bilden der Exponentialfunktion ergibt sich daraus

$$|f(x)| = e^{-\int a(x)dx + c} = e^c \cdot e^{-\int a(x)dx}.$$

Daraus ergibt sich, daß mit $k \in \mathbb{R}$

$$f(x) = k \cdot e^{-\int a(x)dx}$$

Lösung von (3.3) ist.

Wie bei den Differenzengleichungen ist es in den Anwendungen wichtig, Lösungen zu finden, die zu einer vorgegebenen Stelle x_0 (zu einem vorgegebenen Zeitpunkt t_0) einen festen Wert $f(x_0) = f_0$ annehmen. Dieses Problem bezeichnen wir als Anfangswertproblem.

Gesucht ist nun eine Lösung zu

$$f'(x) - a(x) \cdot f(x) = 0 \quad \text{für alle} \quad x \in I,$$

die die Anfangsbedingung $f(x_0) = f_0$ erfüllt.

Ebenso wie oben erhalten wir für $f(x) \neq 0$

$$\frac{f'(x)}{f(x)} = D \ln(|f(x)|) = -a(x)$$

und daraus durch Bilden des bestimmten Integrales.

$$\int_{x_0}^{x} \frac{f'(s)}{f(s)} \, ds = \int_{x_0}^{x} D \ln(|f(s)|) \, ds = \ln(|f(s)|) \Big|_{x_0}^{x}$$

Werten wir dies Integral aus, so ergibt sich

$$\ln(|f(x)|) - \ln(|f(x_0)|) = -\int_{x_0}^{x} a(s) \, ds$$

und durch Bilden der Exponentialfunktion

$$\left| \frac{f(x)}{f(x_0)} \right| = e^{-\int_{x_0}^{x} a(s) \, ds}$$

Da die Exponentialfunktion positiv ist, folgt

$$f(x) = f(x_0) e^{-\int_{x_0}^{x} a(s) \, ds} \quad \text{für} \quad x \in I.$$

Wir haben jetzt für einige Differentialgleichungen eine Lösung f ermittelt. Es erhebt sich nun die Frage, wann solche Lösungen existieren und wann sie eindeutig sind. Dazu zitieren wir ohne Beweis die zwei folgenden Sätze.

Satz 1: (Existenzsatz)
Sei $F : [\alpha, \beta] \times \mathbb{R} \to \mathbb{R}$ stetig im gesamten Definitionsbereich. Weiter gebe es Zahlen $m_1 \geq 0$ und $m_2 > 0$, so daß

$$|F(x, y)| \leq m_1 |y| + m_2 \quad \text{für} \quad x \in [\alpha, \beta]$$

gilt. Dann besitzt die explizite Differentialgleichung

(3.4) $f'(x) = F(x, f(x)) \quad \text{für alle} \quad x \in [\alpha, \beta]$

mindestens eine Lösung.

Satz 2: (Eindeutigkeitssatz)
Gilt zusätzlich zu den Voraussetzungen von Satz 1 noch, es gibt eine Konstante $L \in \mathbb{R}$ mit $L > 0$, so daß gilt:

$$|F(x, y_1) - F(x, y_2)| \leq L |y_1 - y_2| \quad \text{für alle} \quad x \in [\alpha, \beta]$$

so ist die Lösung von (3.4) zu einem vorgegebenen Anfangswert $f(x_0) = f_0$ eindeutig.

Die hier gemachten Überlegungen lassen sich ohne weiteres auf vektorwertige Funktionen einer Veränderlichen übertragen. Der Skalar y wird dann durch den Vektor y und die Betragszeichen $|\cdot|$ durch die Norm $\|\cdot\|$ ersetzt.

Nun wollen wir die Lösung der inhomogenen linearen Differentialgleichung

(3.2) $f'(x) + a(x)f(x) = b(x)$

bestimmen. Wir bedienen uns dabei einer Methode, die Variation der Konstanten heißt. Nennen wir die Lösung der zugehörigen homogenen Gleichung u und betrachten die Lösung, die an der Stelle x_0 den Wert $u_0 = u(x_0)$ annimmt, so ist diese gegeben durch

$$u(x) = u_0 \cdot e^{\int_{x_0}^{x} a(s)ds} \quad \text{für} \quad x \in I.$$

Die Methode der Variation der Konstanten besteht nun darin, die Konstante u_0 durch eine Funktion v zu ersetzen und anzunehmen, daß die Lösung f sich als Produkt von w und v schreiben läßt, also

$$f(x) = v(x) \cdot w(x) \quad \text{für} \quad x \in I$$

mit $w(x) = e^{-\int_{x_0}^{x} a(s)ds}$.

Ist f Lösung, so läßt sich die Gleichung (3.3) wie folgt umformen:

$$f'(x) + a(x)f(x) = v'(x)w(x) + v(x)w'(x) + a(x)w(x)v(x) =$$
$$= v'(x)w(x) + v(x)\big(w'(x) + a(x)w(x)\big) = b(x).$$

Da w Lösung der homogenen Gleichung ist, folgt $v'(x)w(x) = b(x)$ für $x \in I$. Ausführlicher geschrieben lautet dies:

$$v'(x)e^{-\int_{x_0}^{x} a(s)ds} = b(x).$$

Daraus ergibt sich sofort

$$v'(x) = b(x)e^{+\int_{x_0}^{x} a(s)ds} \quad \text{und durch Integration}$$

$$v(x) = \int b(x)e^{+\int_{x_0}^{x} a(s)ds}dx.$$

Suchen wir nun eine Lösung von (3.2), die die Anfangsbedingung $f(x_0) = f_0$ erfüllt, so ergibt sich mit dem eben gezeigten

(3.5) $f(x) = (f_0 + \int_{x_0}^{x} b(\tilde{x})e^{+\int_{x_0}^{\tilde{x}} a(s)ds}d\tilde{x}) \cdot e^{-\int_{x_0}^{x} a(s)ds} \quad \text{für} \quad x \in I.$

Daß (3.5) tatsächlich eine Lösung von (3.2) ist, läßt sich durch Differenzieren zeigen. Dies führen wir aber nicht aus. Nun fassen wir die über die Gleichung (3.2) gemachten Aussagen zu einem Satz zusammen.

Satz 3: Seien a, b : I → ℝ stetig in I. Dann besitzt die explizite lineare Differentialgleichung (3.2)

$$f'(x) + a(x)f(x) = b(x) \quad \text{für} \quad x \in I$$

genau eine Lösung, die der Anfangsbedingung $f(x_0) = f_0$ für $x_0 \in I$ genügt. Diese ist gegeben durch (3.5).

Ähnlich wie bei den Differenzengleichungen wollen wir noch wegen ihrer Bedeutung in den ökonomischen Anwendungen Differentialgleichungen betrachten, die den Differenzengleichungen n-ter Ordnung mit konstanten Koeffizienten entsprechen.

Definition 4: Sei f : I → ℝ eine n-mal differenzierbare Funktion. Eine Gleichung der Form

$$(3.6) \quad f^{(n)}(x) + a_{n-1} f^{(n-1)}(x) + \ldots + a_1 f'(x) + a_0 f(x) = b(x)$$

für alle $x \in I$ heißt lineare Differentialgleichung n-ter Ordnung mit konstanten Koeffizienten. Gilt $b(x) = 0$ für alle $x \in I$, so heißt die Differentialgleichung homogen.   △

Das Vorgehen zur Bestimmung von Lösungen der homogenen Differentialgleichung mit konstanten Koeffizienten entspricht der in § 1 genutzten Methode der Versuchslösungen. Betrachten wir die Differentialgleichung 1-ter Ordnung mit konstanten Koeffizienten

$$f'(x) + a_0 f(x) = 0 \quad \text{für alle} \quad x \in I,$$

so ergibt sich sofort die eindeutige Lösung

$$f(x) = f_0 e^{-a_0(x-x_0)} \quad \text{für alle} \quad x \in I,$$

die im Punkte x_0 den vorgegebenen Wert $f_0 = f(x_0)$ annimmt.

Wählen wir speziell $f_0 = 1$ und $x_0 = 0$, so ergibt sich $f(x) = e^{-a_0 x}$. Vergleichen wir mit der Methode der Versuchslösungen von § 1, so sehen wir, daß, wie in § 1, die zu $f'(x) + a_0 f(x) = 0$ gehörige Gleichung (mit der Veränderlichen λ anstatt von q)

$$\lambda + a_0 = 0$$

betrachtet wird. Mit der Nullstelle $\lambda = -a_0$ kann eine Versuchslösung $f(x) = e^{\lambda x} = e^{-a_0 x}$ gebildet werden.

Nun untersuchen wir analog zu § 1 Beispiel 2 die Differentialgleichung

$$f''(x) - 2f'(x) - 3f(x) = 0 \quad \text{für alle} \quad x \in \mathbb{R}.$$

Offensichtlich ist $f(x) = 0$ für alle $x \in \mathbb{R}$ eine Lösung. Diese erfüllt nur die Anfangsbedingung $f(x) = 0$. Wählen wir nun die Versuchslösung $f(x) = e^{\lambda x}$ für $x \in \mathbb{R}$, so ergibt sich

$$f''(x) - 2f'(x) - 3f(x) = \lambda^2 e^{\lambda x} - 2\lambda e^{\lambda x} - 3e^{\lambda x} = 0.$$

Da $e^{\lambda x} \neq 0$ für alle x, können wir durch $e^{\lambda x}$ dividieren und erhalten die Gleichung

$$\lambda^2 - 2\lambda - 3 = 0.$$

Die Nullstellen dieser quadratischen Gleichung sind $\lambda_1 = 3$ und $\lambda_2 = -1$. Somit ergibt sich als Lösung f der obigen Differentialgleichung

$$f(x) = c_1 e^{\lambda_1 x} + c_2 e^{\lambda_2 x} = c_1 e^{3x} + c_2 e^{-x} \quad \text{für alle} \quad x \in \mathbb{R},$$

wobei $c_1, c_2 \in \mathbb{R}$ beliebige Konstanten sind.

Auch für den Fall komplexer Nullstellen kann auf diese Weise vorgegangen werden. Dies würde aber in den Bereich der komplexen Funktionen führen, auf die in diesem Rahmen nicht eingegangen wird. Es läßt sich aber ein zu § 2 Satz 1 analoger Satz formulieren, den wir ohne Beweis wiedergeben.

Satz 4: Sei eine lineare homogene Differenzengleichung n-ter Ordnung mit konstanten Koeffizienten gegeben durch

$$(3.6) \quad f^{(n)}(x) + a_{n-1} f^{(n-1)}(x) + \ldots + a_1 f'(x) + a_0 f(x) = 0 \quad \text{für alle} \quad x \in I.$$

Die zugehörige Gleichung

$$\lambda^n + a_{n-1} \lambda^{n-1} + \ldots + a_1 \lambda + a_0 = 0$$

besitze die reellen Nullstellen $\lambda_1, \ldots, \lambda_l$ der Vielfachheit $n_1, \ldots, n_l$ und die Paare von konjugiert komplexen Nullstellen

$$(\lambda_{l+1}, \bar{\lambda}_{l+1}), \ldots, (\lambda_s, \bar{\lambda}_s)$$ der Vielfachheit $n_{l+1}, \ldots, n_s$. Sei weiter für die komplexen Nullstellen

$$\lambda_j = \alpha_j + i\beta_j, \bar{\lambda}_j = \alpha_j - i\beta_j \quad \text{für} \quad j = l+1, \ldots, s.$$

Dann ist die allgemeine Lösung f von (3.6) gegeben durch:

$$(3.7) \quad f(x) = \sum_{i=1}^{l} \sum_{j=1}^{n_i} c_{ij} x^{j-1} e^{\lambda_i x} + \sum_{i=l+1}^{s} \sum_{j=1}^{n_i} b_i x^{j-1} e^{\alpha_i x} \cos(\beta_i x + \psi_i)$$

wobei c_{ij}, b_i, ψ_i beliebig wählbare reelle Konstanten sind.

Betrachten wir in Anlehnung an § 1 Beispiel 4 die Differentialgleichung

$$f''(x) - 4f'(x) + 13f(x) = \quad \text{für alle} \quad x \in \mathbb{R}.$$

Dann ergeben sich als Nullstellen der Gleichung

$$\lambda^2 - 4\lambda + 13 = 0$$

die Werte $\lambda = 2 + 3i$ und $\bar{\lambda} = 2 - 3i$.

Damit läßt sich nach Satz 4 die allgemeine Lösung f der Gleichung als

$$f(x) = bx^0 e^{\alpha x} \cos(\beta x + \psi) = be^{2x} \cos(3x + \psi)$$

angeben, wobei b und ψ reelle Konstanten sind.

Analog zu § 2 läßt sich auch die Stabilität der stationären Lösung $f = 0$ für die homogene Gleichung untersuchen.

Definition 5: Die Lösung $f = 0$ der Differentialgleichung (3.6) heißt asymptotisch stabil: $\Leftrightarrow$

(a) zu $\bar{x} \in \mathbb{R}$ und $\varepsilon > 0$ gibt es ein $\delta(\bar{x}, \varepsilon)$ so, daß für die Lösung f, die dem Anfangswert $f(\bar{x})$ genügt, aus

$$|f(\bar{x})| < \delta(\bar{x}, \varepsilon) \quad \text{folgt, daß} \quad |f(x)| < \varepsilon \quad \text{für alle} \quad x > \bar{x} \quad \text{ist.}$$

(b) $\lim\limits_{x \to \infty} f(x) = 0$ $\triangle$

Direkt aus der Darstellung der Lösung einer Differentialgleichung mit konstanten Koeffizienten gemäß Satz 4 ergibt sich das zu § 1 Satz 3 analoge Kriterium.

Satz 5: Sei die Differentialgleichung (3.6) gegeben. Gilt für die Nullstellen der Gleichung

$$\lambda^n + a_{n-1}\lambda^{n-1} + \ldots + a\lambda + a_0 = 0,$$

daß die reellen Nullstellen kleiner als Null und die komplexen Nullstellen einen negativen Realteil besitzen, dann ist die Lösung $f = 0$ asymptotisch stabil.

Die Lösung $f = 0$ der Differentialgleichung

$$f'''(x) + \frac{11}{6}f''(x) + \frac{49}{36}f'(x) + \frac{25}{72}f(x) = 0 \quad \text{für alle} \quad x \in \mathbb{R}$$

ist asymototisch stabil. Bilden wir das charakteristische Polynom

$$\lambda^3 + \frac{11}{6}\lambda^2 + \frac{49}{36}\lambda + \frac{25}{72}$$

so ergeben sich die Nullstellen, wie durch Einsetzen leicht nachzurechnen als

$$\lambda_1 = -\frac{1}{2}, \lambda_2 = -\frac{2}{3} + \frac{1}{2}i, \lambda_3 = -\frac{2}{3} - \frac{1}{2}i.$$

Damit sind die Stabilitätsbedingungen von Satz 5 erfüllt.

Auf eine weiterführende Betrachtung von Systemen von Differentialgleichungen soll in dieser Einführung nicht eingegangen werden..

Kapitel 6:

Lineare Programmierung

§ 1 Lineare Programme

Die Lineare Programmierung ist eine der in der Praxis wichtigsten Optimierungstechniken. Die Entdeckung der Simplexmethode zur Lösung linearer Optimierungsprobleme durch G. B. Dantzig Anfang der vierziger Jahre hat wesentlich zum Entstehen und zum Aufschwung der Unternehmensforschung (oder des Operations Research) beigetragen. Auf die in der Unternehmensforschung wichtige Frage, wann ein reales Problem sich „hinreichend gut" als Lineares Programm darstellen läßt, soll hier nicht eingegangen werden. Auch in der ökonomischen Theorie finden wir vielfältige Anwendungen der Linearen Programmierung.

Wir wollen uns deshalb jetzt etwas genauer mit linearen Programmen beschäftigen. Bereits in III § 7 haben wir Optimierungsprobleme mit Nebenbedingungen in Ungleichungsform kennen gelernt. Durch die spezielle lineare Struktur können wir die linearen Programme mit Methoden behandeln, die im Kapitel II behandelt wurden. Wir werden sehen, daß der sogenannte „Simplex-Algorithmus" nichts anderes ist, als das zielgerichtete Umformen linearer Gleichungen. Zur Ableitung des Simplex-Algorithmus werden keine Vorkenntnisse und keine intuitiven Vorstellungen über die Geometrie des $\mathbb{R}^n$ benutzt, sondern lediglich elementare Sätze der linearen Algebra.

Nun stellen wir die Problemstellung der linearen Programmierung an zwei Beispielen aus dem Bereich der Unternehmensforschung dar. Als erstes formulieren wir ein Transportproblem.

Beispiel 1:
Eine Handelsgesellschaft, die Getreide importiert und die in zwei Hafenstädten Lagerhäuser L_1 und L_2 betreibt, will ihr Produkt zur Weiterverarbeitung auf drei Filialen im Binnenland F_1, F_2, F_3 verteilen. Im Lager L_1 sind 1000 t, im Lager L_2 sind 600 t vorhanden. Die in den Filialen F_1, F_2, F_3 nachgefragten Mengen sind 500 t, 700 t und 400 t. Die Transportkosten pro Tonnen von Lager L_i nach Filiale F_j werden im nachfolgenden Tableau gegeben

Lager \ Filiale	F_1	F_2	F_3
L_1	7	5	8
L_2	2	3	4

Die Geschäftsleitung möchte nun wissen, welche Aufteilung der Transporte die „beste" ist; d.h., wieviel muß von jedem Lager zu jeder Filiale verfrachtet werden, so daß aus keinem Lager mehr geordert wird, als vorhanden ist, der Bedarf jeder Filiale gedeckt wird und die gesamten Frachtkosten minimal werden.

Dieses Problem läßt sich wie folgt formulieren. Sei x_{ij} die Anzahl von Tonnen, die vom Lager L_i nach Filiale F_j verfrachtet wird. Es gilt damit $x_{ij} \geqq 0$ für $i = 1, 2$ und j

$= 1, 2, 3$. Dann ergibt sich

$$x_{11} + x_{12} + x_{13} \leqq 1000$$
$$x_{21} + x_{22} + x_{23} \leqq 600,$$

d.h., aus keinem Lager wird mehr geordert als vorhanden ist,

$$x_{11} + x_{21} \geqq 500$$
$$x_{12} + x_{22} \geqq 700$$
$$x_{13} + x_{23} \geqq 400,$$

d.h., der Bedarf wird befriedigt, und als Ziel die Minimierung von

$$z = 7x_{11} + 5x_{12} + 8x_{13} + 2x_{21} + 3x_{22} + 4x_{23}.$$

Die zu minimierende Funktion ist linear. Die Nebenbedingungen liegen in Form von linearen Ungleichungen vor.

Das nächste Beispiel, das wir angeben, entstammt dem Bereich der Produktionsplanung.

Beispiel 2:
Eine Unternehmung produziere zwei Produkte E_1 und E_2. Dazu stehen die Rohstoffe R_1, R_2 und R_3 zur Verfügung. Nehmen wir an, daß die Unternehmung wie in II § 2 u. 8 über eine lineare Produktionstechnologie verfüge, d.h., um die Produktion mit dem Faktor k zu vervielfachen, muß der Einsatz der Rohstoffe ebenso mit dem Faktor k vervielfacht werden. Diese sei wie folgt gegeben: Um eine Einheit von E_1 zu erzeugen, werden eine Einheit von R_1 und eine Einheit von R_2 benötigt. Um eine Einheit von E_2 zu erzeugen, werden eine Einheit von R_1, zwei Einheiten von R_2 und eine Einheit von R_3 benötigt. Bei den Rohstoffen seien 4 Einheiten von R_1 sowie 5 Einheiten von R_2 und 2 Einheiten von R_3 auf Lager und somit für die Produktion zur Verfügung. Nicht für die Produktion verbrauchte Rohstoffe seien nicht weiter verwendbar, d.h., sie seien ohne Wert. Der durch die Produktion von einer Einheit E_1 erzielte Erlös sei 3, der für eine Einheit E_2 sei 4. Gesucht ist ein Produktionsprogramm, das den Erlös maximiert. Die Produktionstechnologie läßt sich in folgender Tabelle zusammenfassen

	E_1	E_2
R_1	1	1
R_2	1	2
R_3	0	1

Wir nehmen weiter an, daß der Gewinn proportional zum Erlös ist. Unter den gegebenen Voraussetzungen läßt sich das Problem des erlösmaximalen Produktionsprogrammes ebenso wie die vorangehende Transportaufgabe formalisieren. Sei x_i die von Produkt E_i produzierte Menge. Dann lautet die Problemstellung: Maximiere $z = 3x_1 + 4x_2$ unter den Nebenbedingungen

$$x_1, x_2 \geqq 0$$
$$x_1 + x_2 \leqq 4$$
$$x_1 + 2x_2 \leqq 5$$
$$x_2 \leqq 2.$$

Die zu optimierende Funktion wird Zielfunktion (oder Ziel) genannt. Diese Aufgabe läßt sich sofort graphisch lösen.

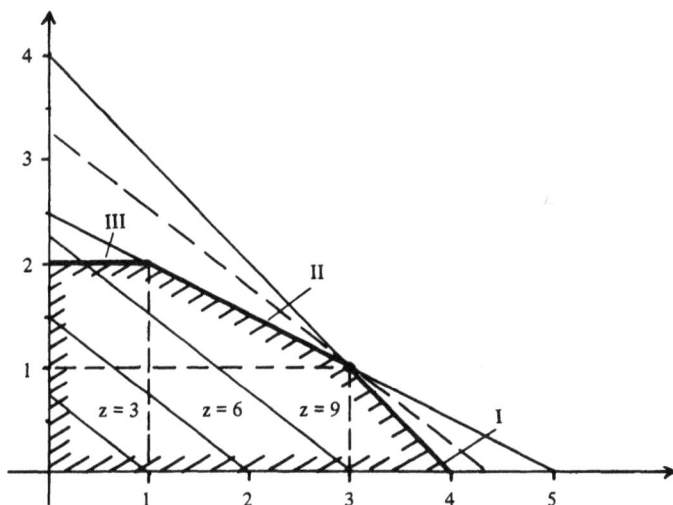

Die Menge der zulässigen, d. h., den obigen Ungleichungen genügenden Werte (x_1, x_2) ist stark umrandet. Zusätzlich sind Niveaulinien für $z = 0, z = 3, z = 6, z = 9$ und $z = 13$ der Zielfunktion eingezeichnet. Es ist aus der Abbildung ersichtlich, daß es kein Paar (x_1, x_2) gibt, das die vorgegebenen Ungleichungen erfüllt und das zu einem höheren Wert als $z = 13$ für die zu maximierende Funktion führt. Als Lösung der Optimierungsaufgabe ergibt sich also $x_1 = 3, x_2 = 1$ und $z = 13$.

Aufgaben mit mehr als 2 Veränderlichen sind zeichnerisch nicht mehr – wie in Abbildung 1 – zu lösen. Wir wenden uns also einem rechnerischen Vorgehen zu. Um die notwendigen Umformungen mit möglichst geringem Schreibaufwand zu bewerkstelligen, vereinbaren wir einige spezielle und in der Linearen Programmierung übliche Schreibweisen.

Sei $N = [1, \ldots, n]$ die geordnete Menge der natürlichen Zahlen von 1 bis n. Dann heißt eine Teilmenge $I \subset N$ geordnet, wenn die Elemente von $I = [i_1, \ldots, i_p]$ in derselben Reihenfolge wie in N geordnet sind. Wir benutzen I und N als Mengen von Indizes. Sei $x \in \mathbb{R}^n$ ein Spaltenvektor, dann ist

$$x_I := (x_{i_1}, \ldots, x_{i_p})'.$$

Sei $c \in \mathbb{R}^n$ ein Zeilenvektor, dann ist

$$c^I := (c_{i_1}, \ldots, c_{i_p}).$$

Sei $A = (a_{ij})_{m \times n}$ eine $m \times n$ Matrix und $I \subset [1, \ldots, m]$, dann ist

$$A_I := \begin{pmatrix} a_{i_1 1} & \cdots & a_{i_1 n} \\ a_{i_2 1} & & a_{i_2 n} \\ \vdots & & \vdots \\ a_{i_p 1} & \cdots & a_{i_p n} \end{pmatrix}$$

und mit $J = [j_1, \ldots, j_r] \subset [1, \ldots, n]$ ist

$$A^J := \begin{pmatrix} a_{1 j_1} & \cdots & a_{1 j_r} \\ a_{2 j_1} & & a_{2 j_r} \\ \vdots & & \vdots \\ a_{m j_1} & \cdots & a_{m j_r} \end{pmatrix}.$$

A_I^J ist dann die Matrix, die aus den Elementen von A gebildet wird, deren Zeilenindex in I und deren Spaltenindex in J liegt.

Beispiel 3:

Sei $n = 4, m = 3, I = [2, 3], J = [2, 4]$ und

$$A = \begin{pmatrix} 1 & 3 & 2 & -1 \\ 5 & 0 & 1 & -2 \\ -3 & 1 & 0 & 0 \end{pmatrix}.$$

Dann ist

$$A^J = A^{[2,4]} = \begin{pmatrix} 3 & -1 \\ 0 & -2 \\ 1 & 0 \end{pmatrix} \quad \text{und} \quad A_I = \begin{pmatrix} 5 & 0 & 1 & -2 \\ -3 & 1 & 0 & 0 \end{pmatrix}$$

sowie

$$A_I^J = \begin{pmatrix} 0 & -2 \\ 1 & 0 \end{pmatrix}.$$

Sind die Mengen I bzw. J einelementig, so ergeben sich für A_I bzw. A^J Zeilen- bzw. Spaltenvektoren.

Im Einklang mit der üblichen Notation zur Linearen Programmierung benutzen wir folgende Vereinbarung. Von nun an kürzen wir Lineares Programm durch L. P. ab und benutzen Vereinbarung 1.

Vereinbarung 1:

$x = (x_1, \ldots, x_n)'$: Spaltenvektor der Dimension.

$x \geqq 0$: alle Komponenten von x sind größer oder gleich Null.

$c = (c_1, \ldots, c_n)$: Zeilenvektor der Dimension n.

$b = (b_1, \ldots, b_m)'$: Spaltenvektor der Dimension m.

$A = (a_{ij})_{m \times n}$: Matrix des Formats $m \times n$.

$y = (y_1, \ldots, y_m)$: Zeilenvektor der Dimension m.

Wir kommen nun zur Definition des L.P. Die Definition erscheint im ersten Augenblick restriktiv zu sein; wir zeigen aber anschließend, daß sich scheinbar allgemeinere Problemstellungen auf die angegebene Formulierung zurückführen lassen.

Definition 1 (Lineares Programm): Das Problem

(a) cx = z(max!) unter den Nebenbedingungen (Restriktionen)
   $Ax \leqq b$ und $x \geqq 0$ heißt L.P. in kanonischer Form.

(b) cx = z(max!) unter den Nebenbedingungen (Restriktionen)
   $Ax = b$ und $x \geqq 0$ heißt L.P. in Standardform.   △

Die zu optimierende Funktion cx = z heißt Zielfunktion. Für manche Überlegungen ist es vorteilhafter, von der kanonischen oder von der Standardform auszugehen. Es kommt aber nicht darauf an, in welcher Form ein L.P. vorliegt. Dies zeigt der erste Satz.

Satz 1: Dasselbe L.P. läßt sich in Standardform und in kanonischer Form schreiben.

Beweis: (1) Sei das L.P. in Standardform gegeben. Dann läßt sich jede der m Nebenbedingungen von $Ax = b$, explizit

$$\sum_{j=1}^{n} a_{ij} x_j = b_i \quad \text{auch als}$$

$$\sum_{j=1}^{n} a_{ij} x_j \leqq b_i \quad \text{und} \quad -\sum_{j=1}^{n} a_{ij} x_j \leqq - b_i$$

schreiben und somit in kanonischer Form überführen. Eine Gleichheitsbeziehung wird also durch zwei Ungleichungen ersetzt.

(2) Sei das L.P. in kanonischer Form gegeben. Jede der Nebenbedingungen

$$\sum_{j=1}^{n} a_{ij} x_j \leqq b_i$$

läßt sich durch Addition einer zusätzlichen Veränderlichen u_i mit der Eigenschaft $u_i \geqq 0$ in die Gleichung

$$\sum_{j=1}^{n} a_{ij} x_j + u_i = b_i$$

überführen. Die neu eingeführten Veränderlichen heißen Schlupfvariable. Sei E die $m \times m$ Einheitsmatrix und $u = (u_1, \ldots, u_m)'$. Dann lassen sich die Nebenbedingungen der Standardform in Matrixschreibweise wie folgt angeben:

$$(A, E) \begin{pmatrix} x \\ u \end{pmatrix} = b.$$

Die Werte der Zielfunktion ändern sich nicht, da die Schlupfvariablen nicht (d. h. mit dem Koeffizienten Null) in die (neue) Zielfunktion eingehen.   □

Damit ist auch gezeigt, daß Probleme mit gemischten Nebenbedingungen, also Gleichheits- und Ungleichheitsbedingungen, auf kanonische oder Standardform rückführbar sind. In der Definition 1 des L.P. haben wir gefordert, daß alle Veränderlichen nicht negativ sein müssen. Auch diese Einschränkung läßt sich aufheben. Wir können auch Problemen, in denen eine oder mehrere Veränderliche im Vorzeichen nicht beschränkt sind, auf eine der Formen von Definition 1 zurückführen. Wir benützen dazu, daß sich jede Zahl als Differenz von zwei nicht negativen Zahlen schreiben läßt.

Satz 2: Sei $I \subset [1, \ldots, n]$. Das Problem $cx = z(\max!)$ unter den Nebenbedingungen $Ax \leqq b$, $x_I \geqq 0$ und x_k im Vorzeichen nicht beschränkt für $k \in N \setminus I$ ist ein L.P.

Beweis: Mit der vereinbarten Schreibweise lassen sich die Restriktionen wie folgt schreiben:

$$(1.1) \quad Ax = A^I x_I + A^{N \setminus I} x_{N \setminus I} \leqq b.$$

Nun läßt sich für jedes $k \in N \setminus I$ die unrestringierte, d.h., im Vorzeichen nicht beschränkte, Veränderliche als $x_k = \tilde{x}_k - \tilde{\tilde{x}}_k$ mit $\tilde{x}_k, \tilde{\tilde{x}}_k \geqq 0$ darstellen. Diese Aufteilung in $\tilde{x}_k$ und $\tilde{\tilde{x}}_k$ ist i.a. nicht eindeutig. Für die Zielfunktion ergibt sich damit

$$c^I x_I + c^{N \setminus I} \tilde{x}_{N \setminus I} - c^{N \setminus I} \tilde{\tilde{x}}_{N \setminus I} = z(\max!)$$

und für die Nebenbedingungen

$$A^I x_I + A^{N \setminus I} \tilde{x}_{N \setminus I} - A^{N \setminus I} \tilde{\tilde{x}}_{N \setminus I} \leqq b \quad \text{und} \quad x_I \geqq 0, \tilde{x}_{N \setminus I}, \tilde{\tilde{x}}_{N \setminus I} \geqq 0. \qquad \square$$

In der Einführung haben wir gesehen, daß in praktischen Problemstellungen sowohl Maximierungs- als auch Minimierungsprobleme auftreten. Definition 1 beschränkt sich auf das Maximierungsproblem. Die einfache Feststellung, daß $\min(cx) = -\max(-cx)$ gilt, zeigt, daß beide Probleme ineinander überführbar sind. Wir formulieren dies als Satz.

Satz 3: Das Problem $cx = z(\min!)$ unter den Nebenbedingungen $Ax \leqq b$ und $x \geqq 0$ ist ein L.P.

Nun wollen wir uns L.P. zuwenden, die in Standardform gegeben sind, d.h., die zusätzlich zu den Nichtnegativitätsbedingungen $x \geqq 0$ gegebenen Restriktionen liegen in Gleichungsform vor; also: $Ax = b$. Die folgende Begriffsbildung erleichtert die Anwendung von Methoden der linearen Algebra.

Definition 2: Sei $A = (a_{ij})_{m \times n}$ eine $m \times n$ Matrix und $m \leqq n$. Die lineare Gleichung $Ax = b$ heißt redundant, falls Rang $(A) < m$ (d.h., die Menge der Zeilen von A linear abhängig ist). $\triangle$

Für Beispiele siehe II § 5. Anschaulich gesprochen bedeutet dies, daß mindestens eine der Restriktionen keine Information enthält und ihre Gültigkeit bereits durch die Einhaltung der restlichen Restriktionen gesichert ist.

Von nun an werden wir immer annehmen, daß für ein L.P. in Standardform gilt Rang $(A) = m$. Unter dieser Voraussetzung wissen wir, daß das Ausschöpfverfahren, gegebenenfalls nach Umbenennung der Veränderlichen, zu dem Ergebnis

$$x_1 \quad + \hat{a}_{1,m+1} x_{m+1} + \cdots + \hat{a}_{1n} x_n = \hat{b}_1$$
$$\vdots$$
$$x_m + \hat{a}_{m,m+1} x_{m+1} + \cdots + \hat{a}_{m,n} x_n = \hat{b}_m$$

führt. Wollen wir die Veränderlichen nicht umbenennen, oder wählen wir aus anderen Gründen einen Rechengang, der nicht die Veränderlichen $x_1, \ldots, x_m$ auszeichnet, so wissen wir: Es gibt eine geordnete Menge von Indizes $I = [i_1, \ldots, i_m]$, so daß das Ausschöpfverfahren zu dem Ergebnis

$$x_{i_1} \quad + \hat{a}_{1,i_{m+1}} x_{i_{m+1}} \cdots + \hat{a}_{1,i_n} x_{i_n} = \hat{b}_1$$
$$\vdots$$
$$x_{i_m} + \hat{a}_{m,i_{m+1}} x_{i_{m+1}} \cdots + a_{m,i_n} x_{i_n} = \hat{b}_m$$

führt. Wenden wir die etwas komprimiertere Schreibweise an, so ergibt sich

(1.2) $x_I + \hat{A}^{N\setminus I} x_{N\setminus I} = \hat{b}$.

Aus ökonomischen Gründen haben wir in Definition 1 gefordert, daß $x \geqq 0$ gelten müsse. Dies ist eine Begründung für eine der folgenden Sprechweisen.

Definition 3: Sei ein L.P. in Standardform gegeben.

$cx = z(\max!)$ unter den Nebenbedingungen

$Ax = b$ und $x \geqq 0$.

und sei Rang $(A) = m$.

(a) Eine Lösung $\bar{x}$ von $Ax = b$ mit $\bar{x} \geqq 0$ heißt **zulässige Lösung**.

(b) Eine geordnete Indexmenge I mit genau m Elementen heißt **Basis**, falls A^I invertierbar ist.

(c) Sei I Basis. Die Lösung x gegeben durch $x_i = 0$ für $i \in N\setminus I$ und $x_I = (A^I)^{-1} b$ heißt **Basislösung** zu l.

(d) Sei I Basis. Gilt $x_I = (A^I)^{-1} b \geqq 0$ so heißt I **zulässige Basis**.

(e) Eine zulässige Lösung $\hat{x}$ mit $\hat{z} = c\hat{x} \geqq c\bar{x}$ für alle zulässigen Lösungen $\bar{x}$ heißt **optimale** Lösung   △

Die in (d) eingeführte Ausdrucksweise ist auf einen etwas mißbräuchlichen Umgang mit der Sprache zurückzuführen. Da die als Gleichung vorliegenden Restriktionen mit dem Ausschöpfverfahren umgeformt werden, müssen wir uns überlegen, ob sich nicht die Optimierungsaufgabe dabei verändert. Das ist aber nicht der Fall, da durch das Ausschöpfverfahren die Menge der Lösungen von $Ax = b$ nicht verändert wird.

Wir führen nun die in Definition 3 eingeführten Begriffe an einem aus Beispiel 2 abgeleiteten Gleichungssystem vor. Schreiben wir die dort gegebenen Ungleichungsrestriktionen in Gleichungsform mit Hilfe von zusätzlichen Veränderlichen (Schlupfvariablen) und nennen diese x_3, x_4, x_5, so ergibt sich

$$3x_1 + 4x_2 \qquad\qquad = z(\max!) \text{ unter den Nebenbedingungen}$$
$$x_1 + x_2 + x_3 \qquad = 4$$
$$x_1 + 2x_2 + \quad x_4 \quad = 5$$
$$x_2 + \qquad x_5 \quad = 2 \text{ und } x_1, x_2, \ldots, x_5 \geqq 0$$

oder in Matrixschreibweise

$cx = z(\max!)$ unter den Nebenbedingungen
$Ax = b$ und $x \geqq 0$ mit
$c = (3, 4, 0, 0, 0); b = (4, 5, 2)'; x = (x_1, \ldots, x_5)'$ und

$$A = \begin{pmatrix} 1 & 1 & 1 & 0 & 0 \\ 1 & 2 & 0 & 1 & 0 \\ 0 & 1 & 0 & 0 & 1 \end{pmatrix}.$$

Offensichtlich ist Rang $(A) = 3$ und die geordnete Indexmenge $I = [3, 4, 5]$ eine

Basis. Denn es ist $A^I = \begin{pmatrix} 1 & 0 & 0 \\ 0 & 1 & 0 \\ 0 & 0 & 1 \end{pmatrix} = E$ und die Einheitsmatrix ist offensichtlich

invertierbar. Die Lösung x gegeben durch $x_1 = 0, x_2 = 0$ und $x_3 = 4, x_4 = 5, x_5 = 2$ ist zulässig, da $x \geqq 0$. Somit ist $I = [3, 4, 5]$ auch eine zulässige Basis, da $E^{-1} b = Eb = b \geqq 0$.

Wir können uns aber auch durch Nachrechnen davon überzeugen, daß $I = [1, 2, 5]$ eine Basis ist, denn

$$A^I = \begin{pmatrix} 1 & 1 & 0 \\ 1 & 2 & 0 \\ 0 & 1 & 1 \end{pmatrix} \text{ ist invertierbar. Es ist}$$

$$(A^I)^{-1} = \begin{pmatrix} 2 & -1 & 0 \\ -1 & 1 & 0 \\ 1 & -1 & 1 \end{pmatrix} \text{ und damit } \begin{pmatrix} x_1 \\ x_2 \\ x_5 \end{pmatrix} = (A^I)^{-1} \begin{pmatrix} 4 \\ 5 \\ 2 \end{pmatrix} = \begin{pmatrix} 3 \\ 1 \\ 1 \end{pmatrix}.$$

Somit ist x gegeben durch $x_3 = x_4 = 0$ und $x_1 = 3, x_2 = 1, x_5 = 1$ eine zulässige Lösung und $I = [1, 2, 5]$ eine zulässige Basis. Wir wollen nun definieren, wann zwei L.P. äquivalent heißen.

Definition 4: Zwei L.P. heißen äquivalent genau dann, wenn (1) die Menge der zulässigen Lösungen gleich ist und (2) für gleiche zulässige x die Werte der Zielfunktionen gleich sind. △

In Beispiel 2 konnten wir anhand einer Zeichnung die beste Lösung zeichnerisch finden. Nun werden wir in mehreren Schritten ein Kriterium herleiten, das uns gestattet, mit Hilfe des Ausschöpfverfahrens festzustellen, wann wir die Suche nach optimalen Lösungen abbrechen können.

Satz 4: Sei A eine $m \times n$ Matrix mit $m \leqq n$ und vollem Rang, I eine Basis und $y = (y_1, \ldots, y_m)$. Das L.P.

(P) $cx = z(\max!)$ unter den Nebenbedingungen

$\quad Ax = b$ und $x \geqq 0$

ist äquivalent zum L.P.

(P') $\quad (c^I - yA^I)x_I + (c^{N\backslash I} - yA^{N\backslash I})x_{N\backslash I} = z(\max!) - yb$

unter den Nebenbedingungen

$\quad x_I + (A^I)^{-1}A^{N\backslash I}x_{N\backslash I} = (A^I)^{-1}b$ und $\quad x_I \geqq 0; x_{N\backslash I} \geqq 0.$

Beweis: Zuerst formen wir (P) um. Es gilt

$\quad cx = c^I x_I + c^{N\backslash I}x_{N\backslash I} = z(\max!)$

unter den Nebenbedingungen

$\quad Ax = A^I x_I + A^{N\backslash I}x_{N\backslash I} = b$ und $\quad x \geqq 0.$

Multiplizieren wir die Gleichheitsrestriktion von links mit $(A^I)^{-1}$, so entspricht dies dem Ausschöpfen und verändert die Menge der Lösungen nicht. Wir erhalten dann

$\quad x_I + (A^I)^{-1}A^{N\backslash I}x_{N\backslash I} = (A^I)^{-1}b.$

Bei der Zielfunktion wird lediglich auf beiden Seiten des Gleichheitszeichens dieselbe Zahl abgezogen. Dies ist wie folgt einzusehen. Multiplizieren wir die Gleichung $Ax = b$ von links mit y, so ergibt sich

$\quad yAx = yb.$

Dies läßt sich auch als

$\quad y(A^I x_I + A^{N\backslash I}x_{N\backslash I}) = yb$

schreiben. Subtrahieren wir dies von $cx = z(\max!)$, so ergibt sich die Zielfunktion von (P'). $\qquad\qquad\qquad\qquad\qquad\qquad\qquad\qquad\qquad\qquad\square$

Nun führen wir einen weiteren Begriff ein, der sowohl bei der Formulierung des Optimalitätskriteriums als auch bei der Behandlung „dualer" Programme nützlich ist.

Definition 5: Sei ein L.P. der Form (P) mit $m \leqq n$ und Rang $(A) = m$ und eine Basis I gegeben.

(a) Eine Lösung $\hat{y}$ der linearen Gleichung

$\quad yA^I = c^I$

heißt Multiplikator zur Basis I.

(b) Der Zeilenvektor

$\quad \hat{c} = (0^I, c^{N\backslash I} - c^I(A^I)^{-1}A^{N\backslash I})$

heißt Kostenvektor zur Basis I. $\qquad\qquad\qquad\qquad\qquad\qquad\qquad\qquad\triangle$

Nun sind wir in der Lage, das Optimalitätskriterium zu formulieren.

Satz 5: Sei ein L.P. der Form (P) mit $m \leqq n$ und Rang (A) $= m$ gegeben. Ist der Kostenvektor $\hat{c}$ zu einer zulässigen Basis I nichtpositiv, d. h., $\hat{c}_i \leqq 0$ für $i = 1, \ldots, n$, dann ist die zugehörige Basislösung optimal.

Beweis: Ist I eine Basis, dann besitzt die Gleichung $yA^I = c^I$ eine eindeutige Lösung

$$\hat{y} = c^I (A^I)^{-1}.$$

Setzen wir nun $y = \hat{y} = c^I (A^I)^{-1}$ in die Zielfunktion von (P') ein, so ergibt sich

$$(c^I - yA^I)x_I + (c^{N \setminus I} - yA^{N \setminus I})x_{N \setminus I} =$$
$$= (c^I - c^I (A^I)^{-1} A^I)x_I + (c^{N \setminus I} - c^I (A^I)^{-1} A^{N \setminus I})x_{N \setminus I} =$$
$$= 0 \cdot x_I + (c^{N \setminus I} - c^I (A^I)^{-1} A^{N \setminus I})x_{N \setminus I} = \hat{c} \cdot \begin{pmatrix} x_I \\ x_{N \setminus I} \end{pmatrix} = \hat{c}x$$
$$= z(\max!) - c^I (A^I)^{-1} b.$$

Ist $\hat{c} \leqq 0$, so folgt wegen $x \geqq 0$ sofort, daß $\hat{c}x \leqq 0$ für alle zulässigen x gilt. Es gilt aber auch, da I eine zulässige Basis ist, daß

$$z(\max!) - c^I (A^I)^{-1} b \geqq 0.$$

Aus den beiden letzten Ungleichungen erhalten wir

$$z(\max!) = c^I (A^I)^{-1} b. \qquad \square$$

Aus Satz 5 und den Überlegungen zu Algorithmus 1 läßt sich ein weiteres wichtiges Ergebnis ablesen. Wenn es überhaupt eine Lösung des Problems $cx = z(\max!)$ unter den Nebenbedingungen $Ax = b$ und $x \geqq 0$ gibt, d. h., wenn es einen Vektor x gibt, so daß unter den Nebenbedingungen das Maximum von $z = cx$ auch angenommen wird, dann gibt es auch eine zulässige Basis I und die zugehörige Basislösung $\bar{x}$, so daß $z(\max!) = c\bar{x}$ gilt. Dies gibt Anlaß zur folgenden Definition.

Definition 5: Eine Basis I mit der Eigenschaft

$$\hat{c} = (0, c^{N \setminus I} - c^I (A^I)^{-1} A^{N \setminus I}) \leqq 0 \text{ heißt optimale Basis.}$$

Betrachten wir $\hat{c}$, so entsteht $\hat{c}$ dadurch, daß das Ausschöpfverfahren nicht nur auf die Zeilen von A, sondern auch auf die Zeile c angewandt wurde.

Als nächsten Schritt zur Entwicklung des Simplex-Algorithmus überlegen wir nun an Beispiel 2, wie das Ausschöpfverfahren abgewandelt werden muß, damit sich immer zulässige Lösungen ergeben. Wir geben noch einmal die Aufgabenstellung von Beispiel 2 wieder.

$$3x_1 + 4x_2 = z(\max!) \quad \text{unter den Nebenbedingungen}$$
$$x_1 + x_2 \leqq 4$$
$$x_1 + 2x_2 \leqq 5$$
$$x_2 \leqq 2 \quad \text{und} \quad x_1, x_2 \geqq 0.$$

Schreiben wir dieses L.P. mit Hilfe von Schlupfvariablen und nennen diese x_3, x_4, x_5, so erhalten wir

$3x_1 + 4x_2 = z(\max!)$ unter den Nebenbedingungen

$$(1.3) \quad \begin{aligned} x_1 + x_2 + x_3 &= 4 \\ x_1 + 2x_2 + x_4 &= 5 \\ x_2 + x_5 &= 2 \end{aligned} \quad \text{und} \quad x_1, x_2, \ldots, x_5 \geqq 0.$$

Offensichtlich ist $I = [3, 4, 5]$ eine zulässige Basis und $x = (x_1, x_2, x_3, x_4, x_5)'$ $= (0, 0, 4, 5, 2)'$ die zugehörige Basislösung. Für den Zeilenvektor der Koeffizienten der Zielfunktion ergibt sich $c = (3, 4, 0, 0, 0)$. Es liegt ja ein Problem mit 5 Veränderlichen vor, wobei allerdings die Schlupfveränderlichen nur mit dem Koeffizienten Null in die Zielfunktion eingehen. Da $c = \hat{c}$ nicht kleiner gleich Null ist, kann nicht gefolgert werden, daß die Basis $I = [3, 4, 5]$ optimal ist; zu ihr gehört der Zielfunktionswert $z = 0$.

Wir wollen bei jedem Schritt nur eine Veränderliche neu in die Basis aufnehmen und eine der bisherigen Veränderlichen aus der Basis entfernen. Dies soll so geschehen, daß der Wert der Zielfunktion wächst, zumindest aber nicht fällt.

Betrachten wir c, so sehen wir, daß $c_2 = 4 > 0$ gilt. Durch die Aufnahme von x_2 in die Basis läßt sich also der Zielfunktionswert erhöhen (oder er fällt nicht). Die Frage ist nun, um wieviel wir den Wert von x_2 vergrößern können, ohne auf eine nicht zulässige Lösung zu kommen. Die Variable x_1 ist nicht in der Basis enthalten; wir setzen also $x_1 = 0$.

Somit ergibt sich aus (1.3)

$$\begin{aligned} x_3 &= 4 - x_2 \\ x_4 &= 5 - 2x_2 \\ x_5 &= 2 - x_2. \end{aligned}$$

In der ersten Gleichung ließe sich x_2 bis auf den Wert 4 vergrößern, dann ist aber x_4 und x_5 negativ, und es ergibt sich keine zulässige Lösung. In der zweiten Gleichung läßt sich x_2 bis auf den Wert 2,5 vergrößern; dann wird aber x_5 negativ. Wir können, wie aus der letzten Gleichung ersichtlich, den Wert von x_2 bis auf den Wert 2 vergrößern, ohne für die anderen Veränderlichen negative Werte zu erhalten.

Nun übertragen wir die Daten von Beispiel 2 in ein Tableau, wie wir es bereits vom Ausschöpfverfahren kennen. Wir benutzen die erste Zeile, um die Koeffizienten der Zielfunktion einzutragen. Die letzte Eintragung der ersten Zeile ist das Negative des Zielfunktionswertes zu der gerade vorliegenden Basis. In den Rest des Tableaus tragen wir – wie üblich – die Koeffizienten der linearen Gleichung $Ax = b$ ein. Es ergibt sich also für Beispiel 2

x_1	x_2	x_3	x_4	x_5	b
3	$\downarrow$ 4	0	0	0	$0 = -z$
1	1	①	0	0	4
1	2	0	①	0	5
0	[1]	0	0	①	2

1. Tableau
$$\frac{b_1}{a_{12}} = \frac{4}{1} = 4$$

$$\frac{b_2}{a_{22}} = \frac{5}{2} = 2,5$$

$$\frac{b_3}{a_{32}} = \frac{2}{1} = 2$$

$$\min\{4, \frac{5}{2}, 2\} = 2$$

Auf dieses Tableau wenden wir nun das Ausschöpfverfahren an, und zwar so, daß die Basislösungen zulässig bleiben. Wir zeichnen die Tatsache, daß x_2 in die Basis aufgenommen wird, durch einen kleinen Pfeil am unter x_2 stehenden Koeffizienten der Zielfunktion. Das Pivotelement des Ausschöpfverfahrens wird durch □ hervorgehoben, die Basis durch ○.

x_1	x_2	x_3	x_4	x_5	b
$\downarrow$ 3	0	0	0	-4	$-8 = -z$
1	0	①	0	-1	2
[1]	0	0	①	-2	1
0	①	0	0	1	2
0	0	0	-3	$\downarrow$ 2	$-11 = -z$
0	0	①	-1	[1]	1
①	0	0	1	-2	1
0	①	0	0	1	2
0	0	-1	-3	0	$-13 = -z$
0	0	1	-1	①	1
①	0	2	-1	0	3
0	①	-1	1	0	1

2. Tableau　$\dfrac{\hat{b}_1}{\hat{a}_{11}} = \dfrac{2}{1} = 2$

$\dfrac{\hat{b}_2}{\hat{a}_{21}} = \dfrac{1}{1} = 1$

$\min\{2, 1\} = 1$

3. Tableau　$\dfrac{\hat{b}_2}{\hat{a}_{15}} = \dfrac{1}{1} = 1$

$\dfrac{\hat{b}_3}{\hat{a}_{35}} = \dfrac{2}{1} = 2$

$\min\{1, 2\} = 1$

4. Tableau

Wir haben die Tableaus (von jetzt an wollen wir sie Simplex-Tableaus nennen) ohne Abstand untereinander geschrieben. Beim zweiten und dritten Tableau finden wir jeweils noch eine positive Eintragung; so sind die Basen $I = [2, 3, 4]$ und $I = [1, 2, 3]$ noch nicht optimal. Im letzten Tableau finden wir die optimale Lösung, die sich auch zeichnerisch in Abbildung 2 ergeben hat.

Allgemein können wir, wie die Überlegungen zu Beispiel 2 nahelegen, wie folgt vorgehen.

Algorithmus 1: (Der Simplex-Algorithmus)

Sei ein L.P. in Standardform und die Gleichheitsrestriktionen bezüglich einer zulässigen Basis wie in (1.2) gegeben.

Schritt $\boxed{1}$: Bestimme $\max\{\hat{c}_i | 1 \leq i \leq n\}$. Gilt $\max\{\hat{c}_i | 1 \leq i \leq n\} \leq 0$, so ist die zugehörige Basis I optimal. $\boxed{\text{Ende}}$. Ansonsten gehe nach Schritt 2.

Schritt $\boxed{2}$: Wähle ein $j \in \{1, \ldots, n\}$, so daß $\hat{c}_j > 0$ ist. Gilt $\{i | \hat{a}_{ij} > 0\} = \emptyset$ (d.h. die j-te Spalte besitzt kein positives Element), so besitzt das L.P. keine endliche Lösung. $\boxed{\text{Ende}}$. Ansonsten berechne $\dfrac{\hat{b}_i}{\hat{a}_{ij}}$ für $i \in \{i | \hat{a}_{ij} > 0\}$. Dann wähle k so, daß

$$\frac{\hat{b}_k}{\hat{a}_{kj}} = \min\left\{\frac{\hat{b}_i}{\hat{a}_{ij}} \text{ für } i \in \{i | \hat{a}_{ij} > 0\}\right\}.$$

Benutze $\hat{a}_{kj}$ als Pivotelement, dividiere Zeile k durch $\hat{a}_{kj}$ und räume aus. Dadurch ergibt sich eine neue Basis I und ein neuer Kostenvektor $\hat{c}$. Gehe nach Schritt $\boxed{1}$.

Liegt das L.P. nicht in Standardform bezüglich einer zulässigen Basis vor, so müssen weitere Überlegungen angestellt werden, die wir unter dem Namen Simplex-Methode vorstellen. Es kann dann durchaus der Fall eintreten, daß es keine zulässigen Lösungen gibt.

Wir veranschaulichen nun noch an einem Beispiel, warum eine Spalte mit nicht positiven Elementen $\hat{a}_{kj} \leq 0$ (für $k = 1, \ldots, m$) zu einem unbeschränkten Zielfunktionswert führt, d.h. das Maximum existiert nicht.

Um das Problem auch zeichnerisch darstellen zu können, wählen wir ein L.P., das in der kanonischen Form nur zwei Veränderliche besitzt.

$cx = x_1 + x_2 = z(\max!)$ unter den Nebenbedingungen
$Ax = b$ und $x = (x_1, x_2)' \geqq 0$ mit

$$A = \begin{pmatrix} -1 & 1 \\ -2 & 1 \end{pmatrix} \quad \text{und} \quad b = \begin{pmatrix} 2 \\ 1 \end{pmatrix}.$$

Schreiben wir dieses L.P. in Standardform, so ergibt sich, nennen wir die Schlupfvariablen x_3 und x_4, das Problem

$\tilde{c}\tilde{x} = x_1 + x_2 + 0 \cdot x_3 + 0 \cdot x_4 = z(\max!)$ unter den Nebenbedingungen
$\tilde{A}\tilde{x} = b$ und $\tilde{x} = (x_1, x_2, x_3, x_4)' \geqq 0$ mit

$$\tilde{A} = \begin{pmatrix} -1 & 1 & 1 & 0 \\ -2 & 1 & 0 & 1 \end{pmatrix} \quad \text{und} \quad b = \begin{pmatrix} 2 \\ 1 \end{pmatrix}.$$

Ausführlich lauten die Gleichheitsrestriktionen

$$- \; x_1 + x_2 + x_3 \qquad = 2$$
$$-2x_1 + x_2 + \qquad + x_4 = 1.$$

Im zugehörigen Tableau ist sofort ersichtlich, daß unter dem positiven Koeffizienten der Zielfunktion $c_1 = 1$ eine Spalte von negativen Eintragungen folgt.

x_1	x_2	x_3	x_4	b
1	1	0	0	$0 = -z$
−1	1	1	0	2
−2	1	0	1	1

$I = [3, 4]$ ist eine Basis. Der Zielfunktionswert der zugehörigen Basislösung ist Null. Durch Aufnahme von x_1 in die Lösung mit $x_3 = 2 + x_1$ und $x_4 = 1 + 2x_1$ (sowie $x_2 = 0$) läßt sich der Wert der Zielfunktion $z = 1 \cdot x_1$ beliebig groß machen, ohne die Nebenbedingungen zu verletzen. Die gerade gewählte Lösung ist keine Basislösung. Derselbe Sachverhalt läßt sich auch aus der Abbildung 2 ablesen.

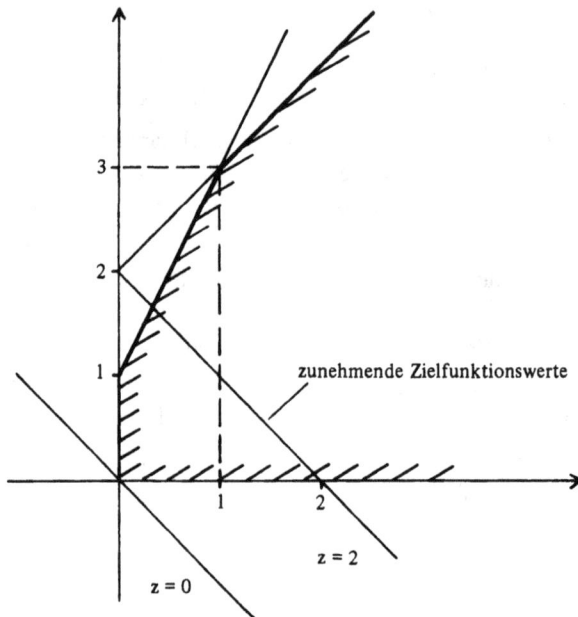

Direkt aus der Bildung des Simplextableaus läßt sich folgender Satz ablesen.

Satz 6: Sei $\hat{a}_{rs}$ Pivotelement bei der Bildung eines weiteren Simplextableaus, dann wächst die Zielfunktion um $\hat{c}_s x_s = \hat{c}_s \dfrac{\hat{b}_r}{\hat{a}_{rs}}$.

Wir haben bis jetzt noch nicht überlegt, ob der Simplexalgorithmus immer zu einer optimalen Lösung führt. Wir werden nun ein einfaches Ergebnis ableiten.

Satz 7: Ist bei jeder Iteration der Koeffizient $\hat{b}_k$ der Pivotzeile größer Null ($\hat{b}_k > 0$), so endet der Simplexalgorithmus nach endlich vielen Schritten.

Beweis: Gemäß Voraussetzung gilt $x_s = \dfrac{\hat{b}_k}{\hat{a}_{ks}} > 0$ und damit $\hat{c}_s x_s > 0$. Der Wert der Zielfunktion nimmt also bei jeder Iteration zu. Da aber zu jeder Basis I eindeutig eine Basislösung gehört, kann der Algorithmus nicht zu einer bereits eingetretenen Basis zurückkehren. Die Anzahl der Basen ist endlich, und somit bricht der Algorithmus nach endlich vielen Schritten ab. □

Mit Satz 7 ist die Frage, ob der Simplexalgorithmus immer nach endlich vielen Schritten abbricht, nicht beantwortet. Die Endlichkeit läßt sich durch die systematische Auswahl der Pivotelemente in einer „lexikographischen Variante" des Algorithmus, auf die wir hier nicht eingehen, zeigen. Es gibt Beispiele, bei dem der normale Simplexalgorithmus Zyklen bildet und nicht abbricht. Für die praktische Anwendung ist dies aber nicht von Belang.

Der nächste Satz behandelt eine Eigenschaft von Basislösungen (der Standardform), wenn das Ausgangsproblem im Vorzeichen unbeschränkte Veränderliche enthält.

Satz 8: Sei $J \subset N$. Die Gleichung $Ax = b$ mit x_j unrestringiert für $j \in J$ und $x_j \geq 0$ für $j \in N \backslash J$ geht durch die Substitution $x_J = \tilde{x}_J - \bar{\tilde{x}}_J$ mit $\tilde{x}_J, \bar{\tilde{x}}_J \geq 0$ in die Gleichung $A^J \tilde{x}_J - A^J \bar{\tilde{x}}_J + A^{N\backslash J} x_{N\backslash J} = b$ über. Für jede Basislösung gilt dann $\tilde{x}_j \cdot \bar{\tilde{x}}_j = 0$ für $j \in J$.

Beweis: Ohne Einschränkung der Allgemeinheit nehmen wir an $J = [1]$. Sind $\tilde{x}_1$ und $\bar{\tilde{x}}_1$ keine Basisveränderlichen, so gilt offensichtlich $\tilde{x}_1 \cdot \bar{\tilde{x}}_1 = 0$.

Sei nun $\tilde{x}_1$ Basisveränderliche, dann gibt es ein k, so daß der Koeffizient von $\tilde{x}_1$ in der k-ten Zeile gleich 1 ist und alle anderen gleich Null sind. Dann folgt, daß der Koeffizient von $\bar{\tilde{x}}_1$ in der k-ten Zeile gleich -1 ist. Es kann $\bar{\tilde{x}}_1$ also keine Basisveränderliche sein und es gilt somit $\tilde{x}_1 \cdot \bar{\tilde{x}}_1 = 0$. Ist $\bar{\tilde{x}}_1$ Basisveränderliche, erfolgt die Argumentation vollkommen analog. □

§ 2 Duale Lineare Programme

Wir haben, da es sich um eine einführende Darstellung handelt, den Begriff des dualen Programmes nicht gleichzeitig mit dem des L.P. eingeführt. Duale Programme haben eine vielseitige Anwendbarkeit und Interpretierbarkeit, sowohl bei rechentechnischen Verfahren als auch bei mehr theoretischen Überlegungen. Der Begriff der Dualität wird nicht nur im Rahmen der Linearen Programmierung benutzt, sondern auch in anderen mathematischen Gebieten. Es ist aber zu beachten, daß der Begriff der Dualität dann immer mit einem anderen, jeweils auf das spezielle Gebiet ausgerichteten Inhalt gebraucht wird.

Wir behalten alle Schreibvereinbarungen von § 1 bei und erinnern noch einmal daran, daß y einen m-dimensionalen Zeilenvektor bezeichnet.

Definition 1: Sei ein L.P. in kanonischer Form gegeben.

(P) $cx = z(\max!)$

$\qquad Ax \leqq b$ und $x \geqq 0$.

Dann heißt

(D) $yb = w(\min!)$

$\qquad yA \geqq c$ und $y \geqq 0$

das zu (P) duale Programm (D). $\triangle$

Wir wollen wesentliche Inhalte von Definition 1 noch einmal verbal formulieren und anschließend Definition 1 in expliziter Schreibweise angeben. Bei dem Übergang von (P) zu (D) sind insgesamt 6 Punkte zu beachten.

(1) Die Koeffizienten der Zielfunktion von (P) sind die Konstanten auf der rechten Seite der Nebenbedingung in (D) und umgekehrt.

(2) Zu jeder Nebenbedingung in (P) gehört **eine** (duale) Veränderliche in (D).

(3) Zu jeder Nebenbedingung in (D) gehört eine (primale) Veränderliche in (P).

(4) Zu jeder (primalen) Veränderlichen von (P) gehört eine Nebenbedingung von (D).

(5) Zu jeder (dualen) Veränderlichen von (D) gehört eine Nebenbedingung von (P).

(6) Ist (P) ein Maximierungsproblem, so ist (D) ein Minimierungsproblem und umgekehrt. Ausgeschrieben lauten (P) und (D) wie folgt:

$$c_1 x_1 + c_2 x_2 + \ldots + c_n x_n = z(\max!) \quad \text{unter den Nebenbedingungen}$$

$$\text{(P)} \quad a_{11} x_1 + a_{12} x_2 + \ldots + a_{1n} x_n \leqq b_1$$
$$\quad\vdots \qquad \vdots \qquad\qquad \vdots \qquad \vdots$$
$$a_{m1} x_1 + a_{m2} x_2 + \ldots + a_{mn} x_n \leqq b_m \quad \text{und} \quad x_1, \ldots, x_n \geqq 0$$

$$b_1 y_1 + b_2 y_2 + \ldots + b_m y_m = w(\min!)$$
$$\text{(D)} \quad a_{11} y_1 + a_{21} y_2 + \ldots + a_{m1} y_m \geqq c_1$$
$$\quad\vdots \qquad \vdots \qquad\qquad \vdots \qquad \vdots$$
$$a_{1n} y_1 + a_{2n} y_2 + \ldots + a_{mn} y_m \geqq c_n \quad \text{und} \quad y_1, \ldots, y_m \geqq 0.$$

Das Ausgangsproblem, in diesem Falle (P), nennen wir auch primales Problem. Offensichtlich ist auch das Problem (D) wieder ein L.P. Es gilt folgender Satz, der den Gebrauch des Begriffes „dual" rechtfertigt.

Satz 1: Das zu (D) duale L.P. ist (P). In Worten: das duale L.P. eines dualen L.P. ist das Ausgangsproblem (P).

Beweis: Nach § 1 Satz 3 sowie Multiplikation der Nebenbedingungen mit (-1) und Beachtung der expliziten Schreibweise von (D) ergibt sich zu

$$yb = w(\min!)$$
$$\text{(D)}$$
$$yA \geqq c \quad \text{und} \quad y \geqq 0$$

die kanonische Form (Ď) als

$$-b'y' = w(max!)$$
(Ď)
$$(-A')y' \leqq -c' \quad \text{und} \quad y' \geqq 0.$$

(Ď) liegt in kanonischer Form vor, so daß es gemäß Definition dualisierbar ist. Es ergibt sich das zu (Ď) duale Programm, wenn wir die dualen Veränderlichen nun mit u bezeichnen.

$$-uc' = \tilde{z}(min!)$$
$$-uA' \geqq -b' \quad \text{und} \quad u \geqq 0.$$

Der Vektor u ist ein Zeilenvektor der Dimension n. Setzen wir nun $x = u'$ und gehen vom Minimierungs- zum Maximierungsproblem über, so ergibt sich

$$uc' = cx = z(max!) \quad \text{unter den Nebenbedingungen}$$
(P)
$$Ax \leqq b \quad \text{und} \quad x \geqq 0. \qquad \Box$$

Als nächstes geben wir zusammengefaßt die Dualisierungsregeln an, auch wenn das L.P. nicht in kanonischer Form vorliegt. Wir werden die Beweise der Kürze halber weglassen.

Satz 2: Sei ein L.P. (in allgemeiner Form) gegeben. Dann sind bei der Dualisierung folgende in eine Tabelle zusammengefaßten Regeln zu beachten

Primales Problem	Duales Problem
z(max!)	w(min!)
i-te Nebenbedingung $\leqq$	i-te Veränderliche $\geqq 0$
i-te Nebenbedingung $\geqq$	i-te Veränderliche $\leqq 0$
i-te Nebenbedingung $=$	i-te Veränderliche unrestringiert
k-te Veränderliche $\geqq 0$	k-te Nebenbedingung $\geqq$
k-te Veränderliche $\leqq 0$	k-te Nebenbedingung $\leqq$
k-te Veränderliche unrestringiert	k-te Nebenbedingung $=$

Nun wenden wir uns einer möglichen ökonomischen Interpretation von dualen L.P. zu. Den Zusammenhang zwischen Lösungen von L.P. und ihren dualen Programmen werden wir anschließend behandeln.

Kehren wir nun noch einmal zu dem Transportproblem zurück, das am Anfang von § 1 dargestellt wurde. Wir geben, um den Übergang zum dualen L.P. zu erleichtern, sofort die kanonische Form an.

$$-7x_{11} + 5x_{12} - 8x_{13} - 2x_{21} - 3x_{22} - 4x_{23} = z\,(\max!)\ \text{unter den}$$
$$\text{Nebenbedingungen}$$

$$
(P)\quad
\begin{array}{rrrrrrl}
x_{11} + & x_{12} + & x_{13} & & & & \leq 1000 \\[2pt]
& & & x_{21} + & x_{22} + & x_{23} & \leq 600 \\[2pt]
-\,x_{11} & & & -\,x_{21} & & & \leq -500 \\[2pt]
& -\,x_{12} & & & -\,x_{22} & & \leq -700 \\[2pt]
& & -\,x_{13} & & & -\,x_{23} & \leq -400
\end{array}
$$

und $x_{11}, x_{12}, x_{13}, x_{21}, x_{22}, x_{23} \geq 0$.

Das duale L.P. ergibt sich mit Definition 1 sofort als

$$1000\,y_1 + 600\,y_2 - 500\,y_3 - 700\,y_4 - 400\,y_5 = w\,(\min!)$$

$$
(D)\quad
\begin{array}{llllll}
y_1 & - & y_3 & & & \geq -7 \\[2pt]
y_1 & & & - & y_4 & \geq -5 \\[2pt]
y_1 & & & - & y_5 & \geq -8 \\[2pt]
y_2 - & y_3 & & & & \geq -2 \\[2pt]
y_2 & & - & y_4 & & \geq -3 \\[2pt]
y_2 & & & - & y_5 & \geq -4
\end{array}
$$

Die Leitung der Handelsgesellschaft, die Problem (P) lösen möchte, erhält nun von einem Transportunternehmen folgendes Angebot. Das Transportunternehmen übernimmt das Getreide zu einem Preis von π_1 pro Tonne im Lager L_1 und π_2 pro Tonne im Lager L_2. Es wird dann an die Filialen F_1, F_2 und F_3 zu den Preisen p_1, p_2 und p_3 weitergegeben. Der Bedarf der Filialen wird gedeckt. Außerdem gilt für die angebotenen Preise π_1, π_2, p_1, p_2 und p_3

$$
\begin{array}{ll}
p_1 - \pi_1 \leq 7 & p_1 - \pi_2 \leq 2 \\[2pt]
p_2 - \pi_1 \leq 5 & p_2 - \pi_2 \leq 3 \qquad \pi_1, \pi_2, p_1, p_2, p_3 \geq 0. \\[2pt]
p_3 - \pi_1 \leq 8 & p_3 - \pi_2 \leq 4
\end{array}
$$

Setzen wir $y_1 = \pi_1$, $y_2 = \pi_2$, $y_3 = p_1$, $y_4 = p_2$ und $y_5 = p_3$, so ergeben sich gerade die Nebenbedingungen von (D).

Die Leitung des Handelsunternehmens stellt nun folgende Überlegung an, die wir als Satz formulieren.

Satz 3: Sei ein L.P. in kanonischer Form gegeben. Ist $\bar{x}$ eine zulässige Lösung von (P) und $\bar{y}$ eine zulässige Lösung von (D) des dazu dualen Programmes, dann gilt

$$\bar{z} = c\bar{x} \leq \bar{y}b = \bar{w}.$$

Beweis: (1) Da $\bar{x}$ zulässig ist, gilt $A\bar{x} \leq b$ und $\bar{x} \geq 0$. Da auch $\bar{y} \geq 0$ ist, gilt $\bar{y}A\bar{x} \leq \bar{y}b$.

(2) Nun ist $\bar{y}$ aber auch zulässig für (D), d.h. $\bar{y} \geq 0$ und $\bar{y}A \geq c$ und damit, da $\bar{x} \geq 0$ auch $\bar{y}A\bar{x} \geq c\bar{x}$. Aus (1) und (2) folgt $\bar{z} = c\bar{x} \leq \bar{y}b = \bar{w}$. $\qquad\square$

Der Erlös des Transportunternehmens ist $500\,p_1 + 700\,p_2 + 400\,p_3 - 1000\,\pi_1 - 600\,\pi_2$. Das Problem des Transportunternehmens ist also das zu (P) duale Problem. Für zulässige Lösungen der gegebenen Aufgabe gilt $c\bar{x} \leqq \bar{y}b \leqq 0$. Die Leitung des Handelsunternehmens stimmt also dem Angebot des Transportunternehmens zu.

Nach Satz 3 gilt $c\bar{x} \leqq \bar{y}b$ für alle zulässigen Lösungen $\bar{x}$ des primalen und $\bar{y}$ des dualen Problems. Daraus folgt insbesondere, daß $z(\max!) \leqq w(\min!)$ gilt. Diesen Zusammenhang werden wir jetzt weiter untersuchen.

Satz 4: Sei $\bar{x}$ eine zulässige Lösung von (P) und $\bar{y}$ eine zulässige Lösung von (D). Gilt $c\bar{x} = \bar{y}b$, so sind $\bar{x}$ und $\bar{y}$ optimale Lösungen von (P) und (D).

Beweis: Annahme: Es existiert eine zulässige Lösung $\tilde{x}$ so, daß $c\tilde{x} > c\bar{x}$ gilt. Daraus folgt $c\tilde{x} > \bar{y}b = c\bar{x}$. Das ist ein Widerspruch zu Satz 3. Somit ist $\bar{x}$ optimal für (P). Die Optimalität von $\bar{y}$ für (D) wird vollkommen analog gezeigt.   □

Wir haben beim Beweis des Optimalitätskriteriums § 1 Satz 5 gesehen, daß eine optimale Lösung eines L.P., falls eine solche existiert, bereits in der Menge der Basislösungen gefunden werden kann. Nun untersuchen wir den Zusammenhang zwischen optimalen Basen I eines Programmes (P) und den optimalen Lösungen des dualen Programms (D).

Satz 5: Sei ein L.P. in Standardform gegeben und Rang $(A) = m$.

$$cx = z(\max!) \quad \text{unter den Nebenbedingungen}$$
(P)
$$Ax = b \quad \text{und} \quad x \geqq 0.$$

Dann ist der Multiplikator $\hat{y}$ bezüglich einer optimalen Basis I $\hat{y} = c^I(A^I)^{-1}$ eine optimale Lösung des dualen Programms (D).

$$yb = w(\min!) \quad \text{unter den Nebenbedingungen}$$
(D)
$$yA \geqq c \quad \text{und} \quad y \text{ unrestringiert.}$$

Weiter gilt $w(\min) = z(\max)$.

Beweis: Sei I optimale Basis und $\hat{y}$ Multiplikator bezüglich I; dann ist $\hat{y}A^I = c^I$. Daraus und aus dem Optimalitätskriterium § 1 Satz 5 folgt dann wegen $c^{N\backslash I} - \hat{y}A^{N\backslash I} \leqq 0$ auch $\hat{y}A^{N\backslash I} \geqq c^{N\backslash I}$ und $\hat{y}A^I \geqq c^I$. Das heißt aber, $\hat{y}$ ist zulässige Lösung für (D). Nach Satz 4 und § 1 Satz 5 ergibt sich die Optimalität von y aus

$$z(\max!) = c^I(A^I)^{-1}b = c\bar{x} = \hat{y}b,$$

wobei $\bar{x}$ die zu I gehörige Basislösung ist.   □

Aus den in den Übungen angestellten, auch zeichnerisch einsichtigen Überlegungen, ist klar, daß die Menge der zulässigen Lösungen durchaus auch leer sein kann. Ein L.P. mit einer zulässigen Lösung muß nicht immer eine optimale Lösung besitzen, da die Zielfunktion nicht beschränkt sein muß. Wir wollen nun für alle diese Fälle den Zusammenhang zwischen primalen und dualen L.P. klären.

Satz 6: Sei (P) ein L.P. und (D) das dazu duale L.P. (kurz: (P) und (D) sei ein Paar dualer L.P.). Dann gilt einer der folgenden vier Fälle:

(1) Haben (P) und (D) beide mindestens eine zulässige Lösung, dann besitzen beide Probleme eine optimale Lösung und es gilt $z(\max) = w(\min)$.

(2) Hat eines der beiden Probleme eine unbeschränkte Zielfunktion, dann besitzt das jeweils andere keine zulässige Lösung.

(3) Hat eines der Probleme eine zulässige Lösung, das andere aber nicht, so besitzt das Problem mit zulässiger Lösung eine unbeschränkte Zielfunktion.

(4) Es kann auch der Fall eintreten, daß keines der beiden Probleme, also weder (P) noch (D), eine zulässige Lösung besitzen.

Beweis:

(1) Besitzt (D) eine zulässige Lösung $\tilde{y}$, so gilt $cx \leq \tilde{y}b$ für alle zulässigen Lösungen x. Die Zielfunktion von (P) kann also nicht unbeschränkt wachsen. Da nun (P) gemäß Voraussetzung eine zulässige Lösung besitzt, gibt es auch eine zulässige Basislösung und, da $z(\max!)$ existiert, auch nach dem Simplexalgorithmus eine optimale Basislösung für (P). Besitzt (P) eine zulässige Lösung $\tilde{x}$ und ebenso (D), so folgt die Existenz einer optimalen Lösung zu (D) vollkommen analog.

(2) Wir zeigen dies mit Widerspruch. O.E.d.A. es habe (P) eine unbeschränkte Zielfunktion. Annahme: Sei $\tilde{y}$ eine zulässige Lösung zu (D). Dann folgt nach Satz 3, daß $cx \leq \tilde{y}b$ für alle zulässigen Lösungen x. Daraus folgt die Beschränktheit der Zielfunktion von (P). Dies ist ein Widerspruch. Somit muß die Menge der zulässigen Lösungen von (D) leer sein.

(3) Wir zeigen dies wiederum mit Widerspruch. O.E.d.A. besitze (P) eine zulässige Lösung $\tilde{x}$. Annahme: (P) besitzt eine optimale Lösung x^* mit $cx^* < \infty$. Dann besitzt (P) auch eine optimale Basislösung $\bar{x}$ zu einer optimalen Basis I. Nach Satz 5 ist der Multiplikator $\hat{y}$ zur Basis I optimale Lösung von (D). Dies ist ein Widerspruch. Es kann also die Zielfunktion von (P) nicht beschränkt sein.

(4) Wir geben dazu ein Beispiel, das sich auch zeichnerisch leicht nachvollziehen läßt. Es sei (P) gegeben durch

$$\begin{aligned} x_1 + x_2 &= z(\max!) \quad \text{unter den Nebenbedingungen}\\ \text{(P)} \quad x_1 - x_2 &= +1\\ x_1 - x_2 &= -1 \quad x_1, x_2 \geq 0. \end{aligned}$$

Das dazu duale Programm lautet

$$\begin{aligned} y_1 - y_2 &= w(\min!) \quad \text{unter den Nebenbedingungen}\\ \text{(D)} \quad y_1 + y_2 &\geq 1\\ -y_1 - y_2 &\geq 1 \quad \text{und} \quad y_1, y_2 \quad \text{unrestringiert}. \end{aligned}$$

Beide Programme besitzen offensichtlich keine zulässigen Lösungen ☐

Der eben gezeigte Satz wird oft Hauptsatz der Dualitätstheorie der Linearen Programmierung genannt.

Wir erinnern nun an eine bereits in III § 7 eingeführte Bezeichnungsweise. Eine in

Ungleichungsform gegebene Nebenbedingung heißt straff oder wirksam, falls diese Nebenbedingung mit „gleich" gilt. Der nun folgende Satz vom komplementären Schlupf bildet die Grundlage vieler Algorithmen der linearen Optimierung. Er vermittelt aber auch Einsicht in eine weitere ökonomische Interpretation von Paaren dualer Programme.

Satz 8: (Satz vom komplementären Schlupf)

Sei (P) ein L.P. in kanonischer Form und (D) das dazu duale mit zulässigen Lösungen $\bar{x}$ und $\bar{y}$ gegeben.

Die Lösungen $\bar{x}$ und $\bar{y}$ sind genau dann optimal, wenn folgendes gilt:

(1) Ist eine Nebenbedingung des einen Problems nicht straff, dann ist die zugehörige Veränderliche des anderen Problems gleich Null.

(2) Ist eine Veränderliche des einen Problems positiv (größer Null), so ist die zugehörige Nebenbedingung des anderen Problems straff.

Beweis: Das Problem (P) ist gegeben durch

(P) $cx = z(\max!)$ unter den Nebenbedingungen
       $Ax \leq b$ und $x \geq 0$.

Das dazu duale Problem lautet

(D) $yb = w(\min!)$ unter den Nebenbedingungen
       $yA \geq c$ und $y \geq 0$.

Bilden wir die dazu äquivalenten L.P. in Standardform $(\tilde{P})$ und $(\tilde{D})$, so erhalten wir nach Einführung von Schlupfvariablen u und v

$(\tilde{P})$ $cx + 0u = z(\max!)$ unter den Nebenbedingungen
        $Ax + Eu = b$ und $x, u \geq 0$.

$(\tilde{D})$ $yb + v0 = w(\min!)$ unter den Nebenbedingungen
        $yA - vE^* = c$ und $y, v \geq 0$.

Die Matrix E ist dabei die $m \times m$ Einheitsmatrix, und E^* ist die $n \times n$ Einheitsmatrix.

Seien nun $(\bar{x}, \bar{u})$ bzw. $(\bar{y}, \bar{v})$ zulässige Lösungen von $(\tilde{P})$ bzw. $(\tilde{D})$. Wir erhalten durch Einsetzen

(2.1) $\bar{y}b - c\bar{x} = \bar{y}(A\bar{x} + E\bar{u}) - (\bar{y}A - \bar{v}E^*)\bar{x} = \bar{y}\bar{u} + \bar{v}\bar{x}$.

Nach diesen Vorbereitungen zeigen wir zuerst, daß aus der Optimalität von $\bar{x}$ und $\bar{y}$ die Aussagen (1) und (2) folgen.

Sind $\bar{x}$ und $\bar{y}$ optimal, so gilt nach Satz 6:

$\bar{y}b - c\bar{x} = 0$.   Daraus folgt nach (2.1)

$\bar{y}\bar{u} + \bar{v}\bar{x} = 0$.   Dies ausgeschrieben lautet

$$\bar{y}\bar{u} + \bar{v}\bar{x} = \sum_{i=1}^{m} \bar{y}_i \bar{u}_i + \sum_{i=1}^{n} \bar{v}_i \bar{x}_i = 0 \quad \text{mit} \quad \bar{x}, \bar{y}, \bar{u}, \bar{v} \geq 0.$$

Da alle vorkommenden Veränderlichen nicht negativ sind und die Summe Null ergibt, muß folgendes gelten:

(2.2) $\bar{y}_i > 0 \Rightarrow \bar{u}_i = 0$

$\bar{u}_i > 0 \Rightarrow \bar{y}_i = 0$

$\bar{v}_i > 0 \Rightarrow \bar{x}_i = 0$

$\bar{x}_i > 0 \Rightarrow \bar{v}_i = 0$.

Dies ist gerade (1) und (2) in Formeln ausgedrückt.

Gilt nun umgekehrt (1) und (2) oder in Formeln (2.2), so ist zu zeigen, daß $\bar{x}$ und $\bar{y}$ optimal sind. Die Lösungen $(\bar{x}, \bar{u})$ bzw. $(\bar{y}, \bar{v})$ sind zulässig für $(\hat{P})$ bzw. $(\hat{D})$. Deshalb ist $\bar{x}$ bzw. $\bar{y}$ zulässig für (P) bzw. (D). Gilt (2.2) so auch

$$\bar{y}\bar{u} + \bar{v}\bar{x} = 0 \quad \text{und damit} \quad c\bar{x} - \bar{y}b = 0.$$

Dann folgt nach Satz 3, daß $\bar{x}$ und $\bar{y}$ optimale Lösungen sind. □

Wir bringen als nächstes interne Verrechnungspreise im Zusammenhang mit optimalen Lösungen von dualen Programmen. Dazu kehren wir zu § 1 Beispiel 2 zurück.

Nehmen wir an, es bestünde für das Unternehmen die Möglichkeit, eine weitere Einheit von Rohstoff 2 auf dem Markte hinzuzukaufen.

Das Unternehmen möchte seinen Gewinn maximieren. Dieser ist nach den in § 1 Beispiel 2 gemachten Annahmen proportional zum Erlös.

Es erhebt sich dann die Frage, zu welchen Marktpreisen dies für das Unternehmen lohnend ist. Dazu lösen wir das L.P. von § 1 Beispiel 2 mit einer um eine Einheit von Rohstoff 2 erhöhten Einsatzmenge. Die zur Verfügung stehende Menge der anderen Rohstoffe bleibt konstant. Es ergibt sich

$3x_1 + 4x_2 = z\,(\text{max}!) \quad$ unter den Nebenbedingungen

$x_1 + \ \ x_2 \leqq 4$

$x_1 + 2x_2 \leqq 6$

$\qquad x_2 \leqq 2 \quad$ und $\quad x_1, x_2 \geqq 0$.

Wenden wir auf dies L.P., nachdem es in Standardform überführt wurde, den Simplexalgorithmus an, so erhalten wir die optimale Lösung $x_1 = 2, x_2 = 2, (x_3 = 0, x_4 = 0, x_5 = 0)$ und $z\,(\text{max}) = 14$. Die Erhöhung der Einsatzmengen von Rohstoff 2 um eine Einheit vergrößert den Erlös um eine Einheit. Der Marktpreis für Rohstoff 2 muß also unter 1 liegen, wenn es für das Unternehmen lohnend sein soll, eine zusätzliche Einheit zu erwerben.

Führen wir dieselbe Überlegung durch, wenn wir den Einsatz von Rohstoff 1 um eine Einheit erhöhen und die Menge der anderen Rohstoffe auf dem Niveau von 5 Einheiten für Rohstoff 2 und 2 Einheiten für Rohstoff 3 belassen, so ergibt sich als optimale Lösung $x_1 = 5, x_2 = 0, (x_3 = 0, x_4 = 0, x_5 = 2)$ und $z\,(\text{max}) = 15$. Der Marktpreis für eine zusätzliche Einheit von Rohstoff 1 darf also nicht mehr als 2 Einheiten betragen, wenn der Erwerb für das Unternehmen lohnend sein soll.

Der Erwerb einer zusätzlichen Einheit von Rohstoff 3 bringt, falls die Menge der anderen Rohstoffe auf dem Ausgangsniveau bleibt, keine Erhöhung des Zielfunktionswertes. Der interne Verrechnungspreis für Rohstoff 3 ist also gleich Null.

Fassen wir die Verrechnungspreise für die Rohmaterialien 1, 2 und 3 zu einem Vektor zusammen, ergibt sich $(2, 1, 0)$. Dies ist aber genau die optimale Lösung des dualen Programms zur optimalen Basis $I = [1, 2, 5]$ nach Satz 5, gegeben durch

$$\hat{y} = c^I (A^I)^{-1} =$$

$$= (3, 4, 0) \cdot \begin{pmatrix} 1 & 1 & 0 \\ 1 & 2 & 0 \\ 0 & 1 & 1 \end{pmatrix}^{-1} = (3, 4, 0) \begin{pmatrix} 2 & -1 & 0 \\ -1 & 1 & 0 \\ 1 & -1 & 1 \end{pmatrix} = (2, 1, 0).$$

Nehmen wir an, der Marktpreis für Rohstoff 2 sei kleiner als 1 und das Unternehmen möchte seinen Gewinn vergrößern. Es bestehe nun die Möglichkeit, 2 Einheiten von Rohstoff 2 zusätzlich zu erwerben. Erhöht sich dann auch der Erlös um 2 Einheiten? Dazu lösen wir das L.P.

$$3x_1 + 4x_2 = z(\max!) \quad \text{unter den Nebenbedingungen}$$
$$x_1 + x_2 \leqq 4$$
$$x_1 + 2x_2 \leqq 7$$
$$x_2 \leqq 2 \quad \text{und} \quad x_1, x_2 \geqq 0.$$

Nach Überführen in Standardform ergibt sich als optimale Basis $I = [1, 2, 4]$ und als optimale Lösung $x_1 = 2$, $x_2 = 2$, $(x_3 = 0, x_4 = 1, x_5 = 0)$ sowie $z(\max) = 14$.

Die zusätzliche Erhöhung der Einsatzmenge von Rohstoff 2 führt zu keiner weiteren Erhöhung des Zielfunktionswertes. Dies läßt sich auch am Vektor der Verrechnungspreise $(3, 0, 1)$ ablesen. Solche Überlegungen, bei denen gewisse Koeffizienten eines L.P. verändert werden, lassen sich weiter ausbauen zur Sensitivitätsanalyse der Linearen Programmierung.

§ 3 Die Simplex-Methode

Voraussetzung für die Anwendung des Simplex-Algorithmus, wie in § 1 beschrieben, war das Vorliegen einer zulässigen Basis. Ist ein L.P. in kanonischer Form gegeben und gilt $b \geqq 0$, so ist durch Einführen von Schlupfveränderlichen sofort eine zulässige Basis vorhanden. Wir wollen uns nun dem Problem zuwenden, eine zulässige Basis zu finden, falls es eine solche überhaupt gibt, wenn ein L.P. in Standardform vorliegt.

(P)
$$cx = z(\max!) \quad \text{unter den Nebenbedingungen}$$
$$Ax = b \quad \text{und} \quad x \geqq 0.$$

Aus der linearen Algebra wissen wir bereits, daß für die Gleichung $Ax = b$ nicht immer eine Lösung existieren muß. Selbst wenn eine solche Lösung existiert, die Menge der Lösungen wird in II § 3 Satz 2 sowie II § 5 Satz 1 und 2 charakterisiert, so ist nicht sichergestellt, daß es auch eine zulässige Lösung gibt, d. h., eine solche für die $x \geqq 0$ gilt.

Wir wollen von vornherein auch in diesem Abschnitt annehmen, daß Rang (A) = m gilt. Die durch $Ax = b$ gegebenen Nebenbedingungen sollen also keine redundanten Restriktionen enthalten.

Wir können ohne Einschränkung der Allgemeinheit annehmen, daß $b \geqq 0$ gilt. Ist ursprünglich eine der Komponenten von b negativ, sagen wir b_k, so können wir, ohne die Lösungsmenge von $Ax = b$ zu verändern, die k-te Zeile mit (-1) multiplizieren.

Um eine zulässige Basis zu (P) zu finden, gehen wir ähnlich vor, wie beim Hinzufügen von Schlupfvariablen. Wir führen m künstliche Veränderliche v = $(v_1, \ldots, v_m)'$ und stellen ein Hilfsproblem ($\tilde{P}$). Sei e = $(1, \ldots, 1)$ ein m-dimensionaler Zeilenvektor, der nur aus Einsen bestehe.

$$ev = q(\min!) \quad \text{unter den Nebenbedingungen}$$
$$(\tilde{P}) \quad -cx + z \quad = 0 = b_0$$
$$Ax \quad + Ev = b \quad \text{und} \quad x, v \geqq 0.$$

Der Wert der Zielfunktion ist offensichtlich nach unten beschränkt, denn es gilt ev = $q \geqq 0$. Die Lösung $x = 0, z = 0, v = b$ ist eine zulässige und auch eine Basis-Lösung zu ($\tilde{P}$), wobei die Veränderlichen z und v zur Basis gehören. Die Gestalt von ($\tilde{P}$) ist aber noch nicht so, daß der Simplex-Algorithmus aus § 1 angewandt werden kann. Dazu muß für die Basisveränderlichen v noch die Zielfunktions-Zeile ausgeräumt werden. Als Ergebnis erhalten wir

$$-eAx \quad = q(\min!) - eb \quad \text{unter den Nebenbedingungen}$$
$$(P^*) \quad -cx \quad +z \quad = 0 = b_0$$
$$Ax \quad + Ev = b \quad \text{und} \quad x, v \geqq 0.$$

Die Variable z in (P*) ist als Zielfunktionswert von (P) im Vorzeichen nicht beschränkt. Es ist also noch zu rechtfertigen, warum der Simplex-Algorithmus auf (P*) angewandt werden kann. Wir wollen aber zuerst die bis jetzt durchgeführten Schritte an einem Beispiel nachvollziehen.

Beispiel 1:
Es sei das folgende L.P. in Standardform gegeben

$$cx = 2x_1 + 2x_2 + 4x_3 + 3x_4 = z(\max!) \quad \text{unter den Nebenbedingungen}$$

$$Ax = \begin{pmatrix} 1 & 2 & 0 & 1 \\ 2 & 2 & 1 & 1 \\ 1 & 0 & 2 & 1 \end{pmatrix} \begin{pmatrix} x_1 \\ x_2 \\ x_3 \\ x_4 \end{pmatrix} = \begin{pmatrix} 3 \\ 4 \\ 2 \end{pmatrix} = b \quad \text{und} \quad x_1, x_2, x_3, x_4 \geqq 0.$$

Es ist nicht offensichtlich, ob es zu diesem L.P. eine zulässige Basis gibt. Wir formulieren nun in expliziter Schreibweise das Hilfsproblem $(\tilde{P})$ und die Umformung (P^*). Es sind drei Gleichungen vorhanden; wir führen also drei künstliche Veränderliche v_1, v_2, v_3 ein. $(\tilde{P})$ ergibt sich als

$$
\begin{array}{lll}
& v_1 + v_2 + v_3 = q\,(\min!) & \text{unter den} \\
-2x_1 - 2x_2 - 4x_3 - 3x_4 + z = 0 & & \text{Nebenbedingungen} \\
(\tilde{P}) \quad x_1 + 2x_2 + x_4 + v_1 = 3 & & \\
2x_1 + 2x_2 + x_3 + x_4 + v_2 = 4 & & \\
x_1 + 2x_3 + x_4 + v_3 = 2 & \text{und} & x_1, x_2, x_3, x_4, \\
& & v_1, v_2, v_3 \geqq 0
\end{array}
$$

Die Veränderlichen z, v_1, v_2, v_3 sind Basisveränderliche. Nun muß, um mit dem Simplex-Algorithmus rechnen zu können, noch die Zielfunktionszeile ausgeräumt werden, d. h. bei den Basisveränderlichen muß als Koeffizient dort eine Null stehen. Dazu ziehen wir die 3-te, 4-te und 5-te Zeile von der ersten ab und erhalten als Zielfunktionszeile (1-ste Zeile) von (P^*)

$$
(P^*) \quad -4x_1 - 4x_2 - 3x_3 - 3x_4 = q\,(\min!) - 9.
$$

Die Nebenbedingungen sind dieselben wie in $(\tilde{P})$. Außerdem muß das Problem, um mit Hilfe der in § 1 eingeführten Tableaus vorzugehen, noch in ein Maximierungsproblem überführt werden, d. h. wir maximieren $-\text{ev} = -q$. Das erste Tableau, ausgehend von (P^*), ist, wenn wir auch die erste Zeile der Nebenbedingungen noch durch eine Linie vom restlichen Tableau abtrennen: (Tableau siehe S. 280).

Betrachten wir die Probleme $(\tilde{P})$ bzw. (P^*), so sehen wir, daß es zum Auffinden einer zulässigen Lösung für (P) nicht nötig ist, die erste Zeile der Nebenbedingungen $-cx + z = 0$ mitzuführen. Diese Zeile kann weggelassen werden. Es muß dann aber, wenn nach dem Bestimmen einer zulässigen Basislösung am Problem (P) weitergerechnet werden soll, die Zielfunktionszeile bezüglich der zulässigen Basis ausgeräumt werden. Da wir in den Tableaus zur Lösung des Hilfsproblems $-cx + z = 0$ mitführen, müssen wir die Eintragungen dieser Zeile mit (-1) multiplizieren, wenn wir mit dem üblichen Tableau weiterrechnen. Dann können auch die zu $z, v_1, \ldots, v_m$ gehörigen Spalten weggelassen werden. Für das gerade ausgeführte Beispiel ergibt sich

x_1	x_2	x_3	x_4	b
0	0	0	-1	$-7 = -z$
0	0	①	1	1
0	①	0	1	$\dfrac{3}{2}$
①	0	0	-1	0

Wir haben also in diesem speziellen Fall bereits mit der zulässigen auch eine optimale Basis gefunden. Dies ist nicht immer so. In Beispiel 1 ist der optimale Wert der

x_1	x_2	x_3	x_4	z	v_1	v_2	v_3	b	
↓									
4	4	3	3	0	0	0	0	9	$(=+q)$
-2	-2	-4	-3	①	0	0	0	0	
1	2	0	1	0	①	0	0	3	
2	2	1	1	0	0	①	0	4	
[1]	0	2	1	0	0	0	①	2	
	↓								
0	4	-5	-1	0	0	0	-4	1	$(=q)$
0	-2	0	-1	①	0	0	2	4	
0	2	-2	0	0	①	0	-1	1	
0	[2]	-3	-1	0	0	①	-2	0	
①	0	2	1	0	0	0	1	2	
		↓							
0	0	1	1	0	0	-2	0	1	$(=q)$
0	0	-3	-2	①	0	1	0	4	
0	0	[1]	1	0	①	-1	1	1	
0	①	$-\frac{3}{2}$	$-\frac{1}{2}$	0	0	$\frac{1}{2}$	-1	0	
①	0	2	1	0	0	0	1	2	
0	0	0	0	0	-1	-1	-1	0	$(=q)$
0	0	0	1	①	3	-2	3	7	
0	0	①	1	0	1	-1	1	1	
0	①	0	1	0	$\frac{3}{2}$	-1	$\frac{1}{2}$	$\frac{3}{2}$	
①	0	0	-1	0	-2	2	-1	0	

Zielfunktion $q(\min) = 0$. Der folgende Satz klärt, wann dieser Sachverhalt vorliegt.

Satz 1: Sei $\tilde{q}$ der Wert der Zielfunktion zu einer optimalen Lösung von $(\tilde{P})$. Gilt $\tilde{q} > 0$, so besitzt das Ausgangsproblem (P) keine zulässige Lösung.

Beweis: Sei $\tilde{q} > 0$ und nehmen wir an, $\bar{x} \geqq 0$ sei eine zulässige Lösung von $Ax = b$. Dann ist $\bar{x}$, $\bar{z} = c\bar{x}$ und $v = 0$ eine zulässige Lösung von $(\tilde{P})$. (Die Veränderliche z ist im Vorzeichen unrestringiert). Für die Lösung $(\bar{x}, \bar{z}, v)$ ergibt sich $q = ev = 0 < \tilde{q}$. Dies ist ein Widerspruch. Es kann also keine zulässige Lösung $\bar{x}$ geben. □

Nun untersuchen wir den Fall, daß sich für die optimale Lösung von $(\tilde{P})$ als Wert der Zielfunktion $q(\min) = 0$ ergibt.

Satz 2: Sei $\bar{q} = 0$ der Wert der Zielfunktion einer optimalen Lösung von $(\bar{P})$. Dann besitzt die Gleichung $Ax = b$ eine zulässige Basislösung.

Beweis: (1) Ist keine der Veränderlichen $v_1, \ldots, v_m$ in der optimalen Basis I der Lösung von $(\bar{P})$ enthalten, so ist diese Basis I eine zulässige Basis und $x_I = (A^I)^{-1} b$ und $x_{N \backslash I} = 0$ eine zulässige Basislösung.

(2) Es gibt künstliche Veränderliche in der optimalen Basis. O.E.d.A. sei v_k in der optimalen Basis. Da der Wert der Zielfunktion $q = e \cdot v = 0$ ist und $v \geqq 0$ gilt, folgt $v_k = 0$. Dann existiert ein $s \in \{1, \ldots, n\}$ so, daß $\hat{a}_{ks} \neq 0$. Wäre nämlich $a_{ks} = 0$ für alle $s \in \{1, \ldots, n\}$, so ergäbe sich ein Widerspruch zu der Voraussetzung Rang $(A) = m)$. Da für die Basisveränderliche $v_k = 0$ gilt, ergibt sich auch

$$\sum_{j=1}^{n} \hat{a}_{ij} x_j + v_k = 0 \, .$$

Wir können dann mit dem Ausschöpfverfahren die Veränderliche v_k in der Basis durch die Veränderliche x_s ersetzen. So wird für alle künstlichen Veränderlichen in der Basis vorgegangen.   □

Wir fassen nun die Ergebnisse dieses Abschnittes mit dem Simplexalgorithmus zusammen und erhalten die zweiphasige Simplexmethode. Der Name zweiphasige Methode ist naheliegend, da bei einem L.P. in allgemeiner Form zuerst eine zulässige Basislösung gefunden werden muß (Phase 1) und dann der Simplexalgorithmus angewandt werden kann (Phase 2).

Satz 3: (Die zweiphasige Simplexmethode) Es sei ein L.P. in Standardform gegeben. Weiter gelte Rang $(A) = m$ und $b \geqq 0$.

$$(P) \quad \begin{aligned} cx &= z(\max!) \quad \text{unter den Nebenbedingungen} \\ Ax &= b \quad \text{und} \quad x \geqq 0 \, . \end{aligned}$$

Eine optimale Lösung von (P), falls eine solche existiert, ist in zwei Phasen wie folgt zu ermitteln.

Phase 1: Löse das L.P.

$$(P^*) \quad \begin{aligned} -eAx &= q(\min!) - eb \quad \text{unter den Nebenbedingungen} \\ -cx + z &= 0 \\ Ax + Ev &= b \quad \text{und} \quad x, v \geqq 0 \, . \end{aligned}$$

Dieses L.P. besitzt immer eine optimale Lösung.

(1) Gilt für den optimalen Wert der Zielfunktion $q > 0$, so besitzt (P) keine zulässige Lösung $\boxed{\text{Ende}}$.

(2) Gilt für den optimalen Wert der Zielfunktion $q = 0$, so besitzt (P) eine zulässige Lösung.

(a) Ist keine künstliche Veränderliche in der optimalen Basis, streiche die zu den künstlichen Veränderlichen gehörenden Spalten des Simplextableaus und die Zielfunktionszeile. Gehe nach Phase 2.

(b) Sind künstliche Veränderliche in der optimalen Basis enthalten, so eliminiere diese (wie im Beweis zu Satz 2 beschrieben). Dann streiche die zu den künstlichen Veränderlichen gehörenden Spalten des Simplextableaus und die Zielfunktionszeile. Gehe nach Phase 2.

Phase 2: Multipliziere $-\hat{c}x + z = \hat{b}_0$ mit (-1) und bringe z auf die rechte Seite. Löse dann mit einer in Phase 1 erhaltenen zulässigen Basis I das zum Ausgangsproblem (P) äquivalente L.P.

$$\hat{c}x = z(\text{max}!) - \hat{b}_0 \quad \text{unter den Nebenbedingungen}$$

$$x_I + \hat{A}^{N \backslash I} x_{N \backslash I} = \hat{b} \quad \text{und} \quad x \geqq 0$$

mit dem Simplexalgorithmus.

Nun noch einige Bemerkungen zum Vorgehen bei Satz 3. Die Zeile $-cx + z = 0$ muß im Simplextableau nicht mitgeführt werden, wenn zu Beginn von Phase 2 die Zielfunktionszeile $cx = z(\text{max}!)$ bezüglich der in Phase 1 gefundenen Basis ausgeräumt wird. Weiter können wir zur Vereinfachung der Rechnung, die zu einer künstlichen Veränderlichen gehörige Spalte weglassen, sobald diese die Basis verlassen hat.

Das Vorgehen nach Satz 3 wurde in Beispiel 1 numerisch erläutert. Wir wollen noch ein weiteres Beispiel angeben, bei dem es nicht zu Phase 2 kommt.

Beispiel 2: Sei das L.P. explizit gegeben durch

$$x_1 + 5x_2 - 3x_3 + x_4 = z(\text{max}!) \quad \text{unter den Nebenbedingungen}$$
$$\text{(P)} \quad x_1 + 2x_2 + x_3 = 3$$
$$x_1 + x_2 + 3x_3 = 11$$
$$x_1 + 2x_2 + 4x_3 + x_4 = 12 \quad \text{und} \quad x_1, x_2, x_3, x_4 \geqq 0$$

Es liegt keine zulässige Basis vor, so daß mit dem Simplexalgorithmus begonnen werden kann. Wir sehen aber, daß die zu x_4 gehörige Spalte in den Nebenbedingungen bereits ausgeräumt ist. Um eine zulässige Basis für (P) zu finden, falls es eine solche gibt, genügt es also, zwei künstliche Veränderliche v_1, v_2 einzuführen. Im zu (P*) gehörigen Tableau ist dann $I = [4, 5, 6]$ eine zulässige Basis. Sie enthält die Veränderliche x_4, v_1, v_2. Wir führen im folgenden Tableau die Zeilen $-cx + z = 0$ nicht mit.

1	2	3	4	5	6	
x_1	x_2	x_3	x_4	v_1	v_2	b
0	0	0	0	−1	−1	0	(= q)
1	2	1	0	①	0	3
1	1	3	0	0	①	11
1	2	4	①	0	0	12
2	3	4↓	0	0	0	14	(= q)
1	2	[1]	0	①	0	3
1	1	3	0	0	①	11
1	2	4	①	0	0	12
−2	−5	0	0	−4	0	2	(= q)
1	2	①	0	1	0	3
−2	−5	0	0	−3	①	2
−3	−6	0	①	−4	0	0

Mit diesem Tableau, es entspricht (P̃), kann der Simplexalgorithmus nicht gestartet werden, denn die Zielfunktionszeile ist nicht ausgeräumt bezüglich I = [4, 5, 6].

Dieses Tableau gehört zu (P*)

Wir hätten bereits nach der Zielfunktionszeile des letzten Tableaus die Rechnungen abbrechen können, da $\hat{c} \leqq 0$ und q > 0 gilt. Es gibt also keine zulässige Lösung zu (P). Die Nebenbedingungen sind inkonsistent.

Wir wollen im Rahmen einer Einführung nicht weiter auf die vielen Algorithmen eingehen, die rechentechnisch bestimmte Problemstrukturen ausnützen, wie die Dekompositionsverfahren oder die Verfahren, die das primale und das duale Problem gleichzeitig betrachten. Die von Hand rechenbaren Beispiele sind in der Anzahl der Veränderlichen und Nebenbedingungen sehr klein. Die gängigen Computerprogramme für größere Rechner sind in der Lage, und das entspricht durchaus den in Anwendungen geforderten Größenordnungen, Lineare Programme mit einigen tausend Veränderlichen und Nebenbedingungen zu lösen.

Appendix: Trigonometrische Beziehungen

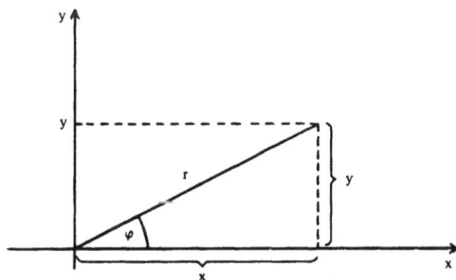

(1) $\sin(\varphi) = \dfrac{y}{r}$, $\cos(\varphi) = \dfrac{x}{r}$, $\text{tg}(\varphi) = \dfrac{y}{x}$ (für $x \neq 0$), $\text{ctg}(\varphi) = \dfrac{x}{y}$ (für $y \neq 0$.)

(2) $180° \triangleq \pi$ Bogenmaß

Winkel	Bogenmaß	sin	cos	tg	ctg
0°	0	0	1	0	–
30°	$\dfrac{\pi}{6}$	$\dfrac{1}{2}$	$\dfrac{\sqrt{3}}{2}$	$\dfrac{1}{\sqrt{3}}$	$\sqrt{3}$
45°	$\dfrac{\pi}{4}$	$\dfrac{1}{\sqrt{2}}$	$\dfrac{1}{\sqrt{2}}$	1	1
60°	$\dfrac{\pi}{3}$	$\dfrac{\sqrt{3}}{2}$	$\dfrac{1}{2}$	$\sqrt{3}$	$\dfrac{1}{\sqrt{3}}$
90°	$\dfrac{\pi}{2}$	1	0	–	0
180°	π	0	-1	0	–
270°	$\dfrac{3\pi}{2}$	-1	0	–	0

(3) Additionssätze für Winkelfunktionen

$\sin(\alpha + \beta) = \sin(\alpha)\cos(\beta) + \cos(\alpha)\sin(\beta)$

$\sin(\alpha - \beta) = \sin(\alpha)\cos(\beta) - \cos(\alpha)\sin(\beta)$

$\cos(\alpha + \beta) = \cos(\alpha)\cos(\beta) - \sin(\alpha)\sin(\beta)$

$\cos(\alpha - \beta) = \cos(\alpha)\cos(\beta) + \sin(\alpha)\sin(\beta)$

$\sin(2\alpha) = 2\sin(\alpha)\cos(\alpha)$

$\cos(2\alpha) = \cos^2(\alpha) - \sin^2(\alpha) = 1 - 2\sin^2(\alpha)$

$\text{tg}(\alpha + \beta) = \dfrac{\text{tg}(\alpha) + \text{tg}(\beta)}{1 - \text{tg}(\alpha)\cdot\text{tg}(\beta)}$

(4) Weitere Beziehungen

$\sin^2(\alpha) + \cos^2(\alpha) = 1$

$\sin(-\alpha) = -\sin(\alpha)$

$\cos(-\alpha) = \cos(\alpha)$

$\sin\left(\dfrac{\pi}{2} - \alpha\right) = \sin\left(\dfrac{\pi}{2} + \alpha\right) = \cos(\alpha)$

$\cos\left(\dfrac{\pi}{2} - \alpha\right) = -\cos\left(\dfrac{\pi}{2} + \alpha\right) = \sin(\alpha)$

$\sin(\alpha \pm 2k\pi) = \sin(\alpha)$ für $k \in \mathbb{N}_0$

$\cos(\alpha \pm 2k\pi) = \cos(\alpha)$ für $k \in \mathbb{N}_0$.

Aufgaben

1. Gegeben seien zwei Aussagen a, b. Bestimmen Sie für alle möglichen Kombinationen der Wahrheitswerte von a, b die Wahrheitswerte folgender Aussageverbindungen:

   a) $(a \wedge (\neg a)) \to b$

   b) $(a \wedge (\neg b)) \to b$

   c) $(a \to b) \quad \to b$

   d) $(a \wedge b) \quad \to a$

   e) $((a \vee b) \wedge (\neg b)) \to a$

2. Zeigen Sie, daß die folgenden „Aussageverbindungen" aus Satz 1 aussagenlogische Äquivalenzen sind:

   a) Distributivgesetz für „ $\wedge$ " und „ $\vee$ "

   b) Regeln von de Morgan

   c) Kontraposition

   d) Distributivgesetz für „ $\to$ "

   e) Widerspruchsbeweis

3. Überprüfen Sie für Aussagen a, b, ob die folgenden Subjunktionen bzw. Bijunktionen tautologisch sind:

   a) $[a \wedge (\neg a)] \to b$

   b) $[(\neg a) \wedge (a \vee b)] \to [(\neg a) \wedge b]$

   c) $(a \to b) \to [(a \wedge (\neg b)) \to (\neg a)]$

   d) $[((\neg a) \to b) \wedge ((\neg a) \to (\neg b))] \to a$

   e) $[(a \wedge b) \vee ((\neg a) \wedge (\neg b))] \leftrightarrow b$

   f) $(a \to b) \leftrightarrow [(a \wedge b) \vee ((\neg a) \wedge (\neg b))]$

4. Die aussagenlogische Verknüpfung „ $\vdash$ " zwischen zwei Aussagen a, b sei durch folgende Wahrheitstafel definiert:

a	b	$a \vdash b$
W	W	F
W	F	W
F	W	W
F	F	F

   Ersetzen Sie die Verknüpfung „ $\vdash$ " durch die Verknüpfungen $\wedge$, $\vee$, $\neg$. Geben Sie eine inhaltliche Interpretation der Verknüpfung „ $\vdash$ ".

5. Eine alte Bauernregel besagt: „Wenn der Hahn kräht auf dem Mist, ändert sich das Wetter oder es bleibt, wie es ist." Geben Sie diese Regel in aussagenlogischer Form an und zeigen Sie, daß es sich um eine Tautologie handelt.

6. Seien a, b, c Aussagen. Beweisen oder widerlegen Sie, daß folgende Aussageverbindung eine Kontradiktion ist:

$$[(a \to b) \wedge (b \to c)] \to [c \to (\neg a)]$$

7. Formalisieren Sie unter Verwendung der Elementaraussagen

A: Ich habe Durst
B: Ich trinke Bier

folgende Aussagen:

a) Wenn ich Durst habe, dann trinke ich Bier.
b) Ich trinke Bier dann und nur dann, wenn ich Durst habe.
c) Ich trinke Bier, wenn ich keinen Durst habe.
d) Ich trinke Bier, ob ich Durst habe oder nicht.

Geben Sie zu a) und b) an, ob es sich beim Durst um eine notwendige, eine hinreichende oder eine notwendige und hinreichende Bedingung für das Biertrinken handelt.

8. Bei der Errichtung eines Ferienzentrums im Ausland sind die Baukosten erheblich höher als ursprünglich veranschlagt. Das ausführende Unternehmen muß daher Konkurs anmelden. Die drei verantwortlichen Projektleiter A, B und C geben vor dem Konkursrichter sich widersprechende Erklärungen über die Gründe des hohen Kostenanstiegs ab. Schließlich sagen sie unter Eid aus:

A: Wenn B lügt, dann sagt C die Wahrheit
B: C lügt
C: A lügt

Welcher Projektleiter leistet einen Meineid?

9. Formalisieren Sie für ein Einprodukt-Unternehmen unter Verwendung der Elementaraussagen:

D: Es liegt ein Durchschnittskostenminimum vor
K: Es liegt ein Grenzkostenminimum vor
G: Es liegt ein kurzfristiges Gewinnmaximum vor

die folgenden ökonomischen Aussagen:

a) Liegt ein Durchschnittskostenminimum vor, so kann kein Grenzkostenminimum vorliegen.
b) Bei einem kurzfristigen Gewinnmaximum liegt ein Grenzkostenminimum vor, aber kein Durchschnittskostenminimum.
c) Das Grenzkostenminimum ist eine notwendige Bedingung für ein kurzfristiges Gewinnmaximum.
d) Ein kurzfristiges Gewinnmaximum ist eine hinreichende Bedingung für ein Grenzkostenminimum.
e) Liegt ein Durchschnittskostenminimum vor, aber kein Grenzkostenminimum, so ist der kurzfristige Gewinn nicht maximal.

10. Bestimmen Sie den Informationsgehalt der Aussagen der Aufgaben 5. und 8.

Zu Kapitel 1, § 2:

1. Ein Würfel wird einmal geworfen. Geben Sie die Menge aller möglichen Ergebnisse an:

   a) durch Aufzählung ihrer Elemente

   b) Angabe von definierenden Eigenschaften

2. Sei $\mathbb{N}$ die Menge der natürlichen Zahlen, d.h. $\mathbb{N} := \{1, 2, \ldots\}$. Geben Sie die folgenden Mengen explizit, d.h. durch Aufzählen ihrer Elemente an.

   a) $A_1 := \{x \in \mathbb{N} | 2x \leqq 7\}$

   b) $A_2 := \{x \in \mathbb{N} | x \leqq 10 \text{ und } x = 3n \text{ mit } n \in \mathbb{N}\}$

   c) $A_3 := \{x \in \mathbb{N} | x \leqq 100 \text{ und } x = n^2 \text{ mit } n \in \mathbb{N}\}$

3. Ein Konsument verfüge über ein Einkommen $y \geqq 0$, mit dem er n Güter $1, \ldots, n$ kaufen kann. x_i bezeichne die gekaufte Menge von Gut i, p_i den festen Preis von Gut i. Beschreiben Sie die Konsummöglichkeiten des Konsumenten durch eine ökonomisch sinnvolle Mengendarstellung.

4. Ein Produzent erstelle n Güter $1, \ldots, n$. x_i bezeichne die produzierte Menge von Gut i, p_i den festen Preis von Gut i. Für jedes Gut existiere eine Kapazitätsgrenze (maximal mögliche Produktion) $c_i > 0$. Beschreiben Sie die Erlösmöglichkeiten des Produzenten durch eine ökonomisch sinnvolle Mengendarstellung.

5. Beweisen Sie die Aussagen aus Satz 2.

6. Beweisen Sie Satz 5, (4): $(C \backslash (A \cap B)) = (C \backslash A) \cup (C \backslash B)$.

7. Für eine Menge A sei $\mathscr{P}(A)$ die Potenzmenge. Es sei $\mathscr{P}(\mathscr{P}(A))$ die Potenzmenge von $\mathscr{P}(A)$ usw. Abkürzend definiert man:

   $$\mathscr{P}^0(A) := A, \quad \mathscr{P}^{n+1}(A) := \mathscr{P}(\mathscr{P}^n(A))$$

   also z.B. $\mathscr{P}^2(A) = \mathscr{P}(\mathscr{P}^1(A)) = \mathscr{P}(\mathscr{P}(A))$.

   a) Bestimmen Sie explizit: $\mathscr{P}^1(\emptyset)$, $\mathscr{P}^2(\emptyset)$, $\mathscr{P}^3(\emptyset)$.

   b) Wie viele Elemente enthält $\mathscr{P}^n(\emptyset)$?

8. Beweisen Sie Satz 7, (2): $A \times (B \cup C) = (A \times B) \cup (A \times C)$.

9. Gegeben seien die Mengen:

   $A := \{1, 2, 3, 4\}, \quad B := \{2, 4, 6\}$

   $C := \{\text{rot, grün, } 3\}, \quad D := \{\S, 6, =\}$

   Geben Sie die folgenden Mengen explizit an:

   a) $A \cup D$

   b) $B \cap A, \ B \cap D$

   c) $A \backslash (B \cup C)$

   d) $B \times C$

   e) $(A \cap B) \times (B \cap D)$

10. Sei B die Menge aller Einwohner (Bevölkerung) eines Landes. Für eine Untersuchung über die Einkommenssituationen werden alle Arbeitnehmer (abhängig Beschäftigte) über 18 Jahren in einer statistischen Erhebung befragt. Beschreiben Sie die Gesamtheit der befragten Personen durch eine geeignete Mengendarstellung.

Nachname, Vorname, Personenkennziffer, Alter (in Jahren), Gehaltsgruppe

Sei A: Menge der Nachnamen, B: Menge der Vornamen, C: Menge der Personenkennziffern, D: Menge der Alter und E: Menge der Gehaltsgruppen

a) Wie lassen sich die Arbeitnehmer anhand der Merkmale durch eine geeignete Menge beschreiben?

b) Im Betrieb gebe es fünf Gehaltsgruppen. Geben Sie die Menge aller Arbeitnehmer an, die 40 Jahre alt sind, in Gehaltsgruppe 3 fallen, 35 Jahre alt sind und in die Gehaltsgruppe 2 fallen.

11. Sei B die Menge aller Einwohner (Bevölkerung) eines Landes. Für eine Untersuchung über die Einkommenssituationen werden alle Arbeitnehmer (abhängig Beschäftigte) über 18 Jahren in einer statistischen Erhebung befragt. Beschreiben Sie die Gesamtheit der befragten Personen durch eine geeignete Mengendarstellung.

Zu Kapitel 1, § 3:

1. Sei $A := \{a, b\}$. Bilden Sie die Allrelation und die Gleichheitsrelation zu $\mathscr{P}(A)$.

2. Beweisen Sie Satz 1.

3. Sei $A := \{1, 2, 3, 4, 6, 7\}$. Auf A seien die folgenden Relationen R_1 und R_2 definiert

$$(x, y) \in R_1 :\Leftrightarrow x - y = 2n, \quad n \in \mathbb{N}$$

$$(x, y) \in R_2 :\Leftrightarrow \frac{x}{y} \in \mathbb{N}$$

a) Geben Sie R_1 und R_2 explizit an.

b) Bilden Sie $R_1 \cap R_2$

c) Welche der Ihnen bekannten Eigenschaften besitzen R_1 und R_2?

4. Die Belegschaft eines Betriebes bestehe aus dem Generaldirektor G, zwei gleichberechtigten Vizedirektoren V_1, V_2, von denen V_1 für den kaufmännischen und V_2 für den produktionstechnischen Bereich zuständig ist, einem Oberbuchhalter 0 und drei gleichberechtigten Buchhaltern B_1, B_2, B_3 im kaufmännischen Bereich sowie einem Vorarbeiter VA und zwei gleichberechtigten Arbeitern A_1, A_2 im Produktionsbereich.

Betrachten Sie auf der Menge der Belegschaftsmitglieder die Relation „ist Vorgesetzter von".

a) Geben Sie die Relation explizit an.

b) Welche der Ihnen bekannten Eigenschaften besitzt die Relation?

5. Sei A Menge und seien R, S, T $\subset$ A $\times$ A
   Beweisen Sie, daß gilt

   a) $(R \cap S) \circ T \subset (R \circ T) \cap (S \circ T)$,
      $T \circ (R \cap S) \subset (T \circ R) \cap (T \circ S)$.
   b) $(R \cup S) \circ T = (R \circ T) \cup (S \circ T)$,
      $T \circ (R \cup S) = (T \circ R) \cup (T \circ S)$.
   c) Sei A = {1, 2}. Geben Sie ein Beispiel an, bei dem
      $(R \cap S) \circ T \neq (R \circ T) \cap (S \circ T)$ gilt.

6. Sei A := {$2^n \mid n \in \mathbb{N} \cup \{0\}$}. Eine Relation R in A sei gegeben durch

   $(x, y) \in R :\Leftrightarrow |x - y| \leq 29$

   Prüfen Sie, ob R eine Äquivalanzrelation ist und geben Sie gegebenenfalls die
   zugehörige Zerlegung an.

7. Sei A := {1, 2, 3} und R $\subset$ A $\times$ A eine Äquivalenzrelation. Die zu R zugehörige
   Zerlegung sei

   $Z := \{\{1\}, \{2, 3\}\}$.

   Geben Sie R explizit an.

8. Sei A := {$a_1, \ldots, a_n$} die Menge aller Äpfel, die im August 1980 im Dorf „Apfel-
   traum" geerntet wurde. Auf A seien die Relationen H und B wie folgt definiert:

   $(a_i, a_j) \in H :\Leftrightarrow a_i$ und a_j gehören derselben Handelsklasse an

   $(a_i, a_j) \in B :\Leftrightarrow a_i$ und a_j wurden vom selben Bauern geerntet.

   a) Zeigen Sie, daß H und B Äquivalenzrelationen sind.
   b) Nehmen Sie an, es gäbe drei Handelsklassen. Geben Sie die zu H und B
      zugehörigen Zerlegungen an.
   c) Wann stehen die Elemente a_i, $a_j \in A$ zueinander in Relation H $\cap$ B?

9. Sei E die Menge der Erwerbspersonen in der Bundesrepublik am 1. Juli 1981
   und G eine Relation auf E, die wie folgt definiert ist:
   $(x, y) \in G :\Leftrightarrow x$ und y gehören derselben Gewerkschaft an (x, y $\in$ E).
   Prüfen Sie, ob G eine Äquivalenzrelation ist.

10. Angenommen, die Berufstätigen in der Bundesrepublik wurden am 1. Juli 1980
    nach folgenden Berufsgruppen unterschieden: Arbeiter, Angestellte, Beamte,
    Selbständige, Stellt diese Unterteilung einer Zerlegung bzgl. der Menge der
    Erwerbspersonen in der Bundesrepublik am 1. Juli 1980 dar? Begründen Sie
    Ihre Antwort.

11. Für die Menge M = {a, b, c, d, e} seien 3 verschiedene Präordnungen durch die
    folgenden Relationsgraphen gegeben. Wegen der Übersichtlichkeit wurden in
    den einzelnen Punkten die „Schlingen" weggelassen. Bestimmen Sie jeweils die
    Menge der minimalen, der maximalen, der kleinsten und der größten Elemente.

a)

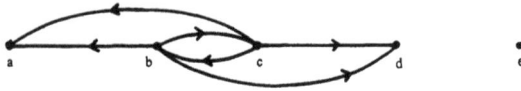

Ausgeschrieben lautet die Relation wie folgt:

$R = \{(a, a), (b, a), (c, a), (b, b), (c, c), (b, c), (c, b), (c, d), (b, d), (d, d), (e, e)\}$.

b)

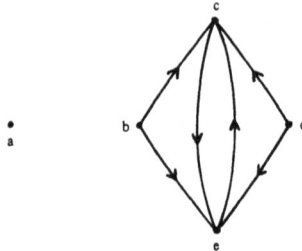

c)

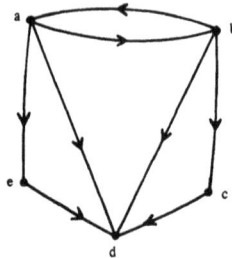

12. Sei $A := \{1, 2, 3, 4\}$, $B := \{1, 2, 3, 4, 5, 6\}$.

a) Welche der folgenden Relationen $f \subset A \times B$ sind funktional?

a1) $f = \{(1, 2), (1, 3), (1, 4), (1, 6), (2, 1), (2, 5)\}$

a2) $f = \{(2, 1), (4, 1), (3, 2), (1, 2)\}$

a3) $f = \{(1, 6), (3, 5), (4, 4), (2, 1)\}$

b) Bilden Sie zu f die inversen Relationen f^{-1}. Welche der Relationen f^{-1} sind funktional?

c) Untersuchen Sie, welche Eigenschaften die funktionalen Relationen in a) besitzen.

13. Seien $f_1 : \mathbb{R} \to \mathbb{R}$ gegeben durch $f_1(x) = 3x - 2$ und $f_2 : \mathbb{R} \to \mathbb{R}$ gegeben durch $f_2(x) = x^3$. Zeigen Sie, daß f_1 und f_2 eineindeutige Funktionen sind.

14. Seien $f : \mathbb{R} \to \mathbb{R}$ gegeben durch $x \mapsto f(x) = x^2$ und $g : \mathbb{R} \to \mathbb{R}$ gegeben durch $y \mapsto g(y) = \sin(y)$. Bestimmen und zeichnen Sie $g \circ f$ und $f \circ g$.

15. Seien A, B, C nichtleere Mengen und $f : A \to B$ und $g : B \to C$ zwei Funktionen. Zeigen Sie, daß gilt:

($g \circ f : A \to C$ ist injektiv) $\Rightarrow$ (f ist injektiv).

Zu Kapitel 1, § 4:

1. Zeigen Sie mittels vollständiger Induktion, daß für $n \in \mathbb{N}$ und $a \in \mathbb{R}$, $a > -1$, gilt

a) $\sum\limits_{i=0}^{n} i(i+1) = \frac{1}{3} n(n+1)(n+2)$

b) $(1+a)^n \geq 1 + na$

c) $n! > 2^n$ für $n \geq 4$

   ($n! := 1 \cdot 2 \cdot \ldots \cdot (n-1)n$; sprich: n-Fakultät)

2. Ein Kunde zahlt einen Kapitalbetrag von K DM auf ein Sparkonto ein. Die Bank verzinst den eingezahlten Betrag mit p Prozent pro Jahr. Werden die Zinsen nicht entnommen und wird das eingezahlte Kapital nicht reduziert, so ergibt sich nach n Jahren ($n \geq 1$) ein Guthaben von

$$K_n = \left(1 + \frac{p}{100}\right)^n K$$

für den Kunden. Weisen Sie dies mittels vollständiger Induktion nach.

3. Beweisen Sie Satz 2, (2), (4), (5).

4. Bestimmen Sie die Menge aller $x \in \mathbb{R}$ mit der Eigenschaft

a) $|x+2| < 2x - 5$

b) $\dfrac{x^2 + 3}{|x-2|} < 0$; $x \neq 2$

c) $|3x - 1| = 2x + 5$

d) $|x - a| < r$ mit $a \in \mathbb{R}$ und $r > 0$

5. Sei $z_1 := 5 + 2i$, $z_2 := 3 - 4i$. Bestimmen Sie

a) $z_1 + z_2$, $z_1 - z_2$

b) $z_1 \cdot z_2$, $\dfrac{z_1}{z_2}$.

6. Bestimmen Sie alle reellen und komplexen Lösungen der Gleichung $x^4 - 1 = 0$.

Zu Kapitel 2, § 1:

1. Sei $M := \{f \,|\, f : \mathbb{R} \to \mathbb{R}$ injektiv$\}$. Ist M mit den in Beispiel 5. gegebenen Verknüpfungen ein Vektorraum?

2. Zeigen Sie, daß die Menge, die nur die Funktion $f : \mathbb{R} \to \mathbb{R}$ gegeben durch $x \mapsto f(x) = 0 \,\forall\, x \in \mathbb{R}$ mit den in Beispiel 5. gegebenen Verknüpfungen ein Vektorraum ist.

3. Zeigen Sie für Beispiel 5., daß die Eigenschaften (8)–(10) aus Definition 4 erfüllt sind.

4. Zeigen Sie für Beispiel 6., daß $(V, \mathbb{R}, +, \cdot)$ tatsächlich ein Vektorraum ist.

Zu Kapitel 2, § 2:

1. Geben Sie eine 3×3 Matrix an, die nicht die Nullmatrix ist und für die gilt: $A = -A'$.

2. Gegeben seien die Matrizen

$$A := \begin{pmatrix} 1 & -3 & 5 \\ 2 & 4 & -6 \end{pmatrix} \quad B := \begin{pmatrix} 1 & 2 & -3 \\ -6 & 5 & 4 \end{pmatrix} \quad C := \begin{pmatrix} 6 & 5 \\ -4 & 3 \\ 2 & 1 \end{pmatrix}$$

a) Welche der folgenden Matrixoperationen sind definiert: $A + B$, $A + C$, $A' + C$, AB, AC, $B'A$, $C'B'$?

b) Berechnen Sie die in a) definierten Matrizen.

3. Sei $a := (2, -4, 5, -2)$. Berechnen Sie $\|a\|$.

4. Seien $a, b \in \mathbb{R}^n$. Zeigen Sie, daß gilt:
$$\|a + b\| \geqq \|a\| - \|b\|$$

5. Gegeben seien die Vektoren
$$x = (1/2, \ 1/2\sqrt{3})'$$
$$y = (1/2\sqrt{3}, \ c)' \text{ mit } c \in \mathbb{R}.$$
Bestimmen Sie c so, daß x und y orthogonal sind.

6. Beweisen Sie die Gültigkeit des Assoziativgesetzes für Matrixmultiplikationen (Satz 8 (1)).

7. Beweisen Sie die Gültigkeit der Distributivgesetze für Matrizen (Satz 9).

Zu Kapitel 2, § 3:

1. Ein Betrieb stellt mittels zwei Rohstoffen R_1 und R_2 in einer ersten Produktionsstufe die Zwischenprodukte Z_1 Z_2 und Z_3 her. In einer zweiten Stufe werden aus diesen Zwischenprodukten die Endprodukte E_1 und E_2 gefertigt. Der notwendige Materialeinsatz pro erzeugter Einheit in beiden Stufen wird durch die folgenden Matrizen gegeben:

	Z_1	Z_2	Z_3
R_1	1	4	5
R_2	2	3	6

	E_1	E_2
Z_1	1	3
Z_2	5	3
Z_3	4	1

a) Stellen Sie die Gesamtmaterialverbrauchsmatrix auf, die angibt, wie hoch die notwendige Einsatzmenge jedes Rohstoffs pro Einheit des Endprodukts ist.

b) Wie groß ist der Rohstoffbedarf, wenn der Betrieb 1000 Einheiten von E_1 und 1200 Einheiten von E_2 herstellen will?

2. Aus zwei Rohstoffen R_1 und R_2 werden in einem zweistufigen Produktionsprozeß zunächst die Zwischenprodukte Z_1 und Z_2 (Verbrauchsmatrix A) und mit diesen die Endprodukte E_1 und E_2 hergestellt (Verbrauchsmatrix B). Wie viele Mengeneinheiten x_1, x_2 der Endprodukte E_1 und E_2 können hergestellt werden, wenn von R_1 genau $r_1 = 3$ und von R_2 genau $r_2 = 4$ Mengeneinheiten vorhanden sind?

$$A = \begin{pmatrix} 0,1 & 0,2 \\ 0,3 & 0,1 \end{pmatrix} \quad B = \begin{pmatrix} 0,1 & 0,3 \\ 0,2 & 0,2 \end{pmatrix}$$

Zu Kapitel 2, § 4:

1. Sei $(V, \mathbb{R}, +, \cdot)$ ein Vektorraum mit
   $V := \{f \mid f : \mathbb{R} \to \mathbb{R}\}$ und seien
   $M_1 := \{f \in V \mid f(0) = 0\}$
   $M_2 := \{f \in V \mid f(x) = f(-x)\}$
   $M_3 := \{f \in V \mid f(x) \geqq 0\}$
   $M_4 := \{f \in V \mid f(x + y) = f(x) + f(y)\}$
   Teilmengen von V. Welche der Mengen $M_1, \ldots, M_4$ bilden einen Unterraum von $(V, \mathbb{R}, +, \cdot)$?

2. Beweisen Sie: $\tilde{V}$ ist Unterraum von $(V, \mathbb{R}, +, \cdot)$ genau dann, wenn (1) $\tilde{V} \neq \emptyset$, (2) für $\alpha, \beta \in \mathbb{R}$ und $x, y \in \tilde{V}$ gilt $\alpha x + \beta y \in \tilde{V}$.

3. Sei $(V, \mathbb{R}, +, \cdot)$ ein Vektorraum.
   a) Zeigen Sie, daß der Durchschnitt von beliebig vielen Unterräumen von V wiederum ein Unterraum von V ist.
   b) Sei $V := \mathbb{R}^2$. Zeigen Sie, daß
   $U := \{(x, y) \in \mathbb{R}^2 \mid (x, y) = \lambda(1,1) \text{ mit } \lambda \in \mathbb{R}\}$ ein Unterraum des $\mathbb{R}^2$ ist.

4. Sei A eine $n \times n$ Matrix und $T : \mathbb{R}^n \to \mathbb{R}^n$ definiert durch $x \mapsto T(x) = Ax$.
   a) Zeigen Sie, daß für $x, y \in \mathbb{R}^n$ und $\mu, \lambda \in \mathbb{R}$ gilt:
   $T(\mu x + \lambda y) = \mu T(x) + \lambda T(y).$
   b) Zeigen Sie, daß $\{x \in \mathbb{R}^n \mid T(x) = 0\}$ ein Unterraum des $\mathbb{R}^n$ ist (0 : Nullvektor).

5. Gegeben seien die Vektoren $v_1 := (2, 1, 0)'$, $v_2 := (0, 1, 2)'$ und $v_3 := (1, 2, 3)'$. Prüfen Sie, ob die Menge $\{v_1, v_2, v_3\}$ linear unabhängig ist.

6. Sei $\{v_1, v_2, v_3\} \subset \mathbb{R}^n$ linear unabhängig. Zeigen Sie, daß dann auch $\{v_1, v_2, v_1 + v_3\}$ linear unabhängig ist.

7. Sei $V := \{v_1, v_2, \ldots, v_m\} \subset \mathbb{R}^n$ eine unabhängige Menge. Zeigen Sie, daß jede nichtleere Teilmenge von V wieder linear unabhängig ist.

8. Ein Betrieb benötige zur Herstellung eines Gutes G drei Produktionsfaktoren. Das Gut kann mittels vier schiedener limitationaler Produktionsprozesse P_1, P_2, P_3, P_4 aus den Faktoren hergestellt werden. Die jeweiligen Mengenein-

heiten der Produktionsfaktoren, die zur Produktion einer Einheit von G benötigt werden, ergeben sich wie folgt:

P_1: (0,2; 0,3; 0,4)
P_2: (0,5; 0,0; 0,3)
P_3: (0,4; 0,1; 0,1)
P_4: (0,2; 0,1; 0,6)

a) Prüfen Sie, ob es sich um eine Menge linear unabhängiger Produktionsprozesse handelt.

b) Wenn $\{P_1, P_2, P_3, P_4\}$ nicht linear unabhängig ist, wie groß ist die Maximalzahl der Elemente einer Menge linear unabhängiger Produktionsprozesse?

9. Bestimmen Sie einen Vektor $x = (x_1, x_2, x_3)' \in \mathbb{R}^3$ so, daß die Vektoren $(1, 1, 0)'$, $(0, 0, 1)'$, x eine orthogonale Basis des $\mathbb{R}^3$ bilden.

Zu Kapitel 2, § 5:

1. Zeigen Sie zu Beispiel 1, daß die Lösung $x = (-7/2, 3/2, -1, 0)$ eine Linearkombination der Vektoren w und $\tilde{w}$ ist.

2. Gegeben seien die linearen Gleichungen $A_1 x = b_1$ und $A_2 x = b_2$ mit

$$A_1 = \begin{pmatrix} 2 & 4 & 4 \\ 4 & 6 & 8 \\ 1 & 2 & 3 \end{pmatrix} \quad b_1 = \begin{pmatrix} 1 \\ 3 \\ 5 \end{pmatrix}$$

$$A_2 = \begin{pmatrix} 1 & 2 & 3 \\ 4 & 5 & 6 \end{pmatrix} \quad b_2 = \begin{pmatrix} 1 \\ 2 \end{pmatrix}$$

a) Überprüfen Sie die Lösbarkeit beider Gleichungen.

b) Bestimmen Sie spezielle Lösungen für beide Gleichungen, sofern die Gleichungen lösbar sind.

c) Bestimmen Sie die Lösungsmenge der zu $A_2 x = b_2$ zugehörigen homogenen Gleichung.

d) Bestimmen Sie die Lösungsmenge der Gleichung $A_2 x = b_2$.

3. Bestimmen Sie die Lösungsmenge von

$$\begin{aligned} x_1 + 2x_2 + 3x_3 &= 0 \\ x_1 + 4x_2 + 9x_3 &= 0 \\ 3x_1 + 8x_2 + 15x_3 &= 0 \end{aligned}$$

4. Gegeben sei die lineare Gleichung $Ax = b$ mit

$$A = \begin{pmatrix} 1 & 1 & 1 & 1 \\ 2 & 4 & 3 & -2 \\ 1 & 2 & -2 & 1 \\ 1 & 2 & 1 & -1 \end{pmatrix} \quad b = \begin{pmatrix} 0 \\ 4 \\ 5 \\ 3 \end{pmatrix}.$$

Bestimmen Sie die Lösungsmenge der Gleichung.

5. Gegeben sei die lineare Gleichung $Ax = b$ mit

$$A = \begin{pmatrix} 2 & 1 & 1 & 1 & 1 \\ 1 & 2 & 1 & 2 & 1 \\ 4 & 5 & 3 & 5 & 3 \end{pmatrix} \quad b = \begin{pmatrix} 1 \\ 2 \\ 5 \end{pmatrix}.$$

a) Bestimmen Sie eine spezielle Lösung der Gleichung.

b) Bestimmen Sie die Dimension und eine Basis des Lösungsraumes der zugehörigen homogenen Gleichung.

c) Bestimmen Sie die Lösungsmenge der homogenen Gleichung.

d) Bestimmen Sie die Lösungsmenge der inhomogenen Gleichung

6. Gegeben seien die Vektoren

$$v_1 := (1, 0, 3, 2)' \qquad v_2 := (0, 4, 0, -1)'$$
$$v_3 := (4, -4, 12, 9)' \qquad v_4 := (3, -4, 9, 7)'$$

a) Bestimmen Sie die Dimension des von den genannten Vektoren aufgespannten Untervektorraumes des $\mathbb{R}^4$.

b) Bestimmen Sie eine Basis des von den genannten Vektoren aufgespannten Untervektorraumes.

7. Gegeben seien die Vektoren

$$v_1 := (1, 2, -1)' \qquad v_2 := (-3, -6, 3)'$$
$$v_3 := (2, 1, 3)' \qquad v_4 := (8, 7, 7)'$$

a) Bestimmen Sie die Dimension des von den genannten Vektoren aufgespannten Untervektorraumes.

b) Bestimmen Sie eine Basis des von den genannten Vektoren aufgespannten Untervektorraumes.

8. Bestimmen Sie die Inversen zu

$$A := \begin{pmatrix} 1 & 2 & 3 \\ 1 & 3 & 3 \\ 1 & 2 & 4 \end{pmatrix} \quad B := \begin{pmatrix} 1 & 3 & 2 \\ 2 & 4 & 3 \\ 3 & 5 & 4 \end{pmatrix},$$

falls sie existieren.

Zu Kapitel 2, § 6:

1. Die Abbildung $\varphi : \mathbb{R}^3 \to \mathbb{R}^3$ sei gegeben durch

$$(x_1, x_2, x_3)' \mapsto (x_2 - x_1, x_1, x_2)'$$

a) Zeigen Sie, daß φ eine lineare Abbildung ist.

b) Zeigen Sie, daß φ nicht injektiv und nicht surjektiv ist.

c) Bestimmen Sie eine 3×3 Matrix A so, daß

$$\varphi(x) = Ax.$$

d) Bestimmen Sie den Kern von φ.

2. Gegeben sei die Abbildung:

$\varphi : \mathbb{R}^3 \to \mathbb{R}^2$

$(x_1, x_2, x_3)' \mapsto (x_1 + x_2, x_2 + x_3)'$

a) Zeigen Sie, daß φ eine lineare Abbildung ist.

b) Bestimmen Sie einen Vektor $x = (x_1, x_2, x_3)' \neq 0$ so, daß gilt:
   $\varphi((x_1, x_2, x_3)') = (0, 0)'$

Zu Kapitel 2, § 7:

1. Gegeben sei die Matrix

$$A := \begin{pmatrix} 2 & 4 & 4 \\ 4 & 6 & 8 \\ 1 & 2 & 3 \end{pmatrix}$$

a) Berechnen Sie det (A).

b) Berechnen Sie die Unterdeterminante det (A_{21}) zu $a_{21} = 4$.

c) Berechnen Sie die Adjunkte A_{23} von $a_{23} = 8$.

Zu Kapitel 2, § 8:

Für eine Volkswirtschaft mit $n = 3$ Produktionssektoren sei für ein bestimmtes Jahr die folgende Input-Output-Tabelle berechnet worden

		Sektoren				
		1	2	3	Endnachfrage	Bruttoproduktion
	1	20	40	20	20	100
Sektoren	2	50	20	0	30	100
	3	20	0	20	10	50
Arbeit		20	30	5		

a) Nehmen Sie an, daß die Annahmen eines Input-Output-Modells erfüllt seien und berechnen Sie
   (a1) die Inputkoeffizienten
   (a2) die Arbeitskoeffizienten

b) Wie hoch müßte die Produktion sein, um eine Endnachfrage $(50, 50, 10)$ befriedigen zu können?

c) Nehmen Sie an, der Lohnsatz betrage 2 Geldeinheiten. Welches sind die Gleichgewichtspreise der produzierten Güter?

Zu Kapitel 2, § 9: Eigenwerte

1. Gegeben sei die Matrix

$$A := \begin{pmatrix} 2 & 0 & 0 & 0 \\ 0 & 2 & 0 & 0 \\ 1 & -2 & 0 & -1 \\ 2 & -4 & 1 & 0 \end{pmatrix}.$$

a) Bestimmen Sie das charakteristische Polynom und die charakteristische Gleichung von A.

b) Bestimmen Sie die Eigenwerte und Eigenvektoren zu A.

2. Beweisen Sie Satz 11.

Zu Kapitel 3, § 1:

1. Bestimmen Sie für die gegebenen Folgen $(a_i)_{i \in \mathbb{N}}$ jeweils die Menge aller Häufungspunkte

a) $a_i := 2 - \dfrac{(i-1)}{10}$

b) $a_i := (-1)^i \left(1 - \dfrac{1}{10}\right)$

c) $a_i := \displaystyle\sum_{k=1}^{i} (-1)^k$

2. Gegeben seien die Folgen $(a_i)_{i \in \mathbb{N}}$ mit

$$a_i := \frac{1}{i^2}, \quad b_i := \frac{3i-1}{4i+5} \quad i \in \mathbb{N}$$

a) Bestimmen Sie die zugehörigen Grenzwerte a und b

b) Bestimmen Sie zu $\varepsilon := 0{,}001$ ein $N(\varepsilon) \in \mathbb{N}$ so, daß für alle $i \geq N(\varepsilon)$ gilt $|a_i - a| < \varepsilon$

c) Bestimmen Sie zu $\varepsilon : 0{,}01$ ein $N(\varepsilon) \in \mathbb{N}$ so, daß für alle $i \geq N(\varepsilon)$ gilt $|b_i - b| < \varepsilon$

3. Seien $(a_i)_{i \in \mathbb{N}}$ und $(b_i)_{i \in \mathbb{N}}$ Folgen reeller Zahlen mit den Grenzwerten $a = 1$ bzw. $b = 2$ und der Eigenschaft $a_i \neq b_i$ für alle $i \in \mathbb{N}$. Bestimmen Sie

a) $\displaystyle\lim_{i \to \infty} \frac{a_i^2 - 1}{a_i + 1}$

b) $\displaystyle\lim_{i \to \infty} \frac{(a_i + b_i)^2}{(a_i - b_i)^2}$

4. Bestimmen Sie den Grenzwert der Folge $(a_i)_{i \in \mathbb{N}}$ mit

$$a_i := \sum_{k=1}^{i} \frac{1}{k(k+1)}$$

5. Gegeben seien die ersten 5 Glieder einer Folge:

(i)	2	1,9	1,8	1,7	1,6	...
(ii)	1	-1	1	-1	1	...
(iii)	$\dfrac{1}{2}$	$-\dfrac{2}{3}$	$\dfrac{3}{4}$	$-\dfrac{4}{5}$	$\dfrac{5}{6}$	...
(iv)	0,6	0,66	0,666	0,6666	0,66666	...

a) Bestimmen Sie ein allgemeines Bildungsgesetz für die Folgen (i)–(iv)

b) Untersuchen Sie die Folgen (i)–(iv) auf Beschränktheit und Konvergenz.

6. Bestimmen Sie das Maximum und das Minimum oder, sofern diese nicht existieren, das zugehörige Supremum und Infimum der Folge $(a_i)_{i \in \mathbb{N}}$ mit

(i) $a_i := (-1)^i$

(ii) $a_i := 3 - \dfrac{1}{5}(i-1)$

(iii) $a_i := i + \dfrac{1}{2i}$

(iv) $a_i := \sqrt[i]{2}$ mit $i \geq 2$.

Zu Kapitel 3, § 2:

1. Gegeben sei die Funktion $f : \mathbb{R} \to \mathbb{R}$ durch $f(x) = x^2$.

   a) Zeigen Sie, daß f im Punkt a = 2 stetig ist. Zeigen Sie dies, indem Sie nachweisen, daß es zu einem vorgegebenen $\varepsilon > 0$ ein $\delta > 0$ so gibt, daß für alle x mit $|x - a| < \delta$ gilt: $|f(x) - f(a)| < \varepsilon$.

   b) Bestimmen Sie ein $\delta > 0$ so, daß für alle x mit $|x - 2| < \delta$ gilt: $|f(x) - f(2)| < 0{,}05$.

2. Gegeben seien die Funktionen f_i für $i = 1, 2, 3, 4$ durch

$$x \mapsto f_1(x) = |x| \quad \text{für } x \in \mathbb{R}$$

$$x \mapsto f_2(x) = \frac{x-1}{(x+3)(x-2)} \quad \text{für } x \in \mathbb{R} \backslash \{-3, 2\}$$

$$x \mapsto f_3(x) = \begin{cases} 0 & \text{für } x < -2 \\ x & \text{für } x \in [-1, 1] \\ x^2 & \text{für } x > 1 \end{cases}$$

$$x \mapsto f_4(x) = \begin{cases} 0 & \text{für } x < -1 \\ x & \text{für } x \in [-1, 1] \\ x^2 & \text{für } x > 1 \end{cases}$$

Geben Sie für die Definitionsbereiche die Stellen an, an denen die Funktionen f_i unstetig sind.

Zu Kapitel 3, § 3:

1. Zeigen Sie unter Verwendung von Definition 1, daß die Funktion $f : \mathbb{R} \to \mathbb{R}$ mit $f(x) = x^2$ an der Stelle a = 1 differenzierbar ist. Nehmen Sie dazu an, daß b $= f'(a) = 2$ bekannt sei. Bestimmen Sie $r(x)$ und zeigen Sie, daß $\lim\limits_{\substack{x \to 1 \\ x \neq 1}} r(x) = 0$.

2. Zeigen Sie, daß die Funktion $f : \mathbb{R} \to \mathbb{R}$ mit $f(x) = |x|$ an der Stelle a = 0 nicht differenzierbar ist.

3. Bestimmen Sie die ersten Ableitungen folgender Funktionen f_i gegeben durch:

$f_1(x) = ax^b + c$ für $x > 0$, $a, c \in \mathbb{R}$, $b \in \mathbb{Z}$

$f_2(x) = 4x^5 + 3x^6 - x^2 + 17$

$f_3(x) = 2x^3(x^4 - 3x^2 + 7)$

$f_4(x) = \sin(x) \cdot \cos(x)$

$f_5(x) = x^2 \ln(x)$ für $x > 0$

$f_6(x) = (a^2 + bx^2)^3 x^4$ mit $a, b \in \mathbb{R}$

$f_7(x) = \dfrac{x^2 + 4x - 3}{x - 1}$ für $x \neq 1$

$f_8(x) = x \ln(x) \cdot \sin(x)$ für $x > 0$

$f_9(x) = \sin(x^2 \cos(x))$

$f_{10}(x) = x^x$ für $x > 0$.

4. Gegeben seien die Funktionen f_i für $i = 1, 2, 3$ durch

$f_1(x) = e^x$ für $x \in \mathbb{R}$

$f_2(x) = x \ln(x)$ für $x > 0$

$f_3(x) = ax^b + c$ für $x > 0$ und $a, b, c \in \mathbb{R}$

a) Bestimmen Sie jeweils die Differentiale $df_i(a, h)$ an der Stelle $a = 1$.

b) Bestimmen Sie jeweils die Tangente zu f_i an der Stelle $a = 1$.

5. Gegeben sei die Funktion $f : (0, \infty) \to \mathbb{R}$ mit $f(x) := x^x$
   a) Bestimmen Sie das Differential $df(a, h)$ an den Stellen $a = 1$ und $a = 2$.
   b) Bestimmen Sie die Tangente zu f an den Stellen $a = 1$ und $a = 2$.

6. Die Funktion $f :]0, \pi[\to \mathbb{R}$ sei gegeben durch $f(x) = \cos(x)$. f besitzt die Umkehrfunktion $f^{-1} :]-1, +1[\to \mathbb{R}$ mit $f^{-1}(y) = \arccos(y)$.
   a) Differenzieren Sie f^{-1}.
   b) Bestimmen Sie das Differential $df^{-1}(a, h)$ an der Stelle $a = 0$.
   c) Bestimmen Sie die Tangente zu f^{-1} an der Stelle $a = 0$.

7. Seien $q \in \mathbb{R}$ mit $|q| < 1$ und $n \in \mathbb{R}$.

   Zeigen Sie für die Reihe $\sum\limits_{i=1}^{\infty} i^n q^i$

   a) daß sich die Konvergenz nicht mit dem Quotientenkriterium nachweisen läßt
   b) die Konvergenz.

Zu Kapitel 3, § 4:

1. Bestimmen Sie die zweiten Ableitungen folgender Funktionen $f_i : \mathbb{R} \to \mathbb{R}$ gegeben durch

   $f_1(x) = (3x^4 - 2x^2 + 20)^3$

   $f_2(x) = \sin(x^2)$

   $f_3(x) = \cos^2(x)$

   $f_4(x) = x^2 \exp(x^2)$.

2. Bestimmen Sie alle lokalen Extrema der Funktion $f : [0, \infty[\to \mathbb{R}$ gegeben durch

$$f(x) = \begin{cases} 1 & \text{falls } x = 0 \\ x^x & \text{falls } x > 0 \end{cases}$$

und untersuchen Sie, ob es sich um lokale Minima oder Maxima handelt.

3. Bestimmen Sie alle lokalen Extrema der Funktion $f : \mathbb{R} \setminus \{0\} \to \mathbb{R}$ gegeben durch $f(x) = -3x^2 + \ln(|x|)$ und untersuchen Sie, ob es sich um lokale Minima oder Maxima handelt.

4. Ein Monopolist stelle ein Gut X her, für welches die Preis-Absatzfunktion

$$p(x) = \frac{64}{x+1} \quad \text{für } x > 0$$

gelte (x : abgesetzte Menge des Gutes X beim Preis $p(x)$.
Der Monopolist produziere das Gut X kurzfristig zu konstanten Grenzkosten von 9 DM und Fixkosten von 10 DM.

a) Bestimmen Sie die Gewinnfunktion des Monopolisten und die gewinnmaximale Verkaufsmenge x_{max} sowie den Preis, den Erlös, die Kosten und den Gewinn des Monopolisten.

b) Bestimmen Sie den zugehörigen Grenzerlös und vergleichen Sie ihn mit den Grenzkosten.

5. Ein Produzent kann sein Produkt X zu einem festen Preis $p = 30$ pro Einheit verkaufen. Seine Kostenfunktion für x produzierte Einheiten lautet

$$K(x) := \begin{cases} x^3 + \dfrac{3}{2}x^2 + 12x + 32 & \text{falls } x > 0 \\ 0 & \text{falls } x = 0. \end{cases}$$

a) Bestimmen Sie die lokalen Minima und Maxima der Gewinnfunktion.

b) Wie groß ist der Gewinn im globalen Gewinnmaximum und wie viele Einheiten soll der Produzent herstellen?
(Hinweis: Machen Sie eine Skizze)

6. Bestimmen Sie für die Funktion $f : \mathbb{R} \to \mathbb{R}$ gegeben durch

$$x \mapsto f(x) = x^3 + 3x^2 - 24x - 2$$

alle lokalen Extrema und die Wendepunkte, sofern vorhanden. In welchen Fällen handelt es sich um lokale Minima, in welchen um lokale Maxima? In welchen Fällen handelt es sich um globale Extrema?

7. Bestimmen Sie die lokalen Extrema (unter Angabe der Minima und Maxima) und die Wendepunkte der Funktion $f :]-3, 3[\to \mathbb{R}$ gegeben durch $x \mapsto f(x) = x^4 - 2x^2$.

8. Bestimmen Sie die lokalen Extrema (unter Angabe der Minima und Maxima), die Wende- und Sattelpunkte der Funktion $f :]0, 2\pi[\to \mathbb{R}$ gegeben durch $x \mapsto f(x) = \sin(x) + 0,5 \cdot \sin(2x)$.
(Hinweis: Benutzen Sie die Identität $\cos(2x) = \cos^2(x) - \sin^2(x)$.)

9. Bestimmen Sie die Monotonieeigenschaften folgender Funktionen $f_i : \mathbb{R} \to \mathbb{R}$ gegeben durch

$$x \mapsto f_1(x) = x^2$$
$$x \mapsto f_2(x) = x^3$$
$$x \mapsto f_3(x) = -(x^3)$$
$$x \mapsto f_4(x) = \begin{cases} x & \text{für } x < 0 \\ 1 & \text{für } x \geq 0. \end{cases}$$

10. Zeigen Sie, daß die Funktion $f : \mathbb{R} \to \mathbb{R}$ mit $x \mapsto f(x) = x^2$ konvex ist.

Zu Kapitel 3, § 5:

1. Untersuchen Sie die Folgen $(a^{(i)})_{i \in \mathbb{N}}$ auf Konvergenz und bestimmen Sie gegebenenfalls die Grenzwerte

a) $a^{(i)} := \left(\dfrac{2}{i^2+1}, \dfrac{3}{i(i+2)}, \dfrac{3i+2}{5i+6} \right)'$

b) $a^{(i)} := \left(\dfrac{3i^2+5}{7i+1}, (-1)^i \left(1 - \dfrac{1}{i}\right), \dfrac{2^i}{i!} \right)'$

c) $a^{(i)} := \left(\dfrac{i}{i+1}, (-1)^i \dfrac{i}{i+1} \right)'$

d) $a^{(i)} := \left(\dfrac{i}{i+1}, \left| (-1)^i \dfrac{1}{i+1} \right| \right)'.$

2. Untersuchen Sie die Stetigkeit der Funktionen

$f_1 : \mathbb{R}^2 \to \mathbb{R}$ mit $(x_1, x_2)' \mapsto (x_1^2 + x_2^2)$
$f_2 : \mathbb{R}^3 \to \mathbb{R}^2$ mit $(x_1, x_2, x_3)' \mapsto (x_1 x_2, x_3 - x_1)'$

3. Die Funktion $f : \mathbb{R}^2 \to \mathbb{R}$ sei gegeben durch

$$f(x_1, x_2) = \begin{cases} \dfrac{2x_1 x_2}{x_1^2 + x_2^2} & \text{für } x_1^2 + x_2^2 > 0 \\ 0 & \text{für } x_1 = x_2 = 0 \end{cases}$$

a) Untersuchen Sie für $a \in \mathbb{R} \setminus \{0\}$ die Stetigkeit der Funktion $f(a, x_2)$
b) Untersuchen Sie die Stetigkeit von f an der Stelle $a = (0, 0)$.

4. Beweisen Sie Satz 9.

5. Beweisen Sie Satz 10.

6. Beweisen Sie Satz 11.

7. Bilden Sie alle partiellen Ableitungen der Funktionen f_i gegeben durch

$(x_1, x_2, x_3) \mapsto f_1(x_1, x_2, x_3) = x_1 \cdot \exp(x_2 \cdot x_3)$
$(x_1, x_2, x_3) \mapsto f_2(x_1, x_2, x_3) = \sqrt{x_1^2 + x_2^2 + x_3^2}$ für $x_1^2 + x_2^2 + x_3^2 > 0$
$(x_1, x_2, x_3, x_4) \mapsto f_3(x_1, x_2, x_3, x_4) = x_1 \sin(x_4)$
$(x_1, x_2) \mapsto f_4(x_1, x_2) = \sin(x_1) \cdot \exp[\sin(x_1) \cdot \cos(x_2)]$

8. Gegeben seien die Funktionen $f_1 : \mathbb{R}^2 \to \mathbb{R}$ und $f_2 : \mathbb{R}^3 \to \mathbb{R}$ durch

$(x_1, x_2) \mapsto f_1(x_1, x_2) = x_1^3 x_2 + x_1^2 x_2^2 + x_1 x_2^2$

$(x_1, x_2, x_3) \mapsto f_2(x_1, x_2, x_3) = x_1 \sin(x_2) + x_2 \cdot \sin(x_3) + x_3 \cdot \sin(x_1)$

a) Bestimmen Sie die Ableitungen Df_1 und Df_2.

b) Bestimmen Sie das (totale) Differential von f_1 an der Stelle $a = (a_1, a_2)' \in \mathbb{R}^2$ bzw. von f_2 an der Stelle $a = (a_1, a_2, a_3)' \in \mathbb{R}^3$

9. Die Funktion $f : \mathbb{R}^2 \to \mathbb{R}$ sei gegeben durch

$f(x_1, x_2) = x_1^2 + x_2^2 + 2x_1 x_2$.

Bestimmen Sie die Tangentialabbildung von f an der Stelle $a = (1,1)$.

10. Die Funktion $f : \mathbb{R}_+ \times \mathbb{R}_+ \times \mathbb{R} \to \mathbb{R}^2$ sei gegeben durch

$(x_1, x_2, x_3)' \mapsto (\ln(x_1 + x_2), x_1 x_2 e^{x_3})'$.

Bestimmen Sie die Ableitung von f an der Stelle $a = (1, 1, 0)'$.

11. Die Funktion $f : \mathbb{R}^3 \to \mathbb{R}^2$ sei gegeben durch

$(x_1, x_2, x_3)' \mapsto (\sin(x_1 x_2), x_2 e^{x_3})'$.

Bestimmen Sie die Ableitung Df.

12. Die Funktion $f : \mathbb{R}^3 \to \mathbb{R}^2$ sei gegeben durch

$$(x_1, x_2, x_3)' \to \begin{pmatrix} x_1^2 - x_3 \\ (x_1 x_2)^2 + x_1 x_2 x_3 \end{pmatrix}$$

Bestimmen Sie die Ableitung Df.

13. Sei $f : \mathbb{R}^2 \to \mathbb{R}$ gegeben durch $(x_1, x_2) \mapsto f(x_1, x_2) = x_1 \sin(x_2)$.

Bestimmen Sie die Ableitung $D\left(\dfrac{1}{f}\right)(a)$ an der Stelle $a = \left(2, \dfrac{\pi}{2}\right)'$.

14. Die Funktion $f : \mathbb{R}^2 \to \mathbb{R}^3$ sei gegeben durch

$(x_1, x_2)' \to (x_1 \sin(x_2), x_1 \cos(x_2), \exp(x_1^2 + x_2^2))'$

die Funktion $g : \mathbb{R}^3 \to \mathbb{R}^2$ durch

$(y_1, y_2, y_3)' \mapsto (y_1 + y_2, y_3)'$.

Bestimmen Sie mit Hilfe der Kettenregel für ein beliebiges $a \in \mathbb{R}^2$ die Ableitung $D(g \circ f)(a)$.

15. Die Funktion $f : \mathbb{R}^2 \to \mathbb{R}$ sei gegeben durch

$f(x_1, x_2) := x_1 \cdot \exp(x_1 x_2)$.

Bestimmen Sie die Hesse-Matrix von f an der Stelle $a = (1,1)$.

16. Die Funktion $f : \mathbb{R} \times \mathbb{R} \times \mathbb{R}_+ \to \mathbb{R}$ sei gegeben durch

$f(x_1, x_2, x_3) := 3x_1^2 \, 3^{(x_2^2 + 1)} \ln(x_3)$.

Bestimmen Sie die Hesse-Matrix von f an der Stelle $a = (1, 1, 1)$.

Zu Kapitel 3, § 6:

1. Die Funktionen $f_i : \mathbb{R}^2 \to \mathbb{R}$ mit $i = 1, 2, 3$ seien gegeben durch

   a) $f_1(x_1, x_2) := x_1^2 + x_2^2 - 6x_1 - 6x_2 + 10$

   b) $f_2(x_1, x_2) := x_1^3 + x_2^3 + 3x_1 x_2$

   c) $f_3(x_1, x_2) := \dfrac{\sin(x_1)}{1 + x_2^2}$.

   Bestimmen Sie alle lokalen Extrema von f_1, f_2, f_3 und geben Sie an, ob es sich um Minima oder Maxima handelt.

2. Die Funktion $f : \mathbb{R}^3 \to \mathbb{R}$ sei gegeben durch

   $f(x_1, x_2, x_3) := x_1^2 + x_2^2 + 2x_3^2 - 6x_1 - 2x_2 x_3$.

   Bestimmen Sie alle lokalen Extrema von f und geben Sie an, ob es sich um Minima oder Maxima handelt.

3. Die Funktion $f : \mathbb{R}^2 \to \mathbb{R}$ sei gegeben durch

   $f(x_1, x_2) := \dfrac{2}{3}x_1^3 + x_2^2 + x_1 x_2$.

   Bestimmen Sie die lokalen Extrema von f und geben Sie an, ob es sich um Minima oder Maxima handelt.

4. Ein Monopolist stelle zwei substitutive Güter X_1 und X_2 her. Die Preis-Absatz-funktion für X_1 und X_2 seien gegeben durch

   $x_1 = 20 - 4p_1 + 2p_2$ für $4p_1 - 2p_2 < 20$

   $x_2 = 10 + p_1 - p_2$ für $-p_1 + p_2 < 10$

   Hierbei bezeichnet x_i die abgesetzte Menge des Gutes X_i, beim Preis p_i für i $= 1, 2$. Die Gesamtkostenfunktion des Monopolisten laute

   $K(x_1, x_2) = \dfrac{3}{2}x_1^2 + 2x_2^2 + \dfrac{1}{2} + \dfrac{1}{2}x_1 x_2$.

   Bestimmen Sie die gewinnmaximalen Absatzmengen für beide Güter und den maximalen Gewinn des Monopolisten.

5. Ein Monopolist kann sein Produkt X auf zwei getrennten Märkten 1 und 2 verkaufen, auf denen folgende Preis-Absatzfunktionen gelten:

   Markt 1: $p_1 = 80 - 5x_1$ $0 \leqq x_1 \leqq 16$

   Markt 2: $p_2 = 180 - 20x_2$ $0 \leqq x_2 \leqq 9$.

   Hierbei bezeichnet p_i den Preis des Produkts X (in DM) auf Markt i beim Absatz der Menge $x_i (i = 1, 2)$. Der Monopolist produziert kurzfristig zu konstanten Grenzkosten von 20 DM und Fixkosten von 75 DM.
   Welche Mengen und zu welchen Preisen muß der Monopolist auf den Märkten 1 und 2 anbieten, um seinen Gewinn zu maximieren? Wie hoch ist sein maximaler Gewinn?

Zu Kapitel 3, § 7:

1. Die Funktion $f : \mathbb{R}^4 \to \mathbb{R}$ sei gegeben durch

$$f(x_1, x_2, x_3, x_4) := x_1 + x_2 + x_3 + x_4.$$

Bestimmen Sie mit der Methode von Lagrange die Stellen, an denen f unter den Nebenbedingungen

$$x_1^2 + x_2^2 = 8$$
$$x_3^2 + x_4^2 = 2$$

möglicherweise ein lokales Extremum annimmt.

2. Die Produktionsfunktion für ein Produkt P eines Betriebes sei gegeben durch

$$Y = f(K, L) = 2 KL.$$

(Y : Produktionsmenge von P; K : Einsatzmenge des Produktionsfaktors Kapital; L : Einsatzmenge des Produktionsfaktors Arbeit).
Eine Einheit des Produktionsfaktors Arbeit koste 0,5 Geldeinheiten, eine Einheit Kapital 2 Geldeinheiten. Die Fixkosten betragen 2 Geldeinheiten.

a) Stellen Sie die zugehörige Kostenfunktion auf.

b) Bestimmen Sie mit der Methode von Lagrange diejenige Inputkombination K_{min}, L_{min}, bei der ein Output von $Y = 4$ zu minimalen Kosten produziert wird.

c) Welchen Einfluß haben die Fixkosten auf die Stelle (K_{min}, L_{min})? (Begründung!)

3. Ein Haushalt möge zwei Konsumgüter X_1 und X_2 kaufen können. Die Nutzenfunktion $u : \mathbb{R}_+ \times \mathbb{R}_+ \cup \{(0,0)'\} \to \mathbb{R}$ des Haushalts in Abhängigkeit von den gekauften Gütermengen x_1 und x_2 sei gegeben durch

$$u(x_1 \cdot x_2) := \sqrt{x_1 \cdot x_2}.$$

Die Preise von X_1 und X_2 seien $p_1 = 5$ und $p_2 = 15$. Der Haushalt verfüge über ein Einkommen von $y = 300$ Geldeinheiten.
Bestimmen Sie mit der Methode von Lagrange die Mengenkombination von X_1 und X_2, bei denen die Nutzenfunktion ein lokales Extremum annimmt, sofern der Haushalt sein gesamtes Einkommen zum Güterkauf verwendet. Untersuchen Sie, ob es sich um Minima oder Maxima handelt. Bestimmen Sie das globale Maximum.

4. Die Funktion $f : \mathbb{R}^3 \to \mathbb{R}$ sei gegeben durch

$$f(x_1, x_2, x_3) := x_1 + x_2 + x_3.$$

Bestimmen Sie mit der Methode von Lagrange die Stellen, an denen f unter der Nebenbedingung

$$x_1^2 + x_2^2 + x_3^2 = \frac{3}{4}$$

ein lokales Extremum annimmt. Untersuchen Sie, ob es sich um Minima oder Maxima handelt.

5. Die Funktion $f : \mathbb{R}^2 \rightarrow \mathbb{R}$ sei gegeben durch

$f(x_1, x_2) = 2x_1^2 + x_1 + x_1 x_2$.

a) Bestimmen Sie mit der Methode von Lagrange die Stellen, an denen f unter der Nebenbedingung

$x_1 + x_2 = 1$

möglicherweise ein lokales Extremum annimmt. Untersuchen Sie, ob es sich um ein lokales Extremum handelt.

Zu Kapitel 4, § 1:

1. Gegeben seien die Funktionen $g_i : \mathbb{R} \rightarrow \mathbb{R}$ durch

$g_1(x) = 0$

$g_2(x) = 3x^2 - 5x + 12$

$g_3(x) = 2x \exp(x^2)$

$g_4(x) = \cos(2x)$

$g_5(x) = \dfrac{2}{x^3} \sin\left(\dfrac{1}{x^2}\right)$ für $x \neq 0$

$g_6(x) = \sin(2x) + 2x \cos(2x)$

$g_7(x) = \dfrac{2}{x}$ für $x \neq 0$

$g_8(x) = \dfrac{6x \cdot \sin(x^2)}{\cos^2(x^2)}$

$g_9(x) = \dfrac{1}{\cos^2(x)} \exp\big(\tan(x)\big)$.

Bestimmen Sie jeweils eine Stammfunktion f_i zu g_i.

2. Berechnen Sie die folgenden bestimmten Integrale

$\int\limits_0^3 dx$; $\int\limits_2^5 c\,dx,\ c \in \mathbb{R}$; $\int\limits_1^3 x^3 dx$;

$\int\limits_2^4 [2x + \sin(2x) - \exp(x)]\,dx$, $\int\limits_0^\pi (\sin(x) + \cos(x))\,dx$.

3. Die Funktion $f : \mathbb{R} \rightarrow \mathbb{R}$ sei gegeben durch

$f(x) := \begin{cases} x^2 & \text{für } x \leq 0 \\ 1 - x & \text{für } 0 < x \leq 1 \\ \dfrac{1}{x} & \text{für } x > 1 \end{cases}$

Berechnen Sie $\int\limits_{-1}^e f(x)\,dx$.

4. Sei $\varphi : \mathbb{R} \rightarrow \mathbb{R}$ eine differenzierbare Funktion mit $\varphi(x) > 0$ für alle $x \in \mathbb{R}$.

a) Bestimmen Sie eine Stammfunktion für

$$g(x) := \frac{\varphi'(x)}{\varphi(x)}$$

b) Berechnen Sie die bestimmten Integrale

$$\int_1^2 \frac{2x+1}{x^2+1}\,dx\,; \quad \int_1^e \frac{dx}{x(\ln(x)+1)}$$

5. Die Produktion eines Betriebes beginne zur Zeit $t = 0$, die Produktionsrate betrage y_0 zur Zeit $t = 0$ und nehme Zeitablauf exponentiell zu:

$$y(t) = y_0 \exp(at) \quad \text{für} \quad t > 0 \quad \text{und} \quad a = \text{const} > 0.$$

a) Zeigen Sie: Der relative Zuwachs

$$\frac{\Delta y(t)}{y(t)} := \frac{y(t+\Delta t) - y(t)}{y(t)} \quad \Delta t > 0$$

hängt nur von Δt und a ab.

b) Der relative Zuwachs betrage pro Jahr 10% (von $t = n$ bis $t = n + 1$, $n \in \mathbb{N} \cup \{0\}$).
Die Produktion im ersten Jahr ($t = 0$ bis $t = 1$) betrug 1000 Einheiten. Berechnen Sie a und y_0.

c) Zeigen Sie: Das Wachstum der Produktionsrate $\dfrac{dy(t)}{dt}$ ist proportional zur augenblicklichen Produktionsrate $y(t)$. Bestimmen Sie den Proportionalitätsfaktor.

d) Wie groß müßte der relative Zuwachs der Produktionsrate sein, wenn in 50 Jahren 2 000 000 Einheiten hergestellt werden sollen?

Zu Kapitel 4, § 2:

1. Berechnen Sie mittels partieller Integration Stammfunktionen f für $g : \mathbb{R} \to \mathbb{R}$ oder ($\mathbb{R}_+ \to \mathbb{R}$), gegeben durch
   a) $g(x) := \ln(x)$ für $x > 0$
   b) $g(x) := x^2 e^{2x}$
   c) $g(x) := x \cdot \sin(x)$
   d) $g(x) := \sin(x) \cdot \cos(x)$.

2. Berechnen Sie mittels – eventuell mehrfacher – partieller Integration die bestimmten Integrale
   a) $\int_1^e x \cdot \ln(x)\,dx$ \qquad b) $\int_{-\pi}^{+\pi} \sin^2(x)\,dx$ \qquad c) $\int_0^\pi x^2 \sin(x)\,dx$

3. Berechnen Sie mittels Substitution die bestimmten Integrale
   a) $\int_0^1 2x \cdot \exp(x^2)\,dx$ \qquad b) $\int_e^{e^2} \frac{dx}{x(\ln(x))^3}$ \qquad c) $\int_0^\pi x^3 \cdot \sin(x^4)\,dx$

4. Um die Rentabilität einer Investition zu bestimmen, ist es notwendig, die zu verschiedenen Zeitpunkten anfallenden Kosten und Erträge der Investition miteinander vergleichbar zu machen. Dies geschieht, indem man Kosten und Erträge auf einen festen Zeitpunkt bezieht, der in der Regel zu Anfang oder zu Ende der Nutzungsdauer T der Investition liegt. Sei $z = 0$ der Zeitpunkt, zu dem die Kosten der Investition anfallen. Die zu einem beliebigen Zeitpunkt t, $0 \leqq t \leqq T$ anfallenden Erträge können mit den Kosten vergleichbar gemacht werden, indem man sie mit einem Zinssatz r abzinst. Auf diese Weise erhält man den „Gegenwartswert" des zum Zeitpunkt t anfallenden Ertrages.
Die Kosten einer Investition mögen 1000 DM betragen, die Nutzungsdauer sei $T = 10$. Der Ertragstrom sei konstant und betrage 200, der Zinssatz betrage $r = 0,05$.

   a) Berechnen Sie den die Kosten der Investition übersteigenden Gegenwartswert der Erträge (Gegenwartswert der Nettoerträge).

   b) Nehmen Sie an, die Nutzungsdauer der Investition strebe gegen unendlich ($T \to \infty$). Wie groß ist dann der Gegenwartswert der Nettoerträge?

5. Berechnen Sie die uneigentlichen Integrale

   a) $\int\limits_0^\infty 2e^{-2x}dx$ b) $\int\limits_0^\infty xe^{-2x}dx$ c) $\int\limits_0^1 \dfrac{dx}{\sqrt{x}}$.

Zu Kapitel 4, § 3:

1. Gegeben seien zwei Funktionen $f_i : \mathbb{R}^2 \to \mathbb{R}$ ($i = 1, 2$) mit

$$f_1(x, y) := \begin{cases} c_1(x + y) & \text{für } 0 \leqq x, y \leqq 1 \\ 0 & \text{sonst} \end{cases}$$

bzw.

$$f_2(x, y) := \begin{cases} c_2 xy & \text{für } 0 \leqq x, y \leqq 1 \\ 0 & \text{sonst} \end{cases}$$

   a) Bestimmen Sie c_1, c_2 $\mathbb{R}$ so, daß jeweils gilt

$$\int\limits_0^1 \left(\int\limits_0^1 f_i(x, y)dy\right)dx = 1 \quad (i = 1, 2)$$

   b) Berechnen Sie

   (1) $\int\limits_0^{0,8} \left(\int\limits_0^{0,6} f_1(x, y)dy\right)dx$ (2) $\int\limits_0^{0,5} \left(\int\limits_0^{0,5} f_2(x, y)dy\right)dx$

Zu Kapitel 5, § 1:

1. Sei g, f : $\mathbb{R} \to \mathbb{R}$ gegeben durch $x \mapsto f(x) = x^2$ und $x \mapsto g(x) = e^x$.
   a) Bestimmen Sie $\Delta_h f(a)$, $\Delta_h^2 f(a)$, $\Delta_h g(a)$ an der Stelle $a = 2$ für $h = \dfrac{1}{2}$.

   b) Bestimmen Sie $\Delta_h(g \cdot f)(a)$ an der Stelle $a = 2$ für $h = \dfrac{1}{2}$.

2. Gegeben seien die homogenen Differenzengleichungen

a) $f(t+1) - 2f(t) = 0$

   mit dem Anfangswert $f(0) = 10$.

b) $f(t+2) + f(t+1) - f(t) = 0$

   mit den Anfangswerten $f(0) = 0$ und $f(1) = 1$.

c) $f(t+2) - f(t+1) + \dfrac{1}{4}f(t) = 0$

   mit den Anfangswerten $f(0) = 2$ und $f(1) = 0$.

d) $f(t+2) - 2f(t+1) + 4f(t) = 0$

   mit den Anfangswerten $f(0) = 1$ und $f(1) = 0$.

Bestimmen Sie jeweils die Lösung der Gleichung.

Zu Kapitel 5, § 2:

1. Transformieren Sie die linearen Differenzengleichungen 2. Ordnung aus § 1, Aufgabe 2, b)–d), in 2-dimensionale Differenzengleichungen 1. Ordnung. Bilden Sie das charakteristische Polynom dieser Gleichung.

2. Bestimmen Sie für die linearen Differenzengleichungen
   a) $f(t+1) + f(t) + 2 = 0$
   b) $f(t+2) - 5f(t+1) + 6f(t) - 4 = 0$
   stationäre Lösungen.

3. Gegeben sei die 2-dimensionale homogene lineare Differenzengleichung

$$f(t+1) = \begin{pmatrix} \dfrac{2}{3} & 3 \\ 0 & 1 \end{pmatrix} f(t).$$

   Zeigen Sie, daß die stationäre Lösung $f = 0$ asymptotisch stabil ist.

4. Überprüfen Sie mittels des Stabilitätskriteriums von Jury, ob für die homogene lineare Differenzengleichung

$$f(t+3) - \dfrac{2}{3}f(t+2) + \dfrac{4}{5}f(t+1) + 2f(t) = 0$$

   die stationäre Lösung $f = 0$ asymptotisch stabil ist.

Zu Kapitel 6, § 1:

1. Man löse zeichnerisch die folgenden linearen Optimierungsaufgaben:

a) $4x_1 + 3x_2 = z\,(\max!)$
      $x_1 + 3x_2 \leq 9$
      $-x_1 + 2x_2 \geq 2$
      $x_1, x_2 \geq 0$

b) $x_1 + x_2 = z\,(\max!)$
      $5x_1 + x_2 \leq 10$
      $x_1 + 2x_2 \leq 6$
      $x_1 + x_2 \geq 1$
      $x_1, x_2 \geq 0$

c) $x_1 - x_2 = z(\max!)$
  $2x_1 - x_2 \leqq 0$
  $x_1 + 2x_2 \leqq 1$
  $2x_1 + x_2 \geqq 2$
  $x_1, x_2 \geqq 0$

d) $2x_1 + x_2 = z(\max!)$
  $-x_1 + x_2 \leqq 1$
  $x_1 + 3x_2 \geqq 6$
  $x_1, x_2 \geqq 0$

e) $\qquad 4x_1 + 3x_2 = z(\max!)$
  $n(n-1)x_1 + nx_2 \leqq n + (n-1)^2$ für $n = 1, 2, \ldots$
  $\qquad\qquad x_1, x_2 \geqq 0$

2. Sei A die Matrix

$$\begin{pmatrix} 5 & -3 & -1 & 1 & -1 \\ 1 & 4 & 1 & 3 & 1 \\ 1 & 1 & 1 & 1 & 1 \\ -1 & -2 & 2 & 1 & 1 \\ 1 & 1 & 3 & 2 & 1 \end{pmatrix}$$

mit Zeilen- und Spaltenindexmenge $R = C = [1, 2, \ldots, 5]$, und sei
$b = (14, 0, 6, 23, 23)'$.

Man bestimme je eine Lösung für die Gleichungssysteme $A_I^K x_K = b_I$ mit

a) $I = K = R$ \qquad b) $I = [1, 2, 3]$, $K = R$

und sämtliche Lösungen in den Fällen

c) $I = [1, 2, 3]$, $K = [3, 4, 5]$ \qquad d) $I = [1, 2, 3, 4]$, $K = [1, 3, 4, 5]$.

3. Man bestimme sämtliche Basen des linearen Gleichungssystems

$2x_1 + 3x_2 - 2x_3 - 7x_4 = 1$
$x_1 + x_2 + x_3 + 3x_4 = 6$
$x_1 - x_2 + x_3 + 5x_4 = 4$

und die zugehörigen Basislösungen.

4. Man untersuche, ob $x = (12, 13, 6, 0)'$ eine maximale Lösung des Ungleichungssystems

$2x_1 + 3x_2 + 4x_3 + x_4 \leqq 87$
$x_1 + x_2 + 5x_3 + 2x_4 \leqq 55$
$3x_1 + x_2 + 2x_3 + x_4 \leqq 61$
$\qquad x_1, x_2, x_3, x_4 \geqq 0$

bezüglich der Zielfunktion $17x_1 + 9x_2 + 20x_3 + 8x_4$ ist.

Zu Kapitel 6, § 2:

1. Minimieren Sie $x_1 + 4x_2 + 5x_3$ unter den Nebenbedingungen

$$
\begin{aligned}
x_1 + x_2 + x_3 &\geq 2 \\
x_1 + x_2 &\leq 2 \\
-2x_1 + x_2 + 2x_3 &\geq 3 \\
-3x_1 + 2x_2 + 3x_3 &\geq 3 \\
x_1, x_2, x_3 &\geq 0.
\end{aligned}
$$

Warum ist es vorteilhaft, dieses Problem durch Dualisierung zu lösen?

2. In einem landwirtschaftlichen Betrieb werden Kühe und Schafe gehalten. Für 50 Kühe und 200 Schafe sind Ställe vorhanden. 72 Morgen Weideland sind verfügbar. Für eine Kuh wird 1 Morgen, für ein Schaf 0,2 Morgen benötigt. Zur Versorgung des Viehs sind Arbeitskräfte einzusetzen, und zwar können jährlich bis zu 10000 Arbeitsstunden geleistet werden. Auf eine Kuh entfallen jährlich 150 Arbeitsstunden, auf ein Schaf 25 Arbeitsstunden. Außerdem werden 550 Einheiten Dünger zur Feldbestellung benötigt, eine Kuh gibt jährlich 10 Einheiten, ein Schaf 1 Einheit. Der jährliche Reingewinn beträgt pro Kuh DM 250, pro Schaf DM 55. Die Anzahlen der gehaltenen Kühe und Schafe sind so zu bestimmen, daß der Gesamtgewinn möglichst groß wird.

Zu Kapitel 6, § 3:

1. Man bestimme eine nichtnegative Basislösung des Gleichungssystems

$$
\begin{aligned}
12x_1 + x_2 - 11x_3 - 2x_4 \qquad\quad - x_6 &= -3 \\
-5x_1 + 2x_2 - x_3 - x_4 + 7x_5 + x_6 &= -2 \\
11x_1 + 3x_2 \qquad\quad + x_4 - 11x_5 - 2x_6 &= 1
\end{aligned}
$$

mit Hilfe der Methode der künstlichen Variablen.

2. Weisen Sie nach, daß das folgende lineare Programm keine zulässige Lösung hat:

$$
\begin{aligned}
7x_1 + 4x_2 \qquad\qquad\qquad\quad &= z(\max!) \\
3x_1 + 4x_2 + x_3 \qquad\quad + 2x_5 &= 4 \\
2x_1 + 2x_2 + x_3 + x_4 \qquad\; &= 2 \\
x_2 \qquad\quad - 2x_4 + x_5 &= 3 \\
x_1, x_2, x_3, x_4, x_5 &\geq 0
\end{aligned}
$$

Lösungen

(zu ausgewählten Aufgaben)

Kapitel 1, § 1:

1. a)

(a	∧	(¬a))	→	b
W	F	F	W	W
W	F	F	W	F
F	F	W	W	W
F	F	W	W	F

   b)

(a	∧	(¬b))	→	b
W	F	F	W	W
W	W	W	F	F
F	F	F	W	W
F	F	W	W	F

2. e)

(a	→	b)	↔	((a	∧	(¬b))	→	(c	∧	(¬c)))
W	W	W	W	W	F	F	W	W	F	F
W	W	W	W	W	F	F	W	F	F	W
W	F	F	W	W	W	W	F	W	F	F
W	F	F	W	W	W	W	F	F	F	W
F	W	W	W	F	F	F	W	W	F	F
F	W	W	W	F	F	F	W	F	F	W
F	W	F	W	F	F	W	W	W	F	F
F	W	F	W	F	F	W	W	F	F	W

3. a) Tautologie, b) Tautologie, c) Tautologie, d) Tautologie,
   e) keine Tautologie, f) keine Tautologie

4. $a \longmapsto b \Leftrightarrow (a \land (\neg b)) \lor ((\neg a) \land b)$. Der Junktor $\longmapsto$ ist als „entweder oder"
   zu interpretieren.

6. Keine Kontradiktion. Die Aussageverbindung hat den Wahrheitswert W für
   die Belegung a : F, b : W und c : W.

7. a) $a \to b$, b) $b \leftrightarrow a$, c) $(\neg a) \to (\neg b)$, d) $(a \lor (\neg a) \to b)$
   e) a) ist hinreichend und b) notwendig und hinreichend.

8. Da wir nicht wissen, welche Projektleiter einen Meineid leistet, muß bei der
   Formalisierung sowohl die Wahrheit, als auch die Falschheit der Aussagen in
   Betracht gezogen werden.
   a: A lügt, b: B lügt, c: C lügt.
   $[(\neg a \to (b \to \neg c)) \land (a \to \neg(b \to \neg c))] \land [(\neg b \to c) \land (b \to \neg c)] \land [(\neg c \to a)$
   $\land (c \to \neg a)]$
   Aus der zugehörigen Wahrheitstabelle ergibt sich: C leistet den Meineid.

10. 5. enthält keinen Informationsgehalt, 8. den Informationsgehalt 7.

Kapitel 1, § 2:

1. a) $\{1, 2, 3, 4, 5, 6\}$.
   b) $\{x \mid x$ ist natürliche Zahl größer gleich 1 und kleiner gleich 6$\}$
   $= \{x \in \mathbb{N} \mid 1 \leq x \leq 6\}$.

2. a) $\{1, 2, 3\}$,   b) $\{3, 6, 9\}$.

4. $\{e \mid e = \sum\limits_{i=1}^{n} x_i p_i \wedge 0 \leqq x_i \leqq c_i \text{ für } i = 1, \ldots, n\}$.

7. a) $\mathscr{P}^1(\emptyset) = \{\emptyset\}$, $\mathscr{P}^2(\emptyset) = \{\emptyset, \{\emptyset\}\}$, $\mathscr{P}^3(\emptyset) = \{\emptyset, \{\emptyset, \{\emptyset\}\}, \{\emptyset\}, \{\{\emptyset\}\}\}$.

   b) $\mathscr{P}^n(\emptyset)$ enthält 2^{n-1} Elemente.

9. d) $\{(2, \text{rot}), (2, \text{grün}), (2, 3), (4, \text{rot}), (4, \text{grün}), (4, 3), (6, \text{rot}), (6, \text{grün}), (6, 3)\}$.

   e) $\{(2, 6), (4, 6)\}$.

11. $\{b \in B \mid b \text{ ist Arbeitnehmer über 18 Jahre}\}$.

Kapitel 1, § 3:

1. Die Allrelation zu $\mathscr{P}(A)$ ist
   $\{\emptyset, \{a, b\}, \{a\}, \{b\}\} \times \{\emptyset, \{a, b\}, \{a\}, \{b\}\}$.
   Die Gleichheitsrelation ist
   $\{(\emptyset, \emptyset), (\{a, b\}, \{a, b\}), (\{a\}, \{a\}), (\{b\}, \{b\})\}$.

3. a) $R_1 = \{(3, 1), (7, 1), (7, 3), (4, 2), (6, 2), (6, 4)\}$
   $R_2 = \{(1, 1), (2, 1), (3, 1), (4, 1), (6, 1), (7, 1),$
   $(4, 2), (6, 2), (6, 3), (2, 2), (3, 3), (4, 4), (6, 6), (7, 7)\}$
   b) $R_1 \cap R_2 = \{(3, 1), (7, 1), (4, 2), (6, 2)\}$.
   c) transitiv, antisymmetrisch.

5. a) $(x, y) \in (R \cap S) \cdot T \Rightarrow \exists z \in A$ mit $(x, z) \in R \cap S \wedge (z, y) \in T \Rightarrow$
   $\Rightarrow ((x, z) \in R$ und $\wedge (x, z) \in S) \wedge (z, y) \in T \Rightarrow$
   $\Rightarrow (x, y) \in R \cdot T \wedge (x, y) \in S \cdot T \Rightarrow (x, y) \in (R \cdot T) \cap (S \cdot T)$
   c) Sei $A = \{1, 2\}$, ein Beispiel für das echte Enthaltsein in Teil a) ist $R = \{(1, 1)\}$, $S = \{(2, 1)\}$, $T = \{(1, 1), (2, 2)\}$ mit $R \cdot T = \{(1, 1)\}$ und $S \cdot T = \{(1, 1)\}$. Dann gilt $(R \cap S) \cdot T = \emptyset$ und $(R \cdot T) \cap (S \cdot T) = \{(1, 1)\}$.

6. 1) R ist reflexiv, da $|x - x| = 0 \leqq 29 \ \forall x \in A$
   2) R ist symmetrisch, da $|x - y| \leqq 29 \Rightarrow |y - x| = |x - y| \leqq 29$
   3) R ist transitiv (läßt sich durch Enumeration zeigen). R ist also eine Äquivalenzrelation und die zugehörige Zerlegung ist gegeben durch
   $Z = \{\{1, 2, 4, 16\}, \{2^5\}, \{2^6\}, \ldots\}$.

7. $R = \{(1, 1), (2, 2), (3, 3), (2, 3), (3, 2)\}$.

9. Nein.

11. a) b, c, e sind minimal, a, d, e maximal; es gibt kein kleinstes und kein größtes Element.

    b) a, b, d sind minimal, a, c, e maximal; es gibt kein kleinstes und kein größtes Element.

    c) a, b sind minimal, d ist maximal und auch größtes Element; es gibt kein kleinstes Element.

12. a1) ist nicht funktional.

a2 und 3) sind funktional.

b) f^{-1} ist funktional für a1) sonst nicht.

c) a3) ist eineindeutig.

14. $g \circ f : \mathbb{R} \to \mathbb{R}$ ist gegeben durch $x \mapsto g \circ f(x) = \sin(x^2)$

$f \circ g : \mathbb{R} \to \mathbb{R}$ ist gegeben durch $y \mapsto f \circ g(y) = (\sin(y))^2$.

15. Sei $a, a' \in A$ mit $f(a) = f(a') \Rightarrow g \circ f(a) = g \circ f(a') \Rightarrow$

$\Rightarrow a = a'$ (da $g \circ f$ injektiv) und damit f injektiv.

Kapitel 1, § 4:

1. a) (1) Induktionsanfang

LS: $\sum\limits_{i=0}^{1} (i(i+1)) = 2$ RS: $\dfrac{1}{3} 1(1+1)(1+2) = 2$

Also richtig für $n = 1$.

(2) Induktionsschritt

(a) Induktionsvoraussetzung

Die Behauptung sei richtig für $n = k$, d.h.

$$\sum_{i=0}^{k} i(i+1) = \frac{1}{3} k(k+1)(k+2)$$

(b) Induktionsschluß

$$\sum_{i=0}^{k+1} i(i+1) = \sum_{i=0}^{k} i(i+1) + (k+1)(k+1+1) =$$

$$= \frac{1}{3} k(k+1)(k+2) + (k+1)(k+2) =$$

$$= \left(\frac{1}{3} k + 1\right)(k+1)(k+2) =$$

$$= \frac{1}{3}(k+1)(k+2)(k+3).$$

Aus (1) und (2) folgt die Gültigkeit der Behauptung für alle $n \in \mathbb{N}$.

b) (1) Induktionsanfang

LS: $(1+a) = 1+a$ RS: $1 + 1 \cdot a$

Es gilt $1 + a \geqq 1 + a$. Damit ist die Behauptung richtig für $n = 1$.

(2) Induktionsschritt

a) Induktionsvoraussetzung

Die Behauptung sei richtig für $n = k$, d.h.

$(1+a)^k \geqq 1 + ka$

b) Induktionsschluß

$(1+a)^{k+1} = (1+a)^k (1+a) \geqq$

gilt nach Induktionsvoraussetzung und da $(1+a) > 0$.

$\geqq (1 + ka)(1 + a) = 1 + ka + a + ka^2 = 1 + (k + 1)a + ka^2 \geqq 1 + (k + 1)a.$
Aus (1) und (2) folgt die Gültigkeit der Behauptung für alle $n \in \mathbb{N}$.

4. a) $\{x \in \mathbb{R} \mid x > 7\}$ b) $\emptyset$ c) $\left\{x \in \mathbb{R} \mid x = 6 \vee x = -\dfrac{4}{5}\right\}$
   d) $\{x \in \mathbb{R} \mid a - r < x < a + r\}$

5. a) $z_1 + z_2 = 8 - 2i, \ z_1 - z_2 = 2 + 6i$

   b) $z_1 \cdot z_2 = 23 - 14i, \ z_1 : z_2 = \dfrac{1}{25}(7 + 26i)$

6. $(x^4 - 1) = (x^2 + 1)(x^2 - 1) = (x^2 + 1)(x + 1)(x - 1)$
Also: $x_1 = i, \ x_2 = -i, \ x_3 = -1, \ x_4 = 1.$

Kapitel 2, § 1:

1. Sei $f \in M$. Dann ist $\hat{f} := f - f$ nicht injektiv.

Kapitel 2, § 2:

1. $A = \begin{pmatrix} 0 & 1 & -1 \\ -1 & 0 & 1 \\ 1 & -1 & 0 \end{pmatrix}.$

2. a) Definiert sind $A + B, \ A' + C, \ AC, \ B'A, \ C'B'$.

3. $\|a\| = 7.$

4. $\|a + b\|^2 = (a + b)'(a + b) = \|a\|^2 + \|b\|^2 + 2a'b \geqq \|a\|^2 +$
    $+ \|b\|^2 - 2|a'b| \geqq \|a\|^2 + \|b\|^2 - 2\|a\| \|b\| = (\|a\| - \|b\|)^2.$
Durch Ziehen der Quadratwurzel folgt die Behauptung.

5. $x'y = 0 = \dfrac{1}{4}\sqrt{3} + c\dfrac{1}{2}\sqrt{3} \Rightarrow c = \dfrac{1}{2}.$

6. Sei $A = (a_{ij})_{m \times n}, \ B = (b_{jk})_{n \times r}, \ C = (c_{kl})_{r \times s}$
   $(AB)C = D = (d_{il})_{m \times s}$ und $AB = H = (h_{ik})_{m \times r}$
   $A \cdot (BC) = G = (g_{il})_{m \times s}$ und $B \cdot C = F = (f_{jl})_{n \times s}$.
   Sei $i_0 \in \{1, \ldots, m\}$ und $l_0 \in \{1, \ldots, s\}$.
   Zu zeigen ist: $d_{i_0 l_0} = g_{i_0 l_0}$

$$d_{i_0 l_0} = \sum_{\varrho=1}^{r} h_{i_0 \varrho} c_{\varrho l_0} = \sum_{\varrho=1}^{r} \left(\sum_{\nu=1}^{n} a_{i_0 \nu} b_{\nu \varrho} \right) c_{\varrho l_0} =$$

$$= \sum_{\nu=1}^{n} a_{i_0 \nu} \left(\sum_{\varrho=1}^{r} b_{\varrho \nu} c_{\varrho l_0} \right) = \sum_{\nu=1}^{n} a_{i_0 \nu} f_{\nu l_0} = g_{i_0 l_0}.$$

Kapitel 2, § 3:

1. a)

	E_1	E_2
R_1	41	20
R_2	41	21

b) $\begin{pmatrix} R_1 \\ R_2 \end{pmatrix} = \begin{pmatrix} 41 & 20 \\ 41 & 20 \end{pmatrix} \begin{pmatrix} 1000 \\ 1200 \end{pmatrix} = \begin{pmatrix} 65000 \\ 66200 \end{pmatrix}$

2. Aus $0,05x_1 + 0,07x_2 = 3$
   $0,05x_1 + 0,11x_2 = 4$

folgt: Es können $x_1 = 25$ Einheiten von E_1 und $x_2 = 25$ Einheiten von E_2 hergestellt werden.

Kapitel 2, § 4:

1. M_1, M_2, M_4 bilden Unterräume.

2. „$\Rightarrow$" (1) $\tilde{V} \neq \emptyset$.
   (2) Sei $\alpha, \beta \in \mathbb{R}$ x, y $\in \tilde{V} \Rightarrow \bar{x} = \alpha x$, $\bar{y} = \beta y \in \tilde{V} \Rightarrow \bar{x} + \bar{y} \in \tilde{V} \Rightarrow \alpha x + \beta y \in \tilde{V}$
   „$\Leftarrow$" (1) $\tilde{V} \neq \emptyset$ (2) Setze $\beta = 0$ (3) Setze $\alpha = \beta = 1$.

3. a) (1) $\bigcap_{i \in I} V_i \neq \emptyset$, da $0 \in V_i \, \forall i \in I$

   (2) $x \in \bigcap_{i \in I} V_i \Rightarrow x \in V_i \, \forall i \in I \Rightarrow \alpha x \in V_i \forall i \in I \Rightarrow \alpha x \in \bigcap_{i \in I} V_i$

   (3) Analog zu (2).

   b) (1) $U = \emptyset$, da $(0,0) \in U$
   (2) Sei $\alpha \in \mathbb{R}$ und $(x, y) \in U$. Dann $\exists \lambda \in \mathbb{R}$ so, daß $(x, y) = \lambda(1,1)$ und somit gilt $\alpha(x, y) = \alpha \cdot \lambda(1,1) \in U$.
   (3) Zu (x, y), $(\bar{x}, \bar{y}) \in U \, \exists \lambda, \bar{\lambda} \in \mathbb{R}$ so daß
   $(x, y) = \lambda(1,1)$ und $(\bar{x}, \bar{y}) = \bar{\lambda}(1,1) \Rightarrow$
   $(x, y) + (\bar{x}, \bar{y}) = \lambda(1,1) + \bar{\lambda}(1,1) = (\lambda + \bar{\lambda})(1,1) \in U$.

5.

λ_1	λ_2	λ_3
2	0	1
1	1	2
0	2	3
0	-2	-3
1	1	2
0	2	3

Aus der letzten und drittletzten Zeile folgt, daß die Menge $\{v_1, v_2, v_3\}$ linear abhängig ist.

6. $\lambda_1 v_1 + \lambda_2 v_2 + \lambda_3(v_1 + v_3) = 0 \Rightarrow (\lambda_1 + \lambda_3)v_1 + \lambda_2 v_2 + \lambda_3 v_3 = 0 \Rightarrow$
   $\Rightarrow$ (da $\{v_1, v_2, v_3\}$ linear unabhängige Menge) $\lambda_1 + \lambda_3 = 0$, $\lambda_2 = 0$, $\lambda_3 = 0$
   $\Rightarrow \lambda_1 = \lambda_2 = \lambda_3 = 0 \Rightarrow \{v_1, v_2, v_1 + v_3\}$ linear unabhängige Menge.

7. Sei $\emptyset \neq \bar{V} \subset V$ und I die Menge der Indizes so, daß $v_i \in \bar{V}$ genau dann, wenn $i \in I$.
Sei $\bar{I} = \{1, \ldots, m\} \setminus I$.
Annahme: $\bar{V}$ sei linear abhängig, d.h.

$\sum\limits_{i \in I} \lambda_i x_i = 0$ und nicht alle λ_i sind gleich Null $\Rightarrow$

$\Rightarrow \sum\limits_{i \in I} \lambda_i x_i + \sum\limits_{i \in \bar{I}} 0 \cdot x_i = 0$ und nicht alle λ_i sind gleich Null $\Rightarrow$

$\Rightarrow \{v_1, \ldots, v_m\}$ ist linear abhängig. W.W.

8. Durch Ausschöpfen ergibt sich a) $\{P_1, \ldots, P_4\}$ ist eine linear abhängige Menge.
b) Die Maximalzahlen der Elemente einer linear unabhängigen Menge von Produktionsprozessen ist 3.

9. Aus der Orthogonalität ergibt sich
$$x_1 + x_2 + 0x_3 = 0$$
$$0x_1 + 0x_2 + x_3 = 0$$
und damit jedes $x \in \{x \in \mathbb{R}^3 \mid x_1 + x_2 = 0, x_3 = 0, x_1 \neq 0\}$.

Kapitel 2, § 5:

1. Es gilt $\dfrac{7}{2} w - \dfrac{3}{2} \tilde{w} = x$.

2. a) Beide Gleichungen sind lösbar.

b) $x = \left(\dfrac{-15}{2}, -\dfrac{1}{2}, \dfrac{9}{2} \right)'$ ist spezielle Lösung zu $A_1 x = b_1$

$x = \left(-\dfrac{1}{3}, \dfrac{2}{3}, 0 \right)'$ ist spezielle Lösung zu $A_2 x = b_2$.

c) Die Lösungsmenge zu $A_2 x = 0$ ist
$L(G_0) = \{x \in \mathbb{R}^3 \mid x = \lambda \cdot (-1, 2, -1)' \text{ mit } \lambda \in \mathbb{R}\}$.

d) Die Lösungsmenge zu $A_2 x = b$ ist
$L(G) = \left\{ x \in \mathbb{R}^3 \mid x = \left(-\dfrac{1}{3}, \dfrac{2}{3}, 0 \right)' + \lambda(-1, 2, -1)' \text{ mit } \lambda \in \mathbb{R} \right\}$.

3. $L(G_0) = \{x \in \mathbb{R}^3 \mid x = \lambda(-3, 3, -1)' \text{ mit } \lambda \in \mathbb{R}\}$.

4. $L(G) = \{(5, -1, -2, -2)'\}$.

5. Durch Ausräumen ergibt sich
a) $x = (0, 1, 0, 0, 0)$ ist eine spezielle Lösung der Gleichung.
b) Die Dimension des Lösungsraumes der homogenen Gleichung ist 3. Eine Basis des Lösungsraumes ist

$$B = \left\{ \left(\dfrac{1}{3}, \dfrac{1}{3}, -1, 0, 0 \right)', (0, 1, 0, -1, 0)', \left(\dfrac{1}{3}, \dfrac{1}{3}, 0, 0, -1 \right)' \right\}$$

c) $L(G_0) = \{x \in \mathbb{R}^5 | x = \lambda_1 \left(\frac{1}{3}, \frac{1}{3}, -1, 0, 0\right)' + \lambda_2 (0, 1, 0, -1, 0)' +$

$\qquad + \lambda_3 \left(\frac{1}{3}, \frac{1}{3}, 0, 0, -1\right)'$ mit $\lambda_1, \lambda_2, \lambda_3 \in \mathbb{R}\}.$

d) $L(G) = \{x \in \mathbb{R}^5 | x = (0, 1, 0, 0, 0)' + y$ mit $y \in L(G_0)\}.$

6. a) Die Dimension des von den Vektoren aufgespannten Unterraumes ist 2.

   b) Eine mögliche Basis ist $\{v_1, v_2\}$.

7. a) Die Dimension des aufgespannten Unterraumes ist 2.

   b) Eine mögliche Basis ist $\{v_1, v_3\}$.

8. $A^{-1} = \frac{1}{5} \cdot \begin{pmatrix} -6 & 2 & 3 \\ 1 & 3 & -3 \\ 1 & -2 & 2 \end{pmatrix}.$

   Die zu B inverse Matrix existiert nicht.

Kapitel 2, § 6:

1. b) Für $x = (0, 0, 0)$ und $\bar{x} = (0, 0, 1)$ gilt $\varphi(x) = \varphi(\bar{x})$. φ ist also nicht injektiv.
      Es gibt kein $x \in \mathbb{R}^3$ so, daß $\varphi(x) = (0, 0, 1)$ gilt, φ ist also nicht surjektiv.

   c) $A = \begin{pmatrix} -1 & 1 & 0 \\ 1 & 0 & 0 \\ 0 & 1 & 0 \end{pmatrix}.$

2. b) Die lineare Gleichung

   $$\begin{pmatrix} 1 & 1 & 0 \\ 0 & 1 & 1 \end{pmatrix} \begin{pmatrix} x_1 \\ x_2 \\ x_3 \end{pmatrix} = \begin{pmatrix} 0 \\ 0 \end{pmatrix}$$

   besitzt u.a. die Lösung

   $\bar{x} = (\bar{x}_1, \bar{x}_2, \bar{x}_3)' = (-1, 1, -1)'$ d.h. $\varphi(\bar{x}) = 0.$

Kapitel 2, § 7:

1. a) $\det(A) = 2 \begin{vmatrix} 6 & 8 \\ 2 & 3 \end{vmatrix} - 4 \begin{vmatrix} 4 & 8 \\ 1 & 3 \end{vmatrix} + 4 \begin{vmatrix} 4 & 6 \\ 1 & 2 \end{vmatrix} = 4 - 16 + 8 = -4$

   b) $\begin{vmatrix} 4 & 4 \\ 2 & 3 \end{vmatrix} = 4,$

   c) $(-1)^5 \begin{vmatrix} 2 & 4 \\ 1 & 2 \end{vmatrix} = 0.$

Kapitel 2, § 8:

1. a) Matrix der Inputkoeffizienten

$$A = \begin{pmatrix} 0,2 & 0,4 & 0,2 \\ 0,5 & 0,2 & 0 \\ 0,4 & 0 & 0,4 \end{pmatrix} \quad \text{Arbeitskoeffizienten } 0,2; \ 0,3; \ 0,1.$$

b) $X = (E - A)^{-1} Y = \dfrac{1}{10} \begin{pmatrix} 24 & 12 & 8 \\ 15 & 10 & 5 \\ 16 & 8 & 22 \end{pmatrix} \begin{pmatrix} 50 \\ 50 \\ 10 \end{pmatrix} = \begin{pmatrix} 188 \\ 130 \\ 144 \end{pmatrix}$

c) $p = p_{n+1} ((E - A)')^{-1} \cdot a =$

$$= \dfrac{2}{10} \begin{pmatrix} 24 & 15 & 16 \\ 12 & 10 & 8 \\ 8 & 5 & 22 \end{pmatrix} \begin{pmatrix} 0,2 \\ 0,3 \\ 0,1 \end{pmatrix} = \dfrac{1}{100} \begin{pmatrix} 109 \\ 62 \\ 53 \end{pmatrix}$$

Kapitel 2, § 9:

1. a) Das charakteristische Polynom lautet $P(\lambda) = (2 - \lambda)(2 - \lambda)(\lambda^2 + 1)$ die charakteristische Gleichung $(2 - \lambda)^2 (\lambda^2 + 1) = 0$.

   b) $\lambda = 2$ ist 2-facher Eigenwert und
   $x = (-2, -1, 0, 0)'$ sowie $\tilde{x} = (-1, 0, 0, -1)$
   sind Eigenvektoren zum Eigenwert 2.

2. (1) ist $\text{rg}(A) = m$, so besitzt die Gleichung $x'A = 0$
   $(x \in \mathbb{R}^m, 0 \in \mathbb{R}^m)$ nur die Lösung $x = 0 \in \mathbb{R}^m \Rightarrow x'AA'x = 0$ genau für $x = 0$.
   (2) $x'AA'x \geqq 0$ $(x, 0 \in \mathbb{R}^n)$.

Kapitel 3, § 1:

1. a) besitzt keinen Häufungspunkt. b) $\left\{ -\dfrac{9}{10}, \dfrac{9}{10} \right\}$. c) $\{-1, 0\}$.

2. a) $a = 0, \ b = \dfrac{3}{4}$.

   b) $\left| \dfrac{1}{i^2} - 0 \right| < 0,001 \Rightarrow \dfrac{1}{i^2} < 0,001 \Rightarrow$

   $\Rightarrow$ für $i \geqq 34 = N(\varepsilon)$ gilt $\left| \dfrac{1}{i^2} - 0 \right| < 0,001$

   c) $\left| \dfrac{3i - 1}{4i + 5} - \dfrac{3}{4} \right| < 0,01 \Rightarrow \left| \dfrac{11}{(4i + 5) \cdot 4} \right| < 0,01$

   $\Rightarrow \dfrac{11}{0,04} < 4i + 5 \Rightarrow$ für $i \geqq 68$ gilt $|b_i - b| \leqq 0,01$.

4. a) $a_i = \sum\limits_{k=1}^{i} \dfrac{1}{k(k+1)} = \sum\limits_{k=1}^{i} \left(\dfrac{1}{k} - \dfrac{1}{k+1} \right) = 1 - \dfrac{1}{k+1} \Rightarrow \lim\limits_{i \to \infty} a_i = 1.$

5. a) (i) $2 - i^i \cdot \dfrac{1}{10}$; (ii) $(-1)^{i+1}$; (iii) $(-1)^{i+1} \dfrac{i}{i+1}$; (iv) $\displaystyle\sum_{k=1}^{i} 6 \cdot 10^{-k}$.

b) (i) ist nicht konvergent und nicht nach unten beschränkt.

(ii) ist beschränkt mit Schranken -1 und $+1$ aber nicht konvergent.

(iii) siehe (ii), (iv) ist beschränkt mit Schranken $0,6$ und $\dfrac{2}{3}$ und auch konvergent mit Grenzwert $\dfrac{2}{3}$.

6. (i) $\max\{a_i \,|\, i \in \mathbb{N}\} = 1$, $\min\{a_i \,|\, i \in \mathbb{N}\} = -1$

(ii) $\max\{a_i \,|\, i \in \mathbb{N}\} = 3$, $\inf\{a_i \,|\, i \in \mathbb{N}\} = -\infty$

(iii) $\sup\{a_i \,|\, i \in \mathbb{N}\} = \infty$, $\min\{a_i \,|\, i \in \mathbb{N}\} = \dfrac{3}{2}$

(iv) $\max\{a_i \,|\, i \in \mathbb{N}\} = \sqrt{2}$, $\inf\{a_i \,|\, i \in \mathbb{N}\} = 1$.

Kapitel 3, § 2:

1. a) $|f(x) - f(2)| = |x^2 - 4| < \varepsilon \Leftrightarrow |(x+2)(x-2)| < \varepsilon$.

Dann folgt aus $|x - 2| < \min\left\{1, \dfrac{\varepsilon}{3}\right\}$, daß $|x^2 - 4| < \varepsilon$

b) $\delta = 0,01$ erfüllt gemäß a) die Forderung.

2. f_1 ist stetig, f_2 ist stetig, f_3 ist stetig, f_4 ist an der Stelle $a = -1$ nicht stetig.

Kapitel 3, § 3:

1. Aus der rechten Seite von Definition 1. (1) ergibt sich mit $f(x) = x^2$ und $a = 1$

$$1 + 2(x-1) + (x-1) \cdot \mathrm{sg}(x-1)\left(\frac{x^2-1}{x-1} - 2\right) =$$

$$= 1 + 2x - 2 + (x-1)(x+1-2) = x^2.$$

Damit ist Definition 1 (1) erfüllt.

Für $r(x) = \mathrm{sg}(x-1) \cdot \left(\dfrac{x^2-1}{x-1} - 2\right)$ gilt

$$\lim_{x \to 1} \mathrm{sg}(x-1) \cdot \left(\frac{x^2-1}{x-1} - 2\right) = \lim_{x \to 1}\left(\mathrm{sg}(x-1) \cdot (x-1)\right) = 0.$$

Damit ist Definition 1 (2) erfüllt.

3. $Df_1(x) = abx^{b-1}$

$Df_3(x) = 14x^6 - 30x^4 + 42x^2$

$Df_5(x) = 2x\ln(x) + x$

$Df_7(x) = \dfrac{(x-1)(2x+4) - (x^2 + 4x - 3)}{(x-1)^2} = \dfrac{x^2 - 2x - 1}{(x-1)^2}$

$Df_9(x) = \cos(x^2\cos(x)) \cdot (2x\cos(x) - x^2\sin(x))$

Bem.: $a^x = e^{\ln(a) \cdot x} \Rightarrow x^x = e^{\ln(x) \cdot x}$

$Df_{10}(x) = e^{\ln(x) \cdot x}(\ln(x) + 1) = x^x(1 + \ln(x))$.

4. a) $df_1(l, h) = e \cdot h$; $df_2(l, h) = h$; $df_3(l, h) = abh$.

   b) Für die Tangenten an der Stelle $a = 1$ ergibt sich

   $t_1(x) = e \cdot x$, $t_2(x) = x - 1$, $t_3(x) = a + c - ab + abx$.

6. a) $Df^{-1}(y) = \dfrac{1}{Df(x)} = \dfrac{1}{-\sin(x)} = -\dfrac{1}{\sqrt{1-y^2}}$,

   da $\cos(x) = y$ und $\sin(x) = \sqrt{1 - (\cos(x))^2} = \sqrt{1-y^2}$.

   b) $df^{-1}(0, h) = -h$,   c) $t(x) = \dfrac{\pi}{2} - 1x$.

Kapitel 3, § 4:

1. $D^2 f_1(x) = 3[(36x^2 - 4)(3x^4 - 2x^2 + 20)^2 + 2(12x^3 - 4x)^2(3x^4 - 2x + 20)]$
   $D^2 f_2(x) = 2\cos(x^2) + 4x^2 \sin(x^2)$.

2. An der Stelle $x = 0$ liegt ein lokales Maximum am Rande vor, denn die Ableitung von f ist negativ in $]0, e^{-1}[$.
   Durch Nullsetzen der ersten Ableitung ergibt sich $x = e^{-1}$ als lokales Minimum (da $D^2 f(e^{-1}) > 0$). Es handelt sich dabei auch um ein globales Minimum.

4. a) Kosten: $10 + 9x$ Erlös: $\dfrac{64}{x+1} x$ Gewinn: $\dfrac{64x}{x+1} - 10 - 9x$

   Grenzkosten: 9 Grenzerlös: $\dfrac{64}{(x+1)^2}$.

   Aus der ersten Ableitung der Gewinnfunktion ergibt sich, da nur positive Ausbringungsmengen des Gutes möglich sind, aus $64 - 9x^2 - 18x - 9 \overset{!}{=} 0$ die optimale Ausbringung $x = \dfrac{5}{3}$.

   (Die zweite Ableitung ist negativ an der Stelle $x = \dfrac{5}{3}$).

   Der Erlös ist 40, die Kosten 25 und der Gewinn 15 Geldeinheiten.

   b) Der Grenzerlös ist gleich Grenzkosten, da $\dfrac{64}{\left(\dfrac{8}{3}\right)^2} = \dfrac{64}{64} \cdot 9 = 9$.

5. Der Gewinn ist $30x - x^3 - \dfrac{3}{2}x^2 - 12x - 36$. Als lokales Maximum ergibt sich
   $x = -1 + \sqrt{7}$. Der Gewinn an dieser Stelle ist $18(-1 + \sqrt{7}) - (-1 + \sqrt{7})^3$
   $- \dfrac{2}{3}(-1 + \sqrt{7})^2 - 36 < 0$, da $\sqrt{7} < 3$. Der Produzent sollte also $x = 0$ Einheiten mit Gewinn 0 herstellen.

7. Mögliche lokale Extrema sind $x_1 = 0$, $x_2 = 1$, $x_3 = -1$. Mit Hilfe von $D^2 f(x)$
   $= 12x^2 - 4$ ergibt sich x_1 ist lokales Maximum und x_2, x_3 sind lokale (und absolute Minima). An den Stellen $x = \pm \sqrt{\dfrac{1}{3}}$ liegen Wendepunkte vor.

8. Da das angegebene Intervall offen ist, liegen keine Extremalstellen am Rande. Als erste Ableitung von f ergibt sich $Df(x) = \cos(x) + \cos(2x)$. Durch Nullsetzen erhalten wir $\cos(x) + \cos(2x) = 0$. Nun wenden wir ein Additionstheorem für Winkelfunktionen: $\cos(2x) = \cos(x)\cos(x) - \sin(x)\sin(x)$ und die Identität $\cos^2(x) + \sin^2(x) = 1$ an. Wir erhalten

$$\cos(x) + \cos^2(x) - \sin^2(x) = \cos(x) + 2\cos^2(x) - 1 = 0.$$

Setzen wir nun $z = \cos(x)$, so ergibt sich die Gleichung $2z^2 + z - 1 = 0$. Diese besitzt die Lösungen $z_1 = -1$ und $z_2 = \dfrac{1}{2}$. Nun berechnen wir die zu den Werten z_1 und z_2 gehörigen Werte von x.

Aus $\cos(x) = \dfrac{1}{2}$ folgt $x_1 = \dfrac{\pi}{3}$ und $x_2 = \dfrac{5}{3}\pi$ (Der Cosinus ist im I. und IV. Quadranten positiv).

Aus $\cos(x) = -1$ folgt $x_3 = \pi$.

Für D^2f ergibt sich

$D^2f(x) = -\sin(x) - 2\sin(2x)$ und damit

$$D^2f\left(\frac{\pi}{3}\right) < 0, \quad D^2f\left(\frac{5\pi}{3}\right) < 0, \quad D^2f(\pi) = 0.$$

An der Stelle x_1 liegt also ein lokales Maximum, an der Stelle x_2 ein lokales Minimum vor. An der Stelle $x_3 = \pi$ besitzt f einen Sattelpunkt, da $Df(\pi) = 0$, $D^2f(\pi) = 0$ und D^2f an der Stelle π einen Vorzeichenwechsel macht.

10. $D^2f(x) = 2 \geqq 0 \,\forall\, x \in \mathbb{R}$. Somit ist f konvex.

Kapitel 3, § 5:

1. a) $a^{(i)} \underset{i \to \infty}{\longrightarrow} a = \left(0, 0, \dfrac{3}{5}\right)$.

   b) $a^{(i)}_{i \in \mathbb{N}}$ konvergiert nicht, da die zweite Komponente nicht konvergent ist.

3. a) Für $a \neq 0$ gilt $a^2 + x_2^2 \neq 0 \,\forall\, x_2 \in \mathbb{R}$. Die Funktion f ist dann als Quotient (bei dem der Nenner immer ungleich Null ist) von zwei stetigen Funktionen wieder stetig.

   b) Die Funktion f ist an der Stelle (0, 0) nicht stetig, denn es gilt für die Folge mit Gliedern

$$a^{(i)} = \left(\frac{1}{i}, \frac{1}{i}\right), \text{ daß } \lim_{i \to \infty} f(a^{(i)}) = \lim_{i \to \infty} \frac{2\dfrac{1}{i} \cdot \dfrac{1}{i}}{\dfrac{1}{i^2} + \dfrac{1}{i^2}} = 1 \neq 0 = f(0, 0).$$

7. $\dfrac{\partial f_1}{\partial x_1}(a_1, a_2, a_3) = \exp(a_1 a_2), \dfrac{\partial f_1}{\partial x_2}(a_1, a_2, a_3) = a_1 a_3 \exp(a_2 a_3),$

$\dfrac{\partial f_1}{\partial x_3}(a_1, a_2, a_3) = a_1 a_2 \exp(a_2 a_3)$

$$\frac{\partial f_2}{\partial x_1}(a_1, a_2, a_3) = a_i(a_1^2 + a_2^2 + a_3^2)^{-\frac{1}{2}} \quad \text{für } i = 1, 2, 3$$

8. a) Die Ableitung $Df_1 : \mathbb{R}^2 \to \mathbb{R}^2$ ist gegeben durch

$$(x_1, x_2) \mapsto Df_1(x_1, x_2) = (3x_1^2 \cdot x_2 + 2x_1 \cdot x_2^2 + x_2^2, \; x_1^3 + 2x_1^2 x_2 + 2x_1 x_2).$$

Die Ableitung $Df_2 : \mathbb{R}^3 \to \mathbb{R}^3$ ist gegeben durch

$$(x_1, x_2, x_3) \mapsto Df_2(x_1, x_2, x_3) = \big(\sin(x_2) + x_3 \cos(x_1), \; x_1 \cos(x_2) + \sin(x_3),$$
$$x_2 \cos(x_3) + \sin(x_1)\big)$$

b) $df_2(a_1, a_2, a_3, .) : \mathbb{R}^3 \to \mathbb{R}$ ist gegeben durch

$$h = \begin{pmatrix} h_1 \\ h_2 \\ h_3 \end{pmatrix} \mapsto Df_2(a_1, a_2, a_3) \cdot h.$$

9. $t((1,1), \cdot) : \mathbb{R}^2 \to \mathbb{R}$ ist gegeben durch

$$\begin{pmatrix} x_1 \\ x_2 \end{pmatrix} \mapsto t((1,1), (x_1, x_2)) = 4 + (4, 4)\begin{pmatrix} x_1 - 1 \\ x_2 - 1 \end{pmatrix} = -4 + 4x_1 + 4x_2.$$

11. $Df : \mathbb{R}^3 \to \mathbb{R}^{2 \times 3}$ ist gegeben durch

$$\begin{pmatrix} x_1 \\ x_2 \\ x_3 \end{pmatrix} \mapsto Df(x_1, x_2, x_3) = \begin{pmatrix} x_2 \cos(x_1 x_2) & x_1 \cos(x_1 x_2) & 0 \\ 0 & e^{x_3} & x_2 e^{x_3} \end{pmatrix}.$$

13. $D\left(\dfrac{1}{f}\right)\left(\left(2, \dfrac{\pi}{2}\right)\right) = -\dfrac{1}{2^2} \cdot \left(\sin\left(\dfrac{\pi}{2}\right), 2\cos\left(\dfrac{\pi}{2}\right)\right) = -\dfrac{1}{4}(1, 0).$

14. $D(g \circ f)(a) = Dg(b) \cdot Df(a) =$

$$= \begin{pmatrix} \sin(a_2) + \cos(a_2) & a_1 \cos(a_2) + (-a_1) \sin(a_2) \\ 2a_1 \exp(a_2^2 + a_2^2) & 2a_2 \exp(a_1^2 + a_2^2) \end{pmatrix}.$$

15. $H_f((1,1)) = \begin{pmatrix} 3e & 3e \\ 3e & e \end{pmatrix}.$

16. $H_f((1,1,1)) = \begin{pmatrix} 0 & 0 & 54 \\ 0 & 0 & 54\ln(3) \\ 54 & 54\ln(3) & -27 \end{pmatrix}.$

Kapitel 3, § 6:

1. a) Durch Nullsetzen der ersten partiellen Ableitungen ergibt sich

$$2x_1 - 6 = 0 \Rightarrow x_1 = 3$$
$$2x_2 - 6 = 0 \Rightarrow x_2 = 3 \quad \text{als notwendige Bedingung.}$$

Nach Berechnung der Hessematrix an der Stelle $(3, 3)$ ergibt sich

$$H_{f_1}((3,3)) = \begin{pmatrix} 2 & 0 \\ 0 & 2 \end{pmatrix}, \; \text{dann} \; \frac{\partial^2 f_1}{\partial x_1^2}((3,3)) = 2 > 0 \; \text{und}$$

$\det\left(H_{f_1}((3,3))\right) = 4 > 0$, so, daß an der Stelle $(3,3)$ ein lokales Minimum vorliegt.

c) Als notwendige Bedingung ergibt sich aus

$$\frac{\cos(x_1)}{1+x_2^2} = 0 \quad \text{und} \quad \frac{-2x_2\sin(x_1)}{(1+x_2^2)^2} = 0 \quad \text{dann}$$

$$x_1 = \frac{\pi}{2} \pm k\pi \quad \text{mit } k \in \mathbb{N} \cup \{0\} \quad \text{und} \quad x_2 = 0.$$

$$\det\left(H_{f_3}\left(\left(\frac{\pi}{2} \pm k\pi, 0\right)\right)\right) = 2 > 0 \quad \text{für } k \in \mathbb{N} \cup \{0\} \quad \text{und}$$

$$-\sin\left(\frac{\pi}{2} \pm k\pi\right) = \begin{cases} -1 & \text{für } k = 0 \text{ oder } k \text{ gerade} \\ +1 & \text{für } k \text{ ungerade.} \end{cases}$$

Es liegen also lokale Maxima an den Stellen $x = \left(\frac{\pi}{2} \pm k\pi, 0\right)$ für $k = 0$ oder

k gerade und lokale Minima an den Stellen $x = \left(\frac{\pi}{2} \pm k\pi, 0\right)$ für k ungerade vor.

4. Aus den Preis-Absatzfunktionen ergeben sich

$$p_1 = 40 - \frac{1}{2}x_1 - x_2; \quad p_2 = 60 - \frac{1}{2}x_1 - 2x_2$$

und damit die Erlösfunktion in Abhängigkeit von der abgesetzten Menge als

$$E(x_1, x_2) = x_1\left(40 - \frac{1}{2}x_1 - x_2\right) + x_2\left(60 - \frac{1}{2}x_1 - 2x_2\right) - \frac{3}{2}x_1^2 - 2x_2^2 - \frac{1}{2}x_1 x_2.$$

Als gewinnoptimale Menge ergibt sich $x_1 = \frac{50}{7}$ und $x_2 = \frac{40}{7}$.

Die Preise sind $p_1 = \frac{215}{7}$ und $p_2 = \frac{315}{7}$. Der maximale Gewinn beträgt 2200 Einheiten.

5. Der Erlös in Abhängigkeit von der abgesetzten Menge ergibt sich als $E(x_1, x_2)$ $= x_1(80 - 5x_1) + x_2(180 - 20x_2) - 75 - 20(x_1 + x_2)$. Es ergibt sich $x_1 = 6$, $x_2 = 4$, $p_1 = 50$, $p_2 = 100$ und als maximaler Gewinn 425 Einheiten.

Kapitel 3, § 7:

1. Die Lagrange-Funktion L ergibt sich als

$$L(x_1, x_2, x_3, x_4, \lambda_1, \lambda_2) = x_1 + x_2 + x_3 + x_4 + \lambda_1(x_1^2 + x_2^2 - 8) + \\ + \lambda_2(x_3^2 + x_4^2 - 2).$$

Aus den notwendigen Bedingungen

$$1 + 2\lambda_1 x_1 = 0$$
$$1 + 2\lambda_1 x_2 = 0$$
$$1 + 2\lambda_2 x_3 = 0$$
$$1 + 2\lambda_2 x_4 = 0$$

ergibt sich $x_1 = x_2$ und $x_3 = x_4$. Dies eingesetzt in die Nebenbedingungen ergibt $a^{(1)} = (2, 2, 1, 1)$, $a^{(2)} = (2, 2, -1, -1)$, $a^{(3)} = (-2, -2, 1, 1)$ und $a^{(2)} = (-2, -2, -1, -1)$ als mögliche Extremalstellen.

2. a) Kostenfunktion: $2 + 0,5 L + 2 K$;

   b) $K = \dfrac{1}{2}$, $L = 2$;

   c) Die Fixkosten haben keinen Einfluß.

4. $L(x_1, x_2, x_3, \lambda) = x_1 + x_2 + x_3 + \lambda \left(x_1^2 + x_2^2 + x_3^2 - \dfrac{3}{4} \right)$.

Aus den notwendigen Bedingungen ergibt sich

$a = \left(\dfrac{1}{2}, \dfrac{1}{2}, \dfrac{1}{2} \right)$ und $\tilde{a} = - \left(\dfrac{1}{2}, \dfrac{1}{2}, \dfrac{1}{2} \right)$ sowie $\lambda_a = -1$ und $\lambda_{\tilde{a}} = 1$.

Mit Hilfe der hinreichenden Bedingungen zeigen wir zuerst a ist lokales Maximum.

$Dg(a) = (1, 1, 1)$ und $H_{f + \lambda_a g}(a) = \begin{pmatrix} -2 & 0 & 0 \\ 0 & -2 & 0 \\ 0 & 0 & -2 \end{pmatrix}$

für $i = 2$ ist

$(-1)^2 \det \begin{pmatrix} -2 & 0 & 1 \\ 0 & -2 & 1 \\ 1 & 1 & 0 \end{pmatrix} = (-1)^2 (2 + 2) = 4 > 0$

für $i = 3$ ist

$(-1)^3 \det \begin{pmatrix} -2 & 0 & 0 & 1 \\ 0 & -2 & 0 & 1 \\ 0 & 0 & -2 & 1 \\ 1 & 1 & 1 & 0 \end{pmatrix} = (-1)^3 \cdot (-8 - 4) = 12 > 0$.

Analog ergibt sich $\tilde{a}$ ist lokales Minimum. (Mit $\lambda_{\tilde{a}} = 1$).

5. $L(x_1, x_2, \lambda) = 2x_1^2 + x_1 + x_1 x_2 + \lambda(x_1 + x_2 - 1)$.

Aus den notwendigen Bedingungen ergibt sich

$a = (-1, 2)$ und $\lambda_a = 1$ sowie $Dg(a) = (1, 1)$ und $H_{f + \lambda_a g}(a) = \begin{pmatrix} 4 & 1 \\ 1 & 0 \end{pmatrix}$.

An der Stelle a liegt ein lokales Minimum vor, da

$(-1)^1 \det \begin{pmatrix} 4 & 1 & 1 \\ 1 & 0 & 1 \\ 1 & 1 & 0 \end{pmatrix} = (-1)(-2) = 2 > 0$.

Kapitel 4, § 1:

1. $f_3(x) = \exp(x^2)$

$f_5(x) = \cos\left(\dfrac{1}{x^2}\right)$ für $x \neq 0$

$f_6(x) = -x \cdot \sin(2x)$

$f_8(x) = -3 \cdot \cos^{-1}(x^2)$

$f_9(x) = \exp(\tan(x))$.

2. $3;\ 3c;\ 80{,}75;\ 12 + \dfrac{1}{2}\cos(4) - \dfrac{1}{2}\cos(8) + \exp(4) - 3\,xp(2);\ 1$.

3. $\dfrac{1}{3} + \dfrac{1}{2} + 1 = \dfrac{15}{6}$

4. a) $\ln(\varphi(x))$

   b) $\ln(x^2 + 1)|_1^2 = \ln(5) - \ln(2)$;

   $\ln(\ln(x) + 1)|_1^e = \ln(2)$.

Kapitel 4, § 2:

1. a) Setze $f_1(x) = \ln(x)$ und $g_2(x) = 1$.

   Eine Stammfunktion f ist gegeben durch

   $x \mapsto f(x) = x(\ln(x) - 1)$.

   b) Durch zweimalige partielle Integration

   c) $f(x) = \sin(x) - x\cos(x)$.

2. a) $\dfrac{e^2}{4} + \dfrac{1}{4}$, b) π, c) $\pi^2 - 4$.

3. a) Setze $\varphi(x) = x^2$. Damit ergibt sich $D\varphi(x) = 2x$ sowie $\varphi(0) = 0$ und $\varphi(1) = 1$.

   $\int\limits_0^1 2x \exp(x^2)\,dx = \int\limits_0^1 \exp(z)\,dz = e - 1$.

   b) Setze $\varphi(x) = \ln(x)$. Es ist $D\varphi(x) = \dfrac{1}{x}$ und $\varphi(e) = \ln(e) = 1$ sowie $\varphi(e^2)$

   $= \ln e^2 = 2$.

   $\int\limits_e^{e^2} \dfrac{1}{x(\ln(x))^3}\,dx = \int\limits_e^{e^2} \dfrac{1}{(\varphi(x))^3} \cdot D\varphi(x) \cdot dx = \int\limits_1^2 \dfrac{1}{z^2}\,dz = \dfrac{3}{8}$.

4. a) Gegenwartswert des Ertragsstromes: $4000\,(1 - e^{-0{,}5}) \simeq 1573{,}88$, Nettowert: $573{,}88$.

   b) $4000 - 1000 = 3000$.

5. a) 1, b) $\dfrac{1}{4}$, c) 2.

Kapitel 4, § 3:

1. a) $\int\limits_0^1 \left(\int\limits_0^1 c_1 (x+y)\,dx \right) dx = c_1 \int\limits_0^1 \left(x + \frac{1}{2} \right) dx = c_1 \left(\frac{1}{2} + \frac{1}{2} \right)$

Also ergibt sich $c_1 = 1$

$\int\limits_0^1 \left(\int\limits_0^1 c_2 xy\,dy \right) dx = c_2 \int\limits_0^1 \frac{1}{2} y\,dy = \frac{1}{4} c_2$. Also $c_2 = 4$.

b) (1) $\int\limits_0^{0,8} \left(\int\limits_0^{0,6} (x+y)\,dy \right) dx = \int\limits_0^{0,8} (x + 0,36)\,dx = \frac{1}{2}(0,8)^2 + 0,36 = 0,68$.

(2) $0,125$.

Kapitel 5, § 1:

1. a) $\Delta_{\frac{1}{2}}^1 f(2) = f\left(2 + \frac{1}{2} \right) - f(2) = \left(2 + \frac{1}{2} \right)^2 - (2)^2 = 5,25 - 4 = 1,25$

$\Delta_{\frac{1}{2}}^2 f(2) = f\left(2 + 2 \cdot \frac{1}{2} \right) - 2f\left(2 + \frac{1}{2} \right) + f(2) =$

$= 9 - 10,5 + 4 = 2,5$ (nach Satz 2).

2. b) Die charakteristische Gleichung $q^2 - 5q + 6 = 0$ besitzt die Lösungen
$q_1 = -2$ und $q_2 = 1$. Aus der Gleichung

$0 = c_1 + c_2$ und $1 = -2c_1 + c_2$

ergibt sich $c_1 = -\frac{1}{3}$ und $c_2 = \frac{1}{3}$ und damit

$f(t) = -\frac{1}{3}(-2)^t + \frac{1}{3}(1)^t = -\frac{1}{3}(-2)^t + \frac{1}{3}$.

d) Die charakteristische Gleichung $q^2 - 2q + 4 = 0$ besitzt die konjugiert komplexen Lösung $q = 1 + 1\sqrt{3}$ und $\bar{q} = 1 - i\sqrt{3}$. Es gilt

$q = r(\cos(\varphi) + i\sin(\varphi)) = 2 \cdot \left(\cos\left(\frac{\pi}{3}\right) + i\sin\left(\frac{\pi}{3}\right) \right)$. Damit ergibt sich aus

(1.10) für die gegebenen Anfangsbedingungen

$f(0) = 1 = 2b\cos(\psi)$ und $f(1) = 0 = 2br\cos(\varphi + \psi)$

und somt $\psi = \frac{\pi}{6}$ und $b = \frac{1}{3}\sqrt{3}$. Also

$f(t) = \frac{2}{3}\sqrt{3}\, 2^t \cdot \cos\left(\frac{\pi}{3} t + \frac{\pi}{6}\right)$.

Kapitel 5, § 2:

1. b) $x(t+1) = \begin{pmatrix} 0 & 1 \\ 1 & -1 \end{pmatrix} x(t);\ \det\left(\begin{pmatrix} 0 & 1 \\ 1 & -1 \end{pmatrix} - \lambda E\right) =$

$$= \begin{vmatrix} -\lambda & 1 \\ 1 & -1-\lambda \end{vmatrix} = \lambda^2 + \lambda - 1.$$

3. $\det\left(\begin{pmatrix} \dfrac{2}{3} & 3 \\ 0 & 1 \end{pmatrix} - \lambda E\right) = \lambda^2 - \dfrac{5}{3}\lambda + \dfrac{2}{3} = 0 \Rightarrow \lambda_1 = \dfrac{4}{6};\ \lambda_2 = 1.$

Nach Satz 2 ist damit $f = 0$ stabil.

4. Es gilt $P(1) > 0$, $P(-1) < 0$. Also ist die erste Forderung des Kriteriums von Jury erfüllt.

Mit $H_2 = \begin{pmatrix} 2 & -\dfrac{2}{3} \\ 0 & 2 \end{pmatrix}$ und $\hat{H}_2 = \begin{pmatrix} \dfrac{2}{3} & 1 \\ 1 & 0 \end{pmatrix}$ ergibt sich aus

$\det(H_2 + \hat{H}_2) = 5$ und $\det(H_2 - \hat{H}_2) = 1$, daß $d_2 = 3 > 0$.

Dann ist $f = 0$ nicht stabil (da 1 keine Lösung der charakteristischen Gleichung ist).

Kapitel 6, § 1:

1. a) $z(\max) = 36$ für $x_1 = 9$, $x_2 = 0$.

   b) $z(\max) = \dfrac{16}{6}$ für $x_1 = \dfrac{11}{6}$, $x_2 = \dfrac{5}{6}$.

   c) Es gibt keine zulässigen Punkte.

   d) Die Werte der Zielfunktion sind nicht beschränkt.

   e) für $n = 1$ sind die Werte der Zielfunktion nicht beschränkt, für $n = 2$ ist
   $z(\max) = 6$, mit $x_1 = \dfrac{3}{2}$ und $x_2 = 0$, für $n \geqq 3$ ist $z(\max) = 3\left(1 + \dfrac{(n-1)^2}{n}\right)$

   mit $x_1 = 0$ und $x_2 = 1 + \dfrac{(n-1)^2}{n}$.

2. b) $x_1 = 8$, $x_2 = -2$, $x_3 = \dfrac{16}{3}$, $x_4 = 0$, $x_5 = 0$.

3. Mögliche Basen sind [1, 2, 3], [1, 2, 4], [1, 3, 4], [2, 3, 4].
   Die Basislösung zu [2, 3, 4] ist $x_1 = 0$, $x_2 = 3$, $x_3 = -3$, $x_4 = 2$.

4. Benutzen Sie Satz 5.

Kapitel 6, § 2:

1. Ersetzen wir x_i durch y_i, so ergibt sich explizit ausgeschrieben

$$y_1 + 4y_2 + 5y_3 = q\,(\min) \quad \text{unter den Nebenbedingungen}$$

$$\begin{array}{l} y_1 + y_2 + y_3 \geq 2 \\ -y_1 - y_2 \geq -2 \\ -2y_1 + y_2 + 2y_3 \geq 3 \\ -3y_1 + 2y_2 + 3y_3 \geq 3 \quad \text{und} \quad y \geq 0 \end{array}$$

(D)

als duales Programm ergibt sich

$$2x_1 - 2x_2 + 3x_3 + 3x_4 = (\max!)$$

$$\begin{array}{l} x_1 - x_2 - 2x_3 - 3x_4 \leq 1 \\ x_1 - x_2 + x_3 + 2x_4 \leq 4 \\ x_1 + 2x_3 + 3x_4 \leq 5 \quad \text{und} \quad x \geq 0. \end{array}$$

(P)

Dieses L.P. läßt sich nach Einführung von Schlupfvariablen sofort lösen. Die optimale Lösung von (D) lautet dann

$$y_1 = \frac{7}{4}, \quad y_2 = \frac{3}{2}, \quad y_3 = \frac{1}{4} \quad \text{und} \quad q\,(\min) = 9.$$

2. Benutzen Sie zur Durchführung der Rechnung ebenfalls das duale Programm. Es ergibt sich ein optimaler Gewinn von DM 18850,– bei 38 Kühen und 170 Schafen.

Kapitel 6, § 3:

1. $x_1 = 0$, $x_2 = 2$, $x_3 = 0$, $x_4 = 1$, $x_5 = 0$, $x_6 = 3$ zur Basis [2, 4, 6].

2. $q\,(\min) = 1$.

Literaturverzeichnis

[1] Bader, H., Fröhlich, S.: Einführung in die Mathematik für Volks- und Betriebswirte, 6. Auflage, München, Wien: Oldenbourg 1980.

[2] Bamberg, G., Coenenberg, A. G.: Betriebswirtschaftliche Entscheidungslehre, 3. Auflage, München: Vahlen 1981.

[3] Beckmann, H. J., Künzi, H. P.: Mathematik für Ökonomen, Bd. 1, 2. Auflage, und Bd. 2, Berlin, Heidelberg, New York: Springer 1973.

[4] Berg, C. C., Korb, U.-G.: Mathematik für Wirtschaftswissenschaftler, Bd. 1 und 2, 2. Auflage, Wiesbaden: Gabler 1976.

[5] Gundlach, K.-B.: Infinitesimalrechnung, Braunschweig: Vieweg & Sohn 1973.

[6] Heike, H.-D., Greiner, D., Lehmann, J.: Mathematik für Wirtschaftswissenschaftler, Bd. 1 und 2. München: Moderne Industrie 1977.

[7] Huang, J. S., Schulz, W.: Einführung in die Mathematik für Wirtschaftswissenschaftler, München, Wien: Oldenbourg 1979.

[8] Jaeger, A., Wenke, K.: Lineare Wirtschaftsalgebra, Bd. 1 und 2, Stuttgart: Teubner 1969.

[9] Müller-Merbach, H.: Mathematik für Wirtschaftswissenschaftler, Bd. 1, München: Vahlen 1974.

[10] Oberhofer, W.: Lineare Algebra für Wirtschaftswissenschaftler, München, Wien: Oldenbourg 1978.

[11] Schwarze, J.: Mathematik für Wirtschaftswissenschaftler, Bd. 1 bis 3, 4. Auflage, Herne, Berlin: Neue Wirtschafts-Briefe 1978.

[12] Varian, H. R.: Mikroökonomie, München, Wien: Oldenbourg 1980.

Personen- und Sachregister